Schauer

Betriebswirtschaftslehre

Betriebswirtschaftslehre

Grundlagen

em. o. Univ.-Prof. Dkfm. Dr. Reinbert Schauer

6., erweiterte Auflage

Zitiervorschlag: *Schauer*, Betriebswirtschaftslehre[6] (2019) Seite

1. Auflage, Wien 2006
2. Auflage, Wien 2009
3. Auflage, Wien 2011
4. Auflage, Wien 2013
5. Auflage, Wien 2016
6. Auflage, Wien 2019

Bibliografische Information der Deutschen Nationalbibliothek

Die Deutsche Nationalbibliothek verzeichnet diese Publikation in der Deutschen Nationalbibliografie; detaillierte bibliografische Daten sind im Internet über http://dnb.d-nb.de abrufbar.

Hinweis: Aus Gründen der leichteren Lesbarkeit wird auf eine geschlechtsspezifische Differenzierung verzichtet. Entsprechende Begriffe gelten im Sinne der Gleichbehandlung für beide Geschlechter.

ISBN 978-3-7073-3926-0 (Print)
ISBN 978-3-7094-0979-4 (E-Book-PDF)

© Linde Verlag Ges.m.b.H., Wien 2019
1210 Wien, Scheydgasse 24, Tel.: 01/24 630
www.lindeverlag.at
Druck: Hans Jentzsch & Co GmbH
1210 Wien, Scheydgasse 31
Dieses Buch wurde in Österreich hergestellt.

PEFC zertifiziert
Dieses Produkt stammt aus nachhaltig bewirtschafteten Wäldern und kontrollierten Quellen
www.pefc.at
PEFC/06-39-15

Gedruckt nach der Richtlinie „Druckerzeugnisse" des Österreichischen Umweltzeichens, Druckerei Hans Jentzsch & Co GmbH, UW Nr. 790

Vorwort zur 6. Auflage

Das vorliegende Werk hat sich als Grundlagen-Lehrbuch für die Studieneingangsphase in den wirtschaftswissenschaftlichen Studiengängen, aber auch als Einführung in die Betriebswirtschaftslehre in den rechtswissenschaftlichen sowie technisch-naturwissenschaftlichen Studien bewährt und kann nun in aktualisierter und in Kapitel 10 (Rechnungswesen) stark erweiterter Form neu aufgelegt werden. In Anpassung an geänderte Studienpläne wurde der Abschnitt „Die Buchführung des Unternehmens" neu eingefügt und der Abschnitt „Der Jahresabschluss" neu gestaltet. Für entsprechende Anregungen ist der Autor Herrn ao. Univ.-Prof. *Dr. René C. Andeßner* sowie für Hinweise auf notwendige Aktualisierungen Frau Univ.-Ass. *MMag. Dr. Sandra Stötzer* zu großem Dank verpflichtet.

Die Konzeption des Buches wurde beibehalten, um weiterhin als Basis-Lehrbuch für das Multimedia-Studium in den Rechtswissenschaften und in den Sozial- und Wirtschaftswissenschaften sowie für diverse e-Learning-Module, die in der Zwischenzeit entwickelt wurden, dienen zu können. Zur Überprüfung des erworbenen Wissens dienen die sich im Anhang befindlichen Wiederholungsfragen zu jedem Kapitel des Buches mit Lösungshinweisen und eine Reihe von Richtig-/Falsch-Fragen mit den zutreffenden Antworten. Zur Vertiefung steht die 27. Auflage des betriebswirtschaftlichen Standardwerks „*Lechner/Egger/Schauer*, Einführung in die Allgemeine Betriebswirtschaftslehre" zur Verfügung.

Im November 2018   *Reinbert Schauer*

Vorwort zur 1. Auflage

Aus der Neugestaltung universitärer Studiengänge, aus der Vielzahl von fächerübergreifenden Fachhochschulstudien sowie generell aus dem Bestreben, einzelwirtschaftliches Grundwissen auch an Studierende nicht wirtschaftswissenschaftlicher Studienrichtungen (z. B. Juristen, Techniker, Ärzte) zu vermitteln, entstand der Bedarf nach einer überschaubar gehaltenen Einführung in betriebswirtschaftliche Grundlagen. Das seit 25 Jahren in Österreich bewährte Standardwerk „Lechner/Egger/Schauer, Einführung in die Allgemeine Betriebswirtschaftslehre" (publiziert im gleichen Verlag) hat im Laufe der Zeit einen beträchtlichen Umfang angenommen und erscheint für die erwähnte Zielgruppe nunmehr als zu anspruchsvoll.

Die Einführung des interfakultären Studiums „Wirtschaftsjurist" an der Johannes Kepler Universität Linz mit Beginn des Wintersemesters 2006/2007, aber auch die Neukonzeption von Universitätslehrgängen gaben den unmittelbaren Anlass für dieses Grundlagen-Lehrbuch. Als Vertiefungsliteratur wird auf die ebenfalls im Herbst erscheinende 23. Auflage des „Lechner/Egger/Schauer" verwiesen.

Das Buch muss sich auf die für ein Grundlagenwerk notwendigsten Wissenselemente beschränken, wobei diese Auswahl naturgemäß subjektiv ist. Auch die Zitierweise beschränkt sich auf ein Mindestmaß, ausführlichere Quellennachweise können der angegebenen Vertiefungsliteratur entnommen werden. Die am 1. Jänner 2007 in Kraft tretenden unternehmensrechtlichen Neuerungen wurden bereits berücksichtigt.

Die „Betriebswirtschaftslehre – Grundlagen" richtet sich an Studierende der Wirtschaftswissenschaften, des Wirtschaftsingenieurwesens, der Rechtswissenschaften sowie an andere nicht ökonomische Studiengänge, soll aber auch den an systematischen Zusammenhängen interessierten Praktikern nützliche Dienste leisten.

Der Verfasser ist einer Reihe von Personen dankbar, die durch verschiedene Hilfestellungen zum Entstehen dieses Buches beitrugen: em. o. Univ.Prof. Dr. Dr. h.c. *Anton Egger*, Univ.Prof. Dr. *Norbert Kailer*, a.Univ.Prof. Dr. *René C. Andeßner*, Mag. *Sandra Stötzer* und Ing. *Barbara Lehner*.

Im Juli 2006   *Reinbert Schauer*

Der Autor

em. o. Univ.-Prof. Dr. Reinbert Schauer, geb. 8.11.1943 in Wien. Ab 1962 Studium an der Hochschule für Welthandel Wien. 1966 Diplomkaufmann. 1968 Doktor der Handelswissenschaften. 1965 wissenschaftliche Hilfskraft am Institut für Transportwirtschaft der Hochschule für Welthandel. 1968 Assistent am Institut für Organisation und betriebliche Datenverarbeitung an der Sozial- und Wirtschaftswissenschaftlichen Fakultät der Universität Graz. 1978 Universitätsdozent für Allgemeine Betriebswirtschaftslehre in Graz. 1979 bis 2012 o. Universitätsprofessor an der Universität Linz und Vorstand des Instituts für Betriebswirtschaftslehre der gemeinwirtschaftlichen Unternehmen. Gastprofessuren an den Universitäten Fribourg, Bern, Basel, Budweis, Prag und Budapest, Mitglied des Vorstands der Österreichischen Verwaltungswissenschaftlichen Gesellschaft, Ehrenmitglied der Österreichischen Verkehrswissenschaftlichen Gesellschaft. 1995 bis 1998 Studiendekan der Sozial- und Wirtschaftswissenschaftlichen Fakultät der Universität Linz. Autor, Herausgeber und Mitverfasser von 58 Büchern sowie Verfasser von rund 280 wissenschaftlichen Aufsätzen in Sammelwerken und Zeitschriften des In- und Auslandes. Reinbert Schauer ist Träger des Österreichischen Ehrenkreuzes für Wissenschaft und Kunst I. Klasse.

Inhaltsverzeichnis

Vorwort zur 6. Auflage V

Vorwort zur 1. Auflage VI

Der Autor VII

Abkürzungsverzeichnis XIII

1. Die Betriebswirtschaftslehre als Wissenschaft 1
    1.1. Wissenschaftliche Grundlagen 1
    1.2. Allgemeine Zielsetzungen für betriebliche Aktivitäten 8
    1.3. Betriebswirtschaftliche Aufgaben (Funktionen) 10
    1.4. Gliederung der Betriebswirtschaftslehre 13
    1.5. Gliederung der Betriebe 15
    1.6. Betriebswirtschaftliche Forschungsmethoden 19
    1.7. Zur Geschichte der Betriebswirtschaftslehre 22

2. Das Unternehmen als produktives soziales System 25
    2.1. Systemtheoretische Grundlagen 25
    2.2. Unternehmen als zweckorientierte Systeme 25
    2.3. Unternehmen als offene Systeme 27
    2.4. Unternehmen als produktive Systeme 29
    2.5. Unternehmen als komplexe dynamische Systeme 29
    2.6. Unternehmen als soziale Systeme 30
    2.7. Das Unternehmen als Koalition 32

3. Der betriebliche Wertekreislauf 34
    3.1. Der Umsatzprozess 34
    3.2. Die betriebliche Wertschöpfung 37

4. Konstitutive Rahmenentscheidungen 43
    4.1. Grundsätzliche Überlegungen 43
    4.2. Die Wahl der Rechtsform 43
        4.2.1. Mögliche Rechtsformen 43
        4.2.2. Wichtige Bestimmungsgründe für die Wahl der Rechtsform ... 48
            4.2.2.1. Unternehmensrechtliche Geschäftsführungs- und Vertretungsrechte 49
            4.2.2.2. Haftungsverhältnisse 50
            4.2.2.3. Beteiligung am Unternehmensergebnis 51
            4.2.2.4. Buchführungs- und Publizitätsvorschriften 52
            4.2.2.5. Finanzierungsmöglichkeiten 52
            4.2.2.6. Steuerbelastung des Unternehmens 53
    4.3. Die Standortwahl 53
    4.4. Die Unternehmensverfassung 54
    4.5. Der Business Plan 60
        4.5.1. Zwecksetzungen 60
        4.5.2. Bestandteile 61

5. Die Unternehmensführung 65
    5.1. Träger von Führungsentscheidungen 65

5.2.	Die Zielbildung	68
5.3.	Die Planung	71
5.4.	Operative und strategische Unternehmensführung	73
5.5.	Die Organisation	75
5.6.	Das Personalmanagement	82
5.7.	Die Überwachung	86
5.8.	Das Controlling	87
6.	**Die Finanzwirtschaft**	**89**
6.1.	Grundlagen	89
6.2.	Finanzierungsformen	94
6.3.	Die Finanzplanung	97
6.4.	Liquiditätspolitik	100
6.5.	Die optimale Finanzierung	101
6.6.	Investitionspolitik	105
6.7.	Finanzwirtschaftliche Aspekte der Unternehmensbesteuerung	110
7.	**Die Produktionswirtschaft**	**114**
7.1.	Planung des Leistungsprogramms	114
7.2.	Beschaffung	115
	7.2.1. Grundlagen	115
	7.2.2. Beschaffungsplanung	116
	7.2.3. Beschaffungspolitik	119
7.3.	Leistungserstellung (Produktion)	120
	7.3.1. Grundlagen	120
	7.3.2. Sachleistungsproduktion	121
	7.3.3. Dienstleistungsproduktion	125
	7.3.4. Qualitätssicherung	130
7.4.	Grundlagen der Produktions- und Kostentheorie	134
8.	**Die Leistungsverwertung/Marketing**	**140**
8.1.	Grundlagen	140
8.2.	Der Marketingprozess	142
8.3.	Die Absatzplanung	144
8.4.	Die Marktforschung	145
8.5.	Das absatzpolitische Instrumentarium (Marketing-Mix)	149
	8.5.1. Produktpolitik	149
	8.5.2. Preispolitik	151
	8.5.3. Distributionspolitik	156
	8.5.4. Kommunikationspolitik	159
	8.5.5. Die optimale Kombination der Marketing-Instrumente	164
9.	**Die Informationswirtschaft**	**167**
9.1.	Die betriebliche Verwaltung	167
9.2.	Informationsmanagement	169
9.3.	Wissensmanagement	171
10.	**Das betriebliche Rechnungswesen**	**174**
10.1.	Die Aufgaben des Rechnungswesens	174
10.2.	Das Rechnungswesen als Planungs- und Steuerungsinstrument	177
	10.2.1. Ermittlungsrechnungen	177

	10.2.2.	Entscheidungsrechnungen	181
	10.2.3.	Das Rechnungswesen als Steuerungsinstrument (Controlling)	183
10.3.		Das Grundmodell eines Integrierten Rechnungswesens (FBE-System; 3-Komponenten-Rechnungswesen)	187
10.4.		Die Buchführung des Unternehmens	189
	10.4.1.	Buchführungssysteme	189
	10.4.2.	Die Einnahmen-Ausgaben-Rechnung	190
	10.4.3.	Die doppelte Buchführung	191
	10.4.4.	Chronologische und systematische Aufzeichnung der Geschäftsfälle	192
	10.4.5.	Das Belegwesen	194
	10.4.6.	Grundsätze ordnungsmäßiger Buchführung	194
10.5.		Der Jahresabschluss	195
	10.5.1.	Bilanz	197
	10.5.2.	Grundsätze ordnungsmäßiger Bilanzierung	201
	10.5.3.	Bewertungsvorschriften	203
	10.5.4.	Gewinn- und Verlustrechnung	205
	10.5.5.	Anhang und Lagebericht	208
	10.5.6.	Geldflussrechnung	209
	10.5.7.	Konzernrechnungslegung	210
	10.5.8.	International Financial Reporting Standards (IFRS)	211
10.6.		Kennzahlen und Kennzahlensysteme	212
	10.6.1.	Kennzahlen als Informationsinstrument	212
	10.6.2.	Arten von Kennzahlen	213
	10.6.3.	Finanzwirtschaftliche Kennzahlen	213
	10.6.3.1.	Investitionsanalyse	213
	10.6.3.2.	Finanzierungsanalyse	214
	10.6.3.3.	Liquiditätsanalyse	215
	10.6.4.	Leistungswirtschaftliche Kennzahlen	216
	10.6.4.1.	Produktivitätsanalyse	216
	10.6.4.2.	Analyse der Aufwands- und Ertragsstruktur	216
	10.6.4.3.	Wirtschaftlichkeitsanalyse	217
	10.6.4.4.	Rentabilitätsanalyse	217
	10.6.4.5.	Break-even-Analyse	218
	10.6.4.6.	Wertschöpfungsanalyse	218
	10.6.5.	Kennzahlensysteme	219
10.7.		Kosten- und Leistungsrechnung	223
	10.7.1.	Zielsetzungen	223
	10.7.2.	Grundlegende Verfahren	224
	10.7.3.	Ermittlung von Kosten und Leistungen	226
	10.7.4.	Kostenartenrechnung	227
	10.7.5.	Kostenstellenrechnung	229
	10.7.6.	Kostenträgerrechnung (Leistungsrechnung)	230
	10.7.7.	Weitere Formen der Kosten- und Leistungsrechnung	231
	10.7.8.	Leitlinien für das Kosten- und Leistungsmanagement	232
11.	**Wiederholungsfragen**		**234**
12.	**Lösungen zu den Richtig-/Falsch-Fragen**		**255**
Stichwortverzeichnis			**263**

Abkürzungsverzeichnis

AG	Aktiengesellschaft
AktG	Aktiengesetz 1965
a.o.	außerordentlich(-e, -er, -es)
ArbVG	Arbeitsverfassungsgesetz
BAB	Betriebsabrechnungsbogen
BAO	Bundesabgabenordnung
BGBl.	Bundesgesetzblatt
BÜB	Betriebsüberleitungsbogen
BWL	Betriebswirtschaftslehre
CAF	Common Assessment Framework
CAD/CAM	Computer Aided Design / Computer Aided Manufacturing
CEN	Europäische Normungsorganisation
CIM	Computer Integrated Manufacturing
DB-Rechnung	Deckungsbeitragsrechnung
E/A-Rechnung	Einnahmen-Ausgaben-Rechnung
EFQM	European Foundation for Quality Management
EGT	Ergebnis der gewöhnlichen Geschäftstätigkeit
EQA	European Quality Award
ESt	Einkommensteuer
EStG	Einkommensteuergesetz 1988
EWIV	Europäische Wirtschaftliche Interessenvereinigung
EU	Europäische Union
FBE-System	Integriertes System von Finanzierungs-, Bestands- und Ergebnis-Rechnung
FordLL	Forderungen aus Lieferungen und Leistungen
GAAP	Generally Accepted Accounting Principles
Gen	Genossenschaft
GesbR	Gesellschaft bürgerlichen Rechts
GmbH	Gesellschaft mit beschränkter Haftung
GmbHG	Gesetz über Gesellschaften mit beschränkter Haftung
GoB	Grundsätze ordnungsmäßiger Buchführung
GuV	Gewinn- und Verlustrechnung
HaRÄG	Handelrechts-Änderungsgesetz
HGB	Handelsgesetzbuch
IAS	International Accounting Standards
IASB	International Accounting Standards Board

IFRS	International Financial Reporting Standards
ISO	International Standards Organisation
Jg.	Jahrgang
KEG	Kommandit-Erwerbsgesellschaft
KESt	Kapitalertragsteuer
KG	Kommanditgesellschaft
KMU	Klein- und Mittelunternehmen
KommSt	Kommunalsteuer
KSt	Körperschaftsteuer
KStG	Körperschaftsteuergesetz 1966
kurzfr.	kurzfristig
langfr.	langfristig
MAT-System	Mensch-Aufgabe-Technik-System
MbE	Management by exception
MbO	Management by objectives
Mio.	Million
Mrd.	Milliarde
NPO	Nonprofit-Organisation
OEG	Offene Erwerbsgesellschaft
OG	Offene Gesellschaft
OHG	Offene Handelsgesellschaft
PPS	Produktionsplanung und -steuerung
RÄG	Rechnungslegungs-Änderungsgesetz 2014
SCE	Europäische Genossenschaft
SE	Europäische Gesellschaft
SGE	Strategische Geschäftseinheit
SME	small and medium-sized enterprises
TQM	Total Quality Management
UGB	Unternehmensgesetzbuch
USP	Unique Selling Proposition
USt	Umsatzsteuer
v.	variabel (variable)
VerG	Vereinsgesetz 2002
Verw	Verwaltung
Vertr	Vertrieb
VO	Verordnung
VSt	Vermögensteuer
WKÖ	Wirtschaftskammer Österreich

1. Die Betriebswirtschaftslehre als Wissenschaft

1.1. Wissenschaftliche Grundlagen

Als **Wissenschaft** wird ein dynamisches System von allgemein gültigen Aussagen über reale Sachverhalte verstanden, wobei versucht wird, diese Sachverhalte in ihren Beziehungen zwischen Ursache und Wirkung (Kausalbeziehungen) zu ergründen und zu erklären. Ein **System** besteht aus verschiedenen Elementen, die bestimmte Eigenschaften aufweisen und zueinander in geordneten Beziehungen stehen. Die Erklärung und Prognose von Sachverhalten im Rahmen eines Aussagensystems wird auch als **Theorie** bezeichnet.

Wissenschaft

Von **wissenschaftlichen Aussagen** erwartet man, dass sie laufend auf ihre Richtigkeit überprüft werden. Wissenschaft ist daher auch als ein **Prozess** anzusehen, der in der Regel von zunächst schwach abgesicherten Aussagen (Hypothesen) zu in der Folge stärker überprüften Aussagen bis hin zu wissenschaftlichen Gesetzen (nomologischen Hypothesen) führt (Karl Popper).

Schließlich kann Wissenschaft als **Institution** gesehen werden, sie umfasst dann alle Personen und Einrichtungen, die wissenschaftlich tätig sind (z. B. Wissenschaftler, Universitäten, andere Forschungseinrichtungen).

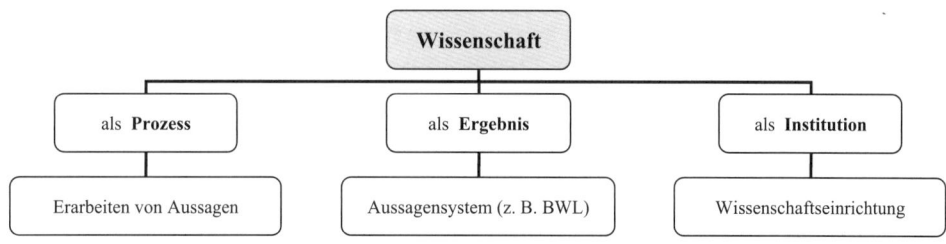

Abbildung 1-1: Interpretationen von Wissenschaft

Die **Betriebswirtschaftslehre** ist (neben der Volkswirtschaftslehre) eine selbständige Wissenschaft im Rahmen der Wirtschaftswissenschaften (siehe Abbildung 1-2). Sie hat den Betrieb mit seinem Aufbau und mit seinen einzelwirtschaftlichen Vorgängen (Prozessen) zum Untersuchungsgegenstand. Im Mittelpunkt stehen die wirtschaftlichen Sachverhalte von Leistungserstellung und Leistungsabgabe bzw. der Leistungsinanspruchnahme in diesen Wirtschaftseinheiten. Sie können nicht isoliert betrachtet werden, deshalb fließen in die Analysen auch juristische, soziologische, technische und andere Komponenten insoweit ein, als sie zur Erklärung betrieblicher Entscheidungsprozesse beitragen.

Betriebswirtschaftslehre

Die **Volkswirtschaftslehre** (Nationalökonomie, Politische Ökonomie) untersucht in erster Linie die gesamtwirtschaftlichen Zusammenhänge der von den einzelnen Wirtschaftsteilnehmern (Wirtschaftssubjekten) ausgehenden Aktivi-

Volkswirtschaftslehre

täten. Aus der übergeordneten Perspektive einer Wirtschaftsregion, eines Staates oder Staatenverbandes sollen das Wesen der Wirtschaft aus ganzheitlicher Sicht erkannt und ihre Strukturen und Abläufe gestaltet werden.

Wirtschaft

Als gemeinsames Untersuchungsgebiet (Phänomen) aller Wirtschaftswissenschaften ist die **Wirtschaft** anzusehen. Mit diesem Begriff ist jenes Feld menschlicher Aktivitäten angesprochen, das der Erfüllung menschlicher Bedürfnisse und Wünsche dient. Die menschlichen Bedürfnisse können an sich als unbegrenzt angesehen werden, die zu ihrer Erfüllung geeigneten Güter sind jedoch in der Regel nur in begrenztem Ausmaß verfügbar. Diese **Güterknappheit** ergibt ein Spannungsfeld zwischen Bedarf und Deckungsmöglichkeit. Der Mensch beginnt **zu wirtschaften**, wenn er die verfügbaren Mittel so einzusetzen trachtet, dass ein möglichst hohes Maß an Bedürfnisbefriedigung erreicht wird. Er **disponiert** über die Güter, die aus seiner Situation heraus knapp, aber verfügbar und übertragbar sind und eine gewünschte Eignung zur Erfüllung seiner Wünsche aufweisen. Insofern handelt es sich um **Wirtschaftsgüter**. Freie Güter brauchen hingegen nicht bewirtschaftet zu werden, da sie in beliebiger Menge zur Verfügung stehen. Diese Klassifizierung ist allerdings an räumliche, zeitliche und situative Verhältnisse gebunden. Ein Gut (z. B. Luft oder Wasser) kann an einem Ort oder zu einer bestimmten Zeit ein freies Gut sein, bei geänderten Verhältnissen aber beschränkt verfügbar sein und damit zu einem Wirtschaftsgut von hohem Wert werden.

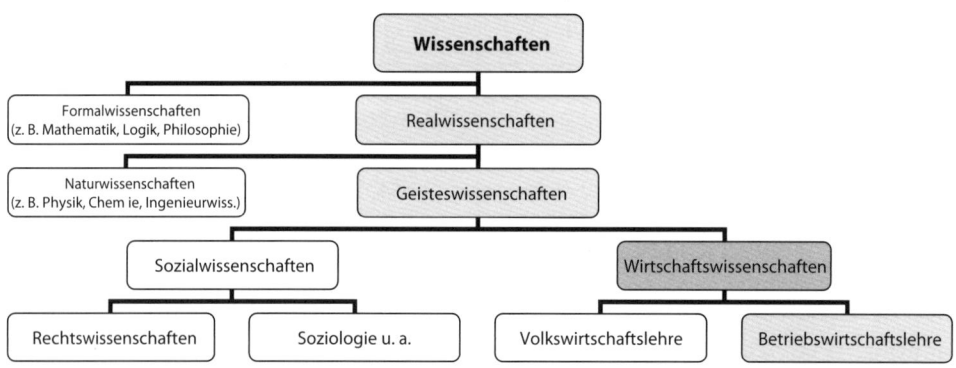

Abbildung 1-2: Betriebswirtschaftslehre im System der Wissenschaften

Die **Realwissenschaften** beschäftigen sich mit real fassbaren, der Beobachtung zugänglichen Sachverhalten. Die Betriebswirtschaftslehre beschäftigt sich mit der realen Erscheinung „Betrieb (Unternehmen)". Dabei bedient sie sich häufig auch der Erkenntnisse der Formalwissenschaften (auch: Idealwissenschaften), deren Untersuchungsbereich die Bildung und Verknüpfung von Aussagen sowie das Ziehen von Schlüssen ist (z. B. Mathematik, Logik). Innerhalb der Realwissenschaften ist zwischen Geistes- und Naturwissenschaften zu unterscheiden. Die **Geisteswissenschaften** untersuchen die vielfältigen Bereiche des geistigen bzw. kulturellen Lebens (sie werden oftmals auch Kulturwissenschaften genannt). Wichtige Bereiche sind die Sozialwissenschaften (auch: Gesellschaftswissenschaften), zu welchen die Politikwissenschaften, die Soziologie oder die Rechtswissenschaften zählen, und die Wirtschaftswissenschaften.

Als **Betrieb** ist eine organisierte (Wirtschafts-)Einheit zu verstehen, in der in Arbeitsteiligkeit unter Beachtung von Marktchancen und -risiken (Wagnissen; wagender Vermögenseinsatz) verfügbare Ressourcen (Personen und Sachmittel) zur Erstellung von Leistungen (Sach- oder Dienstleistungen) eingesetzt werden, die andere nachfragen und somit auf dem Markt verwertet werden können (Fremdleistungsbetriebe). Erfolgt die Leistungserstellung für den Eigenbedarf, spricht man von Eigenleistungsbetrieben (oder Konsumtionsbetrieben, privaten Haushalten).

Betrieb

Betriebe entstehen nicht von selbst, sie werden gegründet, sie wachsen, sie passen sich an veränderte Umweltbedingungen an, schließen sich mit anderen Betrieben zusammen oder sie schrumpfen und beenden schließlich freiwillig durch Liquidation oder zwangsläufig im Wege des Konkurses (Insolvenz) ihre Tätigkeit. Diese **Entwicklung** der Betriebe wird vom Menschen gestaltet und gesteuert (**soziales** System). Hiezu bedarf es dauerhafter Regelungen und einer Ordnung. Es muss eine **Organisation** geschaffen werden, die die Betriebsstruktur (**Aufbau**organisation) und den Ablauf der Leistungsprozesse in diesem Rahmen (**Ablauf**organisation) festlegt.

In der Praxis werden in Ergänzung zum Begriff „Betrieb" vielfach, oft in synonymer Anwendung, die Begriffe „Unternehmen" und „Unternehmung" gebraucht. Als **Unternehmen** wird im Sinne der betriebswirtschaftlichen Unternehmenstheorie (Leopold Illetschko) ein Feld einzelwirtschaftlicher Aktivitäten im Sinne einer funktionalen (aufgabenbezogenen) Analyse verstanden. In rechtlicher Sicht ist ein Unternehmen jede auf Dauer angelegte Organisation selbständiger wirtschaftlicher Tätigkeit, mag sie auch nicht auf Gewinn gerichtet sein (§ 1 Unternehmensgesetzbuch – UGB). Als **Unternehmung** ist aus betriebswirtschaftlicher Sicht eine spezifische Betriebsform in einem marktorientierten (kapitalorientierten) Wirtschaftssystem zu verstehen, die auf Gewinnerzielung ausgerichtet ist.

Unternehmen
Unternehmung

Wirtschaftswissenschaften:
- Betriebswirtschaftslehre
- Volkswirtschaftslehre

Betrieb:
- Organisationseinheit
- wagender Vermögenseinsatz
- Erstellung von Leistungen
- Verwertung am Markt

Koordination von:
- *Personen und*
- *Sachmitteln zur*
- *Leistungserstellung und*
- *Leistungsverwertung*

Unternehmen
Unternehmung

⇨ **Aufbau**organisation (Struktur)
Ablauforganisation (Prozess)

Abbildung 1-3: Untersuchungsobjekte der Betriebswirtschaftslehre

Firma
Geschäft

In der Praxis sind vielfach auch die Bezeichnungen Firma, Geschäft, Werk und Fabrik üblich. **Firma** ist ein juristischer Begriff und bezeichnet den Namen, unter dem ein Unternehmer seinen Betrieb führt. Als **Geschäft** wird entweder ein Handelsbetrieb oder der kaufmännische Bereich eines Industriebetriebes angesehen. **Werk** und **Fabrik** kennzeichnen im technischen Sinne Stätten der Leistungserstellung.

Wertschöpfungsprozess

Im Spannungsfeld zwischen den Bedürfnissen und ihrer Erfüllung ist ein **Entscheidungsprozess** über die **Herstellung** (**Produktion**) und den **Verbrauch** von Gütern eingebettet. Daraus leitet sich der betriebliche **Wertschöpfungsprozess** ab: Betriebe (Unternehmen) stellen Güter und Dienstleistungen für andere Wirtschaftssubjekte her. Hiezu brauchen sie andere Güter und Dienste, die sie als Vorleistungen vom Beschaffungsmarkt beziehen, und sie verwerten die erstellten Leistungen auf dem Absatzmarkt (siehe im Detail Kapitel 3: Der betriebliche Wertekreislauf). Die Differenz zwischen dem Gegenwert, den die Unternehmen aus der Leistungsverwertung auf dem Absatzmarkt erzielen, und dem Wert der benötigten Vorleistungen, wird als Wertschöpfung bezeichnet.

Wirtschaftsgüter

Als **Wirtschaftsgüter** sind anzusehen:

1. **Materielle** Güter (Sachgüter) und **immaterielle** Güter (Arbeitsleistung des Menschen, Dienste, Rechte, Lizenzen).
2. **Realgüter** (materielle und immaterielle Güter) sowie **Nominalgüter** (Geld oder Anrechte auf Geld).
3. **Konsumgüter** (zur direkten Bedürfnisbefriedigung) und **Produktionsgüter** (zur indirekten Bedürfniserfüllung, indem Güter für nachgelagerte Produktionsprozesse bereitgestellt werden).

4. **Inputgüter** (Einsatzgüter für Produktionsprozesse, wie Rohstoffe oder menschliche Arbeit) und **Outputgüter** (Ergebnisse des Produktionsprozesses).

5. **Gebrauchsgüter** (wie Maschinen, Anlagen usw., die für die Produktion genutzt werden) und **Verbrauchsgüter** (wie Materialien und Energie, die im Produktionsprozess aufgebraucht werden).

6. **Individualgüter** (Güter, die gegen Entgelt an einzelne Leistungsabnehmer abgegeben werden; es gilt das Marktausschlussprinzip, das Gut steht anderen nicht zur Verfügung) und **Kollektivgüter** (sachpolitisch erwünschte Zustände, wie innere und äußere Sicherheit, Bildung, Gesundheit, soziale Wohlfahrt, die einer Personengemeinschaft als Ganzes zugute kommen).

Bei der Entscheidung über den Gütereinsatz (Mitteleinsatz) zur Bedürfnisbefriedigung ist das menschliche Handeln wie bei jeder auf bestimmte Zwecke ausgerichteten Tätigkeit am **allgemeinen Vernunftsprinzip** (**Rationalprinzip**) ausgerichtet. **Rationalprinzip**

Dieses Handlungsprinzip lässt zwei Alternativen offen:

1. Ein vorgegebenes, bekanntes Ergebnis (Ziel) ist mit dem geringstmöglichen Mitteleinsatz zu erreichen (**Minimalprinzip**).

2. Mit verfügbaren, gegebenen Mitteln ist ein bestmögliches Ergebnis zu erreichen (**Maximalprinzip**).

Im Bereich des Wirtschaftens sind für „Einsatz" und „Ergebnis" **wirtschaftliche Größen** anzusetzen. Als Einsatzgrößen kommen Mengen an Produktionsfaktoren, Aufwand oder Kosten (bewertete Produktionsfaktoren) in Frage, Ergebnisgrößen sind Leistungsmengen, Erträge, Nutzenelemente.

Die wirtschaftsbezogene Auslegung des Rationalprinzips wird als **ökonomisches Prinzip** bezeichnet. Es verlangt, dass ein möglichst günstiges Verhältnis (eine optimale Relation) zwischen den ökonomischen Einsatz- und Ergebnisgrößen anzustreben ist. Damit soll eine Handlungsempfehlung abgegeben werden, wie das Problem der Güterknappheit auf der einen Seite und der über den verfügbaren Güterbestand hinausgehenden Bedürfnisse auf der anderen Seite einer Lösung zugeführt werden kann. Die Verwirklichung des ökonomischen Prinzips hängt auch wesentlich vom verfügbaren **Wissen** (vom Stand an Informationen) und von der **Risikoneigung** zur Überwindung des persönlichen Unsicherheitsproblems ab. **Ökonomisches Prinzip**

In **marktwirtschaftlichen** Wirtschaftssystemen wird unter Beachtung staatlicher Rahmenbedingungen dem freien Spiel der Marktkräfte der Vorzug gegeben. Auf den **Märkten** kommt es zum Zusammentreffen von Angebot und Nachfrage, der Ausgleich erfolgt dezentral über die Preisbildung. Die einzelne Wirtschaftseinheit trägt dabei das Wagnis des Gelingens dieses Austausches. Die Märkte sind insofern als Bindeglieder in einer arbeitsteiligen Wirtschaft anzusehen. **Marktwirtschaft**

Planwirtschaft

In **planwirtschaftlichen** Wirtschaftssystemen werden die genannten Fragestellungen von zentralen Planungsinstanzen beantwortet, die die Planung und Koordinierung aller Wirtschaftsaktivitäten wahrzunehmen haben. Dabei entsteht die Schwierigkeit, die Bedürfnisse der einzelnen Wirtschaftssubjekte zu erkennen und ausreichend erfüllen zu können.

Betriebsmerkmale

Unabhängig vom jeweiligen Wirtschaftssystem kennzeichnen die betriebliche Tätigkeit nach Erich Gutenberg drei (wirtschafts-)**systemindifferente Tatbestände**:

1. Die Leistungserstellung erfolgt durch eine zielgerichtete **Kombination von Produktionsfaktoren** (menschliche Arbeit, Gebrauchsgüter, Verbrauchsgüter; die Gebrauchsgüter werden auch als Anlagen oder Betriebsmittel bezeichnet, die Verbrauchsgüter auch als Werkstoffe).
2. Jede Leistungserstellung unterliegt dem **Prinzip der Wirtschaftlichkeit** (ökonomisches Prinzip).
3. Jeder Betrieb muss in der Lage sein, seine fälligen Schulden jederzeit ohne wesentliche Störung des Betriebsablaufes abstatten zu können (**Prinzip des finanziellen Gleichgewichts**).

Produktionsfaktoren

Bei den Produktionsfaktoren ist zu beachten, dass für die Betriebswirtschaftslehre die Frage der (ein- oder mehrmaligen) Disponierbarkeit im Vordergrund steht (daher: Arbeit, Gebrauchs- und Verbrauchsgüter), während in der Volkswirtschaftslehre für die Gliederung die Frage der Herkunft und Erneuerbarkeit ausschlaggebend ist (Arbeit, Grund und Boden, Kapital). Beim Faktor „menschliche Arbeit" unterscheidet die Betriebswirtschaftslehre weiters zwischen dispositiven (lenkenden, leitenden) und ausführenden Tätigkeiten.

Unternehmung

Zusätzlich ist der Betrieb durch (wirtschafts-)**systembezogene Tatbestände** gekennzeichnet. Der spezielle Betriebstyp in marktwirtschaftlichen Systemen wird als **Unternehmung** bezeichnet. Er ist gekennzeichnet durch

1. die Möglichkeit zur Selbstbestimmung des Wirtschaftsplanes (**Autonomieprinzip**);
2. das Streben nach möglichst hohem Gewinn unter Beachtung des Marktrisikos, um auf Dauer bestehen zu können (**erwerbswirtschaftliches Prinzip**);
3. das Prinzip des Privateigentums und des daraus abgeleiteten Anspruchs auf **Alleinbestimmung**.

Planwirtschaftlich orientierter Betrieb

Der Unternehmung steht der **planwirtschaftlich orientierte Betrieb** gegenüber. Er ist gekennzeichnet durch

1. die Einbindung in einen zentralen (Volks-)Wirtschaftsplan (**Organprinzip**), in dem die Art der Leistung und damit der Wirtschaftsplan für den Betrieb festgelegt werden;
2. das Streben nach bestmöglicher Erfüllung dieses Planes (**Prinzip der Planerfüllung**);

3. das Prinzip des Gemeineigentums und des daraus abgeleiteten Anspruchs der Mitglieder des Gemeinwesens auf **Mitbestimmung**.

Es ist anzumerken, dass die Nichteinhaltung des Prinzips des finanziellen Gleichgewichts für die erwerbswirtschaftliche (marktwirtschaftliche) Unternehmung existenzvernichtend sein kann. Beim plandeterminierten Betrieb hat die zentrale Planungsinstanz für das finanzielle Gleichgewicht zu sorgen, der Betrieb kann nur durch eine Entscheidung der planerstellenden Zentralinstanz beendet werden.

Betriebstypen dieser Art sind nicht allein in den planwirtschaftlich (von Zentralverwaltungen) dominierten Staaten, sondern auch in den Systemen der sozialen Marktwirtschaft zu finden, in denen der Staat infrastrukturelle Vorleistungen für die Funktionsfähigkeit der Märkte, aber auch Leistungen zur Funktionsfähigkeit des gesellschaftlichen Systems erbringt (gemischtwirtschaftliches System). Es handelt sich dann bei diesen Betrieben um **öffentliche Unternehmen** (öffentliche Betriebe), soweit sie marktfähige Individualgüter erstellen, und um **öffentliche Verwaltungen** (Verwaltungsbetriebe). Diese produzieren Kollektivgüter und gewährleisten damit sachpolitisch erwünschte Zustände, wie z. B. innere und äußere Sicherheit, Bildung, soziale Wohlfahrt. Sie werden deshalb gerne als **Gewährleistungsbetriebe** bezeichnet. Öffentliche Unternehmen und Verwaltungen werden als Organe der Gesamtwirtschaft vom Staat (Bund, Länder, Gemeinden, andere Selbstverwaltungskörper) getragen und sollen den gesellschaftlichen Bedarf nach bestimmten Gütern (z. B. öffentliche Straßen) und Dienstleistungen (z. B. Altersversorgung) befriedigen.

Öffentliche Unternehmen Gewährleistungsbetriebe

Betriebe, die vorrangig ein bestimmtes Leistungsprogramm zu erfüllen haben und keine Gewinnerzielungsabsichten verfolgen, werden auch als **Nonprofit-Organisationen (NPO)** bezeichnet. Entsprechend ihrer Trägerschaft werden sie in **staatliche** NPO (Verwaltungsbetriebe, öffentliche Unternehmen), **halbstaatliche** NPO (Kammern und Sozialversicherungsanstalten mit Pflichtmitgliedschaft als Selbstverwaltungskörper) und **private** NPO (mit wirtschaftlichen, soziokulturellen, politischen und karitativen Zielsetzungen) untergliedert.

Nonprofit-Organisationen

Wirtschaftliche NPO (z. B. Industriellenvereinigung) erbringen ihren Mitgliedern gegenüber zunächst zahlreiche Dienstleistungen, wie Informationsvermittlung, Beratung oder Schulung mit dem Zweck, deren wirtschaftliche Tätigkeit unmittelbar zu fördern und zu verbessern. Neben dieser einzelwirtschaftlichen Funktion erfüllen sie weiters eine gesellschaftlich-politische Funktion, indem sie die Interessenwahrnehmung für ihre Mitglieder im politischen Willensbildungsprozess besorgen. Zu den **karitativen** NPO zählen Hilfsorganisationen für Kranke, Betagte, Behinderte, Süchtige usw. **Soziokulturelle** NPO umfassen alle Arten von Vereinen zur Förderung kultureller, sportlicher und gesellschaftlicher Interessen. Als **politische** NPO werden politische Parteien und Gruppierungen, Umweltschutzorganisationen, Bürgerinitiativen bezeichnet.

Dritter Sektor Generell ist zwischen **Fremdleistungs**-NPO (karitative Hilfsorganisationen) und **Eigenleistungs**-NPO (z. B. Kammern) zu unterscheiden. Dieser auch als „**Dritter Sektor**" (neben Staat und Markt) bezeichnete Bereich gewinnt in der heute erkennbaren Tendenz zur dienstleistungsorientierten Gesellschaft zunehmend an Bedeutung und wird vielfach als Korrektiv zu Staats- und Marktversagen interpretiert.

1.2. Allgemeine Zielsetzungen für betriebliche Aktivitäten

Zielsetzungen Für die wirtschaftliche Tätigkeit in Betrieben sind folgende grundsätzliche Orientierungen prägend (siehe Abbildung 1-4):

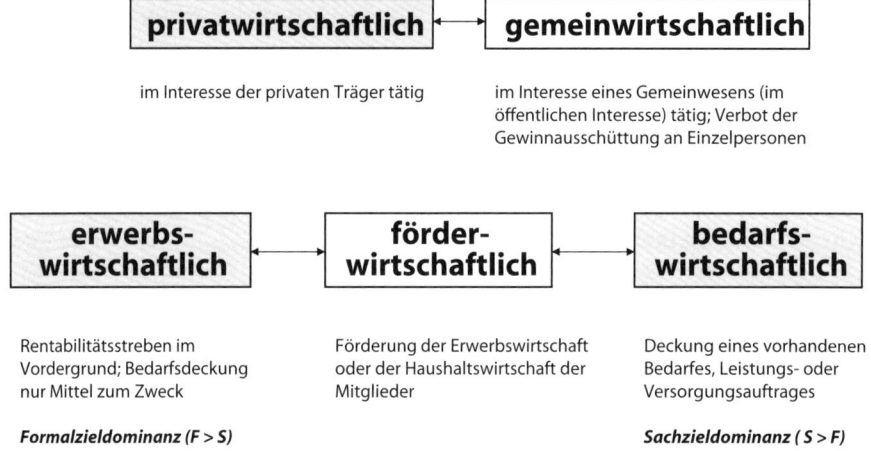

Abbildung 1-4: Zielsetzungen des Wirtschaftens (Begriffsbeziehungen)

Erwerbswirtschaft 1. **Erwerbswirtschaftliche** Orientierung: Sie bietet die Möglichkeit, das **Wirtschaftsprogramm** auf der Grundlage einer gegebenen Marktsituation **selbst bestimmen** zu können. Durch Ausnützen der Marktchancen und unter Bedachtnahme auf das Marktrisiko wird **Gewinnerzielung** angestrebt. Das Leistungsprogramm hat sich den Möglichkeiten der Gewinnerzielung unterzuordnen (Dominanz der Formalziele vor den Sachzielen). Dies erfordert die Freiheit in der Bestimmung des Leistungsprogrammes und in der Bestimmung des Standortes.

Bedarfswirtschaft 2. **Bedarfswirtschaftliche** Orientierung: Für das Wirtschaftsprogramm ist in erster Linie die Abdeckung eines vorhandenen Bedarfs an Leistungen ausschlaggebend (z. B. bei öffentlichen Krankenhäusern). Dabei ist das finanzielle Gleichgewicht zu beachten, die Erzielung eines Überschusses (Gewinnes) ist dabei nachrangig. Gegebenenfalls hat der Träger des Unternehmens (z. B. Gebietskörperschaft) für die Substanzerhaltung im Wege von Verlustabdeckungen (Eigenkapitalzufuhren) zu sorgen.

3. **Förderwirtschaftliche** Orientierung: Bei Wirtschaftsverbänden und Genossenschaften steht die Förderung der Mitgliederinteressen im Vordergrund. Diese können im wirtschaftlichen Bereich (z. B. Beschaffungs- oder Absatzsicherung), aber auch im außerwirtschaftlichen (metaökonomischen) Bereich (z. B. gesellschaftliche oder kulturelle Bildung) liegen.

Förderwirtschaft

4. **Privatwirtschaftliche** Orientierung: Der Betrieb wird im Interesse seiner privaten Träger (Eigentümer) tätig.

Privatwirtschaft

5. **Gemeinwirtschaftliche** Orientierung: Der Betrieb wird im öffentlichen Interesse bzw. im Interesse eines Gemeinwesens (und damit einer den Einzelpersonen übergeordneten Personengesamtheit) tätig. Dieses Interesse kann von Bund, Ländern und Gemeinden, aber auch von Selbstverwaltungskörpern (z. B. Kammern), Arbeitnehmervertretungen (z. B. Gewerkschaften), kirchlichen Organisationen (z. B. Ordensgemeinschaften) und anderen gesellschaftlichen Institutionen (z. B. politischen Parteien) ausgehen.

Gemeinwirtschaft

Diese grundsätzlichen Orientierungen lassen sich in zwei Dimensionen gegenüberstellen:

a) **Erwerbswirtschaftliche – bedarfswirtschaftliche – förderwirtschaftliche** Orientierung:
Den auf Gewinn ausgerichteten erwerbswirtschaftlichen Unternehmen stehen die primär nicht auf Gewinn ausgerichteten bedarfswirtschaftlichen und förderwirtschaftlichen Unternehmen (NPO) gegenüber.

b) **Privatwirtschaftliche – gemeinwirtschaftliche** Orientierung:
Das Interesse des Trägers von betrieblichen Aktivitäten ist ausschlaggebend. In einer funktionalen Sichtweise wird **Gemeinwirtschaft** als das Verhalten wirtschaftender Einheiten bezeichnet, deren Tätigkeit auf die dauernde Versorgung der Menschen mit Gütern und Diensten ausgerichtet ist und dabei nicht vom Ziel einer Gewinn- und Vermögensmehrung für Einzelpersonen bestimmt ist. Vielmehr ist das wirtschaftliche Interesse einer Personengemeinschaft als Ganzes zu beachten.

Zwischen diesen begrifflichen Dimensionen bestehen an sich vielfältige Verknüpfungsmöglichkeiten. Unternehmen im Privateigentum werden zwar in der Regel erwerbswirtschaftlich orientiert sein und damit privatwirtschaftliche Interessen verfolgen. Dem **Subsidiaritätsgedanken** folgend sollten öffentliche Unternehmen primär dort tätig werden, wo private Wirtschaftssubjekte nicht oder nicht in ausreichendem Ausmaß vertreten sind. Sie werden daher primär bedarfswirtschaftliche Zielsetzungen (z. B. Deckung des Bedarfes an flächendeckender Gesundheitsversorgung) zu verfolgen haben und damit gemeinwirtschaftlichen Interessen verpflichtet sein. Es ist jedoch umgekehrt durchaus realistisch, wenn öffentliche Unternehmen erwerbswirtschaftliche Zielsetzungen verfolgen (z. B. im Industriebereich oder im Luftverkehr) oder private Unternehmen bedarfswirtschaftlichen Zielsetzungen Vorrang einräumen (z. B. Nahversorgung in Randgebieten aus sozialen Bindungen heraus).

Subsidiarität

Typologie der Wirtschaftssubjekte

Abbildung 1-5 zeigt eine Typologie der Wirtschaftssubjekte. Daraus wird deutlich, dass sich Wesensunterschiede zwischen privaten und öffentlichen Betrieben nur aus den Zielsetzungen (aus dem Sinn der Unternehmen) und den Leistungsformen, nicht jedoch aus dem Eigentum (der Trägerschaft) heraus ergeben.

Merkmale / Wirtschaftssubjekte	Privater Haushalt	Unternehmen	Verband	Verwaltung
Leistungsprogramm	Eigenbedarfsdeckung	Individuelle Fremdbedarfsdeckung	Bedarfsdeckung für Mitglieder	Kollektive Fremdbedarfsdeckung
Zielsetzungen	Individuelle Wohlfahrt durch (a) Einkommenserzielung (b) Selbstwertgefühl	Erwerbsstreben für Eigentümer und Manager; Leistungsmaximierung bei Kostendeckung; Nutzenstiftung	Deckung des Leistungsbedarfes von Gruppen; Wahrnehmung der Interessen der Gruppenmitglieder	Bedarfsdeckung der Allgemeinheit oder großer Teile davon
Art der Leistungsabgabe	Eigenleistung	Marktfähige Güter; Absatz gegen Entgelt	Teils kollektive Güter, teils marktfähige Güter; Abgabe vielfach unentgeltlich	Nicht marktfähige kollektive Güter; überwiegend unentgeltlicher Absatz
Ökonomische Selbständigkeit durch	Einkommen	Umsatzerlöse	Umlagen	Abgaben
Eigentum (Träger)	Ein- oder Mehrpersonenhaushalte	Private und öffentliche Unternehmen	Private und öffentliche Vereine/Verbände, z.B. Kammern	Staatliche (öffentliche) Verwaltungen und nicht-staatliche Verwaltungen (z.B. Kirchen)

Abbildung 1-5: Betriebstypologie

1.3. Betriebswirtschaftliche Aufgaben (Funktionen)

Funktionen

Dem betrieblichen Wertschöpfungsprozess folgend sind zunächst die **leistungswirtschaftlichen** Aufgabenbereiche (Funktionen) von **Beschaffung**, **Produktion** und **Absatz** von Bedeutung.

Beschaffung Produktion Absatz

Die für den Leistungserstellungsprozess notwendigen Produktionsfaktoren werden auf verschiedenen **Beschaffungsmärkten** beschafft: die Arbeitskräfte auf dem Arbeitsmarkt, die benötigten Anlagen (Gebrauchsgüter, Betriebsmittel) auf dem Investitionsgütermarkt und die Verbrauchsgüter auf den entsprechenden (Teil)Beschaffungsmärkten (z. B. Energiemarkt, Transportmarkt). Die beschafften Güter sind die Voraussetzung für die **Produktion** und damit für den betrieblichen Transformationsprozess, in dem aus den Einsatzgütern (Input) andere Güter (Output) erstellt werden. Der Erfolg eines Unternehmens hängt davon ab, inwieweit die erstellten Güter auf den verschiedenen **Absatzmärkten** (z. B. Inlandsmärkte, Auslandsmärkte) abgesetzt werden können und dabei ein Ertrag erzielbar ist, der höher als der Wert der eingesetzten Input-Güter (Ertrag höher als Kosten) ist.

In einer marktorientierten Wirtschaftsordnung bilden in der Regel die Absatz- **Marketing** möglichkeiten den Ausgangspunkt der unternehmerischen Entscheidungen, an denen sich die vorgelagerten Beschaffungs- und Produktionsmöglichkeiten aus- zurichten haben. Deshalb kommt dem Marketing eine bedeutsame Rolle zu. Als **Marketing** wird eine Konzeption der Unternehmensführung verstanden, die alle betrieblichen Aktivitäten im Interesse der Erreichung der Unternehmens- ziele konsequent auf die gegenwärtigen und zukünftigen Erfordernisse der Märkte ausrichtet. Beschränkte Beschaffungsmöglichkeiten oder Produktions- kapazitäten können kurz- bis mittelfristig eine andere Orientierung als an den Absatzmöglichkeiten erforderlich machen, bedürfen aber langfristig eines Inter- essenausgleichs (sog. „**Ausgleichsgesetz der Planung**").

Die leistungswirtschaftlichen Funktionen der Beschaffung, der Produktion und **Logistik** der Planung werden in einer zweiten Betrachtungsebene (siehe Abbildung 1-6) **Finanzierung** konkretisiert durch den Material- und Produktfluss durch das Unternehmen **Investition** (Input – Throughput – Output), der Entscheidungen über die Lagerhaltung und die innerbetriebliche wie außerbetriebliche Transportorganisation erforderlich macht. Sie werden in der Regel als betriebswirtschaftliche **Logistik** zusammen- gefasst. Den Material- und Produktfluss begleitet zeitgleich oder eine gewisse Zeitspanne im Voraus ein Informationsstrom, der Dispositionen über einen möglichst kontinuierlichen Güter- und Warenfluss ermöglichen soll. Dem Gü- terstrom gegenläufig ist der Strom an Zahlungsmitteln, der aus der Leistungsver- wertung auf den Absatzmärkten stammt und die Wiederbeschaffung der benö- tigten Produktionsfaktoren ermöglichen soll. Die Mittelaufbringung aus dem Wertschöpfungsprozess sowie von außen durch die Bereitstellung von Eigen- und Fremdkapital wird als **Finanzierung** bezeichnet, die Mittelverwendung als **Investition**. Als wichtigste Fragestellungen können dabei die Ermittlung des für den Wertschöpfungsprozess benötigten Kapitalbedarfes, die langfristige Gestal- tung der Zahlungsströme und die kurzfristige Sicherung der Zahlungsfähigkeit des Unternehmens bezeichnet werden.

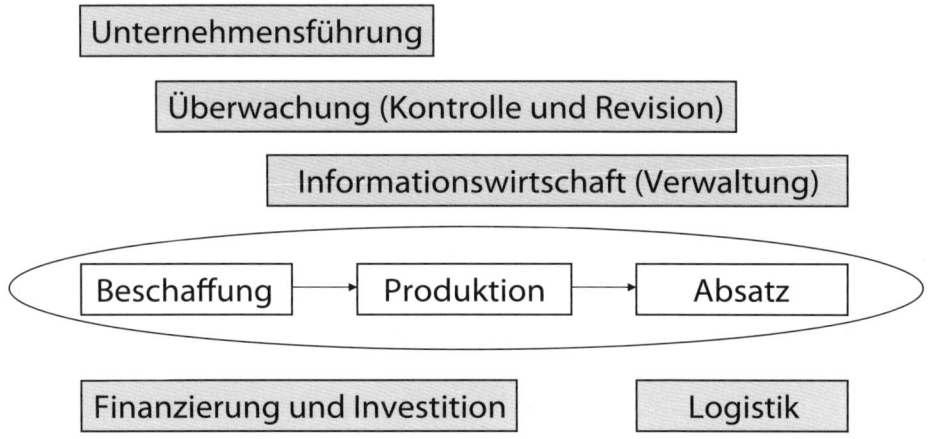

Abbildung 1-6: Betriebliche Funktionsbereiche

Neben den betrieblichen Aufgabenbereichen der ersten Ebene (Beschaffung, Produktion und Absatz) und der zweiten Ebene (Finanzierung und Investition, Logistik), die je nach Leistungsart bzw. Prozessgestaltung sehr spezifisch ausgestaltet werden können, sind in einer dritten Betrachtungsebene die sich auf das gesamte Unternehmen erstreckenden Aufgabenbereiche der Unternehmensführung, der betriebswirtschaftlichen Überwachung (Kontrolle und Revision) sowie der betrieblichen Informationswirtschaft (Verwaltung) von Bedeutung.

Forschung und Entwicklung

Werden in Unternehmen Produkte neu entwickelt, so tritt zu den betrieblichen Funktionen der Beschaffung und Produktion noch jene der **Forschung und Entwicklung** hinzu. Dabei ist zwischen Grundlagenforschung und angewandter Forschung zu unterscheiden. Gerade im Bereich der Forschung und Entwicklung kooperieren die Unternehmen häufig mit staatlichen oder privaten Forschungseinrichtungen.

Unternehmensführung Controlling

Als **Unternehmensführung (Management)** sind alle Aufgaben der Steuerung und Lenkung eines Unternehmens anzusehen. Der arbeitsteilige Leistungsprozess im Unternehmen setzt ein Mindestmaß an einheitlichem bzw. geordnetem Handeln voraus und bedingt die Orientierung an gemeinsamen Zielvorstellungen. Die betriebliche Koordination wird durch die Zuordnung von Teilaufgaben und Teilverantwortlichkeiten, durch verschiedenste Planungen und Verhaltensnormierungen, durch persönliche Anweisungen und die Beachtung gemeinsamer Wertvorstellungen zu erreichen versucht. Als Kernaufgaben der Unternehmensführung werden Planung, Organisation (der Planumsetzung durch Aufgabendelegation) und Kontrolle (des Erreichten im Vergleich zu den Planvorstellungen) angesehen. Diese Aufgaben bedingen einen permanenten Prozess des Lenkens und Steuerns, der auch als **Controlling** („to control") bezeichnet wird und eine strategische (die gesamthafte Unternehmensentwicklung betreffend) und operative Dimension (die einzelnen betrieblichen Aktivitäten betreffend) aufweist. Das Wort „Management" wird auch in institutioneller Weise gebraucht, man bezeichnet damit alle Personen und Personengruppen, die Management-Aufgaben wahrnehmen.

Überwachung Kontrolle Revision

Die betriebswirtschaftliche **Überwachung** setzt sich aus der in den Leistungsprozess eingebetteten **Kontrolle** (z. B. Vier-Augen-Prinzip bei Zahlungsvorgängen) und der außerhalb des Leistungsprozesses wahrgenommenen Revision (Prüfung) zusammen. Die **interne Revision** hat die Aufgabe, die Funktionsfähigkeit der in den Leistungsprozess eingebetteten Kontrollmaßnahmen zu überprüfen und darüber der Unternehmensführung zu berichten. Die **externe Revision** wird von unabhängigen Prüfern außerhalb des Leistungsprozesses projektbezogen wahrgenommen (z. B. Prüfung des Jahresabschlusses durch Wirtschaftsprüfer).

Informationswirtschaft

Der **Informationswirtschaft** (der betrieblichen **Verwaltung**) kommt eine besondere Bedeutung als Bindeglied zwischen der Unternehmensführung, der operativen Unternehmensebene und der betrieblichen Umwelt zu. Ihr Aufgabenbereich besteht in der Erfassung, Speicherung, Auswahl und Bereitstellung von betrieblichen Informationen, die für die Lenkung und Steuerung der bctrieblichen Aktivitäten im Hinblick auf die Erreichung der vorgegebenen Unternehmensziele benötigt werden. Zu den wichtigsten Verwaltungsbereichen gehören das betriebliche **Rechnungswesen** und das darauf aufbauende (operative) **Controlling**.

1.4. Gliederung der Betriebswirtschaftslehre

Mit der Gliederung der Betriebswirtschaftslehre wird bezweckt, das Fach in seinen großen Untersuchungsbereichen abzustecken, um zu tragfähigen Grundlagen für die Erforschung einzelwirtschaftlicher Tatbestände und Vorgänge zu gelangen (siehe Abbildung 1-7).

In der **Allgemeinen Betriebswirtschaftslehre** steht die Beschreibung und Erklärung von betrieblichen Sachverhalten im Vordergrund, die allen Betrieben eigen sind, und zwar unabhängig von ihrer Wirtschaftszweigzugehörigkeit, ihrer Rechtsform und ihrer Eigentümerschaft.

Allgemeine Betriebswirtschaftslehre

Allgemeine Betriebswirtschaftslehre	
Wirtschaftszweiglehren (Institutionelle Betriebswirtschaftslehren)	Industriebetriebslehre Handelsbetriebslehre Bankbetriebslehre Fremdenverkehrsbetriebslehre Transportbetriebslehre Handwerksbetriebslehre Versicherungsbetriebslehre Verwaltungsbetriebslehre Krankenhausbetriebslehre usw.
Funktionale Betriebswirtschaftslehren	Unternehmensführung Investition und Finanzierung Beschaffungswirtschaft Produktion und Logistikmanagement Marketing Controlling Organisation Personalmanagement Informationswirtschaft Rechnungswesen

Sonderformen	Unternehmensgründung und -entwicklung
	BWL der Klein- und Mittelbetriebe
	Betriebswirtschaftliche Steuerlehre
	Betriebswirtschaftliche Prüfungslehre (Revisions- und Treuhandwesen)
	Öffentliche Betriebswirtschaftslehre (BWL der öffentlichen Verwaltungen und der öffentlichen Unternehmen)
	Betriebswirtschaftslehre von Verbänden (Verbandsbetriebslehre)
	BWL der Genossenschaften
	Nonprofit-Management
Betriebswirtschaftliche Techniken	Buchführungstechniken
	Finanzmathematik
	Organisationstechniken
	Planungs- und Entscheidungstechniken

Abbildung 1-7: Gliederung der Betriebswirtschaftslehre

Besondere Betriebswirtschaftslehren

Die **Besonderen Betriebswirtschaftslehren** haben die betrieblichen Sachverhalte zum Gegenstand, die sich aus den spezifischen Problemstellungen in einzelnen Wirtschaftszweigen (**Wirtschaftszweiglehren**; auch: Spezielle oder Institutionelle Betriebswirtschaftslehren) oder in einzelnen Betriebsabläufen und betrieblichen Funktionen (**Funktionale Betriebswirtschaftslehren**) ergeben.

Daneben haben sich im Laufe der Zeit Spezielle Betriebswirtschaftslehren (**Sonderformen**) entwickelt, die die Besonderheiten von Betrieben durch die Verschiedenheit in der Betriebsgröße (z. B. Betriebswirtschaftslehre der Klein- und Mittelbetriebe), in der Rechtsform (z. B. Genossenschaftsbetriebslehre) oder durch Unterschiede im Eigentum und die daraus abgeleitete Entscheidungsmacht (z. B. Öffentliche Betriebswirtschaftslehre) sowie in Bezug auf die Phasen der Unternehmensentwicklung (z. B. Unternehmensgründung und -entwicklung) oder hinsichtlich der Steuergestaltung sowie externer und interner Formen der Überwachung (Revision und Kontrolle) behandeln.

Betriebswirtschaftliche Techniken

Neben Speziellen und Funktionalen Betriebswirtschaftslehren gehören auch **Betriebswirtschaftliche Techniken** zum Untersuchungsbereich der Betriebswirtschaftslehre: Buchführungstechniken, Finanzmathematik, Organisationstechniken, Planungs- und Entscheidungstechniken usw. Mit ihrer Hilfe werden entscheidungsrelevante Daten erarbeitet und verarbeitet.

Die Zusammenhänge zwischen den einzelnen Untersuchungsfeldern der Betriebswirtschaftslehre zeigt Abbildung 1-8 auf. Es ist einsichtig, dass eine institutionelle Betrachtung ohne Berücksichtigung funktionaler Gesichtspunkte ebenso wenig sinnvoll erscheint wie eine funktionale Darstellung ohne Einschluss institutioneller Aspekte.

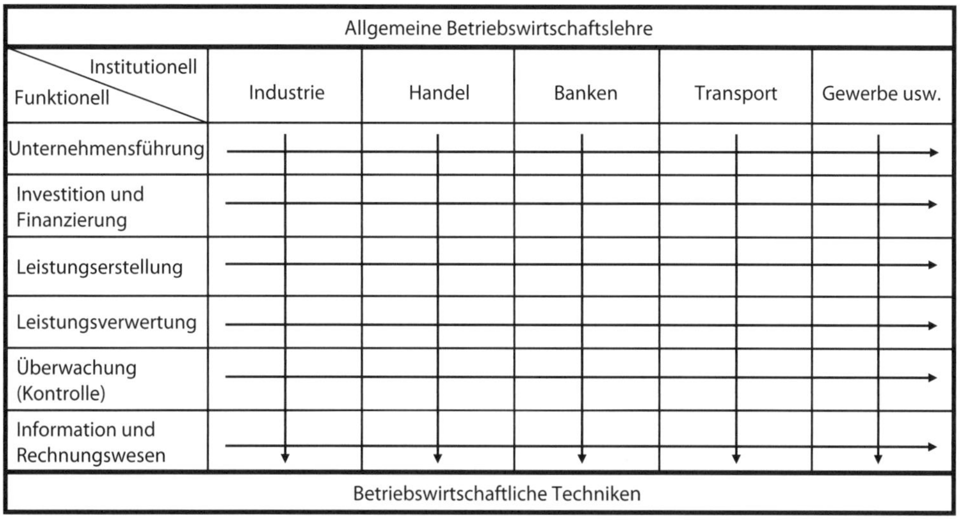

Allgemeine Betriebswirtschaftslehre					
Institutionell / Funktionell	Industrie	Handel	Banken	Transport	Gewerbe usw.
Unternehmensführung					
Investition und Finanzierung					
Leistungserstellung					
Leistungsverwertung					
Überwachung (Kontrolle)					
Information und Rechnungswesen					
Betriebswirtschaftliche Techniken					

Abbildung 1-8: Untersuchungsbereiche der Betriebswirtschaftslehre

1.5. Gliederung der Betriebe

Mit der Gliederung der Betriebe wird bezweckt, einzelwirtschaftliche Sachverhalte verschiedenster Ausprägung hervorzuheben, um damit auf arteigene Probleme zu verweisen oder praktischen Anliegen Rechnung zu tragen, die erst durch diese Hervorhebung ausreichend umrissen werden. In der Regel werden die Betriebe

- nach Wirtschaftszweigen
- nach der Betriebsgröße
- nach der Art der Leistungen oder
- nach vorherrschenden Produktionsfaktoren

gegliedert.

Bei der Gliederung nach **Wirtschaftszweigen** wird in der Regel zwischen Industriebetrieben, Handelsbetrieben, Gewerbebetrieben (Handwerksbetrieben), Bankbetrieben, Fremdenverkehrsbetrieben, Transportbetrieben, Krankenhausbetrieben, Versorgungsbetrieben usw. unterschieden. Die Wirtschaftskammer Österreich sieht eine Gliederung in sieben Sparten vor: Gewerbe und Handwerk, Industrie, Handel, Bank und Versicherung, Transport und Verkehr, Tourismus und Freizeitwirtschaft, Information und Consulting (siehe Tabelle 1-1).

Wirtschaftszweige Die **Kammermitgliedschaft** erstreckte sich Ende 2017 auf insgesamt 529.693 **Unternehmen** (ruhende Gewerbeberechtigungen werden nicht mitgezählt). Bei Kammermitgliedern, die über Gewerbeberechtigungen verfügen, die in mehr als eine Sparte fallen, besteht die Mitgliedschaft in jeder betroffenen Sparte, sodass es zu Mehrfachzählungen kommt. Von den genannten 529.693 Unternehmen entfielen 340.568 (das sind 64,3 %) auf sog. **Ein-Personen-Unternehmen (EPU)**, das sind Einzelunternehmen und Gesellschaften mit beschränkter Haftung (GmbH) der gewerblichen Wirtschaft ohne unselbständig Beschäftigte. Unternehmen mit mindestens einem unselbständig Beschäftigten werden als sog. „**Arbeitgeberunternehmen**" bezeichnet.

Sparte	Unter-nehmen	davon Arbeitgeber-unternehmen	Unselb-ständig Beschäftigte
Gewerbe und Handwerk	239.900	66.340	650.994
Industrie	4.210	3.613	428.989
Handel	110.691	36.592	499.041
Bank und Versicherung	801	801	101.777
Transport und Verkehr	22.535	12.215	207.673
Tourismus u. Freizeitwirtschaft	63.124	41.159	293.208
Information und Consulting	88.432	28.405	202.570
Gesamt	529.693	189.125	2,382.001

Quelle: WKÖ Beschäftigungsstatistik in der Kammersystematik; Dezember 2017

Tabelle 1-1: Unternehmen in der Spartengliederung der Wirtschaftskammer Österreich

Sowohl nach der Zahl der Unternehmen wie auch nach der Zahl der unselbständig Beschäftigten (die Zahlenangaben beziehen sich auf Ende Dezember 2017) ist die Sparte „**Gewerbe und Handwerk**" als die größte Sparte anzusehen. In rund 240.000 Unternehmen arbeiten rund 651.000 unselbständig Beschäftigte. Gewerbe- und Handwerksbetriebe decken einen überwiegend individuell ausgerichteten Bedarf. Auf Grund ihrer eher kleinen Betriebsgröße, der fachlichen Qualifikation der dort tätigen Personen und der damit verbundenen großen Flexibilität können sie auch sehr speziellen Bedürfnissen entsprechen.

Die Sparte „**Industrie**" zählt rund 4.200 Unternehmen mit 429.000 Beschäftigten. Hauptmerkmal der Industriebetriebe ist die Erstellung marktfähiger Güter, deren Herstellungsprozess durch die überwiegende Anwendung maschineller Hilfsmittel in weitgehender Arbeitsteilung (z. B. Fertigungsstraßen) geprägt ist. Die Vielfalt der Unternehmen führt zu einer Unterteilung in Bergbau und verarbeitende Industrie, die ihrerseits in Grundstoff- und Produktionsgüterindustrien sowie Nahrungs- und Genussmittelindustrien weiter unterteilt wird.

Schauer, Betriebswirtschaftslehre[6]

Der Sparte „**Handel**" werden rund 110.700 Unternehmen mit 499.000 Beschäftigten zugeordnet. Handelsbetriebe (Groß- und Einzelhandel) stellen die Verbindung zwischen Produzenten und Konsumenten von Wirtschaftsgütern dar. Zwar kann die Verbindung zum Letztverbraucher auch vom Produzenten organisiert werden (Direktvertrieb), doch verlangt eine differenzierte und räumlich weit gestreute Nachfrage ein hoch entwickeltes System von Unternehmen, die sich auf die Erbringung von Handelsleistungen und damit auf die Konsumnäherung (Annäherung an den Letztverbraucher) spezialisiert haben.

Transportbetriebe (Verkehrsbetriebe) erbringen Dienstleistungen, die der Raum- und Zeitüberbrückung dienen. Transportobjekte sind Personen, Sachgüter und Nachrichten. Der Nachrichtenübermittlung kommt eine immer wichtigere Bedeutung zu. Die Sparte „Transport und Verkehr" umfasst rund 22.500 Unternehmen mit 207.700 Beschäftigten.

Ähnlich bedeutsam sind die Unternehmen in der **Tourismus- und Freizeitbranche** (Reisen, Unterhaltung, Sport). Die Sparte „Tourismus und Freizeitwirtschaft" umfasst 63.000 Unternehmen mit 293.200 Beschäftigten.

Die Sparte „**Information und Consulting**" (Nutzung von Informations- und Kommunikationstechnologien, Unternehmensberatung, Bilanzbuchhalter, Buchhalter, Personalverrechner) ist ähnlich groß und wies 2017 88.400 Unternehmen mit 202.600 Beschäftigten aus.

Von der Zahl der Unternehmen her klein, von der Zahl der Beschäftigten jedoch bedeutend ist schließlich die Sparte „**Bank und Versicherung**" (800 Unternehmen mit knapp 100.000 Beschäftigten), die wesentliche Dienstleistungen im Zahlungsverkehr, im Kreditwesen, im Wertpapiergeschäft sowie im Bereich der Risikovorsorge erbringt.

Zu berücksichtigen ist, dass knapp zwei Drittel der Unternehmen als **Ein-Personen-Unternehmen** einzustufen sind. Ihr Anteil ist mit 67,4 % in der Sparte „Gewerbe und Handwerk" am größten, gefolgt von den Sparten „Information und Consulting" mit 60,0 % und „Handel" mit 48,8 %.

Die beiden Sparten Gewerbe und Handwerk sowie Industrie werden in der Regel zu den Produktionsbetrieben (sekundärer Sektor der Wirtschaft) gezählt, obwohl auch in diesem Bereich der Erbringung von Dienstleistungen (Serviceleistungen) ein immer stärkeres Gewicht beigemessen wird. Die Unternehmen der übrigen fünf Sparten werden dem Dienstleistungssektor (tertiären Sektor der Wirtschaft) zugeordnet. Er umfasst somit 53,9 % der Unternehmen und 54,7 % der Beschäftigten.

Neben den von der Wirtschaftskammer Österreich vertretenen Unternehmen sind weiters die **land- und forstwirtschaftlichen** Unternehmen sowie die **Freien Berufe** (z. B. Rechtsanwälte, Wirtschaftstreuhänder, Ärzte, Notare, Apotheker) von Bedeutung.

Die Gliederung nach der **Betriebsgröße** führt in der Praxis zu Klein-, Mittel- und Großbetrieben, wobei die Kategorisierung oft problematisch ist, weil dafür ver-

Betriebsgröße

schiedene, in der Aussagekraft sehr unterschiedliche Richtzahlen in Frage kommen (z. B. Zahl der Beschäftigten, Umsatz, Kapitalausstattung, Bilanzsumme).

KMU Die Europäische Kommission hat den Mitgliedstaaten der EU eine einheitliche Definition von **Kleinstunternehmen sowie der kleinen und mittleren Unternehmen (KMU)** (small and medium-sized enterprises – SME) empfohlen. Nach dieser Empfehlung gilt ein Unternehmen als KMU, wenn

a. es weniger als 250 Beschäftigte hat;
b. sein Jahresumsatz 50 Mio. € nicht übersteigt oder
c. die Gesamtsumme der Jahresbilanz nicht höher als 43 Mio. € ist und
d. es nicht einem oder mehreren Großunternehmen gehört (die eine Beteiligung von mehr als 25 % halten), die nicht mehr in die Kategorie der KMU fallen.

Außerdem wurden Kriterien festgelegt, die eine Unterscheidung zwischen **Kleinstunternehmen** sowie **kleinen und mittleren** (mittelständischen) **Unternehmen** ermöglichen. Als **Kleinstunternehmen** wird ein Unternehmen definiert, das weniger als 10 Personen beschäftigt und dessen Jahresumsatz bzw. Jahresbilanzsumme 2 Mio. € nicht überschreitet. Als **kleines Unternehmen** ist ein Unternehmen anzusehen, das weniger als 50 Personen beschäftigt und dessen Jahresumsatz bzw. Jahresbilanzsumme 10 Mio. € nicht übersteigt. Ein Unternehmen wird folglich als **mittleres Unternehmen** bezeichnet, wenn es über 50 und unter 250 Beschäftigte hat und sein Jahresumsatz 50 Mio. € bzw. die Gesamtsumme der Jahresbilanz 43 Mio. € nicht übersteigt.

Die Unternehmensstatistik der Wirtschaftskammer Österreich weist (gemessen an der Zahl der beschäftigten Personen) für Ende 2017 rund 470.000 Kleinstunternehmen (93,8 %) mit insgesamt rund 355.900 Beschäftigten (14,9 %) aus. Davon haben 469.586 Unternehmen (88,7 % der Gesamtzahl an Unternehmen) überhaupt keine oder nur 1 bis 4 unselbständig Beschäftigte eingestellt. Die große Bedeutung der Klein- und Mittelunternehmen (KMU) in der österreichischen Wirtschaft zeigt die nachfolgende Tabelle 1-2, nur 0,2 % der Unternehmen sind als Großbetriebe einzustufen, sie beschäftigen jedoch 39,7 % der in diesem Wirtschaftsbereich unselbständig Erwerbstätigen.

Betriebsgröße	Unternehmen		Unselbständig Beschäftigte	
Kleinstunternehmen (0–4)	469.586	88,7 %	179.317	7,5 %
Weitere Kleinstunternehmen (5–9)	26.935	5,1 %	176.562	7,4 %
Kleine Unternehmen (10–49)	26.727	5,0 %	538.416	22,6 %
Mittlere Unternehmen (50–249)	5.276	1,0 %	540.562	22,8 %
Großunternehmen (ab 250)	1.169	0,2 %	947.144	39,7 %
Gesamt	529.693	100,0 %	2,382.001	100,0 %

Quelle: WKÖ Beschäftigungsstatistik in der Kammersystematik; Werte Ende 2017

Tabelle 1-2: Unternehmensgrößenstruktur

Nach der **Art der Leistungen** ist zwischen Sachleistungsbetrieben und Dienstleistungsbetrieben zu unterscheiden. **Sachleistungsbetriebe** gewinnen Rohstoffe oder erstellen materielle Güter (Sachgüter, Produkte). **Dienstleistungsbetriebe** erbringen immaterielle Leistungen an Personen oder Sachen (z. B. Tourismusbetrieb, Organisationsberatung oder Autoreparatur) und bedürfen eines „externen Produktionsfaktors", an dem die Dienstleistung erbracht wird. Den Unterschied zwischen Sachleistung und Dienstleistung zeigt Abbildung 1-9 auf.

Sachleistungsbetriebe
Dienstleistungsbetriebe

Wenn der im Betriebsprozess im Vordergrund stehende **Produktionsfaktor** für die Betriebsgliederung herangezogen wird, dann ist zwischen

Dominierender
Produktionsfaktor

- arbeitsintensiven Betrieben
- betriebsmittelintensiven (anlagenintensiven) Betrieben und
- materialintensiven Betrieben

zu unterscheiden. Dementsprechend intensiv ist die Kostenstruktur eines Betriebes mit Personalkosten, Anlagenkosten (Vermögenskosten) bzw. Materialkosten belastet.

Sachgut/Produkt	Dienstleistung
materielles Gut	immaterielles Gut
wahrnehmbar, objektivierbar	subjektive Wahrnehmung
kann vor Verkauf gezeigt bzw. geprüft werden	ist vor Verkauf weder zeig- noch prüfbar
Eigentum/Besitz	Nutzung
kann wiederverkauft werden	kann nicht wiederverkauft werden
Produktion ist ohne Beteiligung des Käufers möglich	Käufer ist bei Leistungserstellung beteiligt
Produkt ist lagerfähig und transportierbar	nicht speicherbar, vergänglich, nicht transportierbar
Produktionsquantität und -qualität sind messbar	Dienstleistungsquantität, vor allem aber -qualität schwer erfassbar
Handelsstufen können zwischen Hersteller und Verwender treten	direkter Käuferkontakt ist notwendig

Abbildung 1-9: Unterschiede zwischen Sach- und Dienstleistungen

1.6. Betriebswirtschaftliche Forschungsmethoden

Die Wissenschaftstheorie beschäftigt sich mit der Frage, wie Forschungsprozesse zu gestalten sind, wenn sie dem Anspruch der Wissenschaftlichkeit genügen sollen. Sie kann somit als Metawissenschaft angesehen werden, indem sie allgemeine Aussagen über Form und Inhalt von Wissenschaften erarbeitet. Der Prozess der Gewinnung von wissenschaftlichen Aussagen muss als ein arbeitsteilig organisierter, umfassender Lernprozess angesehen werden. Im Allgemeinen kann ein Aussagensystem (eine **Theorie**) auf zwei Arten entwickelt werden: durch Induktion und Deduktion.

Theorienbildung

Induktion

Bei der Methode der **Induktion** wird versucht, aus Beobachtungen von Einzelfällen auf das Allgemeine zu schließen und auf diese Weise zum Nachweis von Gesetzmäßigkeiten zu gelangen. Die Methode bietet keine Gewähr, dass aus den Einzelbeobachtungen heraus nicht falsche Schlüsse gezogen werden. Sie hat aber für die Gewinnung von Hypothesen (Grundannahmen) eine herausragende Bedeutung, weil sie überprüfungsbedürftige Erweiterungen des bisherigen Wissenshorizontes schafft. Man spricht deshalb auch **von empirisch-induktivem** Vorgehen.

Deduktion

Bei der Methode der **Deduktion** wird versucht, mit Hilfe eines logischen Schlusses aus allgemeinen Annahmen und Gesetzmäßigkeiten eine Aussage über einen Einzelfall abzuleiten. Die Deduktion lässt also nur Schlüsse von allgemeinen auf besondere Sätze zu. Ein zusätzlicher Informationsgehalt kann aus einer deduktiven Schlussfolgerung nicht gewonnen werden. Man spricht auch von **logisch-deduktivem** Vorgehen.

Mit einer Theorie sollen drei **Aufgaben** erfüllt werden: (1) Mit Hilfe von Theorien sollen Sachverhalte aus dem realen Umfeld erklärt werden (Erklärungsfunktion), wobei zunächst die Fragen nach den Ursachen und nach Ursache-Wirkungsbeziehungen gestellt werden. (2) Auf dieser Basis erlauben Theorien die Vorhersage von Ereignissen (Prognosefunktion). (3) Theorien lassen schließlich Aussagen zu, welche Maßnahmen geeignet erscheinen, um vorgegebene Ziele zu erreichen (technologische Funktion).

Die **empirische Überprüfung** einer Theorie ist an drei Voraussetzungen gebunden. (1) Eine Theorie muss operationalisierbar sein, d. h. ihre Aussagen müssen das Kriterium der Anwendbarkeit erfüllen und dürfen nicht zu abstrakt und damit unbrauchbar sein. (2) Eine Theorie muss durch Dritte überprüfbar sein, d. h. die Erfahrungsdaten, auf die sich eine Theorie stützt, müssen wiederholbar sein. (3) Eine Theorie muss dem Grunde nach auch widerlegt werden können. Solange keine Falsifikation gelingt, kann man von der Gültigkeit einer Theorie ausgehen.

Modelle

Für die betriebswirtschaftliche Forschung spielen **Modelle** eine große Rolle. Modelle sind (stark) vereinfachte Abbilder der Realität, die entwickelt werden, um komplexe Zusammenhänge in den Betrieben wie in der Wirtschaft überschaubarer zu machen und auf wesentliche Elemente oder Eigenschaften zu reduzieren. Für die Betriebswirtschaftslehre sind Erklärungs- und Entscheidungsmodelle relevant. In **Erklärungsmodellen** wird versucht, betriebswirtschaftliche Zusammenhänge transparent zu machen. Manchmal werden (rein deskriptive) Beschreibungsmodelle als Vorstufe zu Erklärungsmodellen interpretiert. Wenn aus den Erklärungen eine Voraussage auf bestimmte Wirkungen abgeleitet wird, wird von Prognosemodellen gesprochen. Werden Erklärungsmodelle um Zielfunktionen erweitert, so gelangt man zu **Entscheidungsmodellen**, die entweder das Erreichen von Maximal- oder Minimalwerten oder das Erreichen eines bestimmten

Zufriedenheitsniveaus anstreben. Hiezu ist eine Bewertung von Handlungsalternativen und eine Selektion daraus im Sinne der Zielfunktion vonnöten.

Die Betriebswirtschaftslehre ist im Laufe ihrer Entwicklung durch eine Reihe von **Forschungsansätzen** geprägt worden. Im **faktortheoretischen** Ansatz (Erich Gutenberg) wird der Betrieb als ein System produktiver Faktoren angesehen, deren Kombination zu betrieblichen Leistungen und in der Folge zum Ertrag aus dem Faktoreinsatz führt. Die Klärung jener Probleme, die sich aus der Sicht von Entscheidungs- und Realisierungsprozessen im Hinblick auf deren wirtschaftliche Optimierung ableiten lassen, steht im Vordergrund.

Forschungsansätze

Im **entscheidungstheoretischen** Ansatz (Edmund Heinen) wird versucht, auf der Grundlage einer deskriptiven Theorie menschlichen Entscheidungsverhaltens eine Erklärung über die in Unternehmen vor sich gehenden Entscheidungsprozesse zu geben und damit Gestaltungsempfehlungen für optimale Entscheidungen zu entwickeln. Zur Erklärung des menschlichen Entscheidungsverhaltens bedarf es eines interdisziplinären Zusammenwirkens.

Das Anliegen des **systemorientierten** Ansatzes (Hans Ulrich) ist es, über die Erklärung des Seienden hinaus aufzuhellen, was zukünftig sein wird. Die systemorientierte Betrachtungsweise strebt Zukunftsgestaltungen an, sie gilt als Voraussetzung für ein **evolutionäres** Management (Fredmund Malik).

In den Mittelpunkt des **verhaltenswissenschaftlichen** Ansatzes (Werner Kirsch) wird die Informationsverarbeitung im Rahmen der Entscheidungs- und Problemlösungsprozesse gestellt. Erkenntnisse der Psychologie und der sozialen Kleingruppenforschung werden herangezogen, um individuelle Entscheidungsprozesse zu erklären und diese als Elemente von kollektiven, multipersonalen Entscheidungsprozessen zu begreifen (Individuum – Gruppe – Organisation).

Im Mittelpunkt des **situativen** Ansatzes (des Kontingenz-Ansatzes; Alfred Kieser und Herbert Kubicek) steht der Einfluss situativer Faktoren (wie Größe einer Organisation, Technologienutzung, Umweltdynamik) auf das Verhalten der Organisationsmitglieder und auf Organisationsstrukturen, die letztlich die Effizienz einer Organisation bestimmen.

Die bewusste Ausrichtung des betrieblichen Handelns an den Bedingungen der Märkte, in die ein Unternehmen eingebettet ist, und an den dort zu beachtenden Engpässen ist für den **Marketing**-Ansatz (Philip Kotler) prägend. Für den **kulturtheoretischen (historischen)** Ansatz (Edmund Heinen) ist vor dem Hintergrund einer weltumspannenden und damit verschiedene Kulturen berührenden Wirtschaft das Gefüge von gemeinsamen Wert- und Normenvorstellungen in einem Unternehmen, die sich aus dem geschichtlichen Hintergrund heraus entwickelt haben, von Bedeutung. Diese Wert- und Normenvorstellungen beziehen sich z. B. auf Einstellungen zum Kunden, zum Gewinn, zu Kosten oder zur Gesellschaft und führen zu gemeinsamen Denk- und Verhaltensmustern im Rahmen der betrieblichen Entscheidungsprozesse.

Institutionenökonomie Ab etwa 1980 werden **institutionenökonomische** Ansätze der Volkswirtschaftslehre auch für die Betriebswirtschaftslehre bedeutsam. Mit der **Lehre von den Verfügungsrechten** über wirtschaftliche Güter wird ein unterschiedliches Wirtschaftshandeln als Ergebnis unterschiedlicher Verfügungsrechtsstrukturen erklärt, die das Handeln von Individuen bestimmen und Auswirkungen auf Kollektiventscheidungen haben. Die Bildung, die Nutzung und der Tausch von Verfügungsrechten sind mit einem Ressourcenverbrauch verbunden, der wertmäßig als **Transaktionskosten** dargestellt wird. Damit soll das Verhältnis von hierarchischen Organisationen zu den sie umgebenden Märkten erklärt werden. In der **Prinzipal-Agenten-Theorie** werden die Beziehungen zwischen Auftraggebern und den von ihnen gegen Entgelt Beauftragten einer Analyse zugeführt. Dabei beschäftigt man sich vor allem mit sog. unvollständigen Verträgen, bei denen die Rechte und Pflichten der vertragschließenden Parteien für die Gesamtlaufzeit nicht vollständig aufgelistet sind oder rechtlich nicht erzwungen werden können (z. B. weil Verstöße nicht zu beweisen sind).

1.7. Zur Geschichte der Betriebswirtschaftslehre

Anfänge Die Geschichte der Betriebswirtschaftslehre als Wissenschaft nach heutiger Auffassung geht auf die Gründung der Handelshochschulen an der Wende des 19. zum 20. Jahrhundert zurück (Leipzig und Wien 1898, St. Gallen 1899, Köln und Frankfurt am Main 1901, Aachen 1903, Berlin 1906, Mannheim und Harvard Business School 1908, München 1910, Königsberg 1915, Nürnberg 1909). Das Phänomen des Handels und die Person des Kaufmanns bestimmten den Beginn der Betriebswirtschaftslehre und führten zu einigermaßen umfassenden Beschreibungen und Erklärungen der betrieblichen Tätigkeiten im Rahmen der „Handelswissenschaften". Einzelwirtschaftlich bedeutsame Fragestellungen reichen bis in die ägyptische Geschichte zurück, fußen in einer arabischen Handelskunde, die im Zeitraum zwischen dem 9. und 12. Jhdt. geschrieben wurde, oder sind in der Handelslehre des aus Ragusa stammenden und später in Neapel lebenden Kaufmanns Benedetto Cotrugli zu finden (entstanden um 1460, jedoch erst 1573 in Venedig gedruckt). Dieses Werk beschreibt ebenso wie die Rechenkunde des venezianischen Franziskanermönchs Luca Pacioli (1494) Regeln für Handelsgeschäfte und die doppelte Buchführung (Doppik). Vorläufer sind auch die Kameralwissenschaften des beginnenden 18. Jhdt. und die landwirtschaftliche Betriebslehre von Johann Heinrich von Thünen in der ersten Hälfte des 19. Jhdt.

Handelswissenschaften Am Beginn des 20. Jhdt. entwickelte sich jene wissenschaftliche Gemeinschaft, die heute „Betriebswirtschaftslehre" heißt. Josef Hellauer veröffentlichte 1910 seine „Allgemeine Welthandelslehre", Heinrich Nicklisch 1912 die „Allgemeine kaufmännische Betriebslehre als Privatwirtschaftslehre des Handels und der Industrie". Karl Oberparleiter veröffentlichte 1925 die grundlegenden Ausführungen zur Funktionen- und Risikolehre des Handels. Dem Vorwurf einer gewinnorientierten Wissenschaft für Unternehmer trat Eugen Schmalenbach 1919 mit seinen Überlegungen zur Verbesserung der innerbetrieblichen Wirtschaftlichkeit auf der Grundlage wohlfahrtsökonomischer Überlegungen („Gemeinwirtschaftlichkeit") entgegen. Die Bezeichnung „Privatwirtschaftslehre" wurde zu diesem Zeitpunkt durch den neutraleren Begriff „Betriebswirtschaftslehre" ersetzt. Den wirtschaftlichen Rahmenbedingungen der Zwischenkriegszeit entsprechend wendete sich die betriebswirtschaftliche Forschung bevorzugt Fragen des Rechnungswesens zu (Bilanzierungs- und Kostenrechnungsfragen; Eugen Schmalenbachs Dynamische Bilanz 1919, Fritz Schmidts Organische Tageswertbilanz 1929, Walter Le Coutres Statische Bilanzauffassung 1934, Erich Kosiols Pagatorische Bilanz 1940).

Der entscheidende Durchbruch zu einer modernen Wissenschaft auf wirtschaftstheoretischer Grundlage ist Erich Gutenberg (Die Produktion 1951, Der Absatz 1954, Die Finanzen 1968) gelungen. Ihm stand im sog. Methodenstreit Konrad Mellerowicz gegenüber, der für eine praktisch gestaltende Betriebswirtschaftslehre im Sinne einer ganzheitlichen Organisationswissenschaft plädierte und sich gegen die mathematisch-deduktive Methode Gutenbergs aussprach. Mathematisch-statistische Verfahren der Unternehmungsforschung (Operations Research) unterstützten in der Folge eine in Optimierungstechniken verfeinerte Betriebswirtschaftslehre (1960), bis ein Jahrzehnt später die Orientierung an Marktformen, Marktverhalten und an der Integration in größere Märkte eine Fokussierung auf „Marketing" erforderlich machte. Die Objekte der betriebswirtschaftlichen Forschung zeigen generell eine hohe Affinität zu den Wandlungen des Wirtschaftsbildes und verleihen der Betriebswirtschaftslehre eine signifikante Dynamik. Die betriebswirtschaftliche Forschung verlagerte sich in den letzten 30 Jahren stärker auf den Ausbau Spezieller Wirtschaftslehren (zu Lasten der Allgemeinen Betriebswirtschaftslehre), wobei die frühen Wirtschaftszweiglehren überwiegend durch die stärker aufgegliederten Funktionslehren ersetzt wurden. Eine interdisziplinär ausgerichtete Managementwissenschaft versucht, grundlegende Fragen der Unternehmensführung in einer wettbewerbsorientierten Wirtschaft zu klären. Dabei sind Erkenntnisse der institutionellen Mikroökonomie (als volkswirtschaftliche Teildisziplin) hilfreich.

Betriebswirtschaftliche Theorien

Aus österreichischer Sicht ist die **Wiener Schule der Betriebswirtschaftslehre** von Bedeutung, die eng mit dem fast 70 Jahre währenden Lehr- und Forschungsmonopol der damaligen Hochschule für Welthandel in Wien (heute: Wirtschaftsuniversität Wien) verbunden ist. Forscherpersönlichkeiten wie Josef Hellauer, Karl Oberparleiter, Willy Bouffier, Hans Krasensky, Leopold L. Illetschko, Erich Loitlsberger, Karl Lechner oder Peter Swoboda, um nur einige wenige zu nennen, prägten eine ganzheitlich ausgerichtete, angewandte Wissenschaftsauffassung, die auch nach der Einrichtung betriebswirtschaftlicher Studien 1966 an den Universitäten Graz, Innsbruck, Linz und später auch Wien und Klagenfurt für die betriebswirtschaftliche Forschung in Österreich kennzeichnend ist.

Wiener Schule der Betriebswirtschaftslehre

Literatur

Brockhoff, K. (Hrsg.), Geschichte der Betriebswirtschaftslehre. Kommentierte Meilensteine und Originaltexte, 2. Auflage, Wiesbaden 2002.

Brockhoff, K., Betriebswirtschaftslehre in Wissenschaft und Geschichte, 5. Auflage, Wiesbaden 2017.

Eichhorn, P., Das Prinzip Wirtschaftlichkeit. Basiswissen der Betriebswirtschaftslehre, 4. Auflage, Wiesbaden 2016.

Feldbauer-Durstmüller, B./Pernsteiner, H. (Hrsg.), Betriebswirtschaftslehre und Unternehmensethik, Wien 2009.

Feldbauer-Durstmüller, B./Koller, E. (Hrsg.), Wirtschaft und Ethik, Wien 2010.

Lechner, K./Egger, A. u. W./Schauer, R., Einführung in die Allgemeine Betriebswirtschaftslehre, 27. Auflage, Wien 2016.

Mugler, J., Die Wiener Schule der Betriebswirtschaftslehre, in: Journal für Betriebswirtschaft, 48. Jg. (1998), S. 45–87.

Mugler, J., Grundlagen der BWL der Klein- und Mittelbetriebe, 2. Auflage, Wien 2008.

Schanz, G., Wissenschaftsprogramme der Betriebswirtschaftslehre, in: Bea, F. X./Schweitzer, M. (Hrsg.), Allgemeine Betriebswirtschaftslehre, Band 1: Grundfragen, 10. Auflage, Stuttgart 2009, S. 81–161.

2. Das Unternehmen als produktives soziales System

2.1. Systemtheoretische Grundlagen

Ein **System** kann als strukturierte Ganzheit beschrieben werden, die aus einzelnen Elementen mit bestimmten Eigenschaften (Attributen) besteht, welche zueinander in Beziehungen stehen. Sie sind über wechselseitige Abhängigkeiten miteinander vernetzt und ergeben somit eine innere Struktur. Jedes System kann Teil eines übergeordneten Systems sein (Supersystem), aber selbst auch in Teil- oder Subsysteme untergliedert werden. Generell unterscheidet man verschiedene **Arten von Systemen**:

- **Gedankliche Systeme** (z. B. ein mathematisches Modell, das bestimmte Aussagen zum Inhalt hat, oder ein Gesetz als strukturierte Anordnung einzelner Paragraphen).
- **Reale Systeme**, die wieder zu unterteilen sind in
  - **natürliche** Systeme (z. B. Biosphäre, Menschen, Tiere)
  - **künstliche** Systeme, die vom Menschen bewusst geschaffen wurden (wie z. B. gesellschaftliche Organisationen, Verkehrssysteme, Informations- und Kommunikationssysteme).

Ein natürliches System kann ein Teil eines anderen natürlichen Systems sein. Es kann auch ein künstliches System als Element eines natürlichen Systems fungieren (z. B. Herzschrittmacher), ein natürliches System kann umgekehrt auch als ein Element eines künstlichen Systems fungieren (z. B. Viehherde in einem landwirtschaftlichen Betrieb). **Unternehmen** sind im Lichte der Systemtheorie als künstliche Systeme anzusehen, die für den eigenen und fremden Bedarf in Arbeitsteiligkeit Leistungen erbringen, die von Menschen disponiert werden. Insoweit ist ein Unternehmen als **produktives soziales System** anzusehen. Je nach Zwecksetzung und Art der Interaktion mit anderen Systemen ist weiter zu differenzieren.

2.2. Unternehmen als zweckorientierte Systeme

Unternehmen werden immer zu einem bestimmten Zweck eingerichtet. Dieser stellt die fundamentale Leitlinie für das Handeln des Unternehmens dar, ist Quelle der Legitimation für die verschiedensten Aktivitäten und gleichzeitig auch der oberste Maßstab für die Beurteilung des Erfolges eines Unternehmens. In der Zweckorientierung ist grundsätzlich zwischen Sachzielen und Formalzielen zu unterscheiden.

Die **Sachziele** sind für jedes einzelne Unternehmen gesondert zu bestimmen und erstrecken sich auf die Art und die Menge der produzierten Leistungen, auf die hiefür benötigten Ressourcen und auf jene qualitativen Wirkungen, die ein Unternehmen mit diesem Leistungsprogramm erzielen möchte. Die Sachziele kann man daher in Ressourcen- bzw. Potenzialziele, Leistungsziele und Wirkungsziele weiter unterteilen.

Formalziele

Als **Formalziele** werden jene grundlegenden Prinzipien bezeichnet, die für alle Unternehmen in gleicher Weise gelten. In der Regel kann die langfristige Sicherung der Existenz eines Unternehmens als oberstes Formalziel angesehen werden (Organisationen, die im Hinblick auf die Realisierung eines einzigen Projekts geschaffen wurden, bilden hier die Ausnahme). Ihr sind vier – teilweise voneinander abhängige – Subziele zugeordnet: das Streben nach Liquidität, nach Produktivität, nach Wirtschaftlichkeit und nach Erfolg (Rentabilität).

Unter **Liquidität** des Unternehmens versteht man dessen Fähigkeit, den einzelnen Zahlungsverpflichtungen fristgerecht zu entsprechen. Als **Produktivität** wird das Verhältnis der in einer Periode hervorgebrachten Leistungen zu den eingesetzten Mengen an Produktionsfaktoren bezeichnet (die Produktivität gilt daher auch als Maß der technischen Leistungsmessung). Die **Wirtschaftlichkeit** gilt als Maß der ökonomischen Leistungsmessung und ist gegeben, wenn bei einem gegebenen Mittelbestand ein möglichst großer Bedarfsdeckungseffekt (Ertrag) erzielt werden kann bzw. ein vorgegebener Bedarfsdeckungseffekt (Ertrag) mit einem möglichst geringen Mitteleinsatz realisiert wird.

Erfolgsbegriff

Der **Erfolgsbegriff** ist unterschiedlich interpretierbar:

- **Erwerbswirtschaftlich** ausgerichtete Unternehmen werden dann als erfolgreich angesehen, wenn sie Gewinne (bzw. in Bezug auf den Kapitaleinsatz angemessene Rentabilitäten) erwirtschaften (**Rentabilität** = Gewinn / Kapitaleinsatz). Diese Gewinne werden letztlich an die Eigentümer des Unternehmens ausgeschüttet und dienen diesen als (Kapital-)Einkommen. Die Sachziele werden den Rentabilitätszielen untergeordnet, das realisierte Leistungsprogramm stellt in erster Linie ein Instrument der Gewinnerzielung dar. Die Leistungen des Unternehmens werden somit nur in jener Art und Menge erzeugt, die eine Verwirklichung der Gewinn- bzw. Rentabilitätsziele ermöglichen.

- Für **bedarfswirtschaftlich** ausgerichtete Unternehmen (Organisationen) steht die unmittelbare Erfüllung der in der Mission (Satzung, Leistungsauftrag, Gesetzesauftrag) festgehaltenen Sachziele im Vordergrund. Sie erstellen ihre Leistungen so lange, als ein konkretes Bedürfnis danach besteht und sie ausreichende Ressourcen für die Leistungserstellung zur Verfügung haben. Sie sind daher häufig als Nonprofit-Organisationen (NPO) eingerichtet. Sie bieten ihre Leistungen vielfach unentgeltlich oder zu nicht kostendeckenden Preisen an und erwirtschaften deshalb Verluste bzw. finanzielle Abgänge, die durch Dritte (z. B. den Staat oder auch private Spender) ausgeglichen werden müssen. Auch in bedarfswirtschaftlich ausgerichteten Unternehmen sind Gewinne in der Gesamtorganisation oder in einzelnen Teilbereichen möglich, sie dürfen in der Regel aber nicht an die Eigentümer oder Träger der Organisation ausgeschüttet, sondern müssen in die Verwirklichung des (ideellen) Zwecks reinvestiert werden (Gewinnabfuhren an Trägergemeinwescn [öffentliche Haushalte] sind als Ausnahme zu werten).

Für beide Unternehmenstypen gilt in gleicher Weise, dass sie jederzeit zahlungsfähig bleiben (**Liquidität**) und die am Unternehmenszweck ausgerichteten Leistungen mit einem optimalen Einsatz an Ressourcen in technischer und ökonomischer Hinsicht (**Produktivität** und **Wirtschaftlichkeit**) verwirklichen müssen.

2.3. Unternehmen als offene Systeme

Unternehmen sind in eine technologisch, ökologisch und gesellschaftlich determinierte **Umwelt** eingebettet. Die Entwicklungen und Trends in den einzelnen Umweltsegmenten haben (unmittelbar und mittelbar) Auswirkungen auf das Unternehmen. Dieses versucht seinerseits, durch eigene Handlungen die Entwicklungen in der Umwelt zu beeinflussen. **Umwelt**

In der gesellschaftlichen Umwelt sind neben den Konkurrenten auch die wesentlichen **Stakeholder** (Interessen- oder Anspruchsgruppen) angesiedelt. Als Stakeholder werden jene Bezugsgruppen (Personen und Institutionen) bezeichnet, die auf die Tätigkeit eines Unternehmens einen Einfluss ausüben bzw. die von der Tätigkeit des Unternehmens beeinflusst werden. Mit einer Reihe dieser Bezugsgruppen werden Transaktionen abgewickelt. Beispiele sind Mitarbeiter, Lieferanten, Kunden, Investoren, Kreditgeber, staatliche Institutionen, die Medien als Vertreter der gesellschaftlichen Öffentlichkeit, Sponsoren, Spender). Für jedes Unternehmen stellen sich grundlegende Fragen: **Stakeholder**

- Wer sind die wesentlichen Anspruchsgruppen (Stakeholder)?
- Welche Ziele und Interessen verfolgen sie?
- Wie lassen sich diese Ziele und Interessen mit jenen des Unternehmens in Einklang bringen?

Die Beziehungen zu den (wesentlichen) Stakeholdern müssen entsprechend aktiv gestaltet werden, um bei ihnen die notwendige Akzeptanz für die Aktivitäten des Unternehmens aufzubauen bzw. zu erhalten. Eine erfolgreiche Unternehmensführung (ein erfolgreiches Management) zeigt sich insbesondere darin, wenn es gelingt, die unterschiedlichen Interessen der Stakeholder optimal auszugleichen und gleichzeitig die eigenen Organisationsziele zu verwirklichen. Für den Fall unvermeidbarer Interessenkonflikte muss das Management eines Unternehmens allerdings klare Prioritäten für den Konfliktausgleich setzen.

Erwerbswirtschaftliche Unternehmen (zum Teil auch bedarfswirtschaftliche Unternehmen) agieren auf **Märkten**. Diese stellen den (symbolischen) Ort des **Märkte**

Aufeinandertreffens von Angebot und Nachfrage dar und sind durch folgende Merkmale gekennzeichnet:

- Getauscht wird jeweils eine (individuelle) Leistung gegen ein (unmittelbares) Entgelt. Ein Individuum oder eine Organisation kann sich als Nachfrager (Kunde) auf dem Markt nur dann artikulieren, wenn es (sie) über die benötigte Kaufkraft verfügt.
- Je größer die Konkurrenz ist, desto mehr können die (möglichen) Kunden eines erwerbswirtschaftlichen Unternehmens die Leistungen eines Anbieters mit jenen anderer Anbieter vergleichen und gemäß ihren Vorstellungen und Präferenzen bewerten (Aspekt der Konsumentensouveränität).
- Ein erwerbswirtschaftliches Unternehmen kann die Erwartungen der Fremdkapitalgeber sowie der Eigenkapitalgeber nur dann erfüllen, wenn es mit seiner Tätigkeit langfristig Gewinne erzielt, kurzfristig können entstandene Verluste durch frühere oder spätere Gewinne ausgeglichen werden. Die Erwartungen der Fremdkapitalgeber erstrecken sich auf die vereinbarungsgemäße Rückzahlung der Kreditsumme und auf die Zahlung der vereinbarten Zinsen. Die Erwartungen der Eigenkapitalgeber erstrecken sich auf eine angestrebte Gewinnausschüttung und/oder auf eine angestrebte Steigerung des Unternehmenswertes.
- Die Konsumentensouveränität, der Zwang zur Gewinnerzielung (oder zumindest zur Kostendeckung) und die Konkurrenzverhältnisse begründen einen systemimmanenten, permanenten Anreiz zur Verbesserung des Leistungsprogrammes und zur Effizienz in der Leistungserstellung. Der Markt hat demnach auch eine Filterfunktion, insbesondere im Hinblick auf den Preis und die Qualität der angebotenen Produkte und Dienstleistungen.

Erwerbswirtschaftliche Unternehmen unterliegen den aufgezeigten Zwängen des Marktes in vollem Umfang. Bedarfswirtschaftliche Unternehmen (und somit auch Nonprofit-Organisationen) handeln allerdings in weiten Teilen unter Bedingungen einer **Nicht-Markt-Ökonomik**. Die Transaktionen zu den Stakeholdern folgen somit auch anderen Gesetzmäßigkeiten.

Externe Effekte

Die Beziehungen eines Unternehmens zu seiner Umwelt zeigen sich auch in **positiven** und **negativen externen Effekten** der unternehmerischen Tätigkeit. Viele Industriebetriebe belasten beispielsweise die natürliche Umwelt durch Emissionen und die nicht fachgerechte Entsorgung von umweltschädlichen Nebenprodukten (negativer externer Effekt) oder üben durch den Einbau von Filteranlagen bzw. durch gezielte Maßnahmen im Sinne einer ganzheitlich ausgerichteten betrieblichen Umweltwirtschaft einen positiven Einfluss auf die Umwelt aus. Positive externe Effekte sind beispielsweise auch bei land- und forstwirtschaftlichen Betrieben durch die Landschaftspflege gegeben, viele kulturelle Organisationen fördern durch ihr Kulturprogramm den Absatz touristischer Leistungen, ohne dass sie dafür eine unmittelbare Abgeltung erhalten.

2.4. Unternehmen als produktive Systeme

Die produktive Tätigkeit eines Unternehmens konkretisiert sich in **Input-Output-Relationen**. Ein Unternehmen beschafft aus seiner Umwelt Ressourcen (Einsatzgüter, Input), verwandelt diese in einem individuellen Produktionsprozess in bestimmte Leistungen (Kombination der Produktionsfaktoren zu Leistungen) und gibt diese Leistungen (Absatzleistungen, Output) wieder an die Umwelt ab.

Input-Output-Relationen

Als **Einsatzgüter (Produktionsfaktoren)** sind materielle Güter (insbesondere Infrastruktur, Betriebsmittel/Anlagen, Verbrauchsgüter/Werkstoffe), Arbeitsleistungen, spezielle Dienstleistungen (z. B. Rechtsberatung) und bestimmte immaterielle Güter (z. B. Know-how in Form von Patenten, Lizenzen, Software-Nutzungsrechten) anzusehen. Bei den **Absatzleistungen** ist zwischen Sachleistungen und Dienstleistungen zu unterscheiden.

Die produktive Tätigkeit eines Unternehmens drückt sich auch in seiner Wertschöpfung aus. Sie bemisst sich aus dem Wert der abgesetzten Leistungen abzüglich des Wertes der von anderen Unternehmen bezogenen Vorleistungen (wie Verbrauchsgüter, externe Dienstleistungen und Nutzung von Anlagen). Die Wertschöpfung kann auf die Arbeitnehmer in Form von Arbeitseinkommen, auf die Kapitalgeber (Eigenkapitalgeber und Kreditgeber) in Form von Zinseinkommen und Gewinnzuweisungen und auf den Staat in Form von Steuern und Abgaben aufgeteilt werden. Die Bemessung der Umsatzsteuer in der gegenwärtigen Form (Mehrwertsteuer) knüpft beispielsweise unmittelbar an der jeweiligen Wertschöpfung eines Unternehmens an.

2.5. Unternehmen als komplexe dynamische Systeme

Die Aufgabenerfüllung erfolgt in den Unternehmen in der Regel arbeitsteilig. Diese Arbeitsteiligkeit des Handelns verlangt aber nach einer entsprechenden inhaltlichen und strukturellen **Abstimmung der Handlungen (Koordination)**, die durch die Unternehmensführung (das Management) zu gewährleisten ist. Es stellt sich daher immer die Frage,

Arbeitsteiligkeit

- wer (personaler Aspekt)
- wie (organisatorischer Aspekt)
- in welcher Form (inhaltlicher Aspekt)

zur Erfüllung der Unternehmensziele beiträgt. Die einzelnen Teilbereiche eines Unternehmens beeinflussen sich wechselseitig und sind untereinander vernetzt. Dies führt dazu, dass Veränderungen in einem Teilbereich in der Regel Auswirkungen auf andere Teilbereiche haben, eine Abstimmung (Koordination) daher notwendig ist.

Die **Komplexität** des Systems „Unternehmen" kann gesteigert werden, wenn Unternehmen mit anderen Unternehmen längerfristige Partnerschaften eingehen und Teil eines mehrere Institutionen übergreifenden Netzwerkes werden. Handlungen eines Akteurs haben dann in der Regel auch Auswirkungen auf die anderen Akteure im Netzwerk.

Sowohl das Unternehmen selbst als auch das gesellschaftliche Umfeld unterliegen einem permanenten Wandel. Will ein Unternehmen langfristig seinen Bestand sichern, so muss es sich im Hinblick auf diese Veränderungen als **flexibel** und **anpassungsfähig**, somit als **dynamisch** erweisen.

2.6. Unternehmen als soziale Systeme

Individuum – Gruppe – Organisation

In Unternehmen arbeiten Menschen zusammen und kooperieren im Hinblick auf die Erreichung der Unternehmensziele. Sie treten dabei sowohl als **Individuen** als auch als Mitglied einer **Gruppe** in Erscheinung. In ihrer Gesamtheit ergeben sie eine spezifische **Organisation**.

Als **Individuen**

- haben sie bestimmte **Bedürfnisse** und handeln aus bestimmten **Motiven**;
- verfolgen sie auf der Basis der Bedürfnisse bestimmte **Interessen** und **Ziele** und haben bestimmte **Erwartungen** an eine Organisation;
- verfügen sie über bestimmte Fähigkeiten und Kompetenzen, die sie im Sinne des Organisationszweckes einsetzen können.

Anreiz-Beitrags-Theorie

Organisationen sind nur überlebensfähig, wenn sie es schaffen, Menschen an sich zu binden und sie zu einem koordinierten Handeln im Sinne des Organisationszweckes zu bewegen. Nach der Anreiz-Beitrags-Theorie müssen Organisationen ihren Mitgliedern, Teilnehmern und sonstigen Transaktionspartnern etwas anbieten, das diese als positiven **Anreiz** (inducement) empfinden, damit sie im Gegenzug die von der Organisation gewünschten **Beiträge** (contributions) leisten. Die Anreize müssen so gestaltet sein, dass sie einen Beitrag zur Befriedigung von individuellen Bedürfnissen und Interessen bzw. Erwartungen liefern. Allerdings gibt es eine Zone der Indifferenz: Ein Individuum verlässt in der Regel nicht sofort eine Organisation, wenn die Erwartungen nicht erfüllt werden, sondern erst dann, wenn bestimmte Grenzen („Schmerzgrenzen") überschritten sind.

Motivation

Im Hinblick auf Motive, also die Bereitschaft zu bzw. den Beweggrund für ein bestimmtes Verhalten, ist insbesondere zwischen extrinsischen und intrinsischen Motiven zu unterscheiden:

- Eine **extrinsische** Motivation liegt vor, wenn die Anreize für ein bestimmtes, der Organisation dienliches Verhalten „außerhalb" der Tätigkeit selbst liegen, die Belohnung also von der Organisation bzw. aus der Situation heraus angeboten wird: beispielsweise Gehalt, Prestige und Macht. Das Verhalten ist somit Mittel zum Zweck.

- Eine **intrinsische** Motivation liegt vor, wenn die „Belohnungen" in der Tätigkeit selbst liegen, ein Individuum also altruistische Motive verfolgt oder durch eine Tätigkeit bestimmte persönliche Fähigkeiten und Kompetenzen nutzen kann. Das Verhalten selbst ist dabei der Zweck der Aktivitäten, man spricht auch von Commitment, Loyalität, innerer Bindung und Selbstverpflichtung. Intrinsische Motivatoren sind z. B. Interesse und Freude an der Arbeit oder das Anstreben persönlicher Ziele („Selbstverwirklichung").

Auf Grund der unterschiedlichen Interessenlagen, aber auch als Ergebnis von Gruppenprozessen gehören **Konflikte** zum unternehmerischen Alltag. Sie stellen auf allen Ebenen eine große Herausforderung für die Führung und das Management dar. Sie wirken zum Teil aber auch als Motoren des unternehmerischen **Wandels**.
Konflikte

Ihre individuellen Fertigkeiten und fachlichen, sozialen und psychologischen **Kompetenzen** haben die Individuen teilweise schon vor dem Eintritt in ein Unternehmen erworben, sie sind aber während der Tätigkeit im Unternehmen systematisch weiter zu entwickeln (Aufgaben der innerbetrieblichen und außerbetrieblichen Fort- und Weiterbildung).
Kompetenzen

Das soziale System Unternehmen ist in eine Vielzahl von **Gruppen** unterteilt (Abteilungen, Projektteams, Arbeitsgruppen usw.). Menschen treten also nicht nur als Individuen in Erscheinung, sondern auch als Mitglieder von Gruppen und ihre individuellen Bedürfnisse, Motive und Handlungen werden von Gruppenprozessen überlagert. Gruppen weisen einen gewissen Zusammenhalt auf (eine bestimmte **Kohäsion**), bilden spezielle **Gruppennormen** aus und sind von einer **internen Sozialstruktur** geprägt (Rollen, Status, Führerschaft). Diese interne Sozialstruktur einer Gruppe lässt die Frage nach dem optimalen Führungsstil als gewichtig erscheinen. In der Regel wird dem **kooperativen** Führungsstil der Vorzug eingeräumt.

Soziale Systeme werden durch **Kommunikationsbeziehungen** getragen. Sie sind durch verschiedene Kommunikationsmuster geprägt, neben der formalen Kommunikation (auf den durch die Aufbauorganisation vorgegebenen Kommunikationswegen) entwickeln sich auch informelle Kommunikationsbeziehungen (z. B. durch soziale Kontakte über Abteilungsgrenzen hinweg).
Kommunikation

Ein weiteres wesentliches Phänomen sozialer Systeme ist jenes der **Macht** bzw. der Machtverteilung. Die Individuen können in einem unterschiedlichen Ausmaß das Handeln von anderen Individuen beeinflussen. Daher sind Unternehmen wie alle gesellschaftlichen Organisationen immer auch Orte von Machtspielen und Positionskämpfen.
Macht

Das Zusammenwirken verschiedener Menschen in einer Organisation führt zur Herausbildung einer **Organisationskultur**. Diese stellt ein System gemeinsam geteilter Werte und Normen (Verhaltensstandards) dar, die als selbstverständ-
Organisationskultur

lich vorausgesetzt werden und nicht explizit festgehalten sind. Sie treten nur über bestimmte Symbole und Zeichen (z. B. Bekleidung, Umgangston, äußeres Erscheinungsbild, Vorgehensweisen bei Personaleinstellungen, Besetzung von Führungspositionen) nach außen hin in Erscheinung.

2.7. Das Unternehmen als Koalition

Interne und externe Koalitionspartner

Das arbeitsteilig organisierte Unternehmen erweist sich in seinen Beziehungen zur Umwelt als ein System interner und externer Koalitionspartner (siehe Abbildung 2-1), die spezifische Erwartungshaltungen verfolgen.

Während die systeminternen Partner neben ihren Einkommenserwartungen auch nach Prestige, Macht, zufrieden stellenden Arbeitsbedingungen oder nach der Möglichkeit zur Verwirklichung schöpferischer Ideen streben, sind die Erwartungen der systemexternen Koalitionspartner weitaus spezifischer. Die Erwartungen der Eigenkapitalgeber sind von Rentabilitätserwartungen in Bezug auf das eingesetzte Kapital (Gewinnausschüttungen, Wertsteigerung) und von Möglichkeiten der Einflussnahme auf die oberste Unternehmensführung im Hinblick auf Beschaffungs- oder Absatzsicherung oder im Hinblick auf frühzeitige Informationsbereitstellung von marktrelevanten Daten geprägt. Die Fremdkapitalgeber sind an einer ansprechenden Verzinsung und einer pünktlichen Rückzahlung und Sicherheit des zur Verfügung gestellten Kapitals interessiert. Die Lieferanten von Material und Sachanlagen erwarten günstige und anhaltende Liefermöglichkeiten sowie die Zahlungsfähigkeit des Vertragspartners. Die Kunden erwarten qualitativ hoch stehende Leistungen zu günstigen Preisen mit den erforderlichen Nebenleistungen (wie Beratung, Service, Ersatzteillieferungen usw.) und einen gesicherten Leistungsvollzug. Die regulatorischen Gruppen verfolgen unterschiedliche Anliegen, die sich aus der Markt-, Organisations- und Finanzverfassung eines Unternehmens ergeben (siehe im Detail die Ausführungen in Kapitel 4 zur Unternehmensverfassung).

Systeminterne Koalitionspartner	Oberste Systemleitung (Top-Management)
	Leitung von Subsystemen (Bereichsleitung) und Spezialisten
	Übrige Systemmitglieder („Belegschaft")
Systemexterne Koalitionspartner	Eigenkapitalgeber
	Fremdkapitalgeber (Gläubiger)
	Lieferanten von Material und Sachanlagen
	Kunden
	Regulatorische Gruppen: – Staat (Bundes-, Landes-, Gemeindebehörden) – Gewerkschaften, Arbeitnehmervertretungen – Unternehmerverbände, politische Parteien, Kartellpartner usw.

Abbildung 2-1: Das Unternehmen als Koalition

Das Unternehmensgeschehen ist strukturell zu gestalten und inhaltlich zu steuern. Die strukturelle Gestaltungsaufgabe ist Aufgabe von Aufbau- und Ablauf**organisation**, die inhaltliche Steuerung Aufgabe des **Controlling** (Planung und Kontrolle). Das Informationswesen ist dabei als führungsunterstützendes Instrument so auszugestalten, dass es nicht nur die Aktivitäten des Unternehmens durch eine entsprechende Rechenschaftslegung aussagekräftig dokumentiert, sondern auch im Sinne der Entscheidungsunterstützung die rechnerischen Grundlagen für einzelne Managemententscheidungen liefert.

Strukturelle Gestaltung und inhaltliche Steuerung

Da Menschen im Unternehmen sowohl als Individuen als auch als Gruppen zusammenarbeiten, sind neben den aufgabenorientierten Dimensionen auch **personenorientierte** Aspekte zu beachten, die z. B. Fragen des Führungsstils, des Human-Resource-Management und verhaltenswissenschaftliche Aspekte einer Organisation umfassen.

Literatur

Ulrich, H., Die Unternehmung als produktives soziales System, 2. Auflage, Bern 1970, Neuauflage Bern 2001.

Malik, F., Management-Perspektiven, 4. Auflage, Bern 2005.

Malik, F., Systemisches Management, Evolution, Selbstorganisation, 5. Auflage, Bern 2009.

3. Der betriebliche Wertekreislauf

3.1. Der Umsatzprozess

Umsatzprozess In unserer arbeitsteiligen Wirtschaft können die betrieblichen Prozesse der Leistungserstellung und Leistungsverwertung nur ablaufen, wenn Geldmittel (Zahlungsmittel) zur Verfügung stehen. Einerseits werden Geldmittel benötigt, um auf den Beschaffungs- und Arbeitsmärkten die einzusetzenden Produktionsfaktoren bezahlen zu können. Andererseits fließen dem Unternehmen durch den (in der Regel mit zusätzlichen Ausgaben verbundenen) Absatz ihrer Produkte und Dienstleistungen wieder Geldmittel zu. Es entsteht ein leistungsbezogener **Wertekreislauf** im Unternehmen.

Vermögen Zur Produktion und zum Absatz von Produkten und Dienstleistungen werden Vermögensgegenstände unterschiedlicher Art benötigt: Grundstücke, Gebäude, Maschinen, Geschäftseinrichtungen, Fahrzeuge, Beteiligungen, Rechte, Vorräte an Rohstoffen, unfertigen und fertigen Erzeugnissen, Bestände an finanziellen Mitteln usw. Die Gesamtheit aller materiellen und immateriellen Vermögensgegenstände wird als **Vermögen** bezeichnet.

Ein Unternehmen kann mit Vermögen ausgestattet werden, indem entweder

1. Anteilseigner (Eigentümer)
   a) Bareinlagen leisten, die für den Ankauf oder zur Erstellung von Vermögensgegenständen verwendet werden;
   b) Vermögensgegenstände direkt einbringen (Sacheinlagen);
   c) auf die Ausschüttung erwirtschafteter Gewinne verzichten; oder
2. die benötigten Mittel von (externen) Kreditgebern beschafft bzw. Vermögensgegenstände angemietet werden.

Anteilseigner und Kreditgeber (einschließlich Vermieter) werden als **Kapitalgeber** bezeichnet.

Kapital In der Betriebswirtschaftslehre versteht man unter **Kapital** die Geldwerte des Gesamtvermögens eines Unternehmens. **Kapital** ist also als wertmäßiger Ausdruck für die gesamten Sach- und Finanzmittel zu verstehen, die dem Unternehmen zu einem bestimmten Zeitpunkt zur Verfügung stehen. Das **Vermögen** zeigt umgekehrt an, in welchen konkreten Formen das Kapital im Unternehmen verwendet wird.

Für die **Bereitstellung von Kapital** erwarten die Kapitalgeber Gegenleistungen:

1. Die Anteilseigner erwarten Gewinnausschüttungen sowie Kapitalrückzahlungen bzw. einen Liquidationserlös bei der Auflösung des Unternehmens.
2. Die Kreditgeber erwarten Zinszahlungen, Kredittilgungen bzw. Mietzahlungen.

Über den Wertekreislauf des unternehmerischen Leistungsprozesses hinausgehend sind auch selbständige Kredit- und Kapitalbeziehungen zwischen dem Unternehmen und seinen Finanzmärkten möglich, auf denen Kapital und Kredite angeboten bzw. nachgefragt werden (**„reine" Finanzbewegungen**).

Die betriebliche Tätigkeit in einem Unternehmen kann somit durch den **Umsatzprozess** abgebildet werden, der durch einen Güterstrom (Realgüterstrom), einen Geldstrom (Nominalgüterstrom) und durch verschiedene Informationsströme gekennzeichnet ist.

Umsatzprozess

- **Güterstrom**: Die Produktionsfaktoren werden auf den Beschaffungsmärkten erworben (Beschaffung), zur Leistung kombiniert (Produktion) und auf den Absatzmärkten angeboten (Absatz). Sowohl die Beschaffung als auch der Absatz bedingen Transaktionen (Interaktionen) mit der Umwelt. In ökologischer Sicht ist mit der Leistungserstellung auch ein stofflicher Umwandlungsprozess verbunden. Ressourcen werden der Natur entnommen und in Endprodukte verwandelt, die nach Gebrauch oder Verbrauch wieder in den ökologischen Kreislauf sinnvoll einzubinden sind.
- **Geldstrom (Finanzstrom)**: Die Beschaffung der Produktionsfaktoren verursacht Ausgaben und durch den Verkauf seiner Leistungen erzielt das Unternehmen Einnahmen. Da die Ausgaben für die Produktionsfaktoren in der Regel zeitlich früher zu leisten sind, als korrespondierende Einnahmen erzielt werden können, entsteht ein Zwischenfinanzierungsbedarf, der durch Eigen- oder Fremdkapital zu decken ist. Der Staat beeinflusst den Prozess, indem er Steuern einhebt und allenfalls Subventionen gewährt.
- **Informationsströme**: Die Güter- und Finanzströme sind von Informationen begleitet, die der Dokumentation dienen, aber auch die Grundlagen für Planungen und damit verbundene Führungsentscheidungen liefern sollen. Das bedeutendste Informationsinstrument ist dabei das betriebliche Rechnungswesen.

Abbildung 3-1 zeigt den betrieblichen **Wertekreislauf**. Im Zentrum steht die Leistungserstellung im Unternehmen, bei der es zur Transformation von Input (Einsatzgütern, Ressourcen) in Output (Absatzleistungen) kommt. Sachleistungen (Erzeugnisse) und Dienstleistungen werden an die Leistungsabnehmer (Bedürfnisträger) in der Regel entgeltlich abgegeben. Die Leistungsverwertung erfolgt auf den verschiedenen **Absatzmärkten**, aus denen aus der entgeltlichen Leistungsabgabe Geldeingänge an das Unternehmen zurückfließen. Für den zur Leistungserstellung notwendigen Produktionsfaktoreinsatz (Arbeitskräfte, Verbrauchsgüter, Nutzung von Betriebsmitteln) sind entsprechende **Beschaffungsvorgänge** zu disponieren, die wieder mit Geldausgängen verbunden sind.

Wertekreislauf

Übersteigen die mit der Leistungsabgabe verbundenen Einnahmen die von der Leistungserstellung bedingten Ausgaben in einer Rechnungsperiode, so entsteht aus dem Wertekreislauf ein **Innenfinanzierungspotenzial**. Andernfalls entsteht

Finanzierung

ein Fehlbetrag, der durch **Außenfinanzierungsvorgänge** zu bedecken ist. Hiefür kommen einerseits die Eigentümer des Unternehmens im Sinne der **Eigenfinanzierung** oder Lieferanten bzw. Kreditgeber im Sinne der **Fremdfinanzierung** nach den Wettbewerbsbedingungen auf den Finanzmärkten (Geld- und Kapitalmärkte) in Frage. Danach bemisst sich die Notwendigkeit für Zinsen und Kapitaltilgungen. Im Falle einer Gewinnerzielung ist über das Ausmaß der Gewinnausschüttung an die Unternehmenseigner zu disponieren oder über eine Einbehaltung der Gewinne zur Finanzierung des Unternehmenswachstums (Gewinnthesaurierung) zu entscheiden. Der **Staat** kommt gegebenenfalls als Subventionsgeber (Zuschüsse in den laufenden Betrieb oder Kapitalzuschüsse) in Frage. Nach Maßgabe der Steuergesetzgebung fließen umgekehrt an ihn entsprechende Steuerzahlungen (Umsatzsteuer, Ertragsteuern).

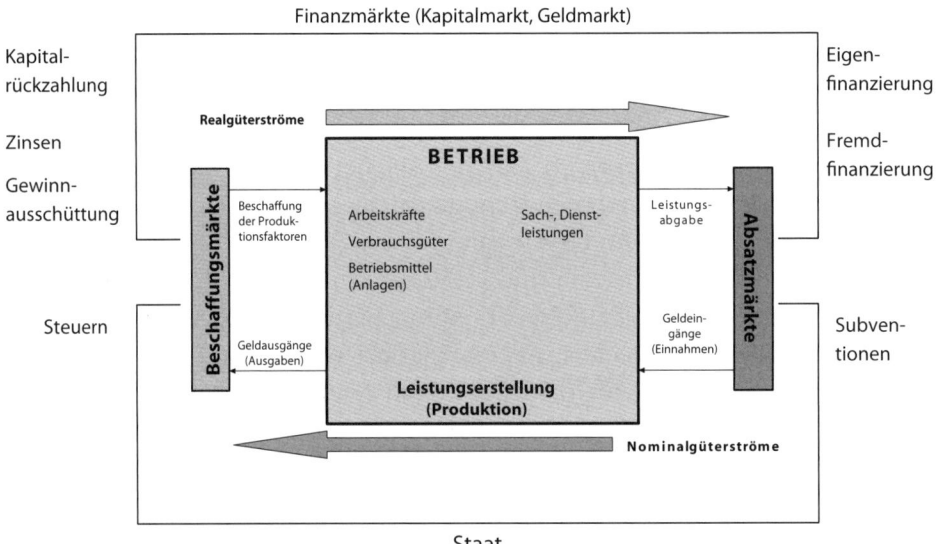

Abbildung 3-1: Der betriebliche Wertekreislauf (Umsatzprozess)

Unternehmensführung   Diesem Ausführungs- oder Leistungssystem steht ein **Führungssystem** (Management bzw. Unternehmensführung) gegenüber, dessen grundsätzliche Aufgabe darin besteht, die Transformationsaktivitäten des Ausführungssystems so zu steuern, zu gestalten und zu entwickeln, dass die Ziele des Unternehmens langfristig erfüllt werden und das Unternehmen somit auch langfristig Bestand hat.

Die Aufgabe der Unternehmensführung besteht darin, das betriebliche Leistungssystem und den damit verbundenen Güter- und Geldkreislauf entsprechend den Unternehmenszielen optimal zu steuern (Abbildung 3-2). Die Funktionen der Unternehmensführung, wie Planung, Organisation und Kontrolle, überlagern damit die einzelnen Aktivitäten im betrieblichen Leistungssystem.

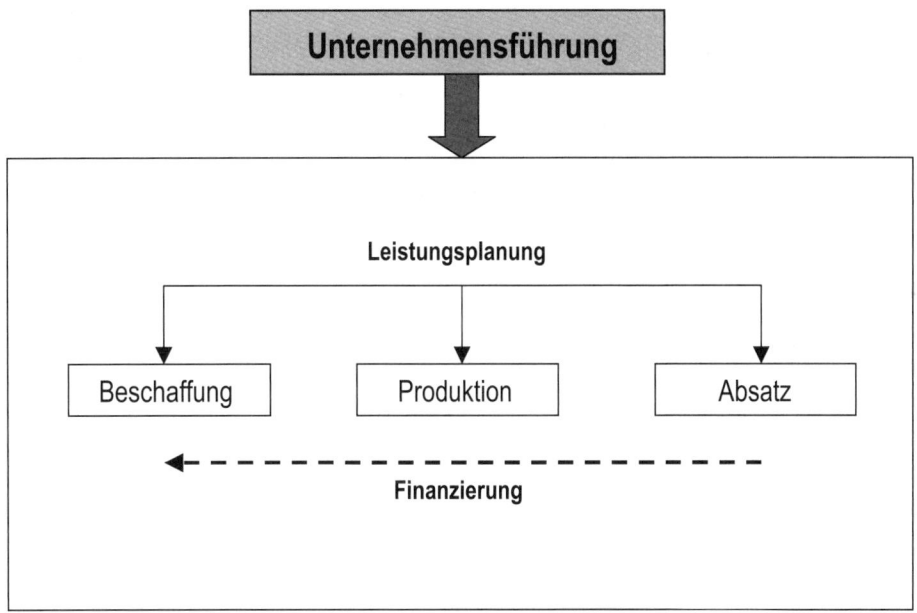

Abbildung 3-2: Unternehmensführung und betriebliche Funktionen

3.2. Die betriebliche Wertschöpfung

Der betriebliche Wertekreislauf und die daraus resultierende betriebliche Wert-   **Beispiel**
schöpfung soll an dem folgenden (sehr vereinfachten) Beispiel, das die Umsatz-
steuerverrechnung ausklammert, erläutert werden.

Ein Unternehmen beginnt mit einer Ausstattung an Eigenmitteln in Höhe von
7.000, weiters steht ein Darlehen (Fremdkapital) in Höhe von 12.000 zur Verfügung. Dieses hat eine Laufzeit von acht Jahren, die Tilgung erfolgt in acht gleichen Jahresraten, die jeweils am Jahresende fällig sind. Zu diesem Zeitpunkt sind
auch Zinsen in Höhe von 5 % p.a. (bemessen an der während des Jahres gegebenen Verbindlichkeit) fällig. Mit dem verfügbaren Kapital wird sofort in Anlagen
investiert (15.000, Nutzungsdauer zehn Jahre) und ein Materiallager aufgebaut
(2.500). Der Einfachheit halber wird angenommen, dass diese Vermögenswerte
sofort am Anfang der Unternehmenstätigkeit zur Verfügung stehen. Es verbleibt
somit ein Restbestand an liquiden Mitteln in Höhe von 1.500.

Am Beginn der Tätigkeit des Unternehmens kann eine **Eröffnungsbilanz** erstellt   **Eröffnungsbilanz**
werden, die auf der rechten Seite die Mittelherkunft (Passiva) und auf der linken
Seite die Mittelverwendung (Aktiva) aufzeigt.

Aktiva	**Eröffnungsbilanz**		Passiva
Anlagevermögen	15.000	Eigenkapital	7.000
Materiallager	2.500	Fremdkapital	12.000
Bank	1.500		
	19.000		**19.000**

Der Produktionsprozess erfordert weitere Materialbeschaffungen in Höhe von 10.000, Personalaufwendungen von 30.000, Energieaufwendungen von 5.000, Steuern und Abgaben 2.000 und sonstige Aufwendungen von 33.000 (z. B. Transporte). An Vertriebskosten (z. B. Werbung, Provisionen) fallen 15.000 an. Die Verkaufserlöse betragen 100.000, wobei am Jahresende noch 7.000 an Forderungen gegenüber den Leistungsabnehmern offen sind. Die am Jahresende durchgeführte Inventur weist ein Materiallager von 2.000 nach. Es steht ein Kreditrahmen für einen kurzfristigen Kredit (Kontokorrentkredit) von 5.000 zur Verfügung, wobei dauerhaft (und damit auch zum Jahresende) ein Bestand an liquiden Mitteln in Höhe von 1.500 zur Gewährleistung der Liquidität angestrebt wird.

Die Geschäftsprozesse eines Jahres sind einerseits hinsichtlich ihrer Zahlungswirkung in einer **Finanzierungsrechnung** (Einnahmen-/Ausgabenrechnung) darzustellen und führen zu einem Finanzsaldo als Ergebnis (finanzieller Überschuss oder Abgang). Andererseits werden der Ressourceneinsatz und das daraus bewirkte Leistungsergebnis in einer zweiten zeitraumbezogenen Rechnung, der **Ergebnisrechnung** (Gewinn- und Verlustrechnung), dargestellt (die näheren Details sind Kapitel 10 „Das betriebliche Rechnungswesen" zu entnehmen). Die aus den Geschäftsprozessen resultierenden Änderungen von Vermögens- und Schuldbeständen werden in der **Schlussbilanz** am Ende des Jahres nachgewiesen.

Als ausgabengleiche Aufwendungen sind die Personalaufwendungen (30.000), die Energieaufwendungen (5.000), die Steuern und Abgaben (2.000) und die sonstigen Aufwendungen (33.000) und die Vertriebskosten (15.000) anzusehen. Sie scheinen als Ausgaben in der Finanzierungsrechnung und als Aufwendungen in der Ergebnisrechnung auf (siehe die folgenden Darstellungen in Finanzierungsrechnung, Ergebnisrechnung und Schlussbilanz).

Zum Anfangsbestand an Materialien (2.500) kommen noch Zukäufe von 10.000 hinzu, als Endbestand gemäß Inventur sind 2.000 gegeben. Daraus resultiert ein Materialaufwand von 10.500 (2.500 + 10.000 – 2.000), dem durch den Zukauf jedoch nur Ausgaben von 10.000 gegenüberstehen.

Auch auf der Absatzseite besteht eine Differenz zwischen Erlösen und Einnahmen. Während die fakturierten Umsatzerlöse 100.000 betragen, gehen im Geschäftsjahr davon nur 93.000 an Einnahmen ein, der Rest von 7.000 ist als Forderung aus Lieferungen und Leistungen (Forderungen LL) in der Bilanz auszuweisen.

Zu berücksichtigen ist weiters, dass der langfristige Kredit (Fremdkapital) am Jahresende zu 5 % p. a. verzinst wird. In der Finanzierungsrechnung sind daher Zinsausgaben von 600 (5 % von 12.000) und in der Ergebnisrechnung ein Zinsaufwand von 600 zu berücksichtigen. Die Kredittilgung (12,5 % = 1.500) betrifft nur die Finanzierungsrechnung.

Andererseits sind in der Ergebnisrechnung für die Nutzung des Anlagevermögens Abschreibungen auf der Basis einer Nutzungsdauer von zehn Jahren zu berechnen (10 % von 15.000 = 1.500). Da die zur Bedienung des Fremdkapitals erforderliche Tilgungsquote gleich hoch wie der Abschreibungsaufwand ist, ergibt sich eine volle Finanzierung der notwendigen Tilgungsausgaben aus dem innerbetrieblichen Wertekreislauf (unter der hier erfüllten Annahme, dass der Abschreibungsaufwand in den Umsatzerlösen seine Deckung findet).

In der Finanzierungsrechnung übersteigen die Ausgaben mit 97.100 die Einnahmen von 93.000, der Abgang von 4.100 kann mit dem verfügbaren Kreditrahmen für einen Kontokorrentkredit bedeckt werden, die Schlussbilanz übernimmt den Saldo der Finanzierungsrechnung im Posten „Kurzfristiges Fremdkapital". Die Ergebnisrechnung weist um 2.400 geringere Aufwendungen als Erträge (Erlöse) aus, der Gewinn wird in der Schlussbilanz dem Eigenkapital zugerechnet.

Das Beispiel zeigt auf, dass es durchaus möglich ist, Gewinne in der Ergebnisrechnung (Gewinn- und Verlustrechnung) auszuweisen, obwohl zur Sicherstellung der Liquidität weitere Kreditverbindlichkeiten eingegangen werden müssen. Dies ist in erster Linie auf die Gewährung von Lieferantenkrediten auf der Absatzseite zurückzuführen, aber auch auf Unterschiede zwischen Aufwendungen und Ausgaben im Materialbereich. Das Ergebnis der Finanzierungsrechnung weicht somit um 6.500 (7.000 Forderungen – 500 Differenz im Materialbereich) vom Saldo der Ergebnisrechnung (Gewinn- und Verlustrechnung) ab, die Gegenrechnung (Finanzabgang 4.100 + Gewinn 2.400) führt zur gleichen Differenz. Eine Gewinnausschüttung könnte somit nur durch weitere Kreditaufnahmen erfolgen, hiezu reicht der zunächst eingeräumte Kontokorrentkreditrahmen nicht aus.

Finanzierungsrechnung
Ergebnisrechnung
Schlussbilanz

Einnahmen	**Finanzierungsrechnung**	Ausgaben	
Umsatzeinnahmen	93.000	Personalausgaben	30.000
Abgang	**4.100**	Energieausgaben	5.000
		Steuern u. Abgaben	2.000
		Sonstige Ausgaben	33.000
		Vertriebsausgaben	15.000
		Materialausgaben	10.000
		Zinsausgaben	600
		Tilgungsausgaben	1.500
	97.100		**97.000**

Aufwendungen	**Ergebnisrechnung**	Erträge	
Personalausgaben	30.000	Umsatzerlöse	100.000
Energieausgaben	5.000		
Steuern u. Abgaben	2.000		
Sonstige Ausgaben	33.000		
Vertriebsausgaben	15.000		
Materialausgaben	10.500		
Zinsaufwand	600		
Abschreibungen	1.500		
Gewinn	**2.400**		
	100.000		**100.000**

Aktiva	**Schlussbilanz**	Passiva	
Anlagevermögen	13.500	Eigenkapital (7.000	
Materiallager	2.000	+ Gewinn 2.400)	9.400
Forderungen LL	7.000	Langfr. Fremdkapital	10.500
Bank	1.500	Kurzfr. Fremdkapital	4.100
	24.000		**24.000**

Ergebnisrechnung in Staffelform

Die in diesem Beispiel zunächst in T-Konten-Form dargestellte Ergebnisrechnung (Gewinn- und Verlustrechnung) kann auch im Sinne unternehmensrechtlicher Gliederungsvorschriften in einer **Staffelform** dargestellt werden, die der Trennung zwischen *Betriebsergebnis* (Umsatz abzüglich leistungsbezogener Aufwendungen) und *Finanzergebnis* (Differenz zwischen Finanzerträgen und -aufwendungen) dient. Die Ergebnisrechnung hätte dann folgendes Bild:

Ergebnisrechnung in Staffelform

Umsatzerlöse		100.000
– Materialaufwand	–	10.500
– Personalaufwand	–	30.000
– Energieaufwand	–	5.000
– Steuern u. Abgaben	–	2.000
– Vertriebsaufwand	–	15.000
– Sonstiger Aufwand	–	33.000
– Abschreibungen	–	1.500
Betriebsergebnis		**3.000**
– Zinsaufwand	–	600
Finanzergebnis	–	**600**
Jahresergebnis (Gewinn)		**2.400**

Die Ergebnisrechnung kann weiter umgeformt werden und zur Wertschöpfungsrechnung entwickelt werden. Als **Wertschöpfung** ist der von einem Unternehmen in einer bestimmten Periode geschaffene Wertzuwachs anzusehen. Er ist mit dem Beitrag eines Unternehmens zum Sozialprodukt (= Summe aus öffentlichem und privatem Konsum + Export – Import + Investitionen) identisch. Die Wertschöpfungsrechnung verbindet das **betriebliche** Rechnungswesen mit dem **volkswirtschaftlichen** Rechnungswesen.

Wertschöpfungsrechnung

Eine **Wertschöpfungsrechnung** besteht grundsätzlich aus zwei Teilen:

- einer Entstehungsrechnung
  und
- einer Verwendungsrechnung.

Nach der **Entstehungsrechnung** wird die Wertschöpfung so berechnet:

> Gesamtleistung – Vorleistungen = Wertschöpfung

Vorleistungen sind alle Leistungen, die ein Unternehmen von den verschiedenen Beschaffungsmärkten (also von außen) bezieht und für seine Leistungserstellung benötigt.

Nach der **Verwendungsrechnung** ergibt sich die Wertschöpfung aus:

	Arbeitseinkommen (Löhne, Gehälter usw.)
+	Kapitaleinkommen (Zinsen, Dividenden usw.)
+	Gemeineinkommen (Steuern usw.)
=	Wertschöpfung

Beide Rechenarten führen zu **demselben** Ergebnis. Die Entstehungsrechnung zeigt, aus welchen Posten sich die Wertschöpfung zusammensetzt, die Verteilungsrechnung zeigt, **wie** die Wertschöpfung verteilt wurde.

Für das obige Beispiel ergibt dies folgende Darstellung der betrieblichen Wertschöpfung (dabei wird angenommen, dass im Vertriebsaufwand Provisionen an Mitarbeiter von 5.000 enthalten sind; der Rest sowie der sonstige Aufwand beruhen auf Vorleistungen):

Entstehungsrechnung		Gesamtleistung (Umsatz)		100.000
	–	Materialaufwand	–	10.500
	–	Energieaufwand	–	5.000
	–	Vertriebsaufwand	–	10.000
	–	Sonstiger Aufwand	–	33.000
	–	Abschreibungen	–	1.500
		Wertschöpfung		**40.000**

Verwendungsrechnung		Personalaufwand	30.000
	+	Provisionen	5.000
	+	Zinsaufwand	600
	+	Jahresergebnis (Gewinn)	2.400
	+	Steuern und Abgaben	2.000
		Wertschöpfung	**40.000**

oder:

Verwendungsrechnung		Arbeitseinkommen	35.000
	+	Kapitaleinkommen	3.000
	+	Gemeineinkommen	2.000
		Wertschöpfung	**40.000**

Die **Ergebnisrechnung** kann (im Sinne von Horst Albach) als „Visitenkarte" eines Unternehmens angesehen werden. Das Ergebnis aus der gewöhnlichen Geschäftstätigkeit gibt eine Aussage darüber, wie wertvoll die Arbeit eines Unternehmens im genannten Zeitraum von den Menschen in der Gesellschaft eingeschätzt wurde. Statt benötigte Produkte und Dienstleistungen selbst zu erstel-

Ergebnisrechnung als Wertschöpfungsrechnung

len, überließen sie es dem Unternehmen, die Bestandteile der Produkte zu kaufen, sie zu verarbeiten oder zusammenzusetzen und ihnen dann die Produkte und Dienstleistungen zu einem Preis zu verkaufen, der höher ist als die Summe der Preise der einzelnen Teile des Produkts sowie der Arbeit, die mit der Leistungserstellung und -verwertung verbunden ist. Das Unternehmensergebnis ist somit ein Maß dafür, wie viel den Menschen in der Gesellschaft die Arbeitsteilung wert ist. Die Unternehmensrechnung dokumentiert demnach, wie sehr das Unternehmen Teil einer arbeitsteiligen Wirtschaft ist. Abbildung 3-3 (in Anlehnung an Albach 2009, S. 2) gibt einen Überblick.

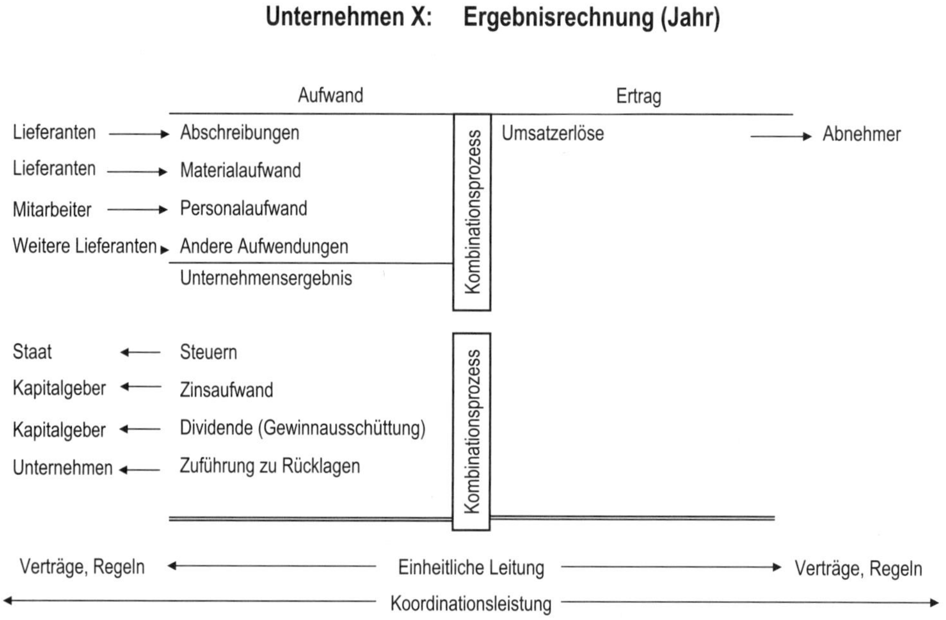

Unternehmen X: Ergebnisrechnung (Jahr)

	Aufwand		Ertrag	
Lieferanten →	Abschreibungen	Kombinationsprozess	Umsatzerlöse	→ Abnehmer
Lieferanten →	Materialaufwand			
Mitarbeiter →	Personalaufwand			
Weitere Lieferanten →	Andere Aufwendungen			
	Unternehmensergebnis			
Staat ←	Steuern	Kombinationsprozess		
Kapitalgeber ←	Zinsaufwand			
Kapitalgeber ←	Dividende (Gewinnausschüttung)			
Unternehmen ←	Zuführung zu Rücklagen			

Verträge, Regeln ← Einheitliche Leitung → Verträge, Regeln

← Koordinationsleistung →

Abbildung 3-3: Die Ergebnisrechnung als Wertschöpfungsrechnung

Literatur

Albach, H., Allgemeine Betriebswirtschaftslehre. Einführung, 4. Auflage, Wiesbaden 2009.

4. Konstitutive Rahmenentscheidungen

4.1. Grundsätzliche Überlegungen

Bevor ein Unternehmen seine Tätigkeiten aufnehmen kann, sind zwei Grundsatzentscheidungen zu treffen: die Wahl einer geeigneten Rechtsform und die Wahl eines geeigneten Standortes für die Unternehmensaktivitäten.

Wahl der Rechtsform und des Standortes

- Bei der Wahl einer geeigneten **Rechtsform** (z. B. Einzelunternehmen, Gesellschaft mit beschränkter Haftung, Genossenschaft) sind insbesondere Fragen der Geschäftsführungs- und Vertretungsrechte, der Haftungsverhältnisse, der Beteiligung am Unternehmensergebnis (Gewinnansprüche, Verlustbedeckungserfordernisse), der Publizitätsvorschriften (Rechnungslegung und Prüfung), der Finanzierungsmöglichkeiten und der Ertragsteuerbelastung von Bedeutung.
- Bei der Wahl eines geeigneten **Standortes** ist davon auszugehen, dass jeder Standort bestimmte Eigenschaften (Merkmale in rechtlicher, geographischer und ökonomischer Sicht) aufweist, die je nach Unternehmen eine unterschiedliche Bedeutung haben können. Dazu zählen insbesondere die Abgabenbelastung sowie gewerbe- und arbeitsrechtliche Vorschriften (rechtliche Aspekte), die allgemeine politische Situation, die geographischen und topographischen Gegebenheiten (Bodenqualität, Flächenwidmung, klimatische Bedingungen) sowie ökonomische Kriterien, wie das Arbeitskräftepotential (Menge und fachliche Ausbildung), der Zugang zu Absatzmärkten, Konkurrenzbedingungen, Verkehrsanbindung, Rohstoff- und Energievorkommen.

Unternehmensverfassung

Schließlich sind alle langfristig wirksamen Strukturregelungen von Bedeutung, die die unternehmerische Tätigkeit bestimmen und beeinflussen und die Beziehungen zu den systeminternen und systemexternen Koalitionspartnern (siehe Kapitel 2) in geordnete Bahnen lenken. Sie werden als **Unternehmensverfassung** bezeichnet und regeln die Beziehungen nach innen (Organisationsverfassung), zu den Märkten (Marktverfassung) und zu den an den unternehmerischen Geldströmen Beteiligten (Finanzverfassung).

4.2. Die Wahl der Rechtsform

4.2.1. Mögliche Rechtsformen

Unternehmen

Die betrieblichen Aktivitäten können in Österreich in verschiedenen Rechtsformen (Unternehmensformen) entwickelt werden, die die Beziehungen zwischen den Eigentümern und dem Unternehmen, dem Unternehmen und den Außenstehenden sowie den Eigentümern untereinander rechtlich regeln. Das Unternehmensrecht wurde mit Wirkung vom 1.1.2007 im Unternehmensgesetzbuch (UGB; Neubenennung des bisherigen Handelsgesetzbuches HGB) neu geregelt

(Handelsrechts-Änderungsgesetz – HaRÄG BGBl. I Nr. 120/2005). Als **Unternehmer (Unternehmerin)** gilt, wer ein Unternehmen betreibt. Ein **Unternehmen** ist jede auf Dauer angelegte Organisation selbständiger wirtschaftlicher Tätigkeit, mag sie auch nicht auf Gewinn gerichtet sein (§ 1 UGB). Hiefür kommen folgende Gruppen in Frage (Abbildung 4-1):

- Einzelunternehmen
- Personengesellschaften
- Kapitalgesellschaften und sonstige Körperschaften des Privatrechts
- Rechtsformen nach dem öffentlichen Recht

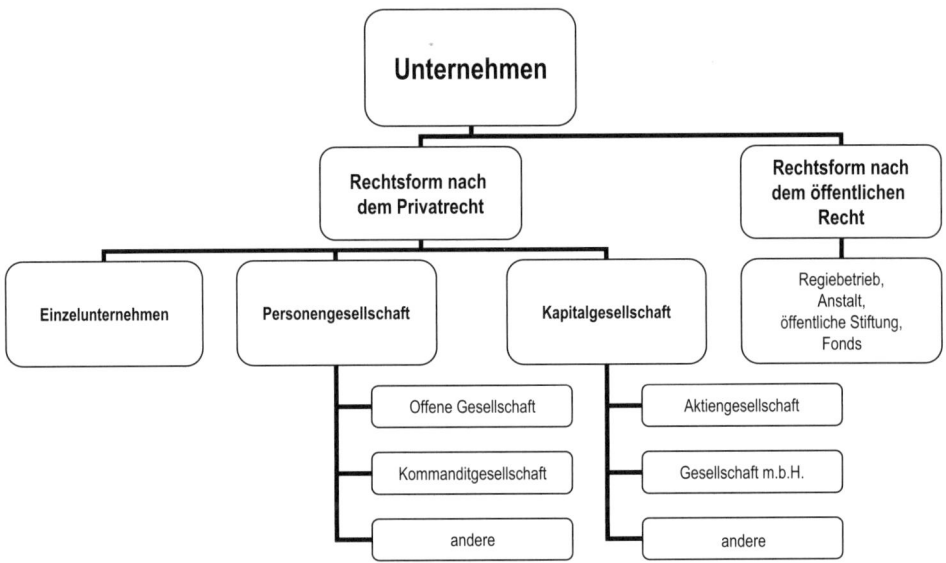

Abbildung 4-1: Mögliche Rechtsformen für ein Unternehmen

Firmenbuch   Alle Tatsachen, die nach den unternehmensrechtlichen Vorschriften einzutragen und offen zu legen sind, werden im **Firmenbuch** (z. B. Firmenbuchnummer, Firma, Vertretungsrechte) verzeichnet. Das Firmenbuch wird als öffentliches Verzeichnis von den Firmenbuchgerichten in einer Datenbank geführt. Mit dem **Europäischen Firmenbuch** (European Business Register – EBR) wurde ein europäisches Projekt verwirklicht, das Standardinformationen aus 25 nationalen Firmenbüchern zugänglich macht.

Einzelunternehmen   Ein **Einzelunternehmen** steht im Alleineigentum einer natürlichen Person, die das benötigte Eigenkapital allein aufbringt, mit ihrem Gesamtvermögen haftet, in der Regel die Geschäfte selbst führt und einen alleinigen Gewinnanspruch hat. Unternehmerisch tätige natürliche Personen, die nach § 189 UGB der Pflicht zur Rechnungslegung unterliegen, sind verpflichtet, sich in das Firmenbuch eintragen zu lassen. Andere Einzelunternehmer sind dazu berechtigt. In diesem Fall hat die Firma den Zusatz „eingetragener Unternehmer / eingetragene Unternehmerin" (abgekürzt: „e. U.") aufzuweisen.

Als **Personengesellschaften** kommen in Betracht (die entsprechenden Rechtsquellen sind in Klammer angeführt):

- Offene Gesellschaft (**OG**; §§ 105 ff. UGB)
- Kommanditgesellschaft (**KG**; §§ 161 ff. UGB)
- Gesellschaft bürgerlichen Rechts (**GesbR**; §§ 1175 ff. ABGB)
- Stille Gesellschaft (§§ 179 ff. UGB)
- Europäische wirtschaftliche Interessenvereinigung (**EWIV**; EWIVG, BGBl. Nr. 521/1995, sowie EWIV-VO, BGBl. Nr. 2137/1985)

Eine **Offene Gesellschaft (OG)** ist eine unter einem gemeinsamen Namen (Firma) geführte Gesellschaft, deren Gesellschafter gegenüber den Gläubigern der Gesellschaft mit ihrem gesamten Vermögen unbeschränkt haften. Sie kann jeden erlaubten Zweck einschließlich freiberuflicher und land- und forstwirtschaftlicher Tätigkeit haben. Ihr gehören mindestens zwei Gesellschafter an, sie entsteht durch Eintragung in das Firmenbuch.

Eine **Kommanditgesellschaft (KG)** ist eine unter einer gemeinsamen Firma geführte Gesellschaft, bei der die Haftung gegenüber den Gesellschaftsgläubigern bei einem Teil der Gesellschafter auf einen bestimmten Betrag (Haftsumme) beschränkt ist (Kommanditisten), beim anderen Teil dagegen unbeschränkt ist (Komplementäre). Auch die KG entsteht erst durch die Eintragung ins Firmenbuch.

An die Stelle der Bezeichnung „Offene Gesellschaft" kann bei Angehörigen eines **freien Berufes** (z. B. Rechtsanwälte) die Bezeichnung „Partnerschaft" oder der Zusatz „und (&) Partner" treten. An die Stelle der Bezeichnung „Kommanditgesellschaft" kann die Bezeichnung „Kommandit-Partnerschaft" treten.

Die bisher geltende Unterscheidung zwischen Offener Handelsgesellschaft (OHG) und Offener Erwerbsgesellschaft (OEG; ihre Tätigkeit betraf kein im HGB geregeltes Handelsgewerbe) einerseits und Kommanditgesellschaft und Kommandit-Erwerbsgesellschaft (KEG) andererseits fiel mit der Neuregelung des Unternehmensrechts weg. Auch die bisherige Differenzierung zwischen Voll- und Minderkaufleuten wurde hinfällig. Bestehende OEGs und KEGs können als solche weiter geführt, neue Gesellschaften können in dieser Form nicht mehr gegründet werden.

Eine **Gesellschaft bürgerlichen Rechts (GesbR)** ist eine Vereinigung von mindestens zwei Personen auf Basis eines Gesellschaftsvertrages nach ABGB zur Erreichung eines gemeinsamen (durch unternehmerische Tätigkeit realisierbaren) Zweckes, begründet jedoch keine eigene Rechtspersönlichkeit (z. B. Arbeitsgemeinschaften im Bauwesen, wissenschaftliche Kooperationen). Die Gesellschafter haften den Gläubigern unbeschränkt mit ihrem gesamten Vermögen.

Eine **Stille Gesellschaft** ist eine Gesellschaft, bei der sich eine Person an einem Unternehmen, das ein anderer betreibt, mit einer Vermögenseinlage beteiligt, die in das Eigentum des Inhabers des Unternehmens eingeht, ohne nach außen hin in Erscheinung zu treten. Der Stille Gesellschafter ist am Gewinn und allenfalls auch an den stillen Reserven und am Firmenwert beteiligt, eine Beteiligung am Verlust kann jedoch vertraglich ausgeschlossen werden.

Die **Europäische wirtschaftliche Interessenvereinigung (EWIV)** hat den Zweck, die wirtschaftliche Tätigkeit ihrer Mitglieder aus verschiedenen Mitgliedstaaten der EU zu erleichtern oder zu entwickeln. Ihre Tätigkeit muss im Zusammenhang mit der wirtschaftlichen Tätigkeit ihrer Mitglieder stehen und darf nur eine Hilfstätigkeit bilden. Sie verfolgt nicht den Zweck, Gewinn für sich selbst zu erzielen. Die Mitglieder der EWIV haften unbeschränkt und gesamtschuldnerisch.

Kapitalgesellschaften Körperschaften nach dem Privatrecht

Als **Kapitalgesellschaften und sonstige Körperschaften nach dem Privatrecht** kommen in Betracht:

- Aktiengesellschaft (**AG**; AktG)
- Europäische Gesellschaft (**SE**)
- Gesellschaft mit beschränkter Haftung (**GmbH**; GmbHG)
- Genossenschaft (**Gen**; GenG)
- Europäische Genossenschaft (**SCE**)
- Verein (VerG)
- Stiftung (PSG)
- Sonderformen wie Versicherungsverein auf Gegenseitigkeit (VAG) oder Sparkassenverein (Sparkassengesetz)

Aktiengesellschaften, Gesellschaften mit beschränkter Haftung, Erwerbs- und Wirtschaftsgenossenschaften, Versicherungsvereine auf Gegenseitigkeit, Sparkassen, Europäische wirtschaftliche Interessenvereinigungen (EWIV) , Europäische Gesellschaften (SE) und Europäische Genossenschaften (SCE) sind **Unternehmer kraft Rechtsform** (§ 2 UGB) und jedenfalls im Firmenbuch einzutragen.

Eine **Aktiengesellschaft (AG)** ist eine Gesellschaft mit eigener Rechtspersönlichkeit, deren Gesellschafter mit Einlagen an dem in Aktien zerlegten Grundkapital beteiligt sind, ohne persönlich für die Verbindlichkeiten der Gesellschaft zu haften.

Als Sonderform einer Aktiengesellschaft ist die **Europäische Gesellschaft** (Societas Europaea; **SE**) anzusehen, die es den Gesellschaften verschiedener Mitgliedstaaten in der Europäischen Union ermöglichen soll, grenzüberschreitend zu fusionieren bzw. Holding- oder Tochtergesellschaften zu gründen. In der Bezeichnung (Firma) der Gesellschaft ist der Zusatz „SE" voran- oder nachzustellen. Sie erwirbt die Rechtspersönlichkeit mit der Eintragung in das nationale Register des Sitzstaates (in Österreich Eintragung ins Firmenbuch).

Eine **Gesellschaft mit beschränkter Haftung (GmbH)** kann zu jedem gesetzlich zulässigen Zweck durch eine oder mehrere Personen errichtet werden. Die Gesellschafter sind an dem in Stammeinlagen zerlegten Stammkapital beteiligt, ohne persönlich für die Verbindlichkeiten der Gesellschaft zu haften.

Eine AG bzw. GmbH kann die Stellung des alleinigen Komplementärs, aber auch eines Kommanditisten in einer KG einnehmen. In der Praxis hat die Rechtsform einer GmbH & Co KG die größte Bedeutung, sie gilt als Personengesellschaft.

Eine **Genossenschaft (Gen)** ist ein Verein mit einer offenen, wechselnden Anzahl von Mitgliedern, dessen Ziel die Förderung des Erwerbes oder der Wirtschaft ihrer Mitglieder ist und die sich dazu eines gemeinsamen Geschäftsbetriebes bedienen (wie Kredit-, Einkaufs-, Verkaufs-, Konsum-, Verwertungs-, Nutzungs-, Bau-, Wohnungs- und Siedlungsgenossenschaften).

Eine Sonderform der Genossenschaft ist die **Europäische Genossenschaft** (Societas Cooperativa Europaea; **SCE**), die eine länderübergreifende Wahrnehmung gemeinsamer wirtschaftlicher, gesellschaftlicher und kultureller Interessen und Bedürfnisse mittels eines im Gemeineigentum befindlichen und demokratisch gelenkten Unternehmens innerhalb des europäischen Binnenmarktes ermöglichen soll.

Ein **Verein** ist ein freiwilliger, auf Dauer angelegter Zusammenschluss mindestens zweier Personen zur Verfolgung eines bestimmten ideellen Zwecks. Er darf daher nicht auf Gewinn ausgerichtet sein, das Vereinsvermögen darf nur im Sinne des Vereinszwecks verwendet werden. Als öffentliches Verzeichnis über alle Vereine dient das **Vereinsregister**.

Das Anliegen einer **(Privat-)Stiftung** ist es, einen bestimmten Zweck mit Hilfe eines rechtlich verselbständigten, eigentümerlosen Vermögens zu verfolgen. Die Verwendung des Vermögens richtet sich nach dem einmal erklärten Willen des Stifters, der damit den Zugriff auf das Vermögen verliert. Die Stiftung hat Begünstigte, die die Adressaten der Realisierung des Stiftungszweckes sind. Diese Rechtsform hat in Österreich besonders bei Unternehmensvermögen im Eigentum von Familien eine große Bedeutung.

Als **juristische Personen des öffentlichen Rechts** kommen in Betracht:

> Juristische Personen des öffentlichen Rechts

- Körperschaften im engeren Sinne
- Anstalten des öffentlichen Rechts
- öffentlich-rechtliche Stiftungen
- öffentlich-rechtliche Fonds

Als **Körperschaften** sind Personengemeinschaften anzusehen, die zur juristischen Person erhoben sind. Zu ihnen zählen insbesondere die Gebietskörperschaften (Bund, Länder, Gemeinden und Gemeindeverbände), aber auch Körperschaften ohne Gebietshoheit (z. B. Kammern und andere gesetzliche Interessenvertretungen). Ihnen wird eine unternehmerische Betätigung ohne eigene

Rechtspersönlichkeit im Wege von sog. **Regiebetrieben** im Allgemeinen ermöglicht. Sie gelten als **Bruttobetriebe**, wenn sie mit allen ihren Ein- und Auszahlungen voll in den Trägerhaushalt der jeweiligen Körperschaft eingebunden sind. Man bezeichnet sie als **Nettobetriebe**, wenn sie nur mit ihren jährlichen Zahlungssalden (Gewinnabfuhr bzw. Abgangsdeckung) im Trägerhaushalt aufscheinen.

Ist ein solcher Regiebetrieb (diese besondere Organisationseinheit einer Körperschaft) als ein gewerbliches Unternehmen eingerichtet, das nach Art und Umfang einen in kaufmännischer Weise eingerichteten Geschäftsbetrieb erfordert, so liegt unternehmensrechtlich die Tätigkeit eines Unternehmers (§ 1 UGB) vor, eine Registrierung im Firmenbuch ist erforderlich. Steuerrechtlich sind alle wirtschaftlich selbständigen Einrichtungen von öffentlichen Körperschaften, die einer nachhaltigen privatwirtschaftlichen Tätigkeit zur Erzielung von Einnahmen oder anderen wirtschaftlichen Vorteilen dienen, als **Betriebe gewerblicher Art von Körperschaften öffentlichen Rechts** anzusehen (§ 2 KStG). Die Absicht, Gewinn zu erzielen, ist dabei nicht erforderlich.

Anstalten des öffentlichen Rechts sind die zur juristischen Person erhobenen Einrichtungen mit einem Bestand an sachlichen und persönlichen Mitteln, die dauernd einem bestimmten öffentlichen Zweck gewidmet sind (z. B. Sozialversicherungsanstalten). Ihnen kann eine kaufmännische Geschäftsführung und eine darauf abgestimmte Rechnungslegung aufgetragen sein.

Öffentlich-rechtliche **Stiftungen** sind durch Gesetz eingerichtete Vermögen mit Zweckbindung, die durch die Pflicht zur Vermögenserhaltung und Vermögensvermehrung gekennzeichnet sind. Die öffentlich-rechtlichen **Fonds** unterscheiden sich von den öffentlich-rechtlichen Stiftungen dadurch, dass das Vermögen für Zwecke des Verbrauchs gewidmet ist.

4.2.2. Wichtige Bestimmungsgründe für die Wahl der Rechtsform

Für die Wahl der Rechtsform sind in der Regel folgende Aspekte maßgeblich (Abbildung 4-2):

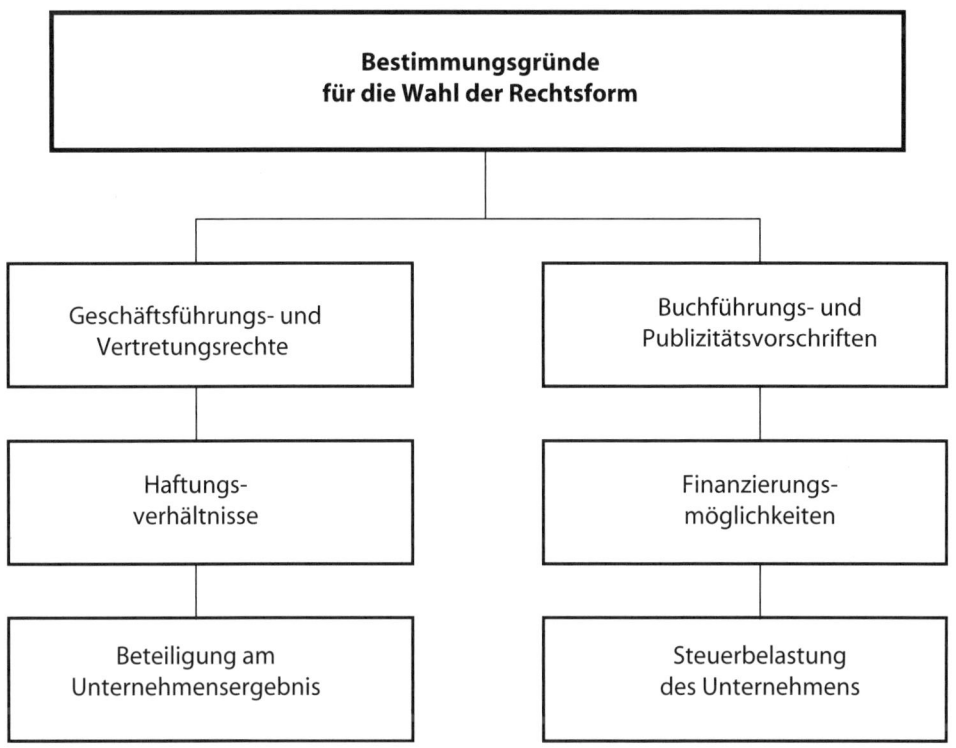

Abbildung 4-2: Bestimmungsgründe für die Wahl der Rechtsform

4.2.2.1. Unternehmensrechtliche Geschäftsführungs- und Vertretungsrechte

Während man unter dem **Vertretungsrecht** das Recht versteht, das Unternehmen nach außen zu vertreten, versteht man unter **Geschäftsführungsrecht** die Anweisungsbefugnis (Leitungs- und Lenkungsbefugnis) nach innen. Das Recht des Eigenkapitalgebers auf Vertretung ist weitgehend von der gewählten Rechtsform abhängig und wird meist nur in Verbindung mit anderen Einflussgrößen wirksam (z. B. Haftung, Gewinnansprüche, Besteuerung).

Geschäftsführungs- und Vertretungsrechte

Im **Einzelunternehmen** ist für die Vertretung der Geschäftsinhaber zuständig, der jedoch Prokuristen und Handlungsbevollmächtigte bestellen kann. In der **Offenen Gesellschaft** ist gem. § 125 UGB jeder Gesellschafter zur Vertretung der Gesellschaft ermächtigt, wenn er nicht ausdrücklich durch Gesellschaftsvertrag von der Vertretung ausgeschlossen ist. In der **Kommanditgesellschaft** sind nur die Komplementäre zur Vertretung berufen; die Kommanditisten sind von der Vertretung und Geschäftsführung ausgeschlossen (§ 170 UGB).

Die **Gesellschaft mit beschränkter Haftung** wird durch den (die) Geschäftsführer (den Vorstand) gerichtlich und außergerichtlich vertreten. Sie muss einen oder mehrere Geschäftsführer haben. Die Bestellung erfolgt durch Beschluss der

Gesellschafter oder durch Gesellschaftsvertrag. Als Geschäftsführer kommen nur physische, handlungsfähige Personen in Frage, die nicht unbedingt Gesellschafter sein müssen.

Auch die **Aktiengesellschaft** wird durch einen Vorstand gerichtlich und außergerichtlich vertreten (§ 71 AktG), der aus einer oder mehreren Personen bestehen kann. Er wird auf höchstens fünf Jahre durch den Aufsichtsrat bestellt, muss nicht aus dem Kreise der Aktionäre stammen und hat – wie das AktG es formuliert – unter eigener Verantwortung die Gesellschaft so zu leiten, wie das Wohl des Unternehmens unter Berücksichtigung der Interessen der Aktionäre und der Arbeitnehmer sowie des öffentlichen Interesses es erfordert.

Die **Genossenschaft** muss einen aus der Zahl der Gesellschafter zu wählenden Vorstand haben (§ 15 GenG), der sie gerichtlich und außergerichtlich vertritt. Er kann aus einem oder mehreren Mitgliedern bestehen.

Die **stille Gesellschaft** ermöglicht eine Beteiligung mit begrenztem Kapitaleinsatz, setzt keine Mitarbeit in der Geschäftsführung voraus, sieht keine unmittelbare Haftung gegenüber Gläubigern vor und führt auch zu keiner Offenlegung im Firmenbuch.

4.2.2.2. Haftungsverhältnisse

Haftungsverhältnisse

Der **Einzelunternehmer**, die **Gesellschafter der OG** und die **Komplementäre der KG** haften für die Unternehmensverbindlichkeiten mit ihrem gesamten Vermögen direkt und solidarisch. Gläubiger der Gesellschaft können für ihre gesamten Forderungen jeden Gesellschafter in Anspruch nehmen. Es ist dann Sache des betroffenen Gesellschafters, gegenüber den Mitgesellschaftern Regressforderungen zu erheben.

Auch der Gesellschafter einer **Gesellschaft bürgerlichen Rechts** haftet mit seinem ganzen Vermögen, allerdings nur im Verhältnis seines Kapitalanteils. Der **Kommanditist der KG** haftet bis zur Höhe seiner Einlage. Die Haftung erlischt, wenn die Einlage voll einbezahlt ist.

Gesellschafter einer GmbH bzw. einer AG sind im Regelfall von einer persönlichen Haftung ausgeschlossen, eine Verlustbegrenzung ergibt sich aus der betragsmäßigen Höhe des jeweiligen Anteils.

Die Bereitschaft zu Haftungsübernahmen ist sehr verschieden. Ein Gesellschafter, der ein hohes Privatvermögen hat, wird versuchen, die Haftung durch Wahl einer geeigneten Rechtsform einzuschränken. Dieses Bemühen wird oft verstärkt, wenn die Mitgesellschafter nur über ein geringes Privatvermögen verfügen. Auch erkennbar hohe Risken, die mit einer bestimmten Geschäftstätigkeit zusammenhängen, können Anlass sein, einer Unternehmensform mit eingeschränkter Haftung den Vorzug zu geben.

4.2.2.3. Beteiligung am Unternehmensergebnis

Die Beteiligung am Unternehmensergebnis (Gewinnanspruch) wird in der Mehrzahl der Fälle vertraglich bzw. in der Satzung festgelegt. Für die **Einzelfirma** gibt es keine rechtlichen Bestimmungen. Der Eigentümer kann über den erzielten Gewinn frei verfügen. Er kann auch über diesen hinaus Entnahmen tätigen.

Gewinn-/Verlustbeteiligung

Den Gesellschaftern der **Offenen Gesellschaft** wird mangels einer anderen Vereinbarung gem. § 121 UGB der Gewinn bzw. Verlust eines Geschäftsjahres im Verhältnis ihrer Kapitalanteile zugewiesen, sofern sie in gleichem Ausmaß zur Mitwirkung verpflichtet sind. Sind die Gesellschafter nicht in gleichem Ausmaß zur Mitwirkung verpflichtet, so ist dies bei der Zuweisung des Gewinns angemessen zu berücksichtigen. Arbeitsgesellschaftern ohne Kapitalanteil ist ein den Umständen nach angemessener Betrag des Jahresgewinns zuzuweisen. Der diesen Betrag übersteigende Teil des Jahresgewinns wird sodann den Gesellschaftern im Verhältnis ihrer Beteiligung zugewiesen.

Auch die Gewinnanteile der Gesellschafter einer **Kommanditgesellschaft** bestimmen sich nach § 167 UGB zunächst durch Zurechnung eines ihrer Haftung angemessenen Betrages des Jahresgewinnes. Gewinne, die sonach übrig bleiben, werden (wie Verluste) nach einem der Beteiligung entsprechenden Verhältnis verteilt.

Bezüglich des **stillen Gesellschafters** legt § 181 UGB fest, dass ein den Umständen nach angemessener Teil am gesamten Jahresgewinn als bedungen gilt. Der Gesellschaftsvertrag kann bestimmen, dass eine Verlustbeteiligung ausgeschlossen sein soll. Ein Gewinnausschluss ist nicht statthaft. Es wäre auch nicht erlaubt, dem stillen Gesellschafter statt der Beteiligung am Gewinn ein fixes Gehalt bzw. eine Verzinsung einzuräumen.

Gem. § 82 des Gesetzes über die **Gesellschaften mit beschränkter Haftung** erfolgt die Verteilung des Bilanzgewinnes nach dem Verhältnis der eingezahlten Stammeinlagen, wenn im Gesellschaftsvertrag keine besonderen Bestimmungen vorgesehen sind.

Der Gewinnanspruch des **Aktionärs** (§ 53 AktG) bestimmt sich nach seinem Anteil am Grundkapital. Sind die Einlagen auf das Grundkapital nicht auf alle Aktien in demselben Verhältnis geleistet, erhalten die Aktionäre aus dem verteilbaren Gewinn vorweg einen Betrag im Ausmaß von 4 % der geleisteten Einlagen. Reicht dazu der Gewinn nicht aus, so bestimmt sich der Betrag nach einem entsprechend niedrigeren Satz. Wurden Einlagen im Laufe des Geschäftsjahres geleistet, so sind sie nach dem Verhältnis der Zeit zu berücksichtigen, die seit der Leistung verstrichen ist. Die Satzung kann jedoch eine andere Art der Gewinnverteilung festlegen.

Schließlich bestimmt § 27 des Gesetzes über **Erwerbs- und Wirtschaftsgenossenschaften**, dass die Gewinnverteilung von der Gesamtheit der Gesellschafter in der Generalversammlung vorgenommen wird.

4.2.2.4. Buchführungs- und Publizitätsvorschriften

Buchführungspflicht

Kapitalgesellschaften und unternehmerisch tätige Personengesellschaften, bei denen kein unbeschränkt haftender Gesellschafter eine natürliche Person ist, sowie alle anderen Unternehmer, die mehr als 700.000 € Umsatzerlöse im Geschäftsjahr erzielen, haben nach §§ 190 ff. UGB **Bücher zu führen** und in diesen die unternehmensbezogenen Geschäfte und die Lage des unternehmerischen Vermögens nach den Grundsätzen ordnungsmäßiger Buchführung ersichtlich zu machen. Dies gilt nicht für Angehörige der freien Berufe, für Land- und Forstwirte sowie für Unternehmer, deren Einkünfte im steuerrechtlichen Sinn aus dem Überschuss der Einnahmen über die Werbungskosten berechnet werden ("außerbetriebliche Einkünfte"). Sondervorschriften der Rechnungslegung in anderen Gesetzen (z. B. Vereinsgesetz 2002) bleiben unberührt und gehen der UGB-Regelung vor. Die unternehmensrechtlichen Buchführungsgrenzen entsprechen im Wesentlichen den steuerrechtlichen Buchführungsgrenzen nach §§ 124 f. BAO (bei Land- und Forstwirten jedoch 400.000 € Umsatz).

Publizitätsvorschriften

Die Meinungen über die Veröffentlichung der Rechnungsabschlüsse (Vermögensbilanzen und Gewinn- und Verlustrechnungen) sind bei den einzelnen Unternehmensleitungen unterschiedlich ausgeprägt. Nur selten wird in der Offenlegung der Umsatzentwicklungen, der Kapital- und Vermögensstrukturen, der erzielten Gewinne usw. eine Form der Werbung erblickt, und ebenso selten werden daher Bilanzen ohne gesetzlichen Zwang interessierten Kreisen zugänglich gemacht. Meist wird in der Bilanzveröffentlichung eine Gefährdung der Wettbewerbsfähigkeit gesehen, so dass die Unternehmensergebnisse als streng zu hütendes Betriebsgeheimnis gelten.

Schließen sich die Gründer einer Gesellschaft dieser Auffassung an, werden sie Rechtsformen vermeiden, welche zur Veröffentlichung bzw. zur Vorlage der Jahresabschlüsse beim Firmenbuch verpflichtet sind. Ein solcher Zwang besteht für die **Aktiengesellschaft** (§ 277 UGB) und für mittlere und große **Gesellschaften m.b.H.** (im Sinne von § 221 UGB). Kleine GmbH haben die Bilanz und den Anhang (nicht jedoch die Gewinn- und Verlustrechnung) dem Firmenbuch zu übermitteln.

4.2.2.5. Finanzierungsmöglichkeiten

Finanzierungserfordernisse

Die Wahl der Rechtsform eines Unternehmens wird auch von den betrieblichen Finanzierungserfordernissen bzw. Finanzierungsmöglichkeiten beeinflusst. Wer über ausreichende Eigenmittel verfügt, Unabhängigkeit in der Geschäftsführung sucht und das Vermögensrisiko nicht scheut, braucht nicht die Rechtsform einer Kapitalgesellschaft zu wählen, sondern wird sich für das Einzelunternehmen entscheiden bzw. eine Gesellschafterstellung in Personengesellschaften suchen. Sind nur geringe Eigenmittel vorhanden und besteht für die betrieblichen Aktivitäten ein großes Kapitalerfordernis, das im notwendigen Umfang nur auf dem

Kapitalmarkt erlangbar ist, wird sich vorrangig die Rechtsform der Kapitalgesellschaft empfehlen.

4.2.2.6. Steuerbelastung des Unternehmens

Der Unternehmenserfolg wird durch Gewinn- oder Ertragsteuern beeinflusst (Einkommensteuer und Körperschaftsteuer). Der Besteuerung unterliegen weiters der Einsatz der betrieblichen Produktionsfaktoren (z. B. Energiesteuern, Grunderwerbsteuer, Sozialversicherungsabgaben, Lohnnebenabgaben, Kommunalsteuer), die Bereitstellung von Kapital (z. B. Gebühren bei Darlehensaufnahme) und der Absatz der Unternehmensleistungen (Umsatzsteuer, Versicherungssteuer, spezielle Verbrauchs- und Verkehrssteuern wie z. B. Tabaksteuer, Mineralölsteuer).

Unternehmensbesteuerung

Die Gewinnerzielung bei Einzelunternehmern und bei den Gesellschaftern von Personengesellschaften (die Gewinnanteile werden den Gesellschaftern zugerechnet) unterliegt der **Einkommensteuer** (ESt). Der Steuersatz ist von der Einkommenshöhe abhängig und beträgt bei Einkommen zwischen 11.000 und 90.000 € zwischen 10 und 36,5 %. Einkommensbeträge über 90.000 € unterliegen einem Grenzsteuersatz von 50 %, über 1 Mio. € einem Grenzsteuersatz von 55 %.

Einkommensteuer

Bei Kapitalgesellschaften wird der Gewinn im Unternehmen der **Körperschaftsteuer** (KSt) in Höhe von einheitlich 25 % unterworfen, wobei eine Mindestkörperschaftsteuer in Höhe von 5 % der gesetzlichen Mindesthöhe des Nominalkapitals zu entrichten ist. Ausgeschüttete Gewinne werden zusätzlich einer **Kapitalertragsteuer** (KESt) von 27,5 % unterworfen, die der Empfänger bei der Ermittlung der Einkommensteuer anrechnen lassen kann. Die effektive Steuerbelastung (relevant im Vergleich zur Besteuerung von Einzelunternehmen und Personengesellschaften) beträgt somit 45,625 % (KSt 25 % + KESt 27,5 % von 75 %). Bilden mehrere Kapitalgesellschaften durch eine finanzielle Verbindung von mehr als 50 % am Nennkapital und an den Stimmrechten eine Unternehmensgruppe, so können die Bemessungsgrundlagen der Gruppenmitglieder vereinigt werden, das Gruppenergebnis wird dann auf der Ebene des Gruppenträgers der Körperschaftsteuer unterworfen (**Gruppenbesteuerung**).

Körperschaftsteuer

4.3. Die Standortwahl

Mit der Wahl des Standortes für ein Unternehmen wird in der Regel ein Handlungsrahmen auf längere Sicht vorgegeben. Für die Standortentscheidung sind einerseits **naturgegebene Einflussgrößen** (wie geologische oder klimatische Bedingungen) und **staatliche Rahmenbedingungen** (wie politische Strukturen, Rechts- und Wirtschaftsordnung, Arbeitsrecht, Steuerbelastung) und ökonomische Einflussgrößen, die sich aus den Beziehungen zu den Beschaffungsmärkten und den Absatzmärkten ergeben, von Bedeutung.

Einflussgrößen auf die Standortwahl

Aus **ökonomischer** Sicht ist die Wahl eines optimalen Standortes zunächst ein Kosten- und ein Erlösproblem, das in Rentabilitätsüberlegungen mündet. Daneben ist auch eine Reihe nicht-monetärer Einflussgrößen (wie z. B. Image, Kultur- und Freizeitangebot) bedeutsam.

Bei allen Einflussfaktoren ist zwischen zeitlich unbegrenzt und nur temporär wirkenden Faktoren (dies gilt vor allem für rechtliche und ökonomische Größen) zu unterscheiden. Standortentscheidungen haben die dauerhaften bzw. die zeitlich begrenzten Standorteigenschaften entsprechend zu berücksichtigen. Es ist deshalb zu überlegen, ob bei einer Änderung von Standorteigenschaften allenfalls notwendige Marktanpassungen mit den betrieblichen Zielvorstellungen vereinbart werden können. Nicht selten ergibt sich eine Einflussgröße unmittelbar aus einer anderen. Das gilt etwa für Bodenschätze, Energieressourcen oder Verkehrsanbindungen, die Industrieansiedlungen bewirken oder neue Absatzmöglichkeiten eröffnen. Abbildung 4-3 gibt einen Überblick.

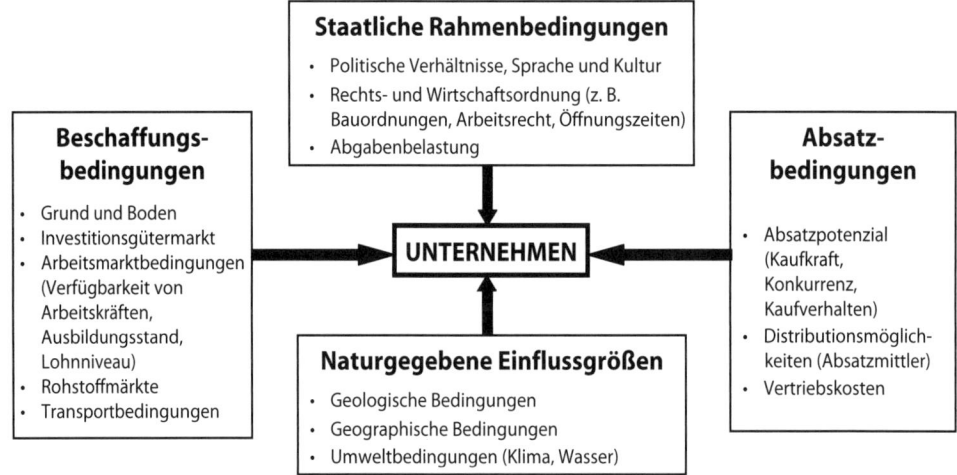

Abbildung 4-3: Einflussgrößen auf die Standortwahl

In der Regel spricht man von **Materialorientierung**, wenn die Rohstoffvorkommen bzw. -beschaffungsmöglichkeiten einen so deutlichen Kostenvorteil versprechen, dass alle anderen Einflussgrößen demgegenüber nachrangig werden. In vergleichbarem Sinne wird von **Arbeitskraftorientierung, Absatzorientierung, Transportorientierung, Abgabenorientierung** usw. gesprochen.

4.4. Die Unternehmensverfassung

Unternehmensverfassung

Die Gesamtheit aller grundlegenden, das Wesen eines Unternehmens bestimmenden (konstitutiven) und langfristig gültigen Strukturregeln wird als **Unternehmensverfassung** bezeichnet. Gegenstand der Regelungen sind

1. die Grundrechte und -pflichten der Unternehmensmitglieder (Anteilseigner, Manager, Arbeitnehmer);

Schauer, Betriebswirtschaftslehre[6]

2. die Zwecksetzung, die Struktur und die Kompetenzen der Unternehmensorgane als Entscheidungsträger (z. B. Vorstand, Aufsichtsrat, Hauptversammlung);
3. die Festlegung der Unternehmensziele (Sachziele wie z. B. das Leistungsprogramm, Formalziele wie etwa Rentabilität und Liquidität).

Die Unternehmensverfassung findet auf gesamtwirtschaftlicher Ebene eine Analogie in der Wirtschaftsordnung (Wirtschaftsverfassung) und auf gesamtstaatlicher Ebene in der Staatsverfassung. In der betriebswirtschaftlichen Forschung wurden die Grundsatzfragen der Organisation (**Organisationsverfassung**) lange Zeit vorrangig behandelt, aber auch der Marktbereich des Unternehmens (**Marktverfassung**) sowie der Bereich des Finanz- und Rechnungswesens (**Finanzverfassung**) werfen langfristige und konstitutive Fragen auf. Die Unternehmensverfassung (Abbildung 4-4) ergibt sich aus den Abhängigkeiten und Wechselwirkungen zwischen Markt-, Finanz- und Organisationsverfassung und verlangt eine ausgewogene Abhandlung der im Prinzip gleichrangigen Fragestellungen.

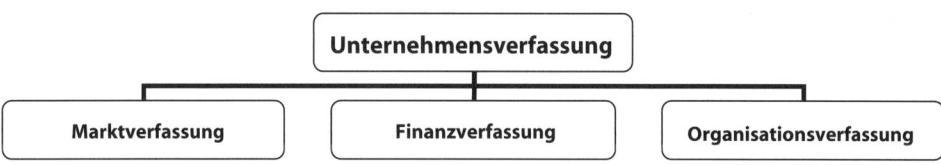

Abbildung 4-4: Teile der Unternehmensverfassung

Die Regelungen zur Unternehmensverfassung sind zum Teil in verschiedenen **Gesetzen** (z. B. Unternehmensrecht, Wettbewerbsrecht, Arbeitsrecht) zu finden, zum Teil entspringen sie **vertraglichen** Vereinbarungen auf überbetrieblicher (z. B. Kollektivvertrag im Lohnbereich) und einzelwirtschaftlicher Ebene (z. B. Gesellschaftsvertrag). Daneben bestehen ungeschriebene **faktische** Regeln, die insbesondere die Trennung von Eigentum und Unternehmensleitung sowie die Machtausübung des Managements betreffen.

Corporate Governance

Als „Corporate Governance" wird die Ausgestaltung von Entscheidungs- und Kontrollprozessen in den Beziehungen zwischen Eigentümern (Aktionären) und den gesellschaftsrechtlichen Organen einer Aktiengesellschaft (Hauptversammlung, Aufsichtsrat, Vorstand) verstanden. Die zunehmende Mobilität von Kapital auf den internationalen Kapitalmärkten einerseits, aber auch eine Reihe von wirtschaftlichen Misserfolgen börsenotierter Kapitalgesellschaften andererseits haben den Ruf nach einer Stärkung der Aktionärsrechte gegenüber der Unternehmungsleitung begründet und zur Entwicklung von **Corporate-Governance-Regelwerken** geführt. Diese Regelwerke (Corporate Governance Kodex) schreiben die Grundsätze einer guten Unternehmensführung („best practice") fest und werden von internationalen Investoren als wichtige Orientierungshilfe angesehen. Die Verpflichtung eines Unternehmens auf Beachtung eines solchen Regelwerkes stellt eine freiwillige Selbstbindung dar, um das Vertrauen der Aktionäre durch erhöhte Transparenz, durch eine Qualitätsverbesserung in der Zusammenarbeit zwischen Aufsichtsrat, Vorstand und Aktionären und durch die Ausrichtung auf eine langfristig ausgelegte Wertschaffung zu fördern.

Marktverfassung

Im Mittelpunkt der Regelungen zur **Marktverfassung** steht das **Prinzip des Leistungswettbewerbs**. Als Konsequenz des Leistungswettbewerbs kann das **Postulat der Konkurrenzfähigkeit** in allen Märkten des Unternehmens angesehen werden, damit dessen Existenzfähigkeit gesichert werden kann. Als dritter Teilbereich der Marktverfassung ist die **staatliche Regulierung** der Märkte anzusehen. Einschränkungen zur freien Produkt- und Preiswahl bestehen in einer Reihe von Wirtschaftssektoren (z. B. Lebensmittelkodex, Preisgesetz und hier insbesondere die Preisgenehmigungspflicht bei Versorgungsunternehmen und Verkehrsunternehmen, Wettbewerbseinschränkungen für freie Berufe wie Ärzte, Rechtsanwälte, Wirtschaftstreuhänder). Staatliche Regulierungen sind auch im Arbeitsmarkt aus sozialstaatlichen Gründen gegeben (z. B. Urlaubsregelung, Mutterschutz, Kündigungsschutz).

Zu den staatlichen Regulierungen zählt auch die **Gewährleistung**. Darunter ist die gesetzliche **Pflicht des Verkäufers bzw. Händlers** zu verstehen, eine Ware ohne Mangel zu verkaufen bzw. den Mangel zu reparieren, die Ware auszutauschen oder den Preis zu mindern. Der Gewährleistungsanspruch kann bei beweglichen Sachen innerhalb von zwei Jahren, bei unbeweglichen Gütern innerhalb von drei Jahren geltend gemacht werden. Eine **Garantie** ist hingegen eine freiwillige vertragliche **Zusage des Herstellers** (oder Importeurs), für Mängel einzustehen, die innerhalb einer von ihm festgelegten Frist auftreten.

Finanzverfassung

Für die **Finanzverfassung** sind zunächst **staatliche** Rahmenregelungen bedeutsam. Sie beruht einerseits auf der staatlichen **Geldordnung**, die das Geld als Währungseinheit, Zahlungs- und Wertaufbewahrungsmittel definiert, und andererseits auf der staatlichen Ordnung des (Privat-)**Eigentums an Produktionsmitteln**. Das Unternehmen ist drittens als **Besteuerungsobjekt** für Umsatz-, Einkommen- und Ertragsteuern anzusehen und erhält im Idealfall eines marktwirtschaftlichen Systems **keine** staatlichen **Subventionen**. In der Realität ist dieser vierte Aspekt jedoch in einer Reihe von Fällen nicht verwirklicht. Im Zuge wirtschaftspolitischer Förderungsmaßnahmen zur Stärkung des Wettbewerbs erhalten viele Unternehmen agrar- und regionalpolitische Förderungen (EU-Strukturfonds).

Nach den staatlichen Rahmenregelungen sind für die Finanzverfassung eines Unternehmens die Regelungen zur **Erzielung** und zur **Verteilung von Markteinnahmen** von Bedeutung. Im Allgemeinen ist ein Unternehmen in einer marktwirtschaftlichen Wirtschaftsordnung finanziell vom Absatzmarkt abhängig und trägt ein **Markteinnahmenrisiko** (Absatzrisiko und Zahlungsausfallsrisiko). Dies ist die Folge der Fremdbedarfsdeckung und der freien Verkäuferwahl durch den Abnehmer. Das Unternehmen trägt dieses Risiko nicht allein, da nur in einem begrenzten Umfang Risikokapital (Eigenkapital) zur Verfügung steht.

Ist es aufgebraucht, wird das Markteinnahmenrisiko auf Einkommen oder Vermögen von Unternehmensmitgliedern und Außenstehenden übertragen. Externe Lieferanten, Fremdkapitalgeber und Arbeitnehmer erhalten vertraglich fixierte **Kontrakteinkommen** und sind damit im Regelfall vom Markteinnahmenrisiko nicht betroffen. Als Risikoträger verbleiben dann nur die Empfänger von **Residualeinkommen** (Anteilseigner, Manager mit ihren erfolgsabhängigen Gehaltsteilen) bzw. der Staat mit seinen Gewinnsteuern.

Unter Beachtung des Markteinnahmenrisikos und der Risikoverteilung vollzieht sich im Unternehmen die **Einkommensverteilung**. Sie ist in wesentlichen Punkten überbetrieblich geregelt (z. B. Marktpreise für notwendige Vorleistungen, Zinssatzübereinkommen der Kreditinstitute, Lohntarife, Steuertarife), ist aber auch auf Unternehmensebene durch die zugehörigen Mengendispositionen und ergänzende einzelbetriebliche Vereinbarungen (z. B. übertarifliche Ist-Löhne, Gewinnausschüttung oder -einbehaltung, Konzernverrechnungspreise) gestaltbar.

Ein weiteres Element der Finanzverfassung ist die Einhaltung von **Gleichgewichtsbedingungen** im Rahmen des betrieblichen Leistungsprozesses. So hat das Unternehmen aus dem güterwirtschaftlichen Kreislauf zwischen Beschaffung und Absatz und damit in der Innenfinanzierung einen **finanziellen Überschuss** zu erzielen. Ein Unternehmen kann zwar freiwillig auf Gewinne verzichten, aber dabei wegen der Marktrisiken nicht zuverlässig auch Verluste ausschließen. Ein freiwilliger Gewinnverzicht würde dieser Ungleichheit wegen auf Dauer zu Verlusten und damit zur Eigenkapitalauszehrung und in der Folge zum Ende der Unternehmensexistenz führen. Bei sozialreformerischen Unternehmungsverfassungen (z. B. bei bestimmten Genossenschaften oder bei von Arbeitnehmern selbstverwalteten Betrieben) kann es deshalb zu einem dauernden Konflikt zwischen Finanz- und Organisationsverfassung kommen.

Die Erhaltung der betrieblichen Liquidität und die ausreichende Ausstattung des Unternehmens mit Eigenkapital sind zwei weitere Anliegen im Rahmen des Gleichgewichtspostulates. Die **Liquidität** im Sinne der Fähigkeit, Zahlungsverpflichtungen rechtzeitig und in voller Höhe nachzukommen, ist notwendig, um die vertraglichen Ansprüche auf Kontrakteinkommen gegen das Unternehmen sicherzustellen. Die **ausreichende Eigenkapitalausstattung** ist notwendig, um die Markteinnahmenrisiken auffangen zu können und gegenüber den Fremdkapitalgebern kreditfähig zu sein, sofern nicht von anderen Stellen (z. B. Staat) Haftungsübernahmen zu erwarten sind.

Schließlich gehört zur Finanzverfassung auch die gesetzlich auferlegte Pflicht zur Veröffentlichung (**Publizität**) der Jahresabschlüsse, wie sie rechtsformabhängig bei AG und GmbH, aber auch branchenabhängig (z. B. bei Kreditinstituten) vorgesehen ist. Ein Unternehmen kann weiters im eigenen Wirkungsbereich für eine freiwillige Veröffentlichung der gesamten Jahresabschlussdaten oder nur der wichtigsten Kennzahlen Sorge tragen.

Organisationsverfassung

Die **Organisationsverfassung** regelt das Zusammenwirken von Menschen im Rahmen der Entscheidungsprozesse im einzelnen Unternehmen sowie die strukturelle Einbindung des Unternehmens in das staatliche Umfeld, soweit die Entscheidungsfindung im Unternehmen davon betroffen ist.

Die Organisationsverfassung geht zunächst von den **Mitgliedern (Personengruppen)** eines Unternehmens und deren Interessen aus. Sie reicht dann von der kapitalistischen Unternehmung, die durch die Alleinbestimmung der Anteilseigner mit oder ohne Eigenkapitalstreuung (Publikums- oder Einmann-Gesellschaft) geprägt ist, über die Dominanz der Manager im Unternehmen bis zur Mitbestimmung der Arbeitnehmer und im Grenzfall bis hin zur Arbeitnehmerselbstverwaltung. Aus der Ansicht über die Unternehmensmitglieder (nur Anteilseigner oder auch Manager und Arbeitnehmer) ergibt sich ein mehr oder weniger großer Kreis von **Nicht-Mitgliedern** (Personengruppen und Institutionen wie Banken, Abnehmer, Zulieferer, Arbeitgeberverbände, Gewerkschaften, Staat). Dabei kann der Staat die marktwirtschaftliche Autonomie durch **öffentliche Bindungen** (z. B. Konzessionszwang) unterschiedlich stark einschränken. Auch Gewerkschaften nehmen in Fragen der Lohn- und Gehaltspolitik sowie in Fragen der Mitbestimmung (z. B. hinsichtlich der Sozialpolitik oder der Standortpolitik) eine gewichtige Position im Rahmen der Organisationsverfassung ein.

Die Organisationsverfassung kann weiters von den **Informations- und Entscheidungsgremien** her bestimmt werden. Für diese Gremien sind Fragen der Zwecksetzung, der Größe und personellen Besetzung mit Anteilseignern, Managern und Arbeitnehmern, Wahl-, Abwahl- und Beschlusserfordernisse, Kompetenz und Verantwortung, Vorsitzführung, Informations- und Beratungsrechte sowie die Entscheidungsbefugnisse zu klären. Die Organisationsverfassung wird im Allgemeinen in Abhängigkeit von der Rechtsform durch Gesetz (z. B. Organe einer AG) oder durch Satzung bestimmt. Die Mitbestimmung durch Arbeitnehmer ergibt sich aus dem Arbeitsverfassungsgesetz oder aus freien Betriebsvereinbarungen.

Schließlich kann sich die Organisationsverfassung auch auf verschiedene **Organisationsebenen** beziehen. Bezugspunkt ist zunächst das (konzernfreie Einheits-) Unternehmen. In der Organisationsverfassung ist auf die Bildung von **Teilsystemen** wie Geschäftsbereiche (Sparten, Divisionalorganisation) und auf die Einbindung des Unternehmens in einen **Konzern** unter einheitlicher Leitung der Konzernspitze sowie auf die Mitwirkung in den verschiedenen Formen der **Unternehmenskooperation** abzustellen. Die Gruppen- und Gremienprobleme sind auf diesen Organisationsebenen unterschiedlich strukturiert und auch komplex (z. B. die Rolle von Konzernmanagern im Aufsichtsrat von Tochterunternehmen).

Fehlentwicklungen

Die Organisationsverfassung kann nun aus verschiedenen Gründen **fehlerhaft** und damit unzweckmäßig sein. Dies ist der Fall, wenn in den Entscheidungsprozessen im Unternehmen kein ausreichendes „**Machtgefälle**" zwischen Vorgesetzten und zugeordneten Mitarbeitern besteht und der **Arbeitsteiligkeitsaspekt** in der Aufgabenerfüllung zu keiner Entsprechung in der Entscheidungsstruktur führt. Die **Kongruenz** von Aufgabe, Kompetenz und Verantwortung in den einzelnen hierarchischen Ebenen bei der Entscheidungsfindung muss gewährleistet sein.

Ist die Organisationsverfassung zu wenig auf die Nachfrager und die Überlebensfähigkeit im Wettbewerb hin ausgerichtet, treten **Konflikte mit der Marktverfassung** auf, die Anpassungsvorgänge verzögern sich und die Konkurrenzfähigkeit des Unternehmens leidet. Im Zweifelsfalle müsste der Wettbewerbs- und damit Leistungsfähigkeit des Unternehmens der Vorrang vor der perfekten Machtausübung im Unternehmen eingeräumt werden.

Wenn den Mitgliederinteressen in der Organisationsverfassung mehr Stellenwert eingeräumt wird als dem Interesse am Unternehmensbestand und seiner Fortentwicklung selbst, sind irreparable **Fehler in der Finanzverfassung** als Folge zu erwarten, die den Bestand des Unternehmens gefährden. Dies ist auch der Fall, wenn die Organisationsverfassung Maßnahmen zur Überwindung von finanziellen Krisensituationen nicht zulässt (z. B. Abbau von freiwilligen Sozialleistungen, „Null-Lohnrunde", Verlegung von Produktionsstätten als Sanierungsbeitrag). Umgekehrt sind Konflikte von der Markt- und Finanzverfassung her gegeben, wenn realisierte Marktchancen in der Verteilung der betrieblichen Wertschöpfung den Arbeitnehmern anteilig nicht zugute kommen und kein Konsens in der Aufteilung zwischen Kapitaleignern, Managern und Arbeitnehmern gefunden werden kann.

Die Unternehmensverfassung ist daher auf den **Ausgleich** der Anliegen **im Spannungsfeld** zwischen Markt-, Finanz- und Organisationsverfassung hin zu konzipieren.

Hinsichtlich der strategischen Ausrichtung der Geschäftstätigkeit wird in der Praxis sehr oft von einem **Geschäftsmodell** gesprochen. Darunter ist jene unternehmerische Konzeption zu verstehen, die mit der gewählten Leistungserstellung einen Kundennutzen generieren lässt und dabei den notwendigen Ertrag für das Unternehmen sichern kann, damit die Unternehmensziele (bei erwerbswirtschaftlich ausgerichteten Unternehmen in erster Linie die Rentabilitätsziele) realisiert werden. Wenn aus wachsenden, elektronisch verarbeitbaren Datenmengen neuartige Wertschöpfungsketten und damit wertschaffende Dienstleistungen gestaltet werden können, spricht man von **digitalen** Geschäftsmodellen. **Disruptive** Geschäftsmodelle beziehen sich auf Innovationen und damit neuartige Produkte oder Dienstleistungen, die bestehende Produkte oder Dienstleistungen verdrängen bzw. ablösen sollen (sie wirken durch Innovationen „zerstörerisch").

Geschäftsmodelle

4.5. Der Business Plan

4.5.1. Zwecksetzungen

Unternehmensgründung
Unternehmensübernahme

Der Erfolg einer **Unternehmensgründung**, aber auch einer **Unternehmensübernahme** durch neue Eigentümer hängt sehr wesentlich von einer sorgfältigen Vorbereitung ab. Die erforderlichen Maßnahmen umfassen

- die Entwicklung der unternehmerischen Vision (Unternehmenskonzept mit realistischer Einschätzung der Marktchancen und Marktrisiken);
- die Ermittlung des Kapitalbedarfes und der Finanzierungsmöglichkeiten einschließlich der anzusprechenden Förderungen;
- die Beschaffung der (Erst-)Ausstattung an Kapital, Personal, Betriebsmitteln und Waren;
- den Aufbau der inneren und äußeren Organisation (gewerberechtliche Voraussetzungen, Wahl der Rechtsform, Standortwahl, Aspekte der Sozialversicherung);
- die Beurteilung der steuerlichen Aspekte (einschließlich steuerlicher Erleichterungen und Befreiungen anlässlich einer Neugründung).

Business Plan

Ein geeignetes Instrument für diese Vorbereitungsmaßnahmen ist der **Business Plan**; er kann als Bericht aufgefasst werden, der klar und prägnant Auskunft über die relevanten betriebswirtschaftlichen, rechtlichen sowie fachbezogenen Aspekte eines neu zu gründenden Unternehmens (bzw. einer ins Auge gefassten Unternehmensübernahme) gibt.

Der Business Plan soll belegen, dass der oder die Unternehmensgründer imstande sind, aus einer Unternehmensidee ein reales Unternehmen entstehen zu lassen. Er ist für mögliche Geschäftspartner, für Banken, für öffentliche Förderstellen und insbesondere für Risikokapitalgeber (Venture Capitalists, Beteiligungsgesellschaften) die Basis für jegliche Kooperations- bzw. Investitionsentscheidung.

Führungs- und Verhandlungsinstrument

Ursprünglich war der Business Plan nur für Zwecke der Risikokapitalfinanzierung (Venture Capital) gedacht, um potenzielle (Eigen-)Kapitalgeber durch eine systematische Darstellung der gründungsrelevanten Fakten zu überzeugen. Inzwischen ist es beinahe unmöglich geworden, ohne Business Plan zu einer Fremdfinanzierung durch Kreditinstitute zu gelangen. Der Business Plan ist jedoch mehr als nur ein Mittel zur Kapitalbeschaffung: Als **unternehmensinternes Führungsinstrument** dient er der Strukturierung und Darstellung der eigenen Ideen und Konzepte, der verbindlichen Formulierung von Zielen und Strategien sowie als **Informations- und Steuerungsinstrument** zur frühzeitigen Problemerkennung und Einleitung entsprechender Maßnahmen. Als **unternehmensexternes Verhandlungsinstrument** dient er vor allem den Verhandlungen mit externen Kapitalgebern.

Es ist ohne Zweifel überlegenswert, dass sich Gründungswillige, deren Kenntnisse sich ergänzen, zusammenschließen und ein **Unternehmensteam** bilden (z. B. Zusammenarbeit von Personen mit technischem und kaufmännischem oder juristischem Fachwissen).

4.5.2. Bestandteile

Die Elemente eines Business Planes und dessen Gliederung sind nicht normiert, jedoch hat sich in den letzten Jahren eine weitgehend einheitlich verwendete Struktur herausgebildet:

1. Executive Summary
2. Produkt bzw. Dienstleistung
3. Unternehmerteam und -kompetenzen
4. Marketing (Markt und Wettbewerb; Marketing und Vertrieb)
5. Geschäftssystem und Organisation (Unternehmen und Management)
6. Umsetzungsplanung (Realisierungsplan)
7. Chancen und Risiken
8. Erfolgs- und Finanzplanung

Grundsätzlich sollte der Business Plan aussagekräftig (alle Aspekte des Unternehmens umfassend), verständlich, kurz (max. 25–30 Seiten) und ansprechend (mit übersichtlichen Tabellen und Graphiken) gestaltet werden.

(1) Ein **Executive Summary** soll die wichtigsten Eckdaten des Geschäftsplanes in knapper Form zusammenfassen und am Beginn des Planes stehen. Es soll nicht eine „Einführung" geben, sondern folgende Punkte komprimiert darstellen:

- Unternehmensgegenstand und Geschäftsidee (Worin liegen Innovation und Kundennutzen?)
- Unique Selling Proposition (USP; worin liegt das Besondere an der Geschäftsidee, das Wettbewerbsvorteile schafft?)
- Ziele des Unternehmens; Hintergrund, Märkte und Expansionsmöglichkeiten des Unternehmens
- Umsatzerwartungen in den nächsten drei bis fünf Jahren
- Eckdaten über den benötigten Kapitalbedarf des Unternehmens
- Kompetenzen der Unternehmensgründer

Da potenzielle Kapitalgeber in einem ersten Schritt meist nur diese Zusammenfassung lesen werden, muss mit einem „Eye-Catcher" das Interesse geweckt werden. Kapitalgeber sind davon zu überzeugen, dass diese Geschäftsidee besser als andere zur Wahl stehende Projekte ist.

(2) Im Teil „**Produkt bzw. Dienstleistung**" ist das Leistungsangebot zu konkretisieren und ein erkennbarer und überzeugender Kundennutzen darzulegen. Da gerade technische Produkte und Dienstleistungen kompliziert erscheinen können, ist auf eine verständliche Darstellung, unterstützt durch Graphiken oder Bilder, Bedacht zu nehmen. Die Beschreibung hat zu enthalten:

- Art und Funktion des Produkts/der Dienstleistung
- Zielgruppe
- Kundennutzen
- Zusatznutzen (USP) für Kunden im Vergleich zu anderen Produkten/Dienstleistungen
- Produktlebenszyklus

Kompetenzen (3) **Unternehmerteam und -kompetenzen**: Die einzelnen Unternehmerpersönlichkeiten bzw. das Unternehmerteam bestimmen die Investorenentscheidungen erheblich. Die Arbeitsbereiche der Teammitglieder, die bisherige Zusammenarbeit des Teams und die Praxiserfahrungen im angestrebten Unternehmensbereich sind darzulegen. In Investorenkreisen neigt man dazu, eher in ein mittelmäßiges Produkt mit einem hervorragenden Unternehmer(team) als umgekehrt zu investieren. Bei der Beschreibung der einzelnen Teammitglieder sollte neben einer realistischen Einschätzung der Stärken (und Schwächen) darauf geachtet werden, dass ein ausgewogenes Kompetenzportfolio des Teams (z. B. erforderliche fachliche Kenntnisse, Verkaufskompetenzen, eingebrachte Netzwerkkontakte, einschlägige Branchen- und Praxiserfahrungen, bisherige berufliche Erfolge) nachvollziehbar sichtbar gemacht wird. Für die Schlüsselpositionen und Hauptverantwortungsbereiche im Unternehmen sollten konkrete Personen genannt werden können. Auch die Rechtsform, die Eigentumsverhältnisse und die geplante Vergütung des Managements sollen erläutert werden.

Marketingplan (4) Der **Marketingplan** ist der wichtigste Teil des Business Planes. Prägnante Aussagen über Gesamtmarkt, anzusprechende Zielgruppen, Mitbewerber in der Branche, Marketingstrategie sowie zu Patenten und sonstigen Schutzrechten sind von großer Bedeutung. Er sollte folgende Angaben beinhalten:

- Gesamtmarkt (Marktgröße, potenzielle Kunden, branchenübliche Renditen)
- Wahl des Zielmarktes (Zielgruppe; Kundensegmentierung, Analyse der Kunden und ihrer vorherrschenden Bedürfnisse)
- Konkurrenz- und Branchenanalyse (Unternehmensgröße der stärksten Mitbewerber, Produktpalette, Marktanteile, Absatzschwerpunkte, Vertriebskonzepte, Umsatzentwicklung und aktuelle Trends der Branche, Nachfrageprognosen)
- Marketingstrategie (Auf welchem Wege soll das Marketingziel erreicht werden? Im Wesentlichen sind Aussagen zum Einsatz der absatzpolitischen Instrumente Produkt, Preis, Distribution und Kommunikation zu treffen und um Aussagen über Zusatz- bzw. Serviceleistungen und Sonderkonditionen zu ergänzen.)
- Patente, Markenzeichen und sonstige Schutzrechte (Sie sollen bei Einmaligkeit eines Produktes oder einer Dienstleistung potenziellen Mitbewerbern den Markteintritt erschweren; Fragen der generellen Realisierbarkeit eines Schutzes vor Nachahmung sind zu klären, z. B. weltweit angemeldete Patente.)

(5) **Geschäftssystem und Unternehmensorganisation**: Das Geschäftssystem beschreibt alle Aktivitäten eines Unternehmens, die zur Bereitstellung und Auslieferung eines Endprodukts an einen Kunden notwendig sind. Dieser Teil des Business Planes hat die darauf abgestimmte Unternehmensorganisation (einschließlich Zuständigkeiten und Verantwortungsbereichen, Personalplanung) zu erläutern. Dabei ist auch herauszuarbeiten, auf welche Tätigkeiten sich das Unternehmen konzentriert und welche Aufgaben und Tätigkeiten ausgelagert werden können („Make-or-Buy"-Entscheidung).

Organisation

(6) **Umsetzungsplanung (Realisierungsplan)**: Die Umsetzungsplanung hat wesentlichen Einfluss auf die Finanzierung und die Risiken des Unternehmens. Sie soll Zusammenhänge im Voraus durchdenken und die Auswirkung verschiedener Einflüsse analysieren lassen. Eine realistische Planung erhöht die Glaubwürdigkeit bei potenziellen Investoren. Bei zu optimistischer Planung drohen ein Verlust an Glaubwürdigkeit, eine hohe „burn rate" (Geschwindigkeit, mit der Geld aufgebraucht wird), Erfolgs- und Liquiditätsminderungen (Buch- und Cashverluste). Die Folge einer zu pessimistischen Planung wäre etwa ein Ressourcenmangel bei guter Auftragslage.

Realisierung

(7) **Chancen und Risiken (Risikoanalyse)**: Im Business Plan sollen mögliche Probleme, Gefahren und Risiken, aber auch mögliche Chancen aufgezeigt werden. Potenziellen Investoren soll gezeigt werden, dass die Geschäftsidee durchdacht ist und bei Eintreten der geschilderten Ereignisse Gegenmaßnahmen unverzüglich getroffen werden können. Probleme können auf der Anbieter- wie auf der Nachfragerseite, im Marketing oder im wirtschaftlichen und persönlichen Umfeld auftreten. Die Bewertung von Risiken und Chancen basiert auf einer Zukunftsbetrachtung. Sie erfolgt im Business Plan unter Zugrundelegung bestimmter Annahmen im Rahmen einer Szenarioanalyse:

Risikoanalyse

- Normalfall (base case scenario) – der aller Voraussicht nach zu erwartende Fall.
- Günstigster Fall (best case scenario) – die angenommenen Chancen und positiven Bedingungen treten mehrheitlich ein.
- Ungünstigster Fall (worst case scenario) – die angenommenen Risiken und ungünstigen Bedingungen treten mehrheitlich ein.

Aus diesen Szenarien resultieren Einsichten zum möglichen Geschäftsgang und zu den benötigten Finanzmitteln. Eine kurze Beschreibung aller Szenarien im Hinblick auf zugrunde liegende Ereignisse, daraus resultierende Umsätze, Preis usw. ist im Business Plan unumgänglich. Besonders wichtig ist die Beantwortung der Fragen nach dem Finanzbedarf (Wie viel Kapital ist zur Finanzierung notwendig?), nach der Zeit bis zum „Break-Even" (Zu welchem Zeitpunkt übersteigen die umsatzbezogenen Einnahmen die Ausgaben und der Cashflow wird positiv?) und nach der „Internal Rate of Return" (Wie gut werden die Investitionen verzinst?). Mit Hilfe der Sensitivitätsanalyse lässt sich zusätzlich untersuchen, wie sich die Veränderung einer einzelnen Annahme (z. B. des erzielbaren Preises) auf das Gesamtmodell auswirkt.

Integrierte Planungs-rechnung

(8) In der **Finanzplanung** werden die Überlegungen der vorangegangenen Teile des Business Planes quantifiziert. Der Finanzplan ist in eine integrierte Planungsrechnung integriert (3-Komponenten-Rechnungswesen; siehe Abschnitt 10.3), eine Plan-Gewinn- und Verlustrechnung, eine Plan-Cashflow-Rechnung und eine Planbilanz sind zu entwickeln. Die Voraussagen sollten auf fünf oder mehr Jahre reichen, mindestens ein Jahr über den „Break-Even", d. h. über das Erreichen eines positiven Cashflows. Das erste Jahr sollte nach Quartalen aufgeteilt werden, danach erfolgt eine jährliche Darstellung. Im Business Plan sind nur die wichtigsten Zahlen auszuweisen, jede angegebene Zahl sollte jedoch mit Annahmen unterlegt und damit erklärt werden.

Das Gründerservice in der Wirtschaftskammerorganisation (WKO) bietet umfangreiche Informationen zu den relevanten Gründungsthemen an und stellt für die Erstellung eines Businessplanes auch eine eigene Software zur Verfügung (www.gruenderservice.at).

Literatur

Kailer, N./Weiß, G., Gründungsmanagement kompakt – Von der Idee zum Businessplan, 6. Auflage, Wien 2018.

Lechner, K./Egger, A. u. W./Schauer, R., Einführung in die Allgemeine Betriebswirtschaftslehre, 27. Auflage, Wien 2016.

5. Die Unternehmensführung

5.1. Träger von Führungsentscheidungen

Management

Durch eine zielgerichtete, planvolle Koordination (dispositive Tätigkeit) aller im Unternehmen verfügbaren produktiven Kräfte (Mensch und Vermögen) vermag ein Unternehmen jene Leistungen zu erbringen, die es ihm ermöglichen, seine Stellung im wirtschaftlichen und gesellschaftlichen Umfeld zu finden und zu behaupten. Die Gesamtheit der mit überwiegend **dispositiven Aufgaben** beschäftigten Personen bezeichnet man als **Management**:

- **Top**-Management: mitarbeitende Eigentümer, Geschäftsführer, Vorstand
- **Middle**-Management: Leiter einzelner Funktionsbereiche (z. B. Einkauf, Produktion, Verkauf, Finanzen, Rechnungswesen)
- **Lower**-Management: untere Führungsschicht (Abteilungsleiter, Referatsleiter)

Führungsentscheidungen

Als Unternehmensführung wird in der Regel das auf der obersten Ebene eingerichtete Management angesehen, das richtungweisende, das ganze Unternehmen betreffende Entscheidungen trifft. **Merkmale von (Top-)Führungsentscheidungen** sind daher:

- Sie sind für den Bestand des Unternehmens von grundlegender Bedeutung.
- Sie betreffen das ganze Unternehmen (Ganzheitsentscheidungen im Gegensatz zu Ressortentscheidungen) und können daher nur aus der Kenntnis aller Zusammenhänge heraus getroffen werden.
- Sie sind grundsätzlich nicht an untere Unternehmensinstanzen delegierbar.

Daraus lässt sich ein **Katalog von (Top-)Führungsentscheidungen** ableiten:

- **Vorgabe** der anzustrebenden **Unternehmensziele**
- Festlegung der **Unternehmenspolitik** auf weite Sicht (hiezu gehören auch Entscheidungen über den Erwerb von Beteiligungen, die Wahl neuer Standorte, die Wahl oder Änderung der Rechtsform für das Unternehmen, der Zusammenschluss mit anderen Unternehmen)
- **Koordination** der großen betrieblichen **Teilbereiche** (Beschaffung, Produktion, Absatz, Finanzen, Verwaltung) und damit Koordination aller Teilziele des Unternehmens im Hinblick auf das anzustrebende Gesamtziel
- Bestimmung der Grundzüge der **Personalpolitik** (z. B. Besetzung der Führungsstellen im Unternehmen, Gehaltspolitik, betriebliche Sozialpolitik, Fortbildung)
- Geschäftliche Maßnahmen von **außergewöhnlicher** Bedeutsamkeit (z. B. große Investitionsvorhaben)
- Bestimmung der Grundlagen für einen wirksamen **Umweltschutz**

Während die Unternehmensführung **originäre Entscheidungen** in Form der Führungsentscheidungen trifft, sind die Entscheidungen des mittleren und unteren Managements Entscheidungen, die im Rahmen der von der Unternehmensführung vorgegebenen Richtlinien getroffen werden. Die Ziele und Grundsätze der Unternehmenspolitik sollen durch konkrete Anweisungen in den verschiedensten Aktivitätsfeldern umgesetzt werden. Sie werden daher auch als **derivative** Entscheidungen bezeichnet.

Managementkreis Zu den wichtigsten Aufgaben des Managements gehören somit die Ziel(setzungs)entscheidungen. **Planung und Organisation** legen jenes Instrumentarium fest, mit dem versucht wird, die Unternehmensziele zu realisieren. Unter **Planung** wird die gedankliche Vorwegnahme künftiger Entwicklungen verstanden (der Gegensatz hiezu wäre die Improvisation). Sie führt beispielsweise zu Beschaffungs-, Produktions-, Absatzplänen, Investitionsplänen, Finanzierungsplänen und zu diese zusammenfassenden Gesamtplänen (Business Plan, Leistungsbudget, Finanzbudget). Als **Organisation** werden alle gestaltenden Maßnahmen bezeichnet, die die Realisierung der Planvorstellungen ermöglichen sollen. Sie betreffen die Unternehmensstruktur (Aufbauorganisation) ebenso wie die verschiedenen Leistungsprozesse (Ablauforganisation). Entscheidungen im Rahmen der Planung und Organisation sind somit aus Unternehmenszielen abgeleitete Mittel- bzw. Zielerreichungsentscheidungen.

Die aus Planung und Organisation resultierenden Aktivitäten bedürfen einer ständigen **Überwachung** (Soll-Ist-Vergleich). Wird durch die Überwachung festgestellt, dass Unternehmensziele nicht erreicht werden, müssen entweder der Weg der Zielerreichung geändert oder, wenn auch dadurch die Zielerreichung nicht mehr gewährleistet wird, die gesetzten Ziele den veränderten Umständen angepasst werden, womit der Zielbildungsprozess wieder neu in Gang gesetzt wird. Der sich immer wiederholende Vorgang

Zielsetzung → Planung → Organisation → Überwachung → Zielsetzung

wird allgemein als **Managementkreis** bezeichnet (Abbildung 5-1).

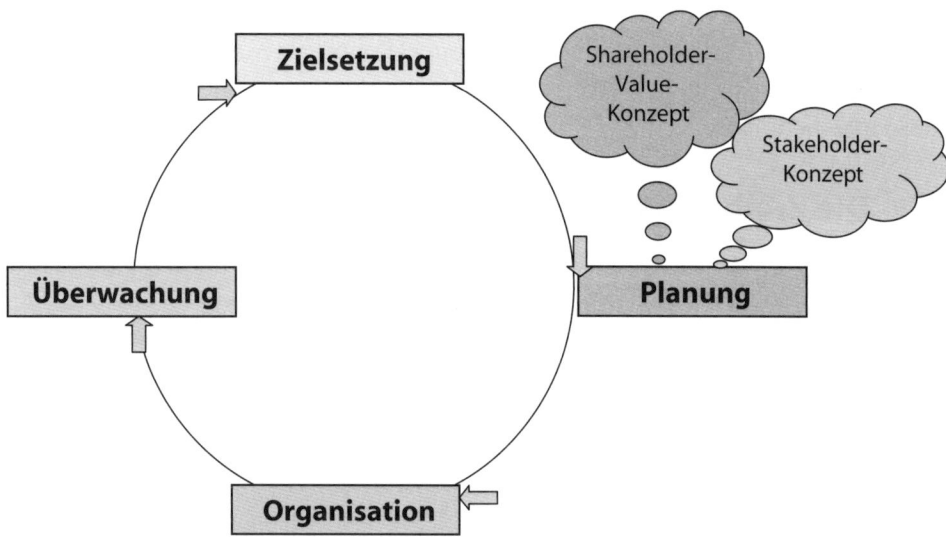

Abbildung 5-1: Managementkreis

Für die unternehmerischen Zielsetzungen (Leistungsprogramm als Sachziele sowie Produktivität, Wirtschaftlichkeit und Rentabilität sowie Liquidität als Formalziele) und die daraus folgenden Planungen sind heute zwei konzeptionelle Grundhaltungen in Diskussion: das Shareholder-Value-Konzept und das Stakeholder-Konzept.

Hinter dem **Shareholder-Value-Konzept** steht die Erwartung, dass unter marktwirtschaftlichen Wettbewerbsbedingungen Unternehmen eine nachhaltige Rentabilität des Eigenkapitals erarbeiten, die deutlich über dem Zinssatz für langfristiges Fremdkapital liegt. Dieses Ziel gilt an sich für Unternehmen jeder Größe, wird aber in erster Linie für börsennotierte Unternehmen und deren Aktionäre diskutiert. Ein entsprechender Erfolg ist sehr oft mit dem Abbau von Arbeitsplätzen, auf welchen Routinetätigkeiten verrichtet werden, verbunden. Rentabilitätssteigerungen zugunsten der Anteilseigner geraten allenfalls in Widerspruch mit den Interessen anderer Gruppen (Stakeholder), die in den Wertschöpfungskreislauf des Unternehmens eingebunden sind. Als interne Stakeholder werden das Management und das Personal angesehen, als externe Stakeholder die Kunden, Lieferanten, Aktionäre, Fremdkapitalgeber, der Staat, die Kammern und die Gewerkschaften (allgemein: das gesellschaftliche Umfeld und die Ökosphäre).

Shareholder-Value-Konzept

Das **Stakeholder-Konzept** geht von der Grundauffassung aus, dass das Management bzw. das Unternehmen zur Erreichung von Zielen und zur Durchsetzung von Strategien auf die Beiträge bzw. die Ressourcen der verschiedenen Stakeholder-Gruppen angewiesen ist. Diese Anspruchsgruppen (Stakeholder) beanspruchen für ihre Leistungen Gegenleistungen, um ihre eigenen Ziele verwirklichen zu können. Ein dauernder Verhandlungsprozess mit den relevanten Anspruchs-

Stakeholder-Konzept

gruppen und eine permanente Positionierung in der Gesellschaft gehören damit zu den zentralen Aufgaben des Managements (Politik als Managementaufgabe). Das Stakeholder-Konzept wird zum Synonym für die soziale Verantwortung eines Unternehmens.

5.2. Die Zielbildung

Zielbildung
Die **Zielbildung** im Unternehmen ist als ein multipersonaler Vorgang anzusehen, an dem eine Vielzahl von Menschen aktiv mitwirkt. Dabei werden sie sowohl im Zielbildungsprozess als auch bei der Durchsetzung der Ziele von persönlichen und Gruppeninteressen beeinflusst (Spannungsfeld Individuum – Gruppe – Organisation). Das Ergebnis dieses Zielbildungsprozesses sind **Zielinhalte**, die je nach den Eigentumsverhältnissen und der Machtstellung der einzelnen Zentren der Willensbildung sowie den vorhandenen Mitteln stark variieren können.

Jedes Ziel wird durch die **Dimensionen** Inhalt, angestrebtes Ausmaß und zeitlicher Bezug bestimmt.

Zielinhalt
Der **Zielinhalt** kann quantifizierbar (z. B. Streben nach einer bestimmten Rentabilität oder Minderung der Steuerbelastung) oder nicht quantifizierbar (z. B. Unabhängigkeit, gute Beziehungen zu Geschäftsfreunden oder Behörden) sein. Zwei **Grundziele** müssen in jedem Fall verfolgt werden, um den Bestand eines Unternehmens auf Dauer zu gewährleisten: das Streben nach ausreichendem Gewinn oder zumindest Kostendeckung (**erfolgswirtschaftliche** Komponente) und das Streben nach Aufrechterhaltung des finanziellen Gleichgewichts (**finanzwirtschaftliche** Komponente).

Zielerreichung
Hinsichtlich des angestrebten **Ausmaßes der Zielerreichung** sind unbegrenzt formulierte und begrenzt formulierte Ziele zu unterscheiden. Unbegrenzt werden in der Regel Ziele formuliert, die den höchsten Zielerreichungsgrad erwarten lassen. Hingegen liegen begrenzt formulierte Ziele vor, wenn sich eine als zureichend angesehene Handlungsmöglichkeit erkennen lässt, die letztlich vom **Anspruchsniveau** des Entscheidungsträgers bestimmt wird. Entscheidungen in der betrieblichen Praxis müssen oft unter unvollständigen, fehlerhaften und teilweise sogar widersprüchlichen Annahmen getroffen werden.

Zeitlicher Bezug von Zielen
Durch den **zeitlichen Bezug** wird die Frist bestimmt, innerhalb welcher ein Ziel erreicht werden oder permanent erfüllt sein soll (z. B. Zahlungsfähigkeit). In der Regel wird zwischen **kurz-, mittel- und langfristigen Zielen** unterschieden, wobei die Fristigkeit in der Praxis nicht eindeutig bestimmt ist. Oftmals wird als kurzfristig der Zeitraum bis zu drei Monaten, als mittelfristig der Zeitraum darüber bis zu zwölf Monaten und als langfristig der Zeitraum über ein Jahr hinaus angesehen. Man findet in der Praxis aber auch die (bei volkswirtschaftlichen Analysen übliche) Differenzierung zwischen bis zu einem Jahr (kurzfristig), ein bis fünf Jahre (mittelfristig) und über fünf Jahre hinausgehend (langfristig).

Zeitlicher Bezug	Alternativen	
kurzfristig	bis 3 Monate	bis ein Jahr
mittelfristig	3 bis 12 Monate	1 bis 5 Jahre
langfristig	über ein Jahr	über 5 Jahre

Die Unternehmensführung hat die kurzfristigen Ziele grundsätzlich den langfristigen Zielen unterzuordnen, wobei diese oftmals nicht oder nur bedingt operational (d. h. messbar im Hinblick auf die Zielerreichung) vorgegeben sind. Die bedingte Operationalität beruht darauf, dass mit zunehmender Länge des Planungszeitraums immer weniger Informationen über die möglichen Strategien und die daraus folgenden Konsequenzen vorhanden sind. Auch die Prognosemöglichkeiten nehmen infolge der zunehmenden Ungewissheit immer mehr ab. Langfristige Unternehmensziele bilden daher vielfach nur einen unter heutiger Sicht und auf Basis heute vorhandener Informationen erstellten Rahmen, innerhalb dessen die kurz- und mittelfristigen Ziele gesetzt werden.

Für ein erwerbswirtschaftlich ausgerichtetes Unternehmen ist ein **Zielsystem** kennzeichnend, das Imperative höherer Ordnung (wie Unabhängigkeit, soziale Prinzipien, Prestige, Machtsteigerung) mit dem betriebswirtschaftlich relevanten Oberziel Eigenkapitalrentabilität (Gewinnstreben in Relation zum Kapitaleinsatz) verbinden lässt.

Zielsystem

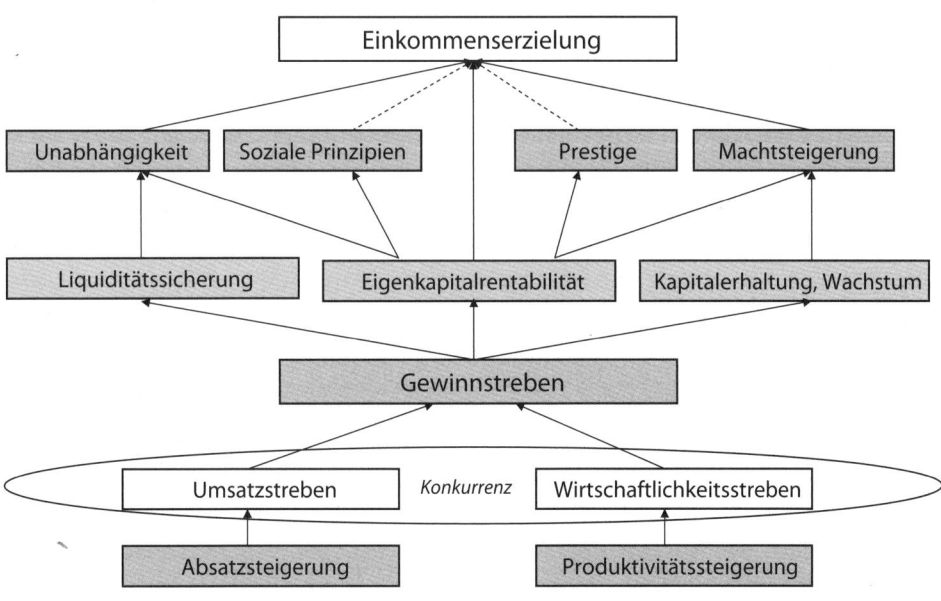

Abbildung 5-2: Zielsystem erwerbswirtschaftlich ausgerichteter Unternehmen

Dieses auf Edmund Heinen basierende Mittel-Zweck-Schema gilt in erster Linie für **Eigentümerunternehmen**. Bei **Manager-Unternehmen** sind die spezifischen Interessenlagen des (von den Eigentümern bestellten) Managements zusätzlich (und oftmals konkurrierend) zu berücksichtigen.

Zusammenhang von Zielen

Bei der Vielzahl von möglichen Zielen eines Unternehmens gibt es solche, die einander ergänzen (Komplementärziele), die voneinander unabhängig sind, miteinander konkurrieren, und solche, die gegenseitig unverträglich sind:

- Bei **Komplementärzielen** führt die Steigerung des Erfüllungsgrades eines Zieles auch zur Erhöhung des Erfüllungsgrades eines anderen Zieles (z. B. führt die Erhöhung der Wirtschaftlichkeit in der Regel auch zu einer Gewinnsteigerung).

- **Zielindifferenz** (Zielneutralität) liegt vor, wenn Einzelziele voneinander unabhängig sind, sie sich gegenseitig in der Zielerreichung weder beschränken noch fördern (z. B. Wirtschaftlichkeit und Unabhängigkeit). Die Zielindifferenz gilt jedoch nur für einen bestimmten Zeitpunkt und einen abgegrenzten Bereich. Jede Datenänderung kann zwischen bisher neutralen Zielen Komplementaritäts- oder Konfliktbeziehungen entstehen lassen.

- Bei **Zielkonkurrenz** führt der steigende Erfüllungsgrad bei einem Ziel zu einem sinkenden Erfüllungsgrad bei einem anderen Ziel (z. B. kann durch die Investition vorhandener Geldmittel in Anlagen die Rentabilität gesteigert werden, während die Liquidität sinkt; umgekehrt steigt die Liquidität, je mehr Geldmittel bereitgehalten werden, während dadurch die Rentabilität sinkt). Nicht nur zwischen Rentabilität und Liquidität kann eine Zielkonkurrenz herrschen, sondern auch zwischen Unabhängigkeit und Gewinnstreben (Umsatzstreben): Ein Unternehmer, dem persönliche Unabhängigkeit wichtig erscheint, verzichtet auf die Kreditaufnahme oder auf Kapitaleinlagen durch neue Partner und kann daher eine mögliche Umsatzausweitung nicht durchführen. Obwohl Umsatz- und Gewinnstreben in der Regel Komplementärziele darstellen, können sie auch konkurrieren, wenn beispielsweise ein aus Marktanteilsgründen angepeilter höherer Umsatz nur mit einem geringeren Fixkostendeckungsbeitrag zu erreichen bzw. mit hohen zusätzlichen Kosten verbunden ist.

- **Zielantinomie** ist gegeben, wenn Ziele zueinander unverträglich sind (z. B. steht das Streben nach Unabhängigkeit im Widerspruch zum Streben nach Kooperation oder Unternehmensvereinigung).

Zielkonflikte

Jeder Entscheidungsprozess ist zwangsläufig mit **Zielkonflikten** verbunden und erfordert zur Lösung dieser Konflikte **Zielkompromisse**. Der Entscheidungsträger selbst ist mit Zielkonflikten konfrontiert (intrapersonelle Konflikte), zusätzlich haben Zielkonflikte in den unterschiedlichen Interessenlagen der am Entscheidungsprozess beteiligten Personen (Gruppen) ihren Ursprung (interpersonelle Konflikte).

Zielkonflikte bestehen

- zwischen lang- und kurzfristigen Zielvorstellungen,
- als horizontale Konflikte zwischen einzelnen Unternehmensbereichen und
- als vertikale Konflikte zwischen den Entscheidungsträgern auf unterschiedlichen Unternehmensebenen.

Es gehört zu den Aufgaben der Unternehmensführung, Zielkonflikte nach Möglichkeit zu verhindern und, sofern dies nicht möglich ist, einer einvernehmlichen Lösung zuzuführen. Die Art der **Konfliktbereinigung** ist in hohem Maße eine Frage des **Führungsstils**. Im Rahmen eines **autoritären** Führungsstils werden Zielkonflikte durch organisatorische Regelungen, die weitgehend dem Grundsatz des Befehlens und Gehorchens Rechnung tragen, in der Planungsphase vermieden. Die Mitarbeiter versuchen jedoch später, innerhalb des ihnen bei der Zielerfüllung verbleibenden Spielraums ihre eigenen Präferenzen durchzusetzen. Ein solcher Zielkonflikt kann unentdeckt bleiben und dem Unternehmen Schaden zufügen. Bei einem **kooperativen** Führungsstil („Führung im Mitarbeiterverhältnis") versucht der Vorgesetzte, seine Mitarbeiter in den Entscheidungsprozess einzubeziehen und Interessenkonflikte weitgehend bereits in der Planungsphase auszuräumen. Dadurch kann eine höhere Motivation bei der Realisierung der Unternehmensziele erreicht werden, da deren Erfüllung auch im Mitarbeiterinteresse liegt. Im Falle von Zielantinomien vollzieht sich die Konfliktlösung nicht selten in Form einer **Abstimmung**. Sie führt insbesondere bei horizontalen Konflikten zu einem raschen Ergebnis, gewährleistet jedoch nicht, dass die unterliegende Minderheit von der Richtigkeit der Entscheidung überzeugt werden konnte.

Führungsstil

Als wichtigste Variante der Konfliktbereinigung ist der **Kompromiss** anzusehen. Er setzt aber Flexibilität und Kooperationsbereitschaft nicht nur bei den Entscheidungsträgern der mittleren und unteren Führungsebenen, sondern auch bei der obersten Unternehmensführung selbst voraus.

Zielkompromisse

5.3. Die Planung

„Unternehmensführung" bedeutet immer ein Treffen von Entscheidungen unter Unsicherheit. Die Wahrscheinlichkeit, dass die erwünschten Konsequenzen tatsächlich eintreten, bestimmt letztlich die Qualität der Entscheidungen. Sie ist von den dem Entscheidungsträger zur Verfügung stehenden und von ihm qualitativ und quantitativ verarbeitbaren Informationen abhängig (Herbert Kraus). Die Gewinnung, Aufbereitung und Verarbeitung aller Informationen unter dem Gesichtspunkt der bestmöglichen Realisierung der Unternehmensziele ist Aufgabe der **Unternehmensplanung**.

Planung

Mit Hilfe der **Planung** sollen zunächst Alternativen gefunden werden, die zur Zielerreichung möglich sind. Fehlen solche Alternativen, entfällt auch der Planungsprozess, weil die Konsequenz der Planung, die Entscheidung, auf welchem Weg und mit welchen Mitteln ein Ziel zu erreichen ist, bereits vorweggenommen ist. Sind Alternativen in Erwägung zu ziehen, so wird der Entscheidungsträger jene auswählen, die ihm als die günstigste für die Zielerreichung erscheint. Planung setzt daher immer die Auswahl aus Alternativen voraus (zumindest eine Aktion zu setzen oder diese zu unterlassen).

Planung kann daher als gedankliche Vorwegnahme zielgerichteten künftigen Handelns durch Abwägen verschiedener Handlungsalternativen und Auswahl einer Alternative als günstigster Weg zur Zielerreichung (Entscheidung für die zielentsprechendste Handlungsalternative) angesehen werden.

Improvisation Die Planung unterscheidet sich damit grundlegend von der **Improvisation**. Diese ist durch Entscheidungen gekennzeichnet, die erst nach Eintreten einer zu einer Handlung auffordernden Augenblickssituation gefällt werden, wobei sich der Entscheidende an die Informationslage in dieser Situation anzupassen hat. Die Alternativenwahl ist dann in der Regel eingeschränkt und die Gefahr einer Fehlentscheidung wegen des Zeitdrucks groß.

Prognose Von der **Prognose** unterscheidet sich die Planung dadurch, dass die Prognose zwar von gegenwärtigen Zuständen ausgeht und zukünftige Zustände in Form von begründeten Erwartungen beschreibt, jedoch keine Entscheidung auf der Grundlage einer Alternativenauswahl gefällt wird. Wenn durch äußere Umstände kein Einfluss auf bestimmte zukünftige Größen möglich ist, kann auch nicht geplant, sondern nur prognostiziert werden. Prognosen sind somit Informationen für eine realitätsnahe Planung und damit ein Planungshilfsmittel.

Erfahrung und Intuition So sehr sich die Unternehmensführung auch bemüht, Planungen auf möglichst rationaler (und damit oft auch rechenbarer) Grundlage zu entwickeln, so sehr können viele zukünftige Entwicklungen oft nur vermutet und daher nicht mit Sicherheit bestimmt werden. Dies zwingt zu Annahmen in der Planung, welche weder rechnerisch begründbar noch aus bestimmten betrieblichen Verfahren ableitbar sind. Sie werden oftmals aus **Erfahrung** und **Intuition** getroffen und verleihen der Planung den Charakter **dispositiver** menschlicher Arbeit, bei der die exakten Dispositionsgrundlagen nur ein Teil der Entscheidungshilfen sind.

Die Bedeutung der Planung für die Unternehmensführung ergibt sich daher aus:

- Zwang zur **klaren Zielformulierung** (Planung setzt eine Zielvorgabe voraus);
- **Denken in Systemzusammenhängen** (jede Entscheidung in einem Bereich hat unmittelbare oder mittelbare Auswirkungen in anderen Bereichen, Ressortegoismen sind zu vermeiden, eine integrierte Gesamtplanung ist daher erforderlich);

- Erhöhung der betrieblichen **Flexibilität** (wenn durch systematische Soll-Ist-Vergleiche Gegensteuerungsmaßnahmen bzw. Anpassungsmaßnahmen ermöglicht werden – **Controlling**);
- Zwang zu **Wahrscheinlichkeitsüberlegungen** über Chancen und Risiken in der Zukunft (Entscheidungen unter Unsicherheit).

5.4. Operative und strategische Unternehmensführung

Die bisherigen Ausführungen zur Planung sind vor allem im Lichte der **operativen** Führung eines Unternehmens zu sehen. Sie sind geprägt von der unmittelbaren Sicherung von zeitlich dimensionierten Sach- und Formalzielen. Die Liquidität und der Erfolg eines Unternehmens sind insofern operative Führungs- und Steuerungsgrößen.

Demgegenüber ist es Aufgabe der **strategischen** Unternehmensführung, die Voraussetzungen für anhaltende und weit in die Zukunft reichende Erfolgsmöglichkeiten zu schaffen. Sie werden als **Erfolgspotenziale** bezeichnet. Darunter ist ein Gefüge von erfolgsrelevanten produkt- und marktspezifischen Voraussetzungen zu verstehen, die spätestens dann gegeben sein müssen, wenn die Erfolgsrealisierung stattfinden soll. Hiezu gehören insbesondere Produktentwicklungen, der Aufbau von Produktionskapazitäten, die Entwicklung von Marktpositionen und Marktanteilen, der Aufbau von kostengünstig arbeitenden Organisationen in den unternehmerischen Funktionsbereichen u. Ä. Allen diesen Voraussetzungen ist gemeinsam, dass für ihre Schaffung eine mehr oder weniger lange Zeit gebraucht wird, die von der Sache her nicht beliebig verkürzt werden kann. Diese Voraussetzungen sind nicht mehr nachholbar, würde ihr Fehlen erst im Zeitpunkt der Erfolgsrealisierung auf Grund erkennbarer negativer Wirkungen in der Kurzfristplanung bemerkt werden.

Erfolgspotenziale

Ausgangspunkt für die strategische Unternehmensführung ist ein leitender Gedanke, ein **unternehmerisches Konzept** („business idea"), mit dem sich ein Unternehmen in einem Marktsegment von seinen Konkurrenten abheben und eine Position der Einzigartigkeit erreichen kann („unique selling proposition", USP).

Business idea

Für die strategische Unternehmensführung sind vier Grundelemente typisch:

- Die **Analyse** der strategischen Ausgangsposition: Sie umfasst die Stärken und Schwächen der verschiedenen Leistungsbereiche in Bezug auf die Konkurrenten, die Leistungsabnehmer und die Chancen und Risiken der unternehmerischen Umwelt.
- Die **Bestimmung der zukünftigen Stellung der strategisch** bedeutsamen **Geschäftseinheiten (SGE)** und des Unternehmens als Ganzes in der Umwelt: In den Beziehungen zu den Leistungsabnehmern mit ihren Bedürfnissen, den

Mitarbeitern im Unternehmen als Humanpotenzial, den Kapitalgebern, den Lieferanten, verbündeten Unternehmen und zur Gesellschaft sind kontinuierliche Austauschbeziehungen wesentlich, die von der gegenseitigen Nutzenstiftung geprägt sein sollen. Für die Positionierung der strategischen Geschäftseinheiten im künftigen Leistungsprogramm wird vielfach von der **Portfolio-Technik** als Instrument der Visualisierung und der Kommunikation Gebrauch gemacht.

- Die **Schaffung relativer Wettbewerbsvorteile** gegenüber den Konkurrenten: Dies setzt die Auswahl von geeigneten Technologien und die Entwicklung von sach- und dienstleistungsbezogenen Fähigkeiten voraus, mit welchen sich das Unternehmen gegenüber den Wettbewerbern profilieren kann. Hiezu bedarf es einer adäquaten Ressourcenzuteilung, damit die gewünschte Zielposition in der gewünschten Zeit erreicht werden kann. Dabei erweist es sich als vorteilhaft, nach außen hin durch die Konzentration auf wenige Bereiche dauerhafte Wettbewerbsvorteile zu erreichen. Nach innen können dadurch Synergieeffekte entstehen und gefördert werden. In den anderen Beziehungsebenen, in denen keine Wettbewerbspräferenzen erreichbar sind, müssen befriedigende Anspruchsniveaus erreicht werden, die die wesentlichen Strategiefelder unterstützen oder sich zumindest mit ihnen vereinbaren lassen.

- Die **Festlegung von Kriterien und Standards,** womit der Erfolg der Strategien gemessen und mit den erwarteten Zielerfüllungsgraden verglichen werden kann.

Unternehmenspolitik Die strategische Führung setzt also ein **Leitbild**, eine unternehmerische „**Vision**" voraus, die in Grundsätzen für die **Unternehmenspolitik** in Form von Werten, Idealen und Normen den Mitarbeitern im Unternehmen, aber auch der Unternehmensumwelt gegenüber zu verdeutlichen ist. Die Strategien auf der Ebene einzelner strategischer Geschäftseinheiten und für das gesamte Unternehmen führen zu **Direktiven für die einzelnen Funktionsbereiche**. Ihr besonderer Wert liegt in der selektiven Konzentration auf funktionale Schwerpunkte (z. B. Forschung und Entwicklung oder Preis-Leistungs-Verhältnis). Jede Änderung in den Strategien des Unternehmens und in den Schwerpunkten seiner Funktionsbereiche erfordert eine entsprechende Anpassung der **Unternehmensorganisation** („structure follows strategy"). Die Umsetzung der Strategien erfordert konkrete **Aktionspläne**, eine Fortschrittskontrolle und eine permanente Überwachung der Strategien selbst auf deren Zweckmäßigkeit bei sich ändernden Umweltbedingungen. Vom Inhalt her müssen diese mit den Denkhaltungen und Wertvorstellungen der Unternehmenskultur verträglich sein. Gegebenenfalls ist es im Sinne einer Wechselwirkung notwendig, auf eine Veränderung der **Unternehmenskultur** einzuwirken, um eine Verträglichkeit mit den Zielen der strategischen Unternehmensführung zu gewährleisten.

Empirische Untersuchungen belegen vor allem für den industriellen Bereich die hohe Bedeutung von Marktanteilen für strategische Erfolgspotenziale. Die sog. **„Erfahrungskurve"** bringt zum Ausdruck, dass mit jeder Verdoppelung der kumulierten Mengen eines Produktes oder einer Leistung ein Kostensenkungspotenzial von rund 20–30 % entsteht. In nicht mehr wachsenden Märkten (und damit bei Verdrängungswettbewerb) sind Kostensenkungen von etwa 10–15 % zu erwarten. Der Kostenrückgang tritt nicht automatisch ein, sondern das Senkungspotenzial muss von der Unternehmensführung erkannt und bewusst genützt werden. Kennt man die kumulierten Leistungsmengen der Konkurrenten, so kann man näherungsweise ermitteln, wie für einen bestimmten Zeitpunkt die potentiellen Stückkosten der einzelnen Konkurrenten zueinander liegen. Wer die höchsten Marktanteile besitzt, hat demzufolge die niedrigsten potentiellen Stückkosten. Es bestehen dann **Kostensenkungsmöglichkeiten** in einem Ausmaß, die ein Konkurrent mit niedrigeren Marktanteilen nicht haben kann. Kosten lassen sich nicht spontan senken, sondern je nach dem Charakter ihrer Bindung nur über einen längeren Zeitraum. Wer also laufend um eine Kostensenkung bemüht ist, obwohl er von der Ertragsseite hiezu nicht gezwungen wird, erlangt die beste Ausgangsposition (**Kostenführerschaft**) für die denkbaren Preisentwicklungen im Wettbewerb auf den Märkten.

Erfahrungskurvenkonzept

Eine ähnliche Bedeutung wie das Erfahrungskurvenkonzept erlangte das Phänomen der **Substitutionszeitkurve**. Jede Innovation löst eine Substitution bisheriger (alter) Produkte aus. Es können aber auch Marktaufspaltungen entstehen, wenn für einen Teil der Produktanwender die bisherige Problemlösung die geeignetere bleibt.

Bei allem Vorzug für wachstumsorientierte Überlegungen muss die Unternehmensführung auch bewusst Möglichkeiten des **Rückzuges** und damit auch eines **geplanten Endes** einer unternehmerischen Aktivität ins Kalkül ziehen. Eng damit verbunden ist die Sensibilität des Managements gegenüber **Unternehmenskrisen (Krisenmanagement)**.

Krisenmanagement

5.5. Die Organisation

Die **Organisation** dient der Verwirklichung (Realisation) der Planung, sie verleiht ihr den konkreten Niederschlag im Unternehmensgeschehen. Mit der Organisation wird die **Struktur** des Unternehmensaufbaus und der Arbeitsabläufe (**Prozesse**) in der Leistungserstellung und Leistungsverwertung festgelegt. Während durch die **Aufbauorganisation** eine klare Verteilung und Abgrenzung der betrieblichen Aufgaben herbeigeführt und damit eine bestimmte Ordnung, Zuständigkeit und Verantwortung erreicht werden soll, regelt die **Ablauforganisation** die Ordnung der verschiedenen Arbeitsabläufe in zeitlicher und räumlicher Sicht. Die Aufbauorganisation befasst sich daher mit **Institutionen** (Stellen, Instanzen, Abteilungen), die Ablauforganisation mit den Arbeits**abläufen** innerhalb und zwischen diesen Institutionen (**Workflow-Management**).

Aufbau- und Ablauf-
organisation

Da der Organisationsaufbau weitgehend auch die Leistungsprozesse (den Ablauf) bestimmt und diese sich nur in den Formen der Organisationsstruktur (des Aufbaues) vollziehen können, bestehen zwischen beiden enge Interdependenzbeziehungen.

Kongruenzprinzip Für die organisatorischen Gestaltungsmaßnahmen gilt das **Kongruenzprinzip**. Danach müssen

- **Aufgabenstellung** (zu lösendes Problem),
- **Kompetenz** (zur Lösung des gestellten Problems; Handlungskompetenz) und
- **Verantwortung** (für die mit der Problemlösung erreichten Wirkungen)

bei einem Entscheidungsträger zusammenfallen. Die Übertragung von Verantwortung für eine Aufgabe an eine Person, die über keine ausreichende (formale und materielle) Kompetenz zur Lösung des anstehenden Problems verfügt, wäre leistungshemmend bzw. ineffizient.

Stellenbeschreibung Die mit einer einzelnen Stelle verbundenen Aufgaben und Kompetenzen (sachliche Zuständigkeit und Verantwortung, die sich aus den jeweiligen Aufgaben der Stelle ergeben) sowie die Eingliederung der Stelle in die Organisationsstruktur des Unternehmens wird in der **Stellenbeschreibung** wiedergegeben. Jede Stelle mit Leitungsbefugnis (und somit Anordnungsbefugnis gegenüber anderen Stellen) wird als **Instanz** bezeichnet. Der Instanzenaufbau wird durch die **hierarchische Rangordnung** der einzelnen Stellen dokumentiert. Die Anzahl der Rangstufen hängt in der Regel von der Unternehmensgröße ab und wird als **Instanzentiefe** bezeichnet. Die Schaffung möglichst flacher Unternehmenshierarchien und damit einer geringen Instanzentiefe wird heute vielfach als Forderung für die Organisationsgestaltung erhoben.

Leitungsspanne Die **Leitungsspanne** (auch: Lenkungsspanne, Kontrollspanne) in einer Organisation gibt an, wie groß die Zahl der Stellen sein soll, die einer gemeinsamen Leitungsinstanz unterstellt werden sollen. Die Leitungsspanne ist von der Aufgabenstellung der einzelnen Stellen, von der Qualifikation der unterstellten Mitarbeiter sowie von den Kommunikations- und Kontrollmöglichkeiten abhängig. Sie wird auf höheren Rangstufen geringer sein (z. B. 5–8) als auf von Routinetätigkeiten geprägten unteren Stufen (z. B. 20).

Das Leitungssystem (die Aufbauorganisation) gewährleistet die Verbindung zwischen den einzelnen Aufgabenträgern und sichert den organisatorischen Zusammenhalt der einzelnen, den betrieblichen Leistungsprozess bestimmenden Faktoren. Typische Leitungssysteme (**Formen der Aufbauorganisation**) sind das Liniensystem und das Funktionssystem sowie daraus abgeleitete Mischformen.

Liniensystem Beim **Liniensystem** (**Einliniensystem**) liegt ein durchgehender **Befehlsweg** von der obersten unternehmerischen Leitungsstelle bis zum Verrichtungsträger auf der untersten Ebene vor. Jeder in Zwischenstellen und unteren Ausführungsstellen Tätige hat den Anordnungen nur jeweils eines Vorgesetzten zu folgen. Das **Weisungsrecht** der übergeordneten Instanz bedeutet gleichzeitig eine Ausführungspflicht für die untergeordnete Stelle. Die Anordnungen gehen von Stufe zu Stufe, durchlaufen diese also vertikal von oben nach unten.

Das Liniensystem gilt als besonders straffe Organisationsform, dessen hervorstechende **Vorteile** die eindeutig geklärten Über- und Unterordnungsverhältnisse, die präzise Kompetenzregelung und der das System kennzeichnende übersichtliche Gesamtzusammenhang sind. Diesen Vorteilen stehen insbesondere in größeren Unternehmen wegen der langen Kommunikationswege nicht unbedeutende **Nachteile** gegenüber. Von den Leitungsstellen wird ferner ein weit reichendes Fachwissen vorausgesetzt, das in einer Zeit der zunehmenden Spezialisierung oft nicht eingebracht werden kann.

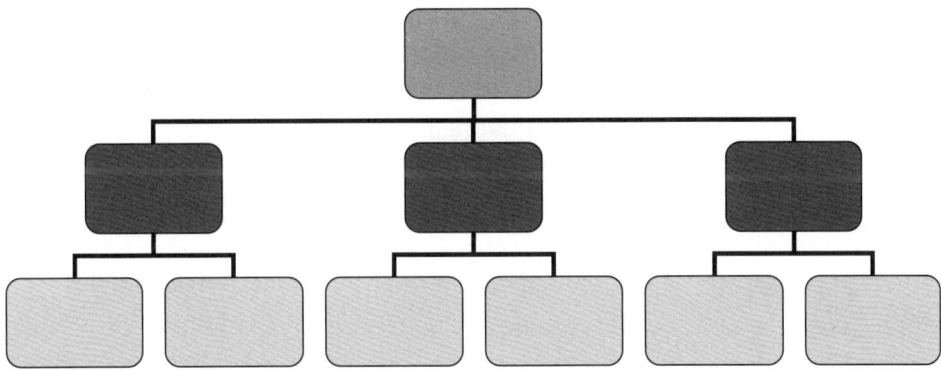

Abbildung 5-3: Linienorganisation

Dem (Ein-)Liniensystem steht das **Mehrliniensystem (Funktionssystem)** gegenüber (Abbildung 5-4). Jeder Aufgabenträger hat je nach fachlicher Kompetenz mehrere Vorgesetzte. Im Funktionssystem wird die einheitliche Auftragserteilung durch eine gestreute Auftragserteilung mit kurzen Befehlswegen ersetzt. Diese muss in sich dennoch geschlossen sein, weil auch die einzelnen Auftragserteilungen aufeinander abzustimmen sind. Der mehrfachen Überordnung, die auf die Spezialisierung der Führungskräfte bzw. auf die Entscheidungsabgrenzung Bedacht nimmt, entspricht die mehrfache Unterordnung. Überschneidungen spezialisierter Weisungsrechte mit allgemein gültigen Weisungsrechten sollen unterbleiben. Vorteile sind verbesserte Arbeitsleistungen der einzelnen Spezialisten als Vorgesetzte und die kurzen Wege im Leitungssystem. Nachteile ergeben sich vor allem aus den Abgrenzungsschwierigkeiten zwischen den Funktionsbereichen und Koordinierungsproblemen der obersten Leitungsinstanzen. Deshalb ist das Funktionssystem in der Praxis selten anzutreffen, vielmehr wird es durch das Stab-Linien-System ersetzt.

Funktionssystem

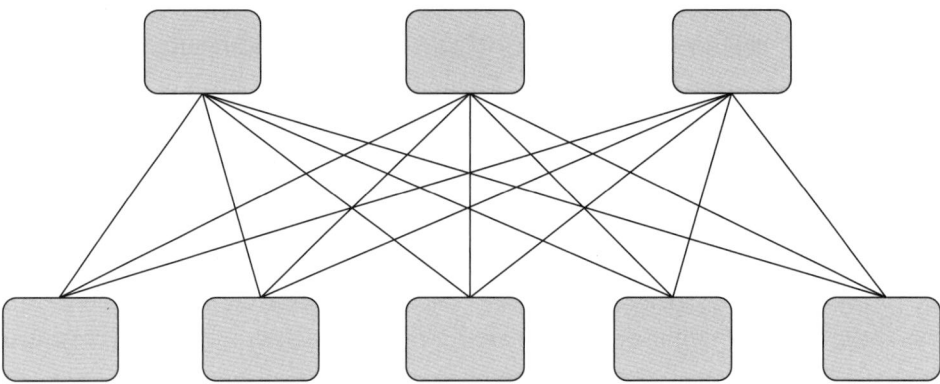

Abbildung 5-4: Mehrliniensystem (Funktionssystem)

Stab-Linien-System Das **Stab-Linien-System** beruht im Grundsätzlichen auf der Konstruktion des Liniensystems. Der durchgehende Befehlsweg von oben nach unten wird beibehalten. Den obersten Leitungsinstanzen und den Zwischeninstanzen werden zur Aufgabenentlastung jedoch **Stabstellen** beigegeben, welchen bestimmte Aufgaben zur **Entscheidungsvorbereitung übertragen** werden. Die **Stabstellen** sind bei den obersten Leitungsinstanzen häufiger zu finden als bei Zwischeninstanzen. Über Anordnungsrechte verfügen die Stabstellen üblicherweise nicht. Die vornehmliche Aufgabe des Stabes, dessen faktische Macht oft groß ist, besteht darin, Entscheidungsmöglichkeiten auszuarbeiten, um die von der jeweiligen Instanz zu erbringenden Leistungen qualitativ und quantitativ zu verbessern.

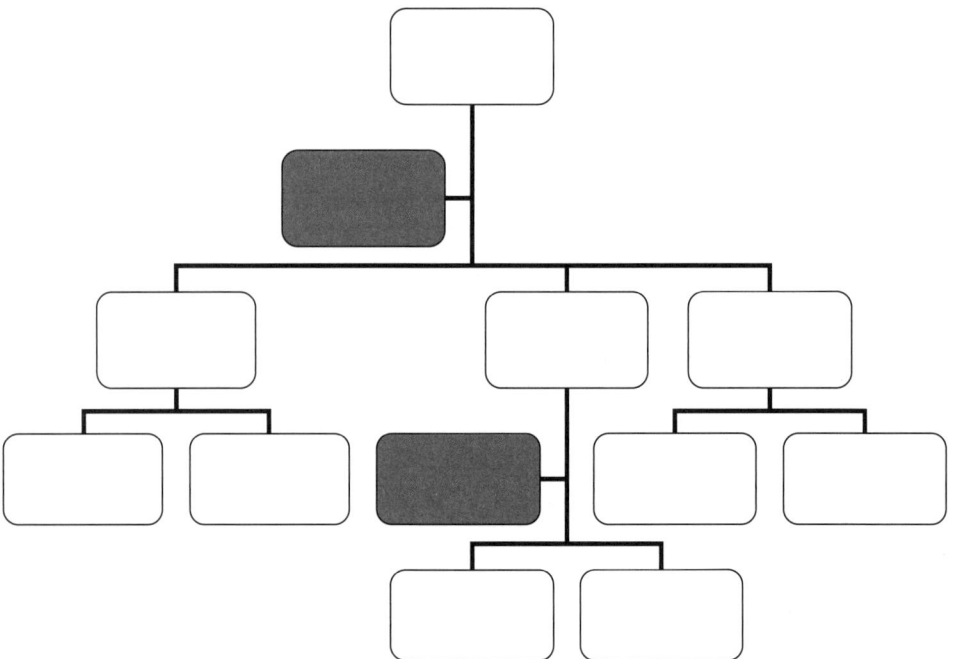

Abbildung 5-5: Stab-Linien-System

Die traditionelle (horizontale) Gliederung der Unternehmensorganisation erfolgt nach den wichtigsten **Funktionen** im Unternehmen (Abbildung 5-6).

Funktionalorganisation

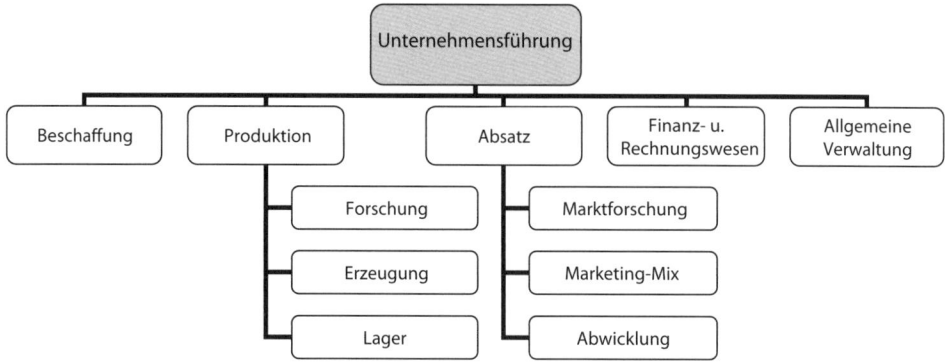

Abbildung 5-6: Funktionalorganisation

Auf Grund fortschreitender **Diversifikationen** (unterschiedliche Leistungserstellung) und räumlicher Verzweigung sind insbesondere Großunternehmen von der **Funktionalorganisation** auf die **Spartenorganisation** (**Divisionalorganisation**) übergegangen (Abbildung 5-7). Im Rahmen dieser Organisationsform werden jeder Sparte gewisse Funktionen, wie beispielsweise Einkauf, Erzeugung und Absatz, zugeordnet, während bestimmte Funktionen, z. B. Finanzwesen und Personalwesen, **zentral** geführt werden. Werden funktionsorientierte Sparten und spartenorientierte Strukturen überlagert, kommt es zur **Matrixorganisation** (Abbildung 5-8).

Spartenorganisation

Matrixorganisation

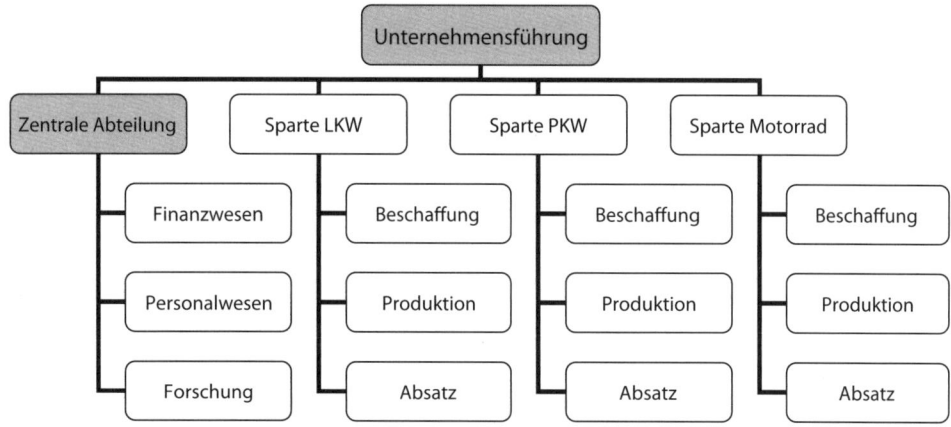

Abbildung 5-7: Sparten-(Divisional-)Organisation

Der **Vorteil** der Divisionalorganisation und der Matrixorganisation liegt in der dezentralen Führung in sich abgeschlossener Verantwortungsbereiche mit eigener Ergebnisrechnung (**Profitcenter**; können diesen Bereichen nur Kosten, jedoch keine Erträge zugeordnet werden, werden sie oft auch als Cost-Center be-

Profitcenter

zeichnet). Daneben werden jene Bereiche, die ähnliche oder gleichartige Arbeiten für alle Sparten leisten, weiterhin zentral geführt.

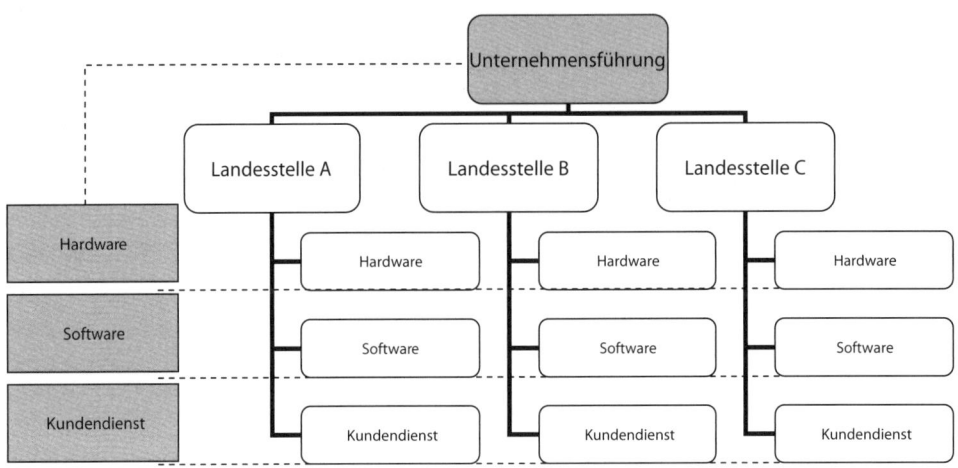

Abbildung 5-8: Matrixorganisation

Zentralisation

Insbesondere im Zusammenhang mit der Divisionalorganisation ergibt sich grundsätzlich die Frage nach einer **zentralen oder dezentralen Unternehmensführung**.

Für die **zentrale Führung** sind jene Bereiche geeignet, die gleichartige oder ähnliche Arbeiten erledigen. Dadurch wird es möglich, hoch qualifizierte Arbeitskräfte zu beschäftigen, die Interessen auf das Unternehmen und nicht auf die einzelnen Bereiche zu konzentrieren, einheitliche Entscheidungen zu erreichen und dadurch Kostenersparnisse zu erzielen (z. B. Personalmanagement, Rechnungswesen). Mit der **Zentralisation** sind jedoch auch **Nachteile** verbunden: keine unmittelbare Problemnähe, Kommunikationsschwierigkeiten, Unelastizität.

Dezentralisation

Dezentralisation bedeutet, dass Aufgaben an mehrere Stellen bzw. Verantwortungs- und Befehlsbefugnisse an untergeordnete Funktionsträger delegiert werden. Infolge der Erhöhung des Verantwortungsgefühles und der besseren beruflichen Befriedigung kommt es zu besseren Arbeitsleistungen. Da der Entscheidungsträger unmittelbar mit den auftretenden Problemen konfrontiert wird und wesentlich rascher reagieren kann als eine Zentralstelle, wird die **Elastizität** des Unternehmens vergrößert. Hinzu kommt die Entlastung der übergeordneten Stellen. Mit der **Dezentralisation** sind jedoch auch **Nachteile** verbunden, die sich in einer **uneinheitlichen Willensbildung** (gleichartige Probleme werden in den einzelnen Abteilungen unterschiedlich gelöst), in **Kompetenzstreitigkeiten** (positive und negative Kompetenzkonflikte) und im **Abteilungsegoismus** äußern.

Managementprinzipien

In zentralistisch wie dezentralistisch ausgerichteten Organisationen ist es wichtig, dass das Management mit allen Aufgabenträgern, auf welcher betrieblichen

Ebene diese auch wirken mögen, ein sinnvolles Einvernehmen und ein zielentsprechendes Zusammenwirken herstellt. Aus der Orientierung am kooperativen Führungsstil haben sich **Managementprinzipien** entwickelt, die

- die Effizienz des Managements durch Entlastung in Routinearbeiten steigern sollen, damit mehr Zeit für echte unternehmerische Aufgaben verbleibt;
- die Effizienz der Mitarbeiter steigern lassen, da diesen mehr Selbständigkeit zugestanden wird;
- eine bessere Anpassungsfähigkeit des Unternehmens an Veränderungen des Marktes durch rasche Entscheidungen ermöglichen.

Zu diesen Managementprinzipien zählen Management by delegation, Management by objectives, Management by exception, aber auch Management by participation, by results, by teaching usw.

Management by delegation besteht in der weitgehenden Verlagerung von Entscheidungskompetenzen auf nachgelagerte Instanzen. Dies kann zur zeitlichen Entlastung der Vorgesetzten oder aus fachlichen Überlegungen geschehen (Mitarbeiter verfügen in bestimmten Bereichen über bessere Sachkenntnisse als Vorgesetzte) oder dient dem Zweck, die Mitarbeiter an Verantwortung und Verantwortungsbewusstsein heranzuführen. Voraussetzung für die Delegation von Entscheidung und Entscheidungsverantwortung ist jedenfalls eine klare Kompetenzabgrenzung.

Management by delegation

Management by objectives (MbO) hat die Unternehmensführung mit Hilfe von klaren Zielvorgaben zum Inhalt. Mitarbeiter sollen in besonderer Weise zur optimalen Durchführung ihnen übertragener Aufgaben veranlasst werden. Dies bedingt:

MbO

- uneingeschränkte Transparenz des Unternehmenskonzepts für die Mitarbeiter und daraus abgeleitet die Festlegung operationaler Teilziele;
- ständigen Prozess der Zielüberprüfung und Neufestsetzung der Ziele für die kommende Planperiode;
- Aufbau eines entsprechenden Kontroll- und Berichtssystems;
- klare Kompetenzabgrenzung;
- Verantwortungsübernahme durch die Mitarbeiter hinsichtlich getroffener Entscheidungen und deren Folgen.

Beim **Management by exception (MbE)** werden die Aufgaben und Entscheidungen zur Erreichung bestimmter Teilziele an nachfolgende Managementebenen delegiert. Die Unternehmensführung greift in den Entscheidungsprozess nur dann ein, wenn außergewöhnliche Fälle bzw. außergewöhnliche Abweichungen vom angestrebten Ziel auftreten (Unternehmensführung nach dem Ausnahmeprinzip). Dies bedingt:

MbE

- klare Definition der delegierten Kompetenzen (Vollmacht und Verantwortung);

- Richtlinien, nach welchen die einzelnen Stellen zu entscheiden haben;
- Definition der Ausnahmen (außergewöhnliche Fälle bzw. außergewöhnliche Abweichungen);
- wirksame Überwachung der beauftragten Stellen.

Projektmanagement

Beim **Projektmanagement** wird die Lösung auftretender Probleme, die unterschiedliche Funktionsbereiche betreffen, dadurch ermöglicht, dass man unabhängig von der bestehenden Organisation ein Team aus mehreren Ressorts zusammenstellt. Dieses Team hat in einer bestimmten Frist eine Lösung für das anstehende Problem zu erarbeiten. Nach Lösung dieses Problems wird das Team wieder aufgelöst und bei Bedarf neu zusammengestellt.

5.6. Das Personalmanagement

Personalmanagement

Die Grundlage für den Einsatz der menschlichen Arbeitsleistung im Unternehmen bilden Leistungsfähigkeit und Leistungswille. Während sich die **Leistungsfähigkeit** aus der Begabung für die zu verrichtende Arbeit, dem Ausbildungs- und Bildungsniveau, dem Lebensalter und der körperlichen Verfassung ergibt, hängt der **Leistungswille** von der Gestaltung der **Arbeitsbedingungen** und der Befriedigung der **Individual- und Sozialbedürfnisse** des arbeitenden Menschen ab.

Die Schaffung entsprechender **Arbeitsbedingungen** erfolgt durch die Gestaltung einer menschengerechten Arbeitsumwelt, von menschengerechten Arbeitsplätzen und Arbeitstechnologien (Humanisierung der Arbeit) sowie durch die Zuweisung von Verrichtungen an den einzelnen Menschen, die seinem Leistungsvermögen entsprechen, da Arbeiten naturgemäß nicht an sich schwierig oder leicht sind, sondern nur in Bezug auf die einzelne Person, ihre Fähigkeiten und ihre Kenntnisse.

Abgesehen von der Notwendigkeit der Gestaltung menschengerechter Arbeitsbedingungen gilt es jene **Bedürfnisse** (**Motive**) der Mitarbeiter zu befriedigen, deren Zusammentreffen die grundlegende **Motivation** für ihre Leistungsabgabe bildet.

Motivationstheorie

Die **Motivationstheorie**, zu deren Entwicklung die beiden amerikanischen Psychologen Maslow und Herzberg maßgeblich beigetragen haben, versucht einerseits zu beantworten, wodurch das menschliche Verhalten schlechthin begründet ist, und andererseits zu klären, wodurch der Mensch in der Arbeitswelt motiviert, d. h. wie sein Verhalten (unternehmens-)zielgerecht gesteuert werden kann.

Maslow unterscheidet insgesamt fünf hierarchisch geordnete **Bedürfnisse** (**Motive**), die er in dieser Reihenfolge für bedeutsam hält und denen er die entsprechenden Möglichkeiten der Bedürfnisbefriedigung gegenüberstellt:

Bedürfnisse (Motive)	Möglichkeiten der Befriedigung
1. Grundbedürfnisse (Hunger, Durst, Wohnung)	Entgelt, freiwillige Sozialleistungen
2. Sicherheitsbedürfnisse (Schutz vor Willkür, Schutz vor Armut im Alter)	Sicherheit am Arbeitsplatz, Altersversorgung, Versorgung bei Krankheit, Unfall
3. Sozialbedürfnisse	Kommunikation, Information, Gruppenzugehörigkeit
4. Bedürfnis nach Anerkennung	Übertragung von Kompetenzen, Erlangung eines bestimmten Status
5. Bedürfnis nach Selbstverwirklichung	Mitbestimmung bei der Arbeit, Aufstiegsmöglichkeiten, Weiterbildung

Tabelle 5-1: Bedürfnispyramide nach Maslow

Herzberg begründete aufgrund empirischer Untersuchungen die **Dualitätstheorie**, nach der für die **Arbeitszufriedenheit** im Unternehmen zwei Ergebniskategorien entscheidend seien:

1. Ereignisse, die hauptsächlich zur Zufriedenheit beitragen (**satisfiers**), die sog. **Motivatoren**: Selbstbestätigung, Anerkennung, Aufgabe, Verantwortung, Beförderung.
2. Ereignisse, die hauptsächlich zur Unzufriedenheit beitragen (**dissatisfiers**), die sog. **Hygienefaktoren**: Unternehmenspolitik, Organisation und Management, Führungstechnik und Führungsstil, Arbeitsbedingungen, persönliche Beziehungen zu Vorgesetzten und Arbeitskollegen, Sicherung des Arbeitsplatzes, Privatleben.

Während das Vorhandensein oder Fehlen der **Hygienefaktoren** Unzufriedenheit bei der Arbeit schafft oder verhindert, schafft oder verhindert das Vorhandensein oder Fehlen der **Motivatoren** Zufriedenheit.

Die **Motivatoren** Aufgabenstellung, Aufstiegsmöglichkeiten, Führungsstil, Mitsprachemöglichkeiten, Gehaltsentwicklung, Weiterbildung, kollegiale Atmosphäre, Information, Arbeitsbedingungen, Sicherung der Position, Erfolgsbeteiligung, Betriebsklima, Anerkennung, Status, Image des Unternehmens und Sozialleistungen werden je nach Stellung des Mitarbeiters unterschiedlich gereiht. Während für angelernte und ungelernte Arbeiter die **Verdienstmöglichkeiten** und die **Arbeitsbedingungen** an erster Stelle stehen, sind es für gehobene Arbeitskräfte vor allem die **Arbeit** selbst, die **gute Zusammenarbeit** und die **Aufstiegsmöglichkeiten**, die als primäre Kriterien für die Beurteilung des Arbeitsplatzes gelten.

Grundsätzlich kann die Motivierung der Mitarbeiter, die Identifikation ihrer persönlichen Ziele mit dem Unternehmensziel, nur mit Hilfe der **Motivatoren** erfolgen, wogegen die **Hygienefaktoren** langfristig gesehen nur negative Konsequenzen, wie sinkende Leistungen, Fehlzeiten, Fluktuation etc., verhindern können.

Personalpolitik

Die betriebliche **Personalpolitik** ist als Teilbereich der Unternehmenspolitik anzusehen und soll sicherstellen, dass die verfügbaren Leistungspotenziale des Personals bei den unternehmenspolitischen Entscheidungen in ausreichendem Maße Berücksichtigung finden. Zur Personalpolitik gehört auch die Aufgabe, ein **Leitbild** für den Einsatz des Faktors Arbeit im betrieblichen Leistungsprozess zu formulieren: In diesem Leitbild können Aussagen über das Selbstverständnis des Unternehmens, über die angestrebte Arbeitsproduktivität, über die beabsichtigte Persönlichkeitsentfaltung der Mitarbeiter und über die Erfüllung gesellschaftspolitischer Erwartungen an das Unternehmen sowie grundlegende Orientierungen für die Mitarbeiterführung enthalten sein.

Die **Träger** der betrieblichen Personalpolitik sind zunächst die obersten Leitungsgremien des Unternehmens (Vorstand, Geschäftsführung), die oberen Führungskräfte und der Betriebsrat gemäß Arbeitsverfassungsgesetz (ArbVG). Im Weiteren nehmen auf die Personalpolitik die Gewerkschaften, die Unternehmensverbände, aber auch die Mitarbeiter des Unternehmens selbst Einfluss. Die Entwicklung der Mitbestimmung von Arbeitnehmern auf allen unternehmerischen Ebenen hat das Zustandekommen personalpolitischer Entscheidungen im Zeitablauf deutlich verändert.

Personalplanung

Für die **Personalplanung** stehen folgende Fragen im Vordergrund:

- Wie viel Personal mit welcher Qualifikation wird in der Zukunft bis zu einem bestimmten Planungshorizont benötigt (Festlegung des **Personalbedarfes**)?
- Welches Personal steht zu einem bestimmten Verwendungszeitpunkt zur Verfügung bzw. soll zur Verfügung stehen (**Personalbestandsplanung**)?
- Wie, wo und zu welchen Zeitpunkten soll Personal beschafft werden (**Personalbeschaffungsplanung**)?
- Wie soll Personal ausgebildet und weiterentwickelt werden (**Aus- und Weiterbildungskonzept**)?
- Auf welche Stellen soll wann Personal zugewiesen werden (**Personalzuweisungsplanung**)?
- Welches Personal ist wann freizusetzen und welche Verwendungsalternativen sollen überlegt werden (**Personalfreisetzungsplanung**)?

Personalbeschaffung

Die **Personalbeschaffung** kann intern aus dem Kreis der vorhandenen und verfügbaren Belegschaft oder extern am Arbeitsmarkt erfolgen. Die damit verbundenen Maßnahmen können entweder vom Unternehmen selbst getroffen oder an Dritte (Personalberater, Arbeitsmarktservice) ausgegliedert werden. Die Bewerbersuche dient der Anbahnung des Kontaktes mit geeignet erscheinenden, interessierten Personen. Dabei kommen unterschiedliche Formen der Kommunikation (Personalwerbung) zum Einsatz. In der Bewerberauswahl kommen unterschiedliche fachbezogene und verhaltensorientierte Bewertungsverfahren zum

Einsatz (Personalselektionsverfahren). Die Personaleinstellung umfasst im Wesentlichen die arbeits- und sozialrechtlichen Dimensionen der Personalbeschaffung. Sie schließt mit der Einführung und Einarbeitung neuer Mitarbeiter ab.

Die **Personaleinsatzplanung** hat die optimale Zuordnung der verfügbaren Mitarbeiter zu den für den Leistungsprozess relevanten Arbeitsplätzen zum Inhalt. Im Spannungsfeld zwischen dem mehr oder weniger stark variierenden Arbeitsanfall und der zeitlichen Verfügbarkeit des Personals ist eine zufrieden stellende Lösung zu finden. Mit dem Personaleinsatz eng verknüpft ist die Personalführung zu sehen. Sie kann als Anleitung der Mitarbeiter zu einem geordneten, arbeitsteiligen Vollzug jener Teilaufgaben verstanden werden, die von den Führungskräften im Unternehmen zur Erreichung der Unternehmensziele ausgewählt und disponiert wurden (siehe den vorhergehenden Abschnitt 5.5).

Personaleinsatzplanung

Die **Personalentlohnung** kann als **Zeitlohn** (Basis ist die vom Personal aufgewendete bzw. bereitgestellte Arbeitszeit), als **Leistungslohn** (Akkordlohn auf der Grundlage von Leistungsmessung oder Leistungsvorgaben; Prämienlohn für Mehrleistungen und Umsatzbeteiligung) sowie als **Ergebnisbeteiligung** (Beteiligung an Umsatz, Wertschöpfung, Deckungsbeitrag oder Gewinn) und durch **freiwillige Sozialleistungen** („fringe benefits" wie Kinderbetreuung oder Pensionsvorsorge) vorgesehen werden.

Personalentlohnung

Die **Personalentwicklung** umfasst alle Maßnahmen zur beruflichen und persönlichen Förderung der Mitarbeiter, die zu deren weiterer Qualifizierung dienen. Sie beziehen sich auf:

Personalentwicklung

- Informationen über Personen (Eignungs- und Fähigkeitsprofile, Leistungspotenziale);
- Informationen über Organisationseinheiten (Anforderungsprofile);
- Informationen über relevante Bildungs- und Arbeitsmärkte.

Die Personalentwicklung ist einerseits **mitarbeiterorientiert** und andererseits **unternehmensorientiert** auszurichten. Sie umfasst Konzepte zur Laufbahnförderung, zur Karriereplanung und zur betrieblichen Bildungsarbeit.

Zu den **administrativen Aufgaben** des Personalwesens (**Personalverwaltung**) gehören:

Personalverwaltung

- Personalstandsführung (Führung des Stellenplans, der Personalakten);
- Lohn- und Gehaltsabrechnung mit den zugehörigen Meldepflichten gegenüber Sozialversicherung und Finanzverwaltung;
- Anweisung der Lohn- und Gehaltszahlungen;
- formale Abwicklung von Personaleinstellung, Versetzung, Umgruppierung oder Entlassung und Führung von Personalstatistiken.

Das **Personal-Controlling** umfasst die laufende Überprüfung der Effektivität und der Effizienz personalwirtschaftlichen Handelns und zieht im Falle uner-

Personal-Controlling

wünschter Entwicklungen steuernde (korrigierende) Eingriffe nach sich. Dies setzt voraus, dass

- ein Erfolg, der durch den Personaleinsatz erreicht werden soll, definiert werden kann;
- Personalpläne zumindest für die Aufgabenfelder Personalbeschaffung, Ausbildung, Entwicklung und Freisetzung vorliegen;
- Störgrößen identifiziert werden können, die auf die Formulierung und Umsetzung dieser Pläne einwirken.

5.7. Die Überwachung

Überwachung
Die betriebswirtschaftliche **Überwachung** umfasst die in den Leistungsprozess eingebundene **Kontrolle** (z. B. Vier-Augen-Prinzip im Schriftverkehr und im Zahlungsverkehr) und die unabhängig vom Leistungsprozess wahrgenommene **Revision (Prüfung)**. Auch die Überwachung des betrieblichen Geschehens, die Feststellung, ob die erreichten Ist-Ergebnisse mit den in der Planung ermittelten Soll-Vorgaben übereinstimmen (Soll-Ist-Vergleich) und ob die organisatorischen Regelungen wirksam sind und eingehalten werden, gehört zu den Managementaufgaben. Als Schlusspunkt des Managementkreises ist die Überwachung gleichzeitig wieder Vorstufe für die unternehmerischen Zielsetzungen.

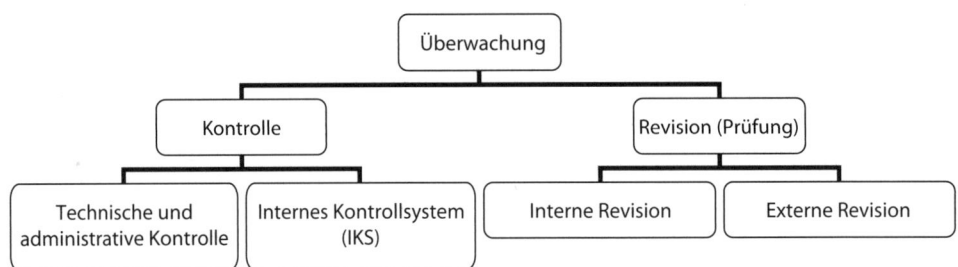

Abbildung 5-9:vFormen der betrieblichen Überwachung

Kontrolle
Die **Kontrolle** ist die ständige, gegenwartsnahe Beaufsichtigung betrieblicher Vorgänge durch Personen, die in den Leistungsprozess direkt oder indirekt eingebunden sind, oder durch automatisierte, maschinell wirkende Verfahren. Sie kann sich auf technische und administrative Arbeitsvorgänge (Materialkontrolle, Qualitätskontrolle, Ausschussüberwachung, Kontrolle von Vorgabewerten, Rechnungskontrolle usw.) beziehen. Sie kann aber auch die ständige Überwachung der Unternehmensziele, Planung und Organisation, die Durchführung von Ergebniskontrollen und die damit zusammenhängenden Aufgaben, wie Abweichungsfeststellung und Abweichungsanalyse, zum Inhalt haben.

Internes Kontrollsystem (IKS)
Als **Internes Kontrollsystem (IKS)** sind alle organisatorischen Maßnahmen anzusehen, die die Effektivität und Effizienz des Wirtschaftens optimieren, die Ordnungsmäßigkeit und damit Verlässlichkeit des Rechnungswesens sichern,

den Bestand des Sach- und Humanvermögens erhalten und die Einhaltung bestehender Normen (Compliance) gewährleisten sollen. Dies schließt die Erkennung und Analyse von Risikobereichen (Risikomanagement) und organisatorische Sicherungsmaßnahmen (z. B. Sicherstellung des Vier-Augen-Prinzips, Trennung unvereinbarer Tätigkeiten) mit ein.

Die **Prüfung (Revision)** ist eine auf die Vergangenheit gerichtete rückschauende Untersuchung bestimmter, in mehr oder weniger regelmäßigen Abständen wiederkehrender oder auch einmaliger Vorgänge oder Anlässe. Während die **Prüfung** in der Regel die Tätigkeit beschreibt, kann **Revision** sowohl als Tätigkeit wie auch als Institution, die diese Tätigkeit wahrnimmt, aufgefasst werden.

Prüfung
Revision

Bei der **internen Revision** erfolgt die Prüfung durch eine dem Unternehmen angehörende Revisionsabteilung, die in der Regel als Stabstelle direkt der Unternehmensführung unterstellt ist. Die Tätigkeit der Internen Revision erstreckt sich auf die Bereiche **Financial Auditing** (vergangenheitsbezogene Prüfung des Rechnungswesens auf Ordnungsmäßigkeit und Wirtschaftlichkeit), **Operational Auditing** (auf die Zukunft ausgerichtete Prüfung auf Zielerreichung und Verbesserung der Wirtschaftlichkeit) und **Management Auditing** (zukunftsbezogene, systematische Beurteilung der Tätigkeit aller Führungsstufen im Hinblick auf Verbesserungspotenziale in der Ausübung von Führungsfunktionen).

Auditing

Bei der **externen Revision** erfolgt die Prüfung durch eine unternehmensfremde Institution (z. B. Wirtschaftsprüfer, Finanzmarktaufsicht bei Banken, Rechnungshof bei öffentlichen Verwaltungen und Unternehmen) und fußt auf unternehmensrechtlich vorgegebenen verpflichtenden Normen (z. B. Prüfung des Jahresabschlusses bei einer AG) oder einem Prüfungsauftrag durch Eigentümer und/oder Management eines Unternehmens.

5.8. Das Controlling

Controlling ist als jene betriebliche Funktion anzusehen, die für eine ausgewogene Bereitstellung und Verwendung von Informationen im Rahmen des betrieblichen Führungssystems zu sorgen hat. Controlling bedeutet die Koordination von Informationsversorgung einerseits und Informationsverwendung andererseits bei der Führung von Unternehmen und Verwaltungen.

Controlling

Der **Controller** steht als **Vermittler** zwischen der Geschäftsführung und den einzelnen Fachbereichen, d. h. er hat einerseits gegenüber den einzelnen Bereichen die Interessen der Geschäftsführung zu vertreten und andererseits gegenüber der Geschäftsführung die Aufgabe, nicht realisierbare Ziele aufzuzeigen. Der Controller hat daher immer dann in den Planungsprozess auch inhaltlich einzugreifen und Änderungen anzuregen, wenn die Zusammenstellung der von den einzelnen Bereichen vorgeschlagenen Planzahlen die Erreichung des von der Geschäftsführung vorgegebenen Unternehmenszieles in Frage stellt. Er hat außerdem dann inhaltlich zu den Planzahlen Stellung zu nehmen, wenn er in den Diskussionen mit den Bereichsleitern feststellt, dass durch eine im Lauf der Planperiode nicht beeinflussbare und deshalb auch nur prognostizierbare, aber nicht planbare Umweltsituation das von der Unternehmensführung vorgegebene Ziel nicht erreichbar erscheint.

Controlling ergänzt die Führung durch

- **Führungsdienstleistungen** in Form der Führungskräfteinformation und der betriebswirtschaftlichen Beratung sowie der Integration des Führungsprozesses durch Vor- und Rückkoppelung (feed-back und feed-forward information) und durch
- **Führungsleistungen**, die in erster Linie in der Wahrnehmung der Koordinationsfunktion für das Führungssystem bestehen. Diese erstrecken sich auf die
  - Wertorientierung (langfristige Optimierung des ökonomischen Wertes des Unternehmens)
  - Kunden-/Wettbewerbsorientierung (Umfeldorientierung)
  - Prozesseffizienzorientierung.

Organisatorische Eingliederung

Hinsichtlich der **organisatorischen Eingliederung** der Controlling-Funktion gibt es mehrere Möglichkeiten. In kleinen und mittleren Unternehmen bietet sich die Zuweisung der Controlling-Aufgaben an schon bestehende Stellen in der Aufbauorganisation an (Geschäftsführer oder Leiter des Rechnungswesens). In der Regel werden nur partiell Controlling-Aufgaben wahrgenommen (überwiegend operatives Controlling). In größeren Organisationen ist es sinnvoll, einen eigenen Controller vorzusehen, der als Linieninstanz (und nicht als Stabstelle) in die oberste Ebene der Geschäftsführung einzugliedern ist. Ihm können in den einzelnen Abteilungen weitere Abteilungs-Controller zugeordnet werden, die ihre Aufgabe hauptamtlich oder neben anderen Aufgabenfeldern wahrnehmen können.

Literatur

Hinterhuber, H. H., Strategische Unternehmungsführung, 9. Auflage, Berlin 2015.

Horvath, P., Controlling, 13. Auflage, München 2015.

Lechner, K./Egger, A. u. W./Schauer, R., Einführung in die Allgemeine Betriebswirtschaftslehre, 27. Auflage, Wien 2016.

Picot, A./Dietl, H./Franck, E./Fiedler, M./Royer, S., Organisation – Theorie und Praxis aus ökonomischer Sicht, 7. Auflage, Stuttgart 2015.

Schmidt, G., Organisation und Business Analysis: Methoden und Techniken, 15. Auflage, Gießen 2014.

Thom, N./Zaugg, R. J. (Hrsg.), Moderne Personalentwicklung, 3. Auflage, Wiesbaden 2009.

Weber, J./Schäffer, U., Einführung in das Controlling, 15. Auflage, Stuttgart 2016.

6. Die Finanzwirtschaft

6.1. Grundlagen

In der Betriebswirtschaftslehre versteht man unter **Kapital** die Geldwerte des Gesamtvermögens eines Unternehmens. Kapital ist demnach der wertmäßige Ausdruck für die gesamten Sach- und Finanzmittel, die dem Unternehmen zu einem bestimmten Zeitpunkt zur Verfügung stehen. Umgekehrt zeigt das **Vermögen** an, in welchen konkreten Formen das Kapital im Unternehmen verwendet wird.

Für die Bereitstellung von Kapital erwarten die Kapitalgeber Gegenleistungen:

- Die Anteilseigner erwarten Gewinnausschüttungen sowie Kapitalrückzahlungen bzw. einen Liquidationserlös bei der Auflösung des Unternehmens.
- Die Kreditgeber erwarten Zinszahlungen, Kredittilgungen bzw. Mietzahlungen.

Über den Wertekreislauf des unternehmerischen Leistungsprozesses (siehe Kapitel 3) hinausgehend sind auch selbständige Kredit- und Kapitalbeziehungen zwischen dem Unternehmen und seinen Finanzmärkten möglich (**„reine" Finanzbewegungen**).

Finanzierung (**„Finanzieren"**) bedeutet, dem Unternehmen (einer Nonprofit-Organisation, einer öffentlichen Verwaltung) Kapital zuzuführen, das einerseits zur Begründung von Vermögen dient, andererseits aber auch bloßen Kapitalumschichtungen bzw. Steuerzahlungen gewidmet sein kann (**Mittelherkunft**). Derartige Erfordernisse ergeben sich vor allem bei der Gründung, beim Ablauf, bei der Erweiterung und bei der Sanierung einer Organisation. Wird es dem Unternehmen von den Anteilseignern oder Kreditgebern zur Verfügung gestellt, spricht man von **Außenfinanzierung**, stammt das Kapital aus dem betrieblichen Wertschöpfungsprozess oder werden Vermögensumschichtungen (z. B. Auflösung von Wertpapierbeständen) vorgenommen, liegt **Innenfinanzierung** vor. Die Abfuhr von Kapital aus dem Unternehmen (z. B. Kapitalentnahmen, Kredittilgungen, Gewinnausschüttungen) bedeutet umgekehrt **Definanzierung**.

Der Begriff der betrieblichen **Finanzwirtschaft** ist umfassender und bezieht sich auf alle Maßnahmen, die mit der Disposition über Kapital zusammenhängen:

- **Aufbringung** des Kapitals;
- **Verwendung** von Kapital in den verschiedenen Teilbereichen des Unternehmens;
- **Rückerstattung** von Kapital.

Zwischen Kapitalherkunft und Kapitalverwendung bestehen Beziehungen, die das Ausmaß der Kapitalbindung und umgekehrt dessen Freisetzung kennzeichnen (siehe Abbildung 6-1).

Investition

Investition (im weiteren Sinne) bedeutet die Verwendung und damit auch die Bindung von Kapital in bestimmten Vermögensgegenständen (**Mittelverwendung**). Freies Kapital wird durch Investitionen in gebundenes Kapital umgewandelt, Umfang und Struktur des Vermögens werden verändert (z. B. die Produktions- und Absatzkapazitäten des Unternehmens oder dessen Finanzanlagen wie z. B. Beteiligungen). **Desinvestitionen** liegen vor, wenn Vermögen durch Verkauf oder Nutzung freigesetzt und in Kapital zurückverwandelt wird.

Kapitalverwendung	Kapitalherkunft
Investition in Anlage- und Umlaufvermögen (Kapitalbindung)	**Finanzierung** (Erhöhung des Fremd- und Eigenkapitals sowie Gewinn)
Definanzierung (Rückzahlung von Fremd- und Eigenkapital sowie Ausschüttung und Versteuerung von Gewinn)	**Desinvestition** (Abschreibungen und andere Verminderungen des Anlage- und Umlaufvermögens)

Abbildung 6-1: Zusammenhang von Investition und Finanzierung

In der Praxis wird der Investitionsbegriff meist enger gefasst. Als **Investition** wird in der Regel nur der Einsatz von Mitteln für Anlagegüter bezeichnet. Hingegen ist für die Disposition von Kapital in Umlaufvermögen (Vorräte) der Ausdruck **Beschaffung** gebräuchlich.

Finanzierungs-entscheidungen

Finanzierungsentscheidungen sind somit Entscheidungen über die Beziehungen eines Unternehmens zu seinen Kapitalgebern. Sie betreffen Höhe, Termin und Sicherung der Zahlungen und sonstigen Lieferungen und Leistungen zwischen dem Unternehmen und seinen Kapitalgebern und schließen auch Mitsprache- und Informationsrechte der Kapitalgeber mit ein (Swoboda 1996, S. 15).

Investitionsentscheidungen

Investitionsentscheidungen sind im Vergleich dazu Entscheidungen über den Umfang und/oder die Struktur des Vermögens eines Unternehmens. Sie betreffen einerseits das Anlagevermögen, indem z. B. über den Kauf und Verkauf von Grundstücken, Gebäuden, Maschinen oder Beteiligungen entschieden wird. Sie betreffen andererseits auch das Umlaufvermögen, indem z. B. bestimmte (durchschnittliche) Bestände an Rohstoffen, unfertigen und fertigen Erzeugnissen, Forderungen und an liquiden Mitteln (Geldmitteln) angestrebt werden.

Da Investitionen eine bestimmte Art von Kapitalverwendungsvorgängen darstellen, muss hiefür Kapital bereitgestellt werden. Als Grundregel gilt: **Investitionen sind zu finanzieren.** Bei allen Finanzierungsmaßnahmen muss das **finanzielle Gleichgewicht** und damit die **Liquidität** des Unternehmens gewährleistet werden. Ein Unternehmen befindet sich dann im finanziellen Gleichgewicht, wenn sowohl die Erfüllung der finanziellen Ansprüche der Kapitalgeber als auch die Existenz des Unternehmens selbst kurz- und längerfristig gesichert erscheinen.

Für das finanzielle Gleichgewicht sind drei Aspekte maßgeblich:

- Der **kurzfristige Liquiditätsaspekt**: Liquidität ist hier als **Fähigkeit** des Unternehmens zu definieren, die zu einem bestimmten Zeitpunkt **zwingend** fälligen Zahlungsverpflichtungen **uneingeschränkt** zu erfüllen. Ist sie nicht gegeben, wird das Unternehmen regelmäßig in Frage gestellt (Ausgleich bzw. Konkurs).
- Der **langfristige Liquiditätsaspekt**: Hier stehen die strukturellen Zusammenhänge zwischen Kapitalausstattung und Kapitalverwendung im Vordergrund. Die Zahlungsfähigkeit erscheint zumindest langfristig gefährdet, wenn die finanzielle Struktur des Unternehmens (z. B. gemessen am Verschuldungsgrad oder an der Art der Investitionsfinanzierung) bestimmten Grundregeln (Finanzierungsregeln) widerspricht (z. B. soll langfristig genutztes Vermögen auch durch entsprechend langfristig zur Verfügung stehendes Kapital finanziert werden). Die Einhaltung dieser in der Praxis verbreiteten Grundregeln hebt die Bonität für Kreditvergaben an solche Unternehmen.
- Der **Rentabilitätsaspekt**: Hier ist ein Ausgleich zwischen den Ansprüchen der Kapitalgeber an das Unternehmen und den Bedürfnissen zur Substanzerhaltung und Existenzsicherung für das Unternehmen selbst zu finden. Ein Gleichgewicht herrscht, wenn der Ertrag aus dem eingesetzten Kapital einerseits für eine angemessene Gewinnausschüttung und andererseits für Rücklagenbildungen (Thesaurierung) bzw. zur Substanzerhaltung ausreicht.

Aus dem Kapitalbegriff lassen sich vier Arten von **Finanzbewegungen** (Zahlungsströmen) ableiten:

1. Kapital**bindende** Ausgaben:
   a) Ausgaben für die Bezahlung von Produktionsfaktoren (menschliche Arbeit, Betriebsmittel, Werkstoffe, Fremdleistungen, Fremdrechte);
   b) Ausgaben für Kapitalgewährungen an andere Wirtschaftssubjekte einschließlich des Erwerbs von Finanzvermögen (Beteiligungen, Darlehen);
   c) Bildung von Kassenreserven.
2. Kapital**freisetzende** Einnahmen:
   a) Einnahmen aus der entgeltlichen Leistungsverwertung von Gütern und Dienstleistungen auf den Absatzmärkten (zu Selbstkostenpreisen);
   b) Einnahmen aus der Veräußerung sonstigen Sach- und Finanzvermögens (zu Buchwerten) sowie aus Kapitalrückzahlungen (zu Nennwerten);
   c) Auflösung von Kassenreserven.
3. Kapital**zuführende** Einnahmen:
   a) Finanzielle Überschüsse aus
      - der Leistungsverwertung auf den Absatzmärkten (2. a)
      - der Vermögensveräußerung bzw. Kapitalrückzahlung (2. b);

b) Zins- und Dividendeneinnahmen aus Kapitalgewährungen und Finanzvermögen;

c) Einnahmen aus Subventionen;

d) Einnahmen aus der Aufnahme von
- Beteiligungen (Beteiligungsfinanzierung)
- Fremdkapital (Fremdfinanzierung).

4. Kapital**entziehende** Ausgaben:

a) Finanzielle Fehlbeträge zur Abdeckung von Verlusten aus
- der Leistungsverwertung auf den Absatzmärkten (2. a)
- der Vermögensveräußerung bzw. Kapitalrückzahlung (2. b);

b) Dividenden- und Zinszahlungen für aufgenommenes Beteiligungs- und Fremdkapital;

c) Ausgaben für Steuern und Subventionen;

d) Ausgaben für Kapitalrückzahlungen.

**Auszahlungen – Ausgaben
Einzahlungen – Einnahmen**

In der Theorie wird bei genauerer Analyse zwischen Ausgaben und Auszahlungen sowie Einnahmen und Einzahlungen unterschieden. **Auszahlungen und Einzahlungen** stellen (im engeren Sinne) einen Abfluss bzw. Zufluss von Zahlungsmitteln dar und ergeben den **Geldfluss**, der per Saldo zum **Cashflow** führt. Der Zahlungsmittelbestand wird jedoch nicht mit dem **Geldvermögen** gleichgesetzt, zu dem auch kurzfristige Forderungen einerseits und kurzfristige Verbindlichkeiten andererseits gerechnet werden. **Ausgaben** vermindern das Geldvermögen, sie setzen sich aus Auszahlungen, den Abgängen an kurzfristigen Forderungen und den Zugängen von kurzfristigen Verbindlichkeiten zusammen. **Einnahmen** erhöhen das Geldvermögen (durch Einzahlungen, Zugängen an kurzfristigen Forderungen und den Abgängen an kurzfristigen Verbindlichkeiten).

Ein Beispiel soll den Zusammenhang erläutern. Die Überweisung einer fälligen Lieferantenrechnung vermindert das Guthaben auf dem Bankkonto und ist deshalb eine Auszahlung. Sie ist gleichzeitig aber keine Ausgabe (mehr), weil sich das Geldvermögen nicht verändert, da mit der Überweisung gleichzeitig die Verbindlichkeit getilgt wird. Die Ausgabe entstand bereits vorher zum Zeitpunkt des Leistungsempfanges vom Lieferanten, da mit dem Eingang der Lieferantenrechnung gleichzeitig die kurzfristigen Verbindlichkeiten zunahmen und sich damit das Geldvermögen verringerte.

In der Praxis wird diese Differenzierung vielfach nicht vorgenommen, die Begriffe „Auszahlungen" und „Ausgaben" sowie „Einzahlungen" und „Einnahmen" werden häufig synonym verwendet.

Finanzierungskreislauf

Die betriebliche Finanzierung kann als Spiegelbild des Geldstromes angesehen werden. Der **Finanzierungskreislauf** (Abbildung 6-2) kann in vier typische Phasen (Wöhe/Bilstein 2002, S. 5) unterteilt werden:

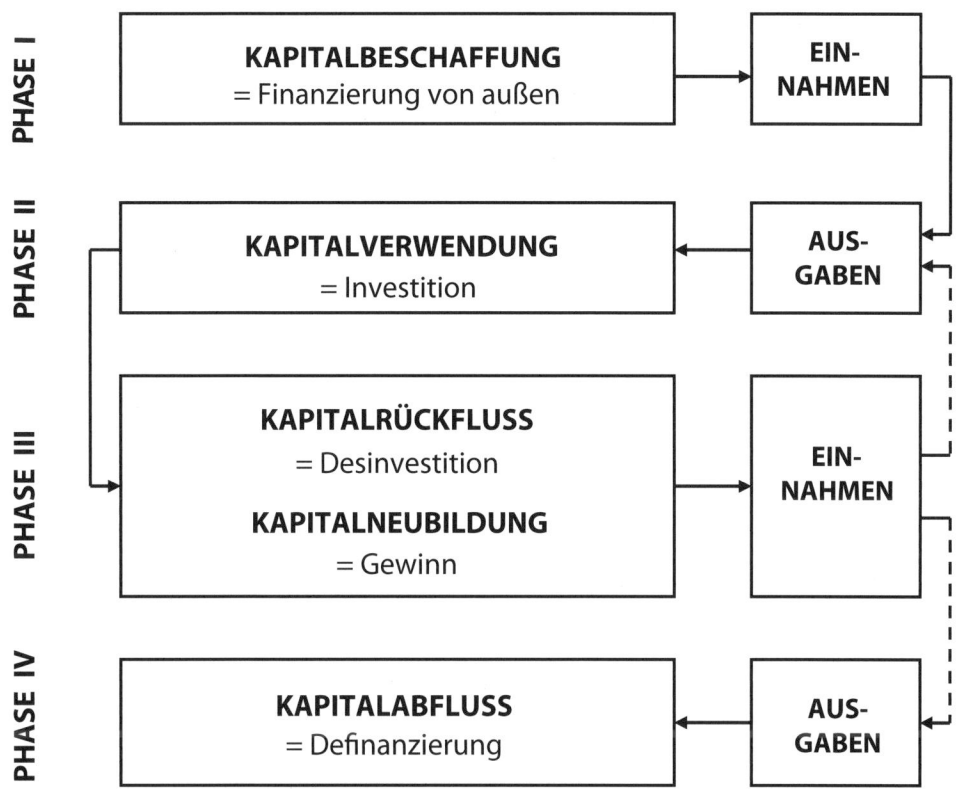

Abbildung 6-2: Finanzierungskreislauf

In Phase I erfolgt eine Mittelzuführung von außen. Externe Personen oder Institutionen stellen dem Unternehmen Mittel zur Verfügung (Phase I = **Kapitalbeschaffung**). Mit diesen Mitteln können die für die Produktion notwendigen Einsatzgüter beschafft werden, dies führt in der Regel zu Ausgaben (Phase II = **Kapitalverwendung, Kapitalbindung**). Durch den Absatz der Produkte bzw. Leistungen und die damit verbundenen Einnahmen am Markt fließen wieder finanzielle Mittel in das Unternehmen zurück (Phase III = **Kapitalrückfluss und Kapitalfreisetzung**). Diese können neuerlich in den laufenden Betrieb investiert werden (Rückkehr zu Phase II), womit der Finanzierungskreislauf in Gang bleibt. Sofern der Kapitalrückfluss höher als die ursprüngliche Kapitalverwendung (Investition) ist, entsteht durch den Gewinn „neues" Kapital. In Form von Gewinnausschüttungen oder Kreditrückzahlungen kommt es zu Definanzierungsvorgängen aus dem Unternehmen (Phase IV = **Kapitalabfluss**).

Ein **Kapitalbedarf** entsteht in diesem Kreislauf immer dann, wenn (kapitalbindende) Ausgaben anfallen, bevor die entsprechenden (kapitalfreisetzenden) Einnahmen verwirklicht werden. Er ist durch Eigenkapital (Aufbringen der Mittel durch den oder die Unternehmenseigner) oder durch Fremdkapital (Aufbringen der Mittel durch Lieferanten, Banken und sonstige Kreditgeber) zu decken.

Kapitalbedarf

6.2. Finanzierungsformen

Die Finanzbewegungen eines Unternehmens werden am häufigsten in Eigen- und Fremdfinanzierung (nach der Rechtsstellung der Kapitalgeber) sowie in Innen- und Außenfinanzierung (nach der Herkunft des Kapitals) eingeteilt. Die Finanzierungstheorie bevorzugt folgende Gliederung:

Außenfinanzierung

1. **Außenfinanzierung**
   a) Eigenfinanzierung (Beteiligungsfinanzierung)
   b) Fremdfinanzierung (Kreditfinanzierung)
   c) Subventionsfinanzierung

Innenfinanzierung

2. **Innenfinanzierung**
   a) aus dem Umsatzprozess heraus (**Überschussfinanzierung**)
      a. Finanzierung aus Gewinnen (**Selbstfinanzierung**)
      b. Finanzierung aus **Rückstellungen**
      c. Finanzierung aus **Abschreibungen**
   b) aus **Vermögensumschichtungen** außerhalb des normalen Umsatzprozesses
      a. Kapitalfreisetzung im **Anlagevermögen**
      b. Kapitalfreisetzung im **Umlaufvermögen**

Die Finanzierung aus Rückstellungen und die Finanzierung aus Abschreibungen werden gerne unter der Bezeichnung **Aufwandsfinanzierung** zusammengefasst.

Einlagen bzw. **Beteiligungen** werden bei Einzelunternehmungen und Personengesellschaften vom Unternehmer bzw. von den Gesellschaftern vorgenommen. Auch stille Beteiligungen (z. B. über Genussscheine und die entsprechenden Beteiligungsfonds) kommen in Frage. Bei Kapitalgesellschaften erfolgt die Finanzierung durch den Erwerb von Anteilen (z. B. Aktien). Bei der **Kreditfinanzierung** wird dem Unternehmen von außen Fremdkapital (z. B. Bankkredite) zur Verfügung gestellt. Eine **Subventionsfinanzierung** erfolgt etwa über Investitionszuschüsse, Zinszuschüsse und Ähnliches.

Cashflow

Das **Maß der Innenfinanzierung** aus dem Umsatzprozess eines Unternehmens ist durch den **Cashflow** bestimmt. Der Cashflow setzt sich aus dem **Gewinn** (bzw. Verlust), zuzüglich der **Abschreibungen** und aller übrigen **Nicht-Ausgaben in den Aufwendungen** (z. B. Dotierung von Rückstellungen), abzüglich der **Nicht-Einnahmen in den Erträgen** (z. B. positive Bestandsveränderungen), zusammen. Er kann auch **direkt** aus einer Finanzierungsrechnung ermittelt werden (umsatzbezogene Einnahmen minus umsatzbezogene Ausgaben; siehe Abschnitt 10.4.4 Geldflussrechnung). Der (positive) Cashflow kann hauptsächlich für Investitionen, Kredittilgungen und Gewinnausschüttungen bzw. Kapitalentnahmen verwendet werden.

Die **Überschussfinanzierung** (Finanzierung aus dem Umsatzprozess heraus) ist im Falle von Gewinnen mit einem **Vermögenszuwachs** verbunden. Sie kann aber auch zu Umschichtungen auf der Kapitalseite führen (Umschichtung von Fremdkapital in Eigenkapital).

Die Finanzierung aus Gewinnen (**Selbstfinanzierung**) hat den Charakter einer **Eigenfinanzierung** (im weiteren Sinne), weil durch die Nicht-Ausschüttung von Gewinnen Eigenkapital gebildet wird. Sie kann durch die Bildung von Gewinnrücklagen als **offene Selbstfinanzierung** erfolgen. Sie kann aber auch durch die Unterbewertung von Vermögensteilen und die Überbewertung von Verbindlichkeiten als **stille Selbstfinanzierung** praktiziert werden und folgt dem Prinzip der kaufmännischen Vorsicht bzw. dem Gläubigerschutzprinzip (nicht realisierte Gewinne sollen nicht ausgewiesen und daher auch nicht der Gewinnausschüttung zugeführt werden). Die stille Selbstfinanzierung kann nur im Rahmen der Bewertungsvorschriften und der Bewertungswahlrechte erfolgen. Die Selbstfinanzierung bietet eine Reihe von Vorteilen (höhere Flexibilität durch Wegfall fester Tilgungs- und Zinszahlungen, Unabhängigkeit vom Kapitalmarkt), birgt aber auch das Risiko von Fehlinvestitionen bzw. die Neigung zu überhöhten und damit die Rentabilität senkenden Barreserven in sich.

Selbstfinanzierung

Die Finanzierung aus Rückstellungen hat den Charakter einer **Fremdfinanzierung**, weil die finanziellen Mittel, die etwa aus der Dotierung der Abfertigungsvorsorge oder der Pensionsrückstellung langfristig gebunden werden, später an die berechtigten Arbeitnehmer ausgezahlt werden müssen. Bis zu diesem Zeitpunkt können diese aus dem Umsatzprozess stammenden Beträge für Investitionen zur Verfügung stehen. Sinngemäß ist auch bei kurzfristigeren Rückstellungen (z. B. unterlassene Instandhaltung von Gebäuden) zu argumentieren. Da sowohl das Vermögen als auch das Kapital eine Erweiterung erfahren, ist eine Bilanzverlängerung gegeben. Die disponierbaren Mittel können aber auch zur Rückzahlung von Fremdmitteln verwendet werden (Kapitalumschichtung auf der Passivseite der Bilanz).

Rückstellungen

Die **Finanzierung aus freigesetzten Abschreibungen** bewirkt Vermögensumschichtungen. Wenn der Aufwand für die Anlagennutzung in den Verkaufserlösen seine Deckung findet, führt dies in den einzelnen Perioden zu Einnahmen, welchen erst zum Zeitpunkt der Wiederbeschaffung einer Anlage (Reinvestition) entsprechende Ausgaben gegenüberstehen. Werden diese bis zum Ablauf der Anlagennutzungsdauer frei verfügbaren finanziellen Mittel in andere Anlagen oder Vorräte investiert, so kommt es zu einer Umschichtung von Geld- in Sachvermögen. Da sich der Kapitalbereich bei dieser Finanzierungsform nicht verändert (nur Aktivtausch), ist eine eindeutige Zuordnung dieser Finanzierungsart zur Eigen- oder Fremdfinanzierung nicht möglich. Die Finanzierung aus Abschreibungen kann unter bestimmten Bedingungen zu einem **Kapazitäts-**

Abschreibungen

erweiterungseffekt führen, wenn Abschreibungsverlauf und Nutzungsverlauf einer Gruppe von Anlagen übereinstimmen.

Das Ausmaß der Innenfinanzierung ist gegebenenfalls um die Veränderungen im Vorratsvermögen an unfertigen und fertigen Erzeugnissen (Bestandsveränderungen) zu korrigieren.

Die **Finanzierung aus Vermögensumschichtungen** außerhalb des normalen Umsatzprozesses ergibt sich in der Regel aus **Rationalisierungsmaßnahmen**. Eine Kapitalfreisetzung im **Anlagevermögen** resultiert aus der Veräußerung nicht (mehr) betriebsnotwendiger Anlagegüter. Die Kapitalfreisetzung im **Umlaufvermögen** kann durch einen Abbau der Vorräte oder einen Abbau der Forderungen erfolgen. Eine Zufuhr **zusätzlicher** Finanzmittel ist bei diesen Vermögensumschichtungen nur gegeben, wenn die Verkaufserlöse die Buchwerte übersteigen und damit eine Gewinnrealisation ermöglichen (Innenfinanzierungsvorgang).

Befristung

Die **Finanzmittel** können dem Unternehmen unbefristet oder befristet zur Verfügung stehen. Zur **unbefristeten** Finanzierung gehört vor allem die **Eigenfinanzierung** (Beteiligungsfinanzierung), da Eigenkapital normalerweise unbefristet überlassen wird. Die Bereitstellung von Beteiligungskapital aus den durch Genussscheine dotierten Beteiligungsfonds unterliegt hingegen einer Befristung (zumindest zehn Jahre). Die **Fremdfinanzierung** wird in der Regel immer **befristet** sein.

Die **kurzfristige** Fremdfinanzierung (bis 90 Tage, evtl. bis zu einem Jahr) umfasst normalerweise Lieferantenkredite, Anzahlungen, Kontokorrentkredite, Wechselkredite, Bürgschafts-(Aval-)Kredite, Factoring und besondere Finanzierungsformen im Außenhandel (z. B. Rembourskredite und Negotiationskredite).

Die **mittel- und langfristige** Fremdfinanzierung umfasst Darlehen, Anleihen, Schuldverschreibungen, Wandel-, Options- und Gewinnschuldverschreibungen.

Eine **Geldfinanzierung** liegt vor, wenn die Kapitalgeber Geld bereitstellen. Stellen sie direkt Sachen oder Rechte zur Verfügung, ist eine **Sachfinanzierung** gegeben. Bei der **Kreditleihe** erhält die Unternehmung nicht Sach- oder Geldwerte, sondern Sicherheiten, mit welchen sie Sach- oder Geldkredite aufnehmen kann (Akzeptkredit, Avalkredit).

Die Unterscheidung in **Normal**-, **Über**- und **Unterfinanzierung** (genug, zu viel, zu wenig Finanzmittel) beschreibt weniger einen Finanzierungsvorgang als vielmehr einen Finanzierungs**zustand**.

6.3. Die Finanzplanung

Die Hauptaufgabe der Finanzplanung besteht in der Festlegung der Finanzbewegungen, die dem Unternehmen eine geordnete Kapitalzufuhr und geregelte Kapitalabgänge gewährleisten und damit die Erhaltung des finanziellen Gleichgewichts sichern helfen sollen. Für die betrieblichen Finanzprozesse spielen dabei die Größen des Kapitalbedarfs, des Finanzbedarfs und des Geldbedarfs eine zentrale Rolle.

Der **Kapitalbedarf** ist eine zeit**punkt**bezogene Größe, die als Differenz zwischen allen kapital**bindenden Ausgaben** und den kapital**freisetzenden Einnahmen**, die bis dahin angefallen sind, zu verstehen ist.

Kapitalbedarf

Im Zeitablauf wird sich der Kapitalbedarf verändern. Weitere kapitalbindende Ausgaben werden ihn erhöhen, andere kapitalfreisetzende Einnahmen hingegen verringern. Daraus leitet sich der **Finanzbedarf** für diesen Zeit**raum** ab, der auch zu berücksichtigen hat, dass zu verschiedenen Zeitpunkten kapitalentziehende Ausgaben (z. B. Gewinnausschüttungen) stattfinden. Der ermittelte Finanzbedarf muss durch entsprechende kapitalzuführende Maßnahmen im Interesse eines finanziellen Gleichgewichts Deckung finden.

Finanzbedarf

Die Aufrechterhaltung der Zahlungsfähigkeit (Liquidität) zu einem bestimmten Zeitpunkt ist an die Deckung des **Geldbedarfs** gebunden, der durch die gerade zu diesem Zeitpunkt anfallenden Ausgaben bestimmt wird.

Geldbedarf

Daraus wird deutlich, dass der Kapitalbedarf die primäre Ausgangsgröße darstellt, denn sowohl der Finanzbedarf als auch der Geldbedarf leiten sich aus dem Kapitalbedarf ab. Bei der Gründung eines Unternehmens sind alle drei Größen gleich. Im Zuge der Betriebstätigkeit ergeben sich unterschiedliche Ausgaben- und Einnahmenströme, sodass Kapital-, Finanz- und Geldbedarf auseinander fallen.

Die Zeit zwischen dem Beginn einer Kapitalbindung und deren Ende durch entsprechende Kapitalfreisetzung wird **Kapitalbindungsdauer** genannt. Im betrieblichen Leistungsprozess (Spanne zwischen Beschaffung und Absatz) kann sie durch die Gestaltung der Zahlungskonditionen verlängert bzw. verkürzt werden (Abbildung 6-3).

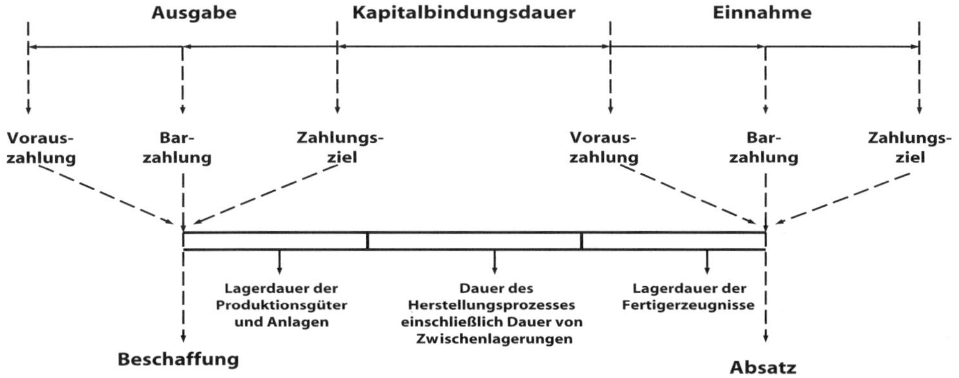

Kapitalbindungsdauer

Abbildung 6-3: Komponenten der Kapitalbindungsdauer

Finanzplanung

Die **Finanzplanung** umfasst daher folgende Zahlungsströme:

1. Ausgaben für Anlagenanschaffungen (Investitionsausgaben) sowie Einnahmen aus Anlagenverkäufen;
2. Zahlungsströme im Rahmen des Leistungsprozesses (Aufwandszahlungen und Verkaufserlöse);
3. zum Ausgleich der Zahlungsströme aus dem Leistungsbereich notwendige (aufzubringende) Mittel aus dem Eigenkapital- und dem Fremdkapitalbereich;
4. Zahlung von Fremdkapitalzinsen sowie Tilgungsbeträge für die Kreditdeckung;
5. Gewinnausschüttungen.

Die Finanzplanung ist demnach

1. **Anweisung**, wie die zukünftigen Zahlungsvorgänge vor sich gehen sollen;
2. **Informationsmittel** hinsichtlich der Schichtung der Geldströme;
3. **Kontrollmittel** für den Ablauf des Zahlungsgeschehens während des Zahlungszeitraumes.

Wesentliche Fragestellungen

Für die Finanzplanung im Unternehmen ergeben sich folgende **Hauptfragen**:

1. Auf welche **Zeiträume** ist die Finanzplanung abzustellen? Soll sie kurz-, mittel- oder langfristig sein und dabei laufend (periodisch) oder nur aus bestimmten Anlässen (aperiodisch) vorgenommen werden? Es ist sinnvoll, die Planüberlegungen auf lange Sicht abzustellen und darin mittel- und kurzfristige Planvorhaben festzulegen. Je länger jedoch der Planungszeitraum bemessen wird, desto elastischer müssen die Planvorgaben sein und desto gröber werden die einzusetzenden Größen (Grobplanung). Dies zwingt zu einer steten Anpassung, also zu einer laufenden (rollenden) Finanzplanung. Eine weitestgehend fixierte Finanzplanung (Feinplanung) ist nur auf kurze Frist möglich.
2. Wie lauten die betrieblichen **Ziele** und welcher **Finanzbedarf** ergibt sich daraus? Die Gestaltung der betrieblichen Leistungsprozesse und damit Beschaffung, Investition, Produktion und Absatz bestimmen die Finanzierung, und umgekehrt wieder bestimmen die Finanzierungsmöglichkeiten (bzw. -engpässe) die Gestaltung der betrieblichen Leistungsprozesse. Es besteht ein gegenseitiges Abhängigkeitsverhältnis, die einzelnen betrieblichen Teilbereiche haben sich organisch dem Gesamtplan unterzuordnen. Der Finanzplan stellt die finanzwirtschaftliche Komponente des Gesamtplans dar, die (Planbilanz und) Planergebnisrechnung hingegen die erfolgswirtschaftliche Komponente (siehe Abbildung 6-4).

   Der **Finanzbedarf** wird durch den Unternehmenszweck (Betriebsaufgabe) vorbestimmt. Daraus ergeben sich bereits richtungweisende Einflüsse auf die Produktions- und Absatzgegebenheiten und -möglichkeiten, auf die Konditionen im Zahlungsverkehr mit Kunden und Lieferanten, auf die Umschlagshäufigkeit des Warenlagers, die Möglichkeiten der Aufwandsfinanzicrung, die Art der Gewinnverwendung usw.

3. Welche **Finanzierungsmaßnahmen** sind zu ergreifen, um bei einem ermittelten Finanzbedarf das **finanzielle Gleichgewicht zu sichern?** Die Frage der Bedarfsdeckung berührt Entscheidungen über eine (möglichst) optimale Kombination der verfügbaren Finanzierungsformen (Eigenmittel oder Fremdmittel; kurz-, mittel-, langfristige Kreditmittel; Inlands- oder Auslandsfinanzierung). Eine ständige Prüfung des Deckungsgrades des Finanzbedarfes durch Finanzmittel wird erforderlich. Prognosewerte sind zum Teil mit sehr großen Unsicherheiten behaftet. Diesen **Risikofaktoren** kann durch das Rechnen mit Wahrscheinlichkeitsgrößen begegnet werden. Vielfach behilft sich die Praxis jedoch mit entsprechenden, aus der Erfahrung abgeleiteten **Liquiditätsreserven**. Zu hohe Liquiditätsreserven bedeuten aber eine (die Rentabilität hemmende) Überliquidität und wären deshalb auch zu vermeiden.

4. Wie kann während der einzelnen Planperioden **geprüft** werden, ob das finanzielle Gleichgewicht gesichert erscheint? Durch die Aufstellung rollender Finanzpläne (nach Ablauf einer Planperiode wird der Planungshorizont um eine Periode erweitert, sodass immer eine gleich bleibende Anzahl von Planperioden in die Planungsüberlegungen einfließt) wird Vorsorge für permanente Planrevisionen getroffen und die Möglichkeit zu konkreten Plansätzen geschaffen. Ursprüngliche Globalansätze können mit der Zeit und damit bei besserer Einsicht in das künftige Unternehmensgeschehen zu Detailansätzen vertieft werden.

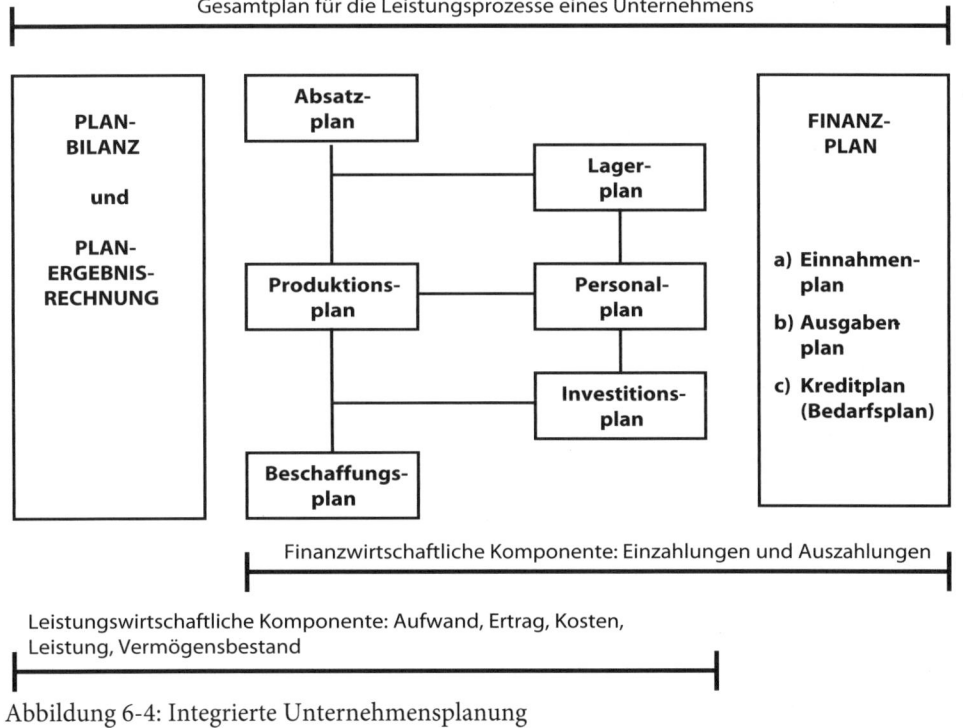

Abbildung 6-4: Integrierte Unternehmensplanung

6.4. Liquiditätspolitik

Liquiditätspolitik Die betriebliche Finanzpolitik hat das Erreichen eines finanziellen Gleichgewichts und damit die Anpassung des Kapitalbedarfs an die Möglichkeiten der Kapitalbereitstellung zum Ziel. Durch die **Liquiditätspolitik** sollen zeitlich begrenzte Liquiditätsengpässe behoben werden. Dies kann durch verschiedene Maßnahmen geschehen, die einerseits im reinen Finanzierungsbereich, andererseits im Leistungsbereich des Unternehmens gelegen sein können:

1. Maßnahmen im reinen **Finanzierungsbereich**:
   a) Eigen-/Fremdkapitalaufnahme
   b) Verschiebung oder Stornierung von Finanzausgaben
      Verschiebung fälliger Kapitaltilgungen
      Verlängerung des Lieferantenziels
      Stornierung von Eigenkapitalrückzahlungen
      Verminderung von Entnahmen
      Verschiebung von Gewinnausschüttungen
   c) Intensivierung des Mahnwesens zur Verringerung der Kreditaußenstandsdauer der Debitoren (Forderungen)
   d) Desinvestition (Verkauf) nicht betriebsnotwendiger Vermögensteile
2. Maßnahmen im **Leistungsbereich**:
   a) Rationalisierung des Lagerwesens mit Erhöhung der Umschlagshäufigkeit sowie der Produktion und des Vertriebs (positive Wirkung auf den Betriebserfolg)
   b) Ausfall oder Verschiebung von Investitionen (unter Inkaufnahme der damit verbundenen Erfolgseinbußen)
   c) Verkauf an sich betriebsnotwendiger Anlagen und damit Kapazitätsabbau.

Die Liquiditätspolitik erstreckt sich demnach auf die Anwendung **einnahmenerhöhender bzw. -vorziehender und/oder ausgabensenkender bzw. -hinausschiebender** Maßnahmen. Es entsteht ein Auswahlproblem. Die ausgabensenkenden Maßnahmen sind sicherer zu beurteilen als einnahmenmehrende Aktivitäten. Ihnen ist gegebenenfalls der Vorzug einzuräumen. Es ist jedoch auf die Fernwirkung der getroffenen Maßnahmen Bedacht zu nehmen. Die Beseitigung eines Engpasses kann mit der Öffnung eines später gelagerten Engpasses verbunden sein. Schließlich ist das Ausmaß hinzunehmender Erfolgseinbußen in der Regel schwer prognostizierbar.

Finanzielle Reserven können in Barreserven, Sichtguthaben bei Banken und in nicht ausgeschöpften Kreditrahmen („freie Kreditlinien") bestehen. Während es sich bei Barreserven und Sichtguthaben um Eigenmittel des Unternehmens handelt, führt die Ausnutzung freier Kreditlinien zu einer weiteren Verschuldung des Unternehmens, welche die Liquidität zukünftiger Perioden mit Zins- und Tilgungszahlungen belastet.

6.5. Die optimale Finanzierung

Eine für **alle** Unternehmen in gleicher Weise gültige optimale Finanzstruktur (Kapitalstruktur) kann es nicht geben. Die unternehmerischen **Zielsetzungen** und **Strategien** sind zu verschieden, außerdem ist zu berücksichtigen, dass die einzelnen Leistungsbereiche den verschiedenen **Lebenszyklusphasen** unterschiedlich zuzuordnen sind. Produkte (Leistungen) in der Wachstumsphase ergeben einen anderen Kapitalbedarf als in der Reifephase, Sättigungsphase oder gar Liquidationsphase. Jedes Unternehmen hat daher seine eigene Finanzstruktur zu entwickeln und danach zu trachten, sie möglichst seinen Vorstellungen von optimaler Rentabilität und steter Zahlungsbereitschaft entsprechend zu gestalten. Dabei wird auch zu berücksichtigen sein, an welchen konjunkturell bedingten Entwicklungen das Unternehmen partizipiert. Die Abhängigkeit von gesamtwirtschaftlichen **Konjunkturzyklen** bestimmt die Marktvolumina und damit Wachstum oder Schrumpfung, woraus sich unmittelbare Auswirkungen auf den spezifischen Kapitalbedarf eines Unternehmens ergeben.

Finanzierungsoptimum

Für das Unternehmen stellt sich zunächst die Frage, welcher Anteil am Finanzierungsvolumen der **Innenfinanzierung** zugewiesen werden kann bzw. soll. Dies hängt von den Möglichkeiten ab, den Cashflow zu gestalten und zu dimensionieren, muss aber auch an der Frage gemessen werden, wie ein entstandener Cashflow verteilt werden soll (Investition oder Schuldentilgung oder Gewinnausschüttung).

In der **Außenfinanzierung** besteht das Auswahlproblem, inwieweit die Finanzierung mit Eigenkapital oder mit Fremdkapital zweckmäßiger erscheint. Die wichtigsten Optimierungskriterien sind:

Eigen- oder Fremdkapital?

- Kapital**höhe** (abhängig von Unternehmens- und Umweltfaktoren)
- Kapital**kosten** (Beschaffungs-, Tilgungs-, Nutzungs-, Marktpflegekosten)
- Kapital**fristigkeit** (Ausgleich der Zielsetzungen von Kapitalgeber und Kapitalnehmer)
- Kapital**sicherung** (Kreditfähigkeit, -würdigkeit; Bereitstellung von Sicherheiten)
- Kapital**einfluss** (auf die Geschäftsführung, Recht auf Information und Kontrolle)

Die Berücksichtigung aller dieser Kriterien erfordert eine **Gewichtung** rechenhafter und nicht rechenhafter Faktoren. Das Problem der „optimalen" Finanzierung lässt sich deshalb nur hinsichtlich seiner wesentlichsten Elemente beschreiben, im Einzelfall führen subjektive Gewichtungen durchaus zu unterschiedlichen Strukturbildern.

Die **Unterscheidung** zwischen **Eigenkapital** (Beteiligungskapital) und **Fremdkapital** (Gläubigerkapital) entspricht wohl der unterschiedlich geregelten rechtlichen Stellung der Kapitalgeber, berührt aber auch wichtige wirtschaftliche Interessen (Abbildung 6-5).

Kriterien	Eigenkapital	Fremdkapital
1. Interessenlage	Vorrangig an der Erhaltung des Unternehmens interessiert	Vorrangig an der Erhaltung seiner selbst interessiert
2. Einfluss auf die Unternehmensleitung	In der Regel berechtigt	Grundsätzlich ausgeschlossen (teilweise faktisch möglich)
3. Informationsrecht über die inneren Unternehmensverhältnisse	Anspruch auf Offenlegung	Kein Anspruch
4. Zeitliche Verfügbarkeit des Kapitals	In der Regel unbegrenzt, Entnahmerecht aus dem Kapital begrenzt	In der Regel befristet
5. Haftung	Eigentümerstellung (mindestens in Höhe der Einlage)	Gläubigerstellung (keine Haftung)
6. Vermögensanspruch (Risiko)	Garantierendes Kapital (Anspruch nur auf den verbleibenden Liquidationserlös)	Garantiertes Kapital (bevorrechtigt vor dem Eigenkapital)
7. Ertragsanteil	Teilhabe am Gewinn und Verlust	In der Regel fester Zinsanspruch, kein GuV-Anteil
8. Steuerliche Belastung	Gewinn belastet mit ESt, KSt	Zinsen als Aufwand absetzbar

Abbildung 6-5: Unterschiede zwischen Eigenkapital und Fremdkapital

Risikokapital Das **Eigenkapital** ist als **Risikokapital** einzustufen. **Je risikoreicher** Investitionen sind, **desto höher** müsste der **Eigenkapitalanteil** sein, da die Wahrscheinlichkeit des Misserfolgs und des damit verbundenen Auftretens von Zahlungsschwierigkeiten steigt. Die Höhe des möglichen Verschuldungsgrades hängt vom Risiko des Ertragsausfalles (und nicht von der Chance einer bestimmten Ertragserzielung) ab.

Eigenkapital dient aber auch der **Krisenvorsorge**. Es ist **liquiditätsschonend**, weil in Zeiten schlechter Konjunktur Tilgungsquoten und Zinsbelastungen (wie beim Fremdkapital) nicht anfallen. Trotz erlittener Buchwertverluste bleibt das Unternehmen zahlungsfähig, solange der Cashflow noch positiv ist. Umfangreiche Fremdmittelaufnahmen erhöhen die Gefahr von Liquiditätsengpässen und Rückzahlungsschwierigkeiten, das Unternehmen wird konjunkturanfälliger.

Eigenkapital wird weiters zum **Wettbewerbsvorteil**, wenn das Unternehmen in schlechteren Zeiten bei der Preisgestaltung kurzfristig auf nicht ausgabenwirksame Kosten (Zinsen vom Eigenkapital, Abschreibungen, die nicht mit Tilgungsquoten verbunden sind) verzichten kann.

Eigenkapital dient schließlich der Sicherung der unternehmerischen **Unabhängigkeit**, weil bei zu hoher Fremdfinanzierung immer die Gefahr unerwünschter Einflussnahmen der Kreditgeber auf das Unternehmen besteht. Solche Einflussnahmen sind oft aus der Sorge um die Sicherheit der Kreditrückzahlung motiviert.

Die **Risikosituation** eines Unternehmens kann nicht einheitlich gesehen werden. Die Unternehmensführung ist **unterschiedlichen Risiken** ausgesetzt. Risken

- Das **höchste** Risiko tragen **Forschung und Entwicklung** in sich, da der Markterfolg nicht vorhersehbar ist.
- Sehr riskant sind **Markterschließungsmaßnahmen** und die **Produktion neuer**, im Markt noch nicht eingeführter **Produkte**.
- Ein vergleichsweise geringeres Risiko haftet Investitionen in das Anlagevermögen an, weil Erfahrungswerte vorliegen und in der Regel Veräußerungsmöglichkeiten bestehen.
- Noch weniger riskant ist die **Vorratsanschaffung**, weil auf breiter Basis Verkaufsmöglichkeiten bestehen.
- Das vergleichsweise geringste Risiko erfordert die Finanzierung von **Forderungen**, weil ihnen schon eine Ertragsrealisierung zugrunde liegt. Zwar besteht noch das Dubiosenrisiko (das Risiko des Forderungsausfalls), aber es ist am besten abschätzbar.

Das zur Verfügung stehende **Risikokapital** kann hinsichtlich der Fähigkeit, Verluste aufzufangen und damit Risiko abzudecken, **nicht einheitlich** gesehen werden:

- Das größte Risiko kann das innenfinanzierte, aber in der Bilanz nicht ausgewiesene Eigenkapital, also die **stillen Reserven**, tragen (eben weil kein Außenstehender davon weiß).
- Die nächste Risikokapitalklasse stellen die **offenen Rücklagen** dar (Rücklagenauflösungen erlauben Außenstehenden, auf Fehlschläge der Geschäftsführung zu schließen).
- Mit abnehmender Eignung zur Risikodeckung sind direkt bereitgestelltes **Beteiligungskapital** (Kapitalherabsetzungen zu Sanierungszwecken belasten die Anteilseigner), indirekt über Vermittler bereitgestelltes **Beteiligungskapital** (Belastung für Vermittler und Anteilseigner) und vertraglich **eingeschränktes Risikokapital**, z. B. Genussscheine (auch für Verlustjahre ist Mindestverzinsung vereinbart), zu werten.

Aus diesen Überlegungen lässt sich als Faustregel ableiten, dass **hohe Unternehmensrisiken** auch nur mit Kapital, das **hohe Risiken tragen kann**, finanziert werden sollten. Innovationen, Forschung und Entwicklung und das Erschließen neuer Märkte sollten daher in aller Regel mit einem hohen Anteil an Risikokapital (= Eigenkapital) finanziert werden.

Als **Venture-Capital** wird deswegen auch jene Form der Finanzierung bezeichnet, die im Wesentlichen als Beteiligungsfinanzierung für junge Unternehmen (oder Unternehmenszweige) auf die besondere Situation der hohen Risiken, aber auch deren große Entwicklungschancen abgestellt ist. Venture-Capital

Trotz dieser aus dem Gesichtspunkt des **Risikos** heraus unbestreitbaren **Vorteile des Eigenkapitals** gibt es auch gute Gründe, den Einsatz von **Fremdkapital** zu Leverage-Effekt bevorzugen. Dies kann aus dem Gesichtspunkt der **Rentabilität** erfolgen. Ist die Rentabilität des im Unternehmen eingesetzten Gesamtkapitals höher als die Kosten des Fremdkapitals, führt der Einsatz von Fremdkapital zu einer Erhöhung der Rentabilität des Eigenkapitals. Es ist eine „Hebelwirkung" zu beobachten, der sog. **Leverage-Effekt**.

Der Leverage-Effekt findet seinen Niederschlag im Austausch eigener Mittel durch fremde Mittel. Der Austausch von Eigenkapital durch Fremdkapital ist allerdings nur dann sinnvoll, wenn die eigenen Mittel auf dem Kapitalmarkt günstiger angelegt werden können, als die Zinsenbelastung für die fremden Mittel im eigenen Unternehmen beträgt. Der Kapitalaustausch findet seine Grenze weiters dort, wo die rechenbaren Vorteile der Kapitalsubstitution durch die verbal beschreibbaren Nachteile aufgewogen bzw. überkompensiert werden. Nachteile dieser Art liegen in einem zu starken Einfluss der Fremdkapitalgeber auf die Unternehmensführung, in befürchteten Liquiditätsschwierigkeiten, die sich infolge nicht vorhersehbarer Umsatz- und Gewinnrückgänge einstellen, in der verschlechterten Optik des Bilanzbildes und dergleichen mehr. Es kommt aber auch vor, dass der Leverage-Effekt ungenützt bleibt, weil die Unternehmensführungen auf Vergleichsrechnungen, aus welchen sich die Vorteilhaftigkeit der Fremdfinanzierung ableiten ließe, verzichten.

Optimaler Verschuldungsgrad

Je nach Lage des Falles kann ein Unternehmen durchaus optimal finanziert sein, wenn die Fremdmittel überwiegen, wie umgekehrt nicht immer auf ein finanzwirtschaftlich vertretbares Verhalten zu schließen ist, wenn die Eigenmittel im Unternehmen dominieren. Der **optimale Verschuldungsgrad** liegt auch nicht unbedingt dort, wo die durchschnittlichen Kapitalkosten ihr Minimum erreichen. Er ist vielmehr dann gegeben, wenn ein Kompromiss zwischen den Vor- und Nachteilen aller rechenhaften und nichtrechenhaften Einflussgrößen gefunden werden kann.

Finanzierungsregeln

In der unternehmerischen Praxis haben sich für die Gestaltung der Finanzierungsstruktur (statische) **Finanzierungsregeln** entwickelt, die aus der Erfahrung heraus ein bestimmtes Kapitalstrukturbild, gegebenenfalls in Verbindung mit der Vermögensstruktur, empfehlen. Erwähnt sei hier nur die **goldene Bilanzregel**, wonach langfristig gebundenes Vermögen auch durch langfristig gebundenes (zur Verfügung stehendes) Kapital finanziert werden soll. Ihr entspricht die **goldene Finanzierungsregel**, wonach das Kapital nicht kürzer befristet sein soll, als das damit finanzierte Vermögen benötigt wird. Der **Grundsatz einer fristenkongruenten Finanzierung** ist somit erfüllt, wenn das Anlagevermögen und das im Unternehmen gebundene Umlaufvermögen (eiserner Bestand an Vorräten, Forderungen und Geldmitteln) durch Eigenkapital und entsprechend langfristiges Fremdkapital finanziert sind. Die Finanzierungstheorie präferiert **dynamische** Finanzierungsregeln, die die Variabilität des Kapitalbedarfs einerseits und des Kapitalmarktes andererseits, die Wirtschaftlichkeit in der Auswahl der Finanzierungsmittel und eine qualifizierte Eigenkapitalpräferenz im Hinblick auf Rentabilität und Risikoerwartungen berücksichtigen.

Als **Indikatoren** nahender finanzieller Schwierigkeiten können z. B. folgende Entwicklungen angesehen werden:

- Fallende Gewinne bei gleich bleibender Ausgabenentwicklung;
- Abgehen von einer fristenkongruenten Finanzierung;
- Umschichtung von Umlauf- in Anlagevermögen bei gleich bleibender Kapitalstruktur;
- Verschlechterung des Cashflow im Verhältnis zum Fremdkapital.

6.6. Investitionspolitik

Investitionen sind allgemein in

- **Real**investitionen und
- **Finanz**investitionen

zu unterscheiden. Realinvestitionen (Sachinvestitionen) haben eine **güter**wirtschaftliche Komponente (z. B. Anschaffung von Grundstücken, Gebäuden, Maschinen; Beschaffung von Vorräten). Finanzinvestitionen sind nur mit **finanz**wirtschaftlichen Kategorien zu fassen (z. B. Erwerb von Beteiligungen).

Für eine **Systematik** der Investitionen sind mehrere Ansatzpunkte denkbar. Es ist üblich, die Investitionen aus der Sicht des jeweiligen Investors, nach der Art des Investitionsobjektes, hinsichtlich dessen Umschlagszeit und nach der damit verbundenen Wirkung zu unterscheiden:

Investorbezogene Investitionen	**Objektbezogene Investitionen**
Kriterium der Unterscheidung sind die **Investoren**: Investitionen der **Unternehmen** Investitionen der **öffentlichen Haushalte** Investitionen der **privaten Haushalte**	Unterscheidungskriterium ist die **Art der Investitionsobjekte**, wobei sich in Anlehnung an die Bilanzgliederung unterscheiden lassen: **Sach**investitionen **Finanz**investitionen **Immaterielle** Investitionen
Umschlagsbezogene Investitionen	**Wirkungsbezogene Investitionen**
Unterscheidungskriterium ist die **Umschlagszeit** oder Umschlagsgeschwindigkeit. Im Mittelpunkt steht der Zeitraum, der mit den Auszahlungen für eine Investition beginnt und mit den Einzahlungen daraus endet: **Schnell umschlagende** Investitionen **Langsam umschlagende** Investitionen	Die Investitionen können auch nach ihrem Zweck und ihrer Wirkung auf den Produktionsprozess unterschieden werden. Die Untergliederung kann deshalb weitgehend auch als Untergliederung der Sachinvestitionen aufgefasst werden: **Erst**investitionen **Ersatz**investitionen

Abbildung 6-6: Systematik der Investitionen

Sachinvestitionen Die in der Praxis übliche Gliederung der **Sachinvestitionen** orientiert sich an den Anlagenanschaffungen (Investitionen im engeren Sinne) und differenziert zwischen den Investitionen bei der Gründung eines Unternehmens und jenen während des laufenden Betriebsprozesses:

a) Gründungsinvestitionen
b) Investitionen im Verlaufe der Betriebstätigkeit:
   aa)   Ersatzinvestitionen
   bb)   Rationalisierungsinvestitionen
   cc)   Erweiterungsinvestitionen
   dd)   Umstellungsinvestitionen

Gründungsinvestitionen ergeben sich im Zusammenhang mit der Errichtung eines Unternehmens (eines Betriebes) im Ganzen. Die Anschaffung von Anlagegütern infolge der Errichtung eines Teilbetriebes stellt eine spezifische Form von Gründungsinvestitionen dar und wäre aus Abgrenzungsgründen allenfalls den Erweiterungsinvestitionen zuzurechnen.

Ersatzinvestitionen erfordern einen Kapitaleinsatz zur Fortführung der Leistungserstellung. Es werden Verfahren oder Anlagen ersetzt, die technisch und damit auch wirtschaftlich nicht mehr nutzbar sind.

Rationalisierungsinvestitionen sind solche, bei welchen der Kapitaleinsatz mit dem Ziel der Erreichung vorteilhafterer Leistungserstellung getätigt wird. Es werden technisch noch nutzbare Verfahren oder Anlagen ersetzt, weil wirtschaftliche Überlegungen dafür sprechen.

Erweiterungsinvestitionen dienen der Kapazitätsausdehnung, indem überhaupt neues Leistungspotential geschaffen wird oder vorhandenes Leistungspotential Erweiterung findet. Die Erweiterungsinvestitionen heben sich von Rationalisierungs- und Ersatzinvestitionen dadurch ab, dass Kapazitätsveränderungen vorliegen, die nicht durch das Ausscheiden von vorhandenen Verfahren oder Anlagen bedingt sind.

Umstellungsinvestitionen erfolgen entweder angesichts solcher Produktionsprogramme, die beibehalten werden, aber Umschichtungen hinsichtlich der Zahl der erzeugten Einheiten erfahren, oder sie dienen der Diversifizierung auf Grund der Aufnahme neuer Produkte in das betriebliche Leistungsprogramm.

Gründungsinvestitionen sind oft mit einem besonders hohen Kapitaleinsatz verbunden. Liquiditätsbetrachtungen überlagern, zumindest anfänglich, Kostenüberlegungen, welche auf die Verteilung der Anschaffungskosten über die Zeitspannen der Nutzung hinweg orientiert sind.

Ersatzinvestitionen nehmen in der Investitions- und Finanzplanung eine andere Stellung ein als **Rationalisierungsinvestitionen**, da Letztere bei angespannter Liquiditätslage zeitlich verschiebbar sind. Ersatz- und Rationalisierungsinvestitionen ist gemeinsam, dass sie dem ungestörten Betriebsablauf bei fixierter Kapazität dienen.

Erweiterungsinvestitionen weisen auf ein Ausbauprogramm hin; mit ihnen fallen zwangsläufig weitere Kosten für jene Betriebsmittel, Werkstoffe und für jenen Personalbedarf an, die die größere Kapazität nach sich ziehen, was das betriebliche Risiko erhöht.

Umstellungsinvestitionen können häufig nicht wie Rationalisierungsinvestitionen bei angespannter Liquiditätslage zeitlich verschoben werden, weil veränderte Absatzerfordernisse die Anpassung des Produktionsprogramms oft in kurzer Frist verlangen. Außerdem ergeben sich Änderungen in den Kostenbelastungen, wenn andere Werkstoffe als bei den bisherigen Leistungsprogrammen erforderlich sind und neues Personal infolge der Umschichtung bzw. Diversifizierung des Leistungsprogramms aufgenommen werden muss.

Bei **Finanzinvestitionen** ist zu unterscheiden zwischen:

a) Beteiligungserwerb
b) Forderungswertpapierkauf

Finanzinvestitionen

Der Erwerb von **Beteiligungen** an einem anderen Unternehmen (z. B. Aktienkauf über die Börse) ist Ausdruck der wirtschaftlichen Verflechtung von Unternehmen. Er kann entweder der Absatzsicherung für die eigenen Produkte und Leistungen oder umgekehrt der Beschaffungssicherung für die benötigten Vorleistungen dienen. Der Grad der Einflussnahme auf das andere Unternehmen hängt vom Ausmaß der Beteiligung und den damit verbundenen gesellschaftsrechtlichen Einflussmöglichkeiten ab. Zumindest dient die Beteiligung der Informationsbeschaffung im Rahmen der gesellschaftsrechtlichen Möglichkeiten (z. B. Anfragerecht bei der Hauptversammlung einer AG).

Ist keine Einflussnahme auf Unternehmen beabsichtigt, so dient der Kauf von **Forderungswertpapieren** (z. B. Wechsel, Anleihen, Optionsscheine, Aktien) der möglichst ertragreichen Veranlagung liquider Mittel auf kurz-, mittel- und langfristige Sicht.

Die **Investitionsplanung** ist in die folgenden Teilschritte zu unterteilen:

Investitionsplanung

- Idee zur Investition, Wahlproblem liegt vor
- Vorbereitung zur Entscheidung (Kriterien, Alternativen, Bewertung)
- Investitionsentscheidung
- Durchführung der Investition
- Kontrolle (Ausführungskontrolle, Terminkontrolle, Ergebniskontrolle): Wann wird wie, wie oft, durch wen kontrolliert?

Die **Vorteilhaftigkeit** von Investitionsmaßnahmen kann durch Investitionsrechnungen rechnerisch geprüft werden. Investitionsrechnungen sind **ermittelnde** Rechnungen, wenn die wirtschaftliche Vorteilhaftigkeit alternativer Investitionsvorhaben an Liquiditäts- oder Erfolgskriterien gemessen wird. Sie sind **optimierende** Rechnungen, wenn die optimale Kombination einzelner Investitionsmaßnahmen (Investitionsprogramm) bestimmt werden soll.

Zu bedenken ist, dass in Investitionsrechnungen Entscheidungsfaktoren, die **nicht quantifiziert** werden können (z. B. einfache Bedienung, gefälliges Design, subjektive Präferenzen, Unabhängigkeit), **unberücksichtigt** bleiben. Insofern können Investitionsrechnungen nur einen Teilaspekt des Entscheidungsproblems abdecken. Trotz dieser unwägbaren Momente stellen sie jedoch ein wichtiges und **unentbehrliches** Verfahren bei der Entscheidungsfindung dar.

Mit dem **Investitionsproblem** ist stets auch ein **Finanzierungsproblem** zu lösen. Der Kapitalverwendung durch die Investition ist immer auch die Art der Mittelbereitstellung gegenüberzuhalten. Investitionsrechnungen führen

- zu **Verfahrensvergleichen** alternativ in Frage kommender Investitionsmaßnahmen;
- zur **Ermittlung des Kapitalbedarfs** für die einzelnen Projekte.

Beurteilungskriterien für Investitionsvorhaben

Als **Beurteilungskriterien** für Investitionsvorhaben kommen in Frage:

- **Erfolgswirkung** im Sinne von Kosteneinsparung oder Ertragsverbesserung: Hier kommt es zu einer Periodisierung der den Investitionsobjekten zurechenbaren gesamten Ausgaben und Einnahmen in Periodenkosten und Periodenerträgen.
- **Zahlungswirkung:** Die den Investitionsobjekten zurechenbaren gesamten Ausgaben und Einnahmen werden nach ihrer Fälligkeit geordnet und auf einen gemeinsamen (zeitlichen) Bezugspunkt abgezinst (Barwertverfahren) oder aufgezinst (Endwertverfahren).
- **Rentabilität:** Bezug der Erfolgswirkung (Gewinnwirkung) auf den erforderlichen Kapitaleinsatz.
- **Amortisationsdauer:** Beurteilung nach der Zeit, innerhalb welcher das zur Investition benötigte Kapital durch den mit der Investition bewirkten Einnahmenüberschuss dem Investor wieder zurückfließt.
- **Soziale Kosten-Nutzen-Komponenten:** Bei Investitionen mit öffentlicher Förderung müssen (sollten) neben den einzelwirtschaftlichen Faktoren auch die positiven und negativen Effekte auf die Gesamtwirtschaft bzw. Gesellschaft (z. B. Arbeitsplatzsicherung, Umweltschutz) in die Bewertung einbezogen werden, was jedoch zahlreiche Bewertungsprobleme aufwirft.

Investitionsrechnungen

Die Betriebswirtschaftslehre unterscheidet bei den Investitionsrechnungen zwischen Partialmodellen und Simulationsmodellen. Die „klassischen" **Partialmodelle** sind als **Ermittlungsmodelle** mit einfachem Algorithmus anzusehen. Die **Vorteilhaftigkeit** von Investitionen ergibt sich aus einzelnen finanz- und erfolgswirtschaftlichen Kriterien. Eine **Optimierung** erfolgt erst durch eine schrittweise Abstimmung der verschiedenen Teilpläne. Dieses schrittweise Vorgehen veranlasst dazu, immer wieder **pauschale Annahmen** über Finanzierungs- und Reinvestitionsvorgänge zu treffen. Diese Pauschalannahmen **erleichtern** allerdings die Investitionsrechnung erheblich. Wenn diese Annahmen aber wirklichkeitsfremd sind, wird der Informationswert des Rechenergebnisses in Zweifel zu ziehen sein.

Ist es aus der notwendigen Gesamtbetrachtung im Unternehmen sinnvoll, Interdependenzen (z. B. zwischen Produktion und Absatz oder Finanzierung) zu berücksichtigen, so bietet sich die Anwendung von **Simultanmodellen** im Rahmen der linearen Programmierung an. **Produktionstheoretische** Ansätze fassen das Investitions- und Produktionsprogramm als Variable auf und berücksichtigen etwaige Finanzierungsrestriktionen. **Kapitaltheoretische** Ansätze hingegen sehen das Investitions- und Finanzierungsprogramm als Variable an und gehen von einem optimalen Produktionsprogramm aus. In beiden Modellen werden Absatzobergrenzen berücksichtigt.

In der betrieblichen Praxis wird den **Partialmodellen** wegen ihrer einfacheren Handhabung der Vorzug gegeben (Abbildung 6-7).

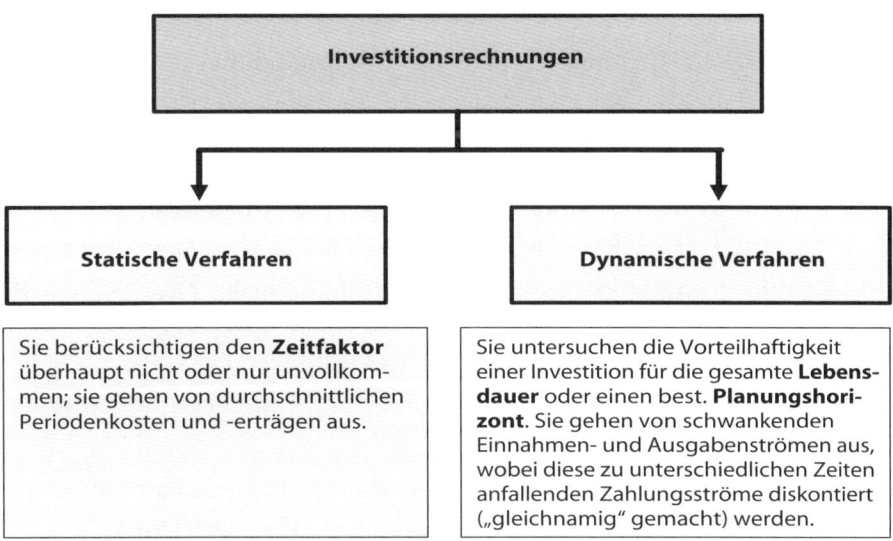

Abbildung 6-7: Übersicht über Investitionsrechnungen

Unternehmensbewertung Ein spezielles Problem der Anwendung von dynamischen Investitionsrechnungsverfahren stellt die Bestimmung des Wertes eines Unternehmens als Ganzes dar. Die **Unternehmensbewertung** orientiert sich in der Regel am Zukunftsertrag, den ein Investor erzielen kann. Anlässe für die Unternehmensbewertung sind etwa der Erwerb eines Unternehmens oder Unternehmensanteiles, die Einbringung eines Unternehmens in eine Kapitalgesellschaft, die Verschmelzung mehrerer Unternehmen, der Ein- oder Austritt von Gesellschaftern in ein/aus einem Unternehmen oder die Bestimmung von Abfindungsansprüchen von Erben oder Pflichtteilsberechtigten.

6.7. Finanzwirtschaftliche Aspekte der Unternehmensbesteuerung

Abgaben Als **Abgaben** sind alle auf der Finanzhoheit beruhenden öffentlichen Einnahmen der Gebietskörperschaften und bestimmter Selbstverwaltungskörper anzusehen. Sie umfassen Steuern, Gebühren, Zölle, Beiträge und Sozialabgaben („Quasisteuern") an die Träger der gesetzlichen Sozialversicherung. In der Praxis werden die Begriffe Abgaben und Steuern oftmals gleichgesetzt.

Unter **betrieblichen Abgaben** (**Steuern des Unternehmens**) sind jene Abgaben (Steuern) zu verstehen, die einen Einfluss auf die unternehmerischen Entscheidungen sowohl in institutioneller als auch in funktionaler Hinsicht haben. Ein Einfluss in institutioneller Hinsicht ist etwa bei der Frage nach der steueroptimalen Rechtsform gegeben, in funktionaler Hinsicht sind beschaffungs-, produktions- oder absatzpolitische Maßnahmen sowie Fragen der Steuerbilanzpolitik im Rahmen des Rechnungswesens von Bedeutung. Für die Einschätzung einer Abgabe als Unternehmenssteuer ist es dabei nicht ausschlaggebend, ob die Steuer auch vom Unternehmen selbst getragen wird.

Steuergegenstände Die Besteuerung im Unternehmen knüpft an mehrere **Steuergegenstände** (Steuerobjekte) an:

- Besteuerung des Gewinnes: Einkommensteuer, Körperschaftsteuer
- Besteuerung der im Unternehmen vorhandenen Leistungsfaktoren (Produktionsfaktoren): Kommunalsteuer, Lohnsteuer, Kraftfahrzeugsteuer, Grundsteuer
- Besteuerung der Beschaffung von Leistungsfaktoren (Produktionsfaktoren): Grunderwerbsteuer, Zölle
- Besteuerung der Leistung des Unternehmens und des Ausscheidens von Leistungsfaktoren (Produktionsfaktoren): Umsatzsteuer.

Betriebliche Tätigkeiten Für die Unternehmensbesteuerung ist die steuerrechtliche Klassifikation der einzelwirtschaftlichen Aktivitäten als **betriebliche Tätigkeiten** von grundlegender Bedeutung. Hiezu zählen folgende Merkmale:

- **Selbständigkeit** (Bestehen eines Unternehmerwagnisses und Fehlen einer persönlichen Weisungsgebundenheit): Für das Tragen eines **Unternehmerrisikos** sind ausschlaggebend:

- Tätigkeit auf eigene Rechnung und unter eigener Verantwortung;
- Möglichkeit zur Selbstbestimmung des wirtschaftlichen Erfolges durch Annahme oder Ablehnung von Aufträgen und durch eigene Geschäftseinteilung;
- kein Anrecht auf Ersatz der Kosten der Geschäftstätigkeit durch Dritte;
- keine feste Dienstzeit;
- Vertretungsbefugnis (Möglichkeit des Auftragnehmers, sich bei seiner Arbeitsleistung vertreten zu lassen und die Vertretung selbst zu bestimmen).

- **Leistungserstellung** (Erstellung von Lieferungen und sonstigen Leistungen und daraus resultierende Einkünfte) **für Dritte** und damit Beteiligung am allgemeinen wirtschaftlichen Verkehr.

- **Kombination von Produktionsfaktoren (Leistungsfaktoren)**: Die betriebliche Tätigkeit geht über den Rahmen der bloßen Vermögensverwaltung (verzinsliche Anlage von Kapitalvermögen, Vermietung oder Verpachtung von unbeweglichem Vermögen) hinaus.

- **Nachhaltigkeit** (Wiederholungsabsicht): Es besteht die Absicht zu mehreren gleichartigen Leistungen und damit zu einer fortgesetzten Tätigkeit.

Diese Merkmale sind in der Regel bei Einkünften aus Land- und Forstwirtschaft, aus selbständiger Arbeit und aus Gewerbebetrieb gegeben (betriebliche Einkünfte). Fehlen diese Merkmale, ist von einer **außerbetrieblichen** Tätigkeit zu sprechen. Die entsprechenden Einkünfte aus nichtselbständiger Arbeit, Kapitalvermögen, Vermietung und Verpachtung sowie die sonstigen Einkünfte (§ 29 EStG) werden daher auch als außerbetriebliche Einkünfte angesehen. **Außerbetriebliche Tätigkeiten**

Die betriebliche Tätigkeit kann **mit Gewinnabsicht** (es wird das Ziel verfolgt, Einkommen oder einen sonstigen wirtschaftlichen Vorteil bzw. Nutzen zu erlangen) oder **ohne Gewinnabsicht** erfolgen. Im ersten Fall wird von **Erwerbsbetrieben** gesprochen, wobei die Führung eines Erwerbsbetriebes mit **gewerblicher Tätigkeit** gleichgesetzt werden kann. Im zweiten Fall handelt es sich um **Kosten-**, **Aufwandsdeckungs-** oder **Zuschussbetriebe**. Fehlt es einer selbständigen, nachhaltigen Betätigung (sofern sie über den Rahmen einer Vermögensverwaltung hinausgeht) an der Gewinnerzielungsabsicht, so liegt ein **wirtschaftlicher Geschäftsbetrieb** im Sinne von § 31 BAO vor, lässt eine Tätigkeit auf Dauer gesehen keine Gewinne oder Einkommensüberschüsse erwarten, liegt ein **Liebhabereibetrieb** vor.

Der Begriff der „gewerblichen Tätigkeit" ist weiter gefasst als die steuerliche Kategorie des „Gewerbebetriebes". Als **Gewerbebetrieb** ist eine selbständige, nachhaltige Betätigung, die mit Gewinnabsicht unternommen wird und sich als Beteiligung am wirtschaftlichen Verkehr darstellt, nur dann anzusehen, wenn sie weder als Land- und Forstwirtschaft (§ 21 EStG) noch als Ausübung eines freien Berufes oder als eine andere selbständige Tätigkeit (§ 22 EStG) anzusehen ist (§ 28 BAO). Es handelt sich somit um einen Gewerbebetrieb **kraft gewerblicher** **Gewerbebetrieb**

Betätigung. Ein Gewerbebetrieb kann aber auch **kraft Rechtsform** vorliegen. So wird die Tätigkeit von Kapitalgesellschaften, Erwerbs- und Wirtschaftsgenossenschaften sowie von Versicherungsvereinen auf Gegenseitigkeit stets und in vollem Umfang als Gewerbebetrieb angesehen. Bei Personengesellschaften muss die Gesellschaft eine gewerbliche Tätigkeit ausüben, um als Gewerbebetrieb qualifiziert zu werden. Schließlich kann ein Gewerbebetrieb auch **kraft wirtschaftlichen Geschäftsbetriebes** (siehe oben) vorliegen.

Die Steuergesetzgebung belastet die einzelnen Finanzierungsarten in kosten- und liquiditätsmäßiger Hinsicht im Allgemeinen unterschiedlich. Steuern haben daher einen wichtigen Einfluss auf die betriebliche Finanzwirtschaft.

Hemmende Wirkung: Steuern belasten den Kapitalbeschaffungsvorgang. Der beschaffte Betrag steht der Unternehmung nicht in voller Höhe zur Verfügung, sondern ist um die Steuern zu kürzen.

Fördernde Wirkung: Steuerliche Vorschriften begünstigen die Kapitalbeschaffung, indem sie Möglichkeiten zur Innenfinanzierung schaffen.

Steuerwirkungslehre Die **betriebswirtschaftliche Steuerlehre** ist als Steuer**wirkungs**lehre zu verstehen. Sie soll die

- **Auswirkungen der Besteuerung** auf die Unternehmensbereiche feststellen und
- **Maßnahmen zur optimalen Steuergestaltung** ermöglichen.

Langfristige Überlegungen betreffen die Wahl

1. der **Rechtsform** eines Unternehmens (Besteuerungsunterschiede zwischen Einzelunternehmen und Personengesellschaften einerseits und Kapitalgesellschaften andererseits);
2. der **Finanzierungsstruktur** (Eigenfinanzierung, Art der Fremdfinanzierung);
3. des **Standortes**:
   a) International tätige Unternehmen beachten nationale Besteuerungsunterschiede.
   b) Die Bedeutung eines Unternehmens für die regionale Wirtschaftsstruktur kann individuelle Unterstützungen von Bund, Ländern und Gemeinden rechtfertigen: Subventionen, Darlehen, Zuschüsse (siehe direkte Investitionsförderungen) oder auch echte Steuernachlässe (vor allem bei Gemeindesteuern).

Kurz- und mittelfristige Überlegungen betreffen

1. die Auswirkungen **bilanzpolitischer** Maßnahmen auf die laufenden Steuern der Unternehmung und die Wirkung der Ausnützung des durch das Steuerrecht gegebenen **Bewertungsspielraumes** auf die Folgeperioden;
2. die Auswahl der verschiedenen **Investitions- und Finanzierungsbegünstigungen** des Ertragsteuerrechts;
3. die Wirkung der Finanzierung aus **Rückstellungen** im Bereich des Sozialkapitals.

Eine **Investitions- und Finanzplanung** wäre unvollständig, würde sie nicht auch die sich daraus ergebenden steuerlichen Konsequenzen berücksichtigen. Das Ertragsteuerrecht enthält eine Reihe von Begünstigungen, die einerseits der reinen Investitionsförderung dienen, andererseits auch allgemeine Finanzierungserleichterungen bringen.

Literatur

Lechner, K./Egger, A. u. W./Schauer, R., Einführung in die Allgemeine Betriebswirtschaftslehre, 27. Auflage, Wien 2016.

Pernsteiner, H./Andeßner, R., Finanzmanagement kompakt, 5. Auflage, Wien 2014.

Perridon, L./Steiner, M./Rathgeber, A., Finanzwirtschaft der Unternehmung, 17. Auflage, München 2017.

Swoboda, P., Investition und Finanzierung, 5. Auflage, Göttingen 1996.

Tumpel, M., Steuern kompakt 2018 – Eine Einführung in die Steuerlehre, Wien 2018.

Wöhe, G. u.a., Grundzüge der Unternehmensfinanzierung, 11. Auflage, München 2013.

7. Die Produktionswirtschaft

7.1. Planung des Leistungsprogramms

Leistungsprogramm

Ein **erwerbswirtschaftlich** ausgerichtetes Unternehmen wird nur jene Produkte (Sachgüter und Dienstleistungen) erzeugen, die es am Absatzmarkt absetzen kann. Je besser es die Nachfrage in qualitativer und quantitativer Hinsicht (was? wie viel?) mit seinem Leistungsprogramm befriedigen kann, desto erfolgreicher wird es sein. Ein **bedarfswirtschaftlich** ausgerichtetes Unternehmen (z. B. ein öffentliches Krankenhaus) hat sich an dem vom Träger durch Gesetz oder Satzung bestimmten Leistungsprogramm auszurichten. Ein Handlungsfreiraum für die Interpretation der Nachfragebedürfnisse bleibt jedoch bei diesen Unternehmen erhalten.

Produkte werden nur dann auf den Absatzmärkten Abnehmer finden, wenn sie bei diesen **Nutzen stiften** bzw. eine **Bedarfsdeckung ermöglichen**. Häufig wird zwischen einem Grundnutzen und einem Zusatznutzen eines Produkts unterschieden. Beim **Grundnutzen** handelt es sich um jenen Nutzen, dessentwegen das Produkt in erster Linie angeschafft wird. Der **Zusatznutzen** resultiert aus der Wertschätzung, die dem Produkt durch die Gesellschaft beigemessen wird, oder aus dem ästhetischen Empfinden des Kunden. Die Grenzen zwischen Grundnutzen und Zusatznutzen müssen als fließend angesehen werden.

Marktforschung

Um den Bedarf der Leistungsabnehmer möglichst gut abschätzen zu können, führt ein Unternehmen Marktanalysen durch und setzt dabei **Instrumente der Marktforschung** ein. Wenn es dabei auf bestehende Daten (Kundendateien, Außendienstberichte, statistische Analysen usw.) zurückgreift, handelt es sich um **Sekundärmarktforschung**. Werden hingegen durch mündliche oder schriftliche Befragungen, Beobachtungen und Experimente Daten für einen spezifischen Zweck neu erhoben, so liegt **Primärmarktforschung** vor.

Marktsegmentierung

Unternehmen bearbeiten in der Regel nicht den gesamten Markt, sondern konzentrieren sich auf jene Ausschnitte, die ihnen ausreichend attraktiv erscheinen. Sie betreiben somit **Marktsegmentierung**. Ein Marktsegment stellt eine spezifische, möglichst homogene Zielgruppe dar, deren Mitglieder bestimmte Gemeinsamkeiten aufweisen. In der Regel bearbeitet ein Unternehmen mehrere Marktsegmente und setzt dabei die absatzpolitischen Instrumente (die Marketing-Instrumente), die eine ausreichende Nachfrage wecken sollen, unterschiedlich ein.

Leistungsprogramm-planung

Im Zuge der Leistungsprogrammplanung sind vor allem folgende Entscheidungen zu treffen:

- Entscheidungen über die **Gestalt und Funktionalität des Produktes** bzw. über die Ausgestaltung einer Dienstleistung, um bestehende oder künftige Bedürfnisse zu befriedigen.

- Entscheidungen über die **Leistungsprogrammbreite**: Welche Produkte soll das Absatzprogramm insgesamt enthalten, welche Produktgruppen bzw. Produktlinien (Sortimente) sollen angeboten werden?
- Entscheidungen über die **Leistungsprogrammtiefe**: Wie viele Ausführungen (Varianten) einer Produktart sollen in das Programm aufgenommen werden?
- Entscheidungen hinsichtlich des **Produktlebenszyklus**: Wann ist ein Produkt neu in das Programm aufzunehmen, wann ist es sinnvoll, eine neue Produktvariante einzuführen, und wann ist ein Produkt zu eliminieren?

Erst wenn diese Vorfragen geklärt sind, können die Aktivitäten der Beschaffung, der Leistungserstellung und der Leistungsverwertung entwickelt werden.

7.2. Beschaffung

7.2.1. Grundlagen

Am Beginn der Prozesse der Leistungserstellung steht die Beschaffung der für den Produktionsprozess benötigten Güter. Unter **Beschaffung** sind alle Tätigkeiten eines Unternehmens zu verstehen, die der Bereitstellung jener Mittel dienen, die das Unternehmen zur Erfüllung seiner gestellten Ziele benötigt. In der arbeitsteiligen Wirtschaft ist das einzelne Unternehmen mit den anderen Wirtschaftseinheiten über Märkte verbunden. Auf dem **Beschaffungsmarkt** tritt er als Nachfrager von Produktionsfaktoren und von finanziellen Mitteln auf und auf dem **Absatzmarkt** als Anbieter von Sachgütern und Dienstleistungen.

Beschaffung

Die Beschaffung der einzelnen Produktionsfaktoren wie der finanziellen Mittel wirft vielschichtige Probleme auf. Den unterschiedlich gearteten Aufgabenstellungen wird durch die Aufteilung des Beschaffungsmarktes in **drei Teilmärkte** entsprochen:

Beschaffungsmärkte

- Arbeitsmarkt
- Geld- und Kapitalmarkt
- Waren- und Dienstleistungsmarkt (einschließlich des Marktes für Informationen).

Dieser fachlichen Differenzierung wird auch innerbetrieblich durch die Einrichtung von verschiedenen Beschaffungsabteilungen organisatorisch entsprochen:

- Personalabteilung
- Finanzabteilung
- Einkaufsabteilung

(a) Gegenstand des **Arbeitsmarktes** und damit Aufgabe der **Personalabteilung** ist die Einstellung und Bereitstellung von Arbeitskräften (siehe Kapitel 5).

(b) Gegenstand des **Geld- und Kapitalmarktes** und damit Aufgabe der **Finanzabteilung** ist die Beschaffung von finanziellen Mitteln (Kapitalbeschaffung; siehe Kapitel 6).

(c) Der **Waren- und Dienstleistungsmarkt** bezieht sich auf die Beschaffung von Betriebsmitteln (Anlagegütern), Werkstoffen (Roh- und Hilfsstoffe, Halbfertigprodukte) und von Handelswaren, auf die Bereitstellung von Dienstleistungen sowie auf die Sicherung von Rechten (Patente, Konzessionen, Lizenzen, Beteiligungen und dergleichen). Die Beschaffung von Betriebsmitteln, Werkstoffen und Waren wird in der Regel der **Einkaufsabteilung** übertragen. Die Beschaffung von Dienstleistungen und von Informationen wird im Allgemeinen von der Betriebsleitung selbst (z. B. Rechtsberatung, Steuerberatung) oder von den betroffenen Fachabteilungen (z. B. Werbeberatung, Betriebsberatung) wahrgenommen. In der betriebswirtschaftlichen Literatur wird weitgehend eine enge Auslegung des Beschaffungsbegriffes (im Sinne der Versorgung mit Sachgütern und Dienstleistungen) gepflogen.

Supply management

Das **Versorgungsmanagement** (supply management) eines Unternehmens hat die Aufgabe, alle benötigten Inputfaktoren zu beschaffen und bereitzustellen. Es fungiert als Schnittstelle zur beschaffungsseitigen Umwelt eines Unternehmens. Neben der Beschaffung zählen auch die Logistik und die Materialwirtschaft dazu. Diese drei Teilbereiche sind eng miteinander verzahnt und sollen eine wirtschaftliche und störungsfreie Versorgung mit materiellen Gütern (Input) sicherstellen.

Logistikmanagement

Als **Logistikmanagement** werden alle Managementaktivitäten in und zwischen Unternehmen bezeichnet, die sich mit der Gestaltung des gesamten Materialflusses und des damit in Zusammenhang stehenden Informationsflusses von den Lieferanten zum Unternehmen (**Beschaffungslogistik**), innerhalb eines Unternehmens (**innerbetriebliche** Logistik), von diesem zu den Abnehmern (**Distributionslogistik**) beschäftigen bzw. sich mit der Entsorgung bzw. Wiederverwertung von Gütern auseinander setzen (**Entsorgungslogistik**). Gegenstand der Logistik sind somit Transport- und Lagerungsprozesse. Als deren Ziele werden üblicherweise die Sicherung einer hohen Lieferbereitschaft, die Verringerung der Lagerbestände bzw. eine möglichst kontinuierliche Kapazitätsauslastung genannt.

Materialwirtschaft

Die **Materialwirtschaft** umfasst alle Vorgänge innerhalb eines Unternehmens, die der Bereitstellung und Lagerung von Materialien dienen. Als Ziel gilt die Erreichung eines materialwirtschaftlichen Optimums: die Bereitstellung des für die Produktion benötigten Materials soll in der erforderlichen Menge und Qualität am rechten Ort zu niedrigen Kosten zu einer definierten Zeit erfolgen.

7.2.2. Beschaffungsplanung

Beschaffungsplanung

Als grundlegende Voraussetzung für die Ermittlung des Beschaffungsplanes ist eine Analyse des zu erwartenden **Bedarfes** an Betriebsmitteln und Werkstoffen, die für die Leistungserstellung auf Grund der **Fertigungspläne** benötigt werden, anzusehen. Im Falle von Handelsbetrieben ist der Bedarf aus Schätzungen über den zukünftig **zu erwartenden Absatz** abzuleiten, wie sie auf Grund von Marktbeobachtungen und Marktanalysen vorgenommen werden.

Die Genauigkeit der Bedarfsermittlung hängt wesentlich von der Differenzierung des Produktionsprogrammes, von der Fertigungsart bzw. von der gewünschten Sortimentsstruktur ab. Wird nicht erst auf Grund von Kundenaufträgen, sondern **auf Vorrat** für den Markt produziert (**Lagerproduktion**), so besteht zwar allgemein das Risiko einer nicht in vollem Umfang nachfragegerechten Leistungserstellung, doch kann für die Beschaffungsplanung auf Grund des erwarteten Absatzes und der verfügbaren Kapazität in generellem Umfang geplant werden.

Produktion auf Lager

Die Bedarfsplanung kann umso einfacher und genauer vorgenommen werden, je

- kleiner die Zahl der Artikel des Fertigungsprogrammes (bzw. des Absatzplanes) ist;
- weniger Materialien für einen einzelnen Artikel gebraucht werden;
- größer die Losgrößen in der Fertigung sind, d. h. also, je weniger Umstellungen in der Produktion erfolgen müssen.

Im Fall der **Auftragsfertigung** fällt im Einzelfall zwar das Absatzrisiko weg, doch ist das Absatzprogramm und in weiterer Folge das Fertigungsprogramm hinsichtlich des Gesamtvolumens nur entsprechend grob zu schätzen. Bei zeitlich ungleichmäßig verteiltem, aber auch bei qualitativ und quantitativ differenziertem Auftragseingang muss der Betrieb in der Lage sein, den Aufträgen in einer akzeptablen Lieferzeit nachzukommen. Insofern muss in der **Beschaffungsplanung** Sorge für eine ausgleichende **Lagerhaltung** getragen werden.

Auftragsproduktion

Somit sind drei **Beschaffungsarten** zu unterscheiden:

Beschaffungsarten

- Bei der **fallweisen Beschaffung** löst erst der unmittelbare Bedarf des Nachfragers die Bestellung beim Lieferanten aus.
- Bei der **fertigungssynchronen Beschaffung** (Just-in-Time-Produktion) erfolgt die Anlieferung der Materialien erst unmittelbar vor ihrem Einsatz im Produktionsprozess, um Zwischenlager zu vermeiden. Dies setzt jedoch die Synchronisation des Bestell- und des Anliefervorganges mit der Produktionsplanung (in vernetzten Systemen über verschiedene Produktionsstufen hinweg) voraus.
- Die **Beschaffung auf Vorrat** geht von einer zeitlichen Diskrepanz zwischen Anlieferung des Materials beim Produktionsbetrieb und dessen Einsatz in der Fertigung bzw. der Anlieferung der Waren beim Handelsbetrieb und deren Wiederveräußerung aus. Diese zeitliche Lücke wird durch entsprechende Zwischenlager ausgeglichen und kann aus risikopolitischen Gründen erforderlich bzw. gewollt sein (z. B. Haltung eines Sicherheitsbestandes zur Gewährleistung der jederzeitigen Produktions- bzw. Lieferbereitschaft).

Einflussfaktoren

Für die Beschaffung von Materialien ist eine Reihe von **Einflussfaktoren** maßgeblich:

- die Verhältnisse auf dem **Beschaffungsmarkt** (Mengen und Preise, Liefer- und Zahlungsbedingungen in Frage kommender Lieferanten);
- die Verhältnisse im **Nachrichten- und Güterverkehr** (Transportart, Transportkosten, sonstige Bezugsspesen);
- das **Produktionsprogramm** in seiner quantitativen, qualitativen und zeitlichen Struktur (auf Grund von Fertigungsplänen, Stücklisten, Bedarfsmeldungen des Lagers usw.).

Bei der Beschaffungsplanung ist nicht nur vom geeignetsten Lieferanten, der die günstigsten Preise, Liefer- und Zahlungsbedingungen anbietet, auszugehen, sondern auch von den **Kosten der Beschaffung** und von den durch die Lagerhaltung bedingten **Lagerkosten** und **Zinskosten** für das im Lager gebundene Kapital. Die Beschaffung einer größeren Menge für einen längeren Bedarfszeitraum zu einem günstigeren Preis, der aus der Gewährung eines Mengenrabattes resultiert, muss nicht immer von Vorteil sein, weil die Preisvorteile durch die Kosten der Lagerung und Verzinsung wieder zunichte gemacht werden können.

Lagerbestandspolitik

Lagerbestände sind zwar kostenintensiv, aber nicht grundsätzlich negativ zu bewerten. Sie erfüllen in der logistischen Kette eine Reihe wichtiger Funktionen:

- Ausnützung von Effekten der Größendegression (z. B. Mengenrabatte, verringerte Transportkosten)
- Ausgleich mengenmäßiger Unterschiede zwischen Angebot und Nachfrage (z. B. bei saisonalen Nachfrageschwankungen)
- Ausgleich zeitlicher Unterschiede zwischen Produktion und Absatz
- Spezialisierung der Produktion in verschiedenen Werken eines Unternehmens (Vorteile der Arbeitsteilung)
- Schutz vor Unsicherheit (z. B. Prognoseunsicherheiten)
- Ökonomische Aspekte (z. B. weil ein Preisanstieg für bestimmte Güter erwartet wird)

Im Rahmen der **Bestandspolitik** sind die Aspekte Lagerstandort, Lagerbauweise (Hardware wie z. B. Hochregal-, Flach-, Etagen-, Freilager), Lagerorganisation (z. B. feste oder freie Lagerplatzvergabe) sowie Strategien der Vorratsergänzung und Vorratssicherung zu behandeln.

Optimale Bestellmenge

Eine der wichtigsten Aufgaben der Beschaffungsplanung ist daher die Bestimmung der **optimalen Bestellmenge**. Sie ist das Ergebnis einer mengen- und zeitmäßigen Abstimmung von Materialbedarf, Beschaffungskosten, Lagerkosten und Kosten der Kapitalbindung im Lager. Bei der Mengenplanung ist zwischen programmgebundener Bedarfsplanung und verbrauchsgebundener Bedarfsplanung zu unterscheiden. Dabei ist die **ABC-Analyse** hilfreich, sie lässt erkennen, welche Materialien bezüglich einer relevanten Größe (z. B. Jahresumsatz) von besonderer Bedeutung sind:

- A-Klasse: hoher Wertanteil (Jahresverbrauch), sehr bedeutend
- B-Klasse: mittlerer Wertanteil, weniger bedeutend
- C-Klasse: geringer Wertanteil, unbedeutend

Eine Listung der Materialien, abnehmend geordnet nach dem Jahresverbrauch (Verbrauchsmenge mal Stückpreis), lässt die Klassengrenzen festlegen.

Programmorientierte Bestellverfahren orientieren sich an den Produktions- und Absatzplänen für die einzelnen Leistungen. Durch Stücklisten, Rezepturen und andere Pläne ist der Bedarf an Einsatzgütern (Input-Faktoren) im Detail vorgegeben. In der Regel ist die Ableitung des Materialbedarfs aus diesen Plänen aufwendig, deshalb werden diese Verfahren zumeist bei jenen Materialien angewendet, deren Beschaffung auf Grund ihres hohen Wertes (A- oder B-Güter) genau disponiert werden sollte.

Bestellverfahren

Verbrauchsorientierte Bestellverfahren bauen auf vergangenheitsbezogenen, mittels statistischer Verfahren in die Zukunft projizierten Bedarfsmengen auf (stochastisches Verfahren). Sie finden bei als C-Gütern klassifizierten Materialien oder dann, wenn programmorientierte Verfahren nicht anwendbar oder nicht wirtschaftlich sind, Anwendung. Im Mittelpunkt steht hierbei die kostenoptimale Bestimmung von Bestellmengen oder von Bestellterminen. Das **Bestellrhythmusverfahren** geht von festen Bestellterminen aus, zu welchen die Bestände zu überprüfen sind und bis zu einem festzulegenden Sollbestand (einschließlich eines Sicherheitsbestandes) aufzufüllen sind (= variable Bestellmenge). Das **Bestellpunktverfahren** geht hingegen von festen, optimalen Bestellmengen aus, die Bestelltermine sind somit variabel. Bei jedem Lagerabgang ist das Erreichen eines Meldebestandes zu überprüfen und gegebenenfalls eine Nachbestellung zu veranlassen.

In spezifischen **Lagerhaltungsmodellen** wird versucht, die Interdependenz zwischen Abnahme-, Anlieferungs- und Produktionscharakteristik zu analysieren und Optimalitätskriterien für Lager- und Bestellmengen, die Höhe des ausgleichenden Sicherheitsbestandes sowie die Bestellintensität in Abhängigkeit von den verfügbaren Informationen abzuleiten.

7.2.3. Beschaffungspolitik

Als **strategische Aufgabe** der Beschaffung ist vor allem die Sicherung und Verbesserung der Wettbewerbsfähigkeit eines Unternehmens anzusehen. Dies ist bei einem hohen Anteil des Materials am Umsatz für viele Branchen eine wichtige Rationalisierungsüberlegung. Das strategische Beschaffungsmanagement versucht, Erfolgspotenziale im Lieferantenmarkt zu erkennen, zu entwickeln, zu pflegen und bewusst auf die unternehmerischen Ziele auszurichten. Folgende Problemkreise stehen im Vordergrund:

Beschaffungspolitik

- Nach dem **Träger der Wertschöpfung** wird zwischen Eigenerstellung oder Fremdbezug („Make or Buy"; Insourcing oder Outsourcing) unterschieden.

Unter Outsourcing versteht man die Entscheidung zugunsten des Fremdbezugs von benötigten Gütern und Dienstleistungen, die Wertschöpfung im Unternehmen ist dementsprechend gering. Umgekehrt werden beim Insourcing die benötigten Güter und Dienstleistungen im eigenen Unternehmen erstellt (Eigenfertigung), der Wertschöpfungsanteil ist höher.

- Festlegung der **Anzahl der Bezugsquellen (Lieferantenkonzept)**: Die Abgrenzung erfolgt hier nach der Anzahl der möglichen Bezugsquellen bzw. Lieferanten. Zumindest bei wichtigen Beschaffungsobjekten empfiehlt es sich, mehrere Beschaffungsquellen gleichzeitig zu nutzen. Eine einzige Beschaffungsquelle erhöht die Abhängigkeit vom Lieferanten (multiple, single, sole sourcing).

- Aus der **Art der Bereitstellung (Zeitkonzept)** resultiert die Notwendigkeit zur Haltung von Lagerbeständen. Man unterscheidet zwischen dem traditionellen Beschaffungskonzept mit hohen Lagerbeständen (stock sourcing), der Bedarfsabstimmung zwischen Lieferant und Abnehmer (demand tailored sourcing) und dem Just-in-time-Konzept, das als bedeutendste Strategie zur Bestandsvermeidung anzusehen ist, aber (wie bereits erwähnt) ein umfassendes System von Planungsdaten und lieferantenspezifischen Informationen zur rechtzeitigen Organisation aller Wertschöpfungsprozesse in den Vorstufen bedingt. Zusätzlich zur Vermeidung von Zwischenlagern können dabei auch die Durchlaufzeiten im Produktionsprozess reduziert werden.

- Nach **der Größe des Marktraumes (Arealkonzept)** ist zwischen räumlich nahe gelegenen Beschaffungsquellen, nationalen Beschaffungsquellen und internationaler Ausrichtung der Beschaffungsaktivitäten zu unterscheiden (local, domestic, global sourcing).

7.3. Leistungserstellung (Produktion)

7.3.1. Grundlagen

Produktionsplanung

Als betriebliche **Leistungserstellung (Produktion)** ist jede Art einer innerbetrieblich sich vollziehenden Transformation von Gütern in höherwertige Güter zu verstehen. Der Produktionsbegriff findet daher nicht nur auf Sachgüter Anwendung, sondern auch auf Dienstleistungen (immaterielle Güter). Die **Produktionsplanung** (Planung der Leistungserstellung) bezieht sich auf die Ausarbeitung des Produktionsprogramms und auf die organisatorische Gestaltung des Leistungsvollzugs.

Die Bestimmung des **Produktionsprogramms** ist von der Zielsetzung des Unternehmens abhängig. Ist diese Zielsetzung im Lichte des erwerbswirtschaftlichen Prinzips zu sehen, so richtet sich die Zusammensetzung des Produktionsprogramms

- nach der gewählten **Art** der zu erstellenden **Leistung**;

- nach der Häufigkeit der Wiederholung einzelner Fertigungsvorgänge (**Breite des Fertigungsprogramms**);
- nach den Kriterien für einen **optimalen Produktionsumfang**.

Diese Überlegungen werden beeinflusst

- von der **betriebstechnischen Ausstattung**;
- von der betrieblichen **Kapazität**;
- von den **Absatzmöglichkeiten**;
- von den **Finanzierungsmöglichkeiten** und
- (gleichsam zusammenfassend) von den **Kostenverhältnissen**.

Soweit dies möglich ist, wird eine Übereinstimmung zwischen den im Produktionsbereich erstellten Leistungen (**Betriebsleistung**) und den hievon am Markt abgesetzten Leistungen (**Marktleistung**) angestrebt.

Betriebsleistung – Marktleistung

Diese Bemühungen zur Angleichung von Produktion und Absatz sind in den Dienstleistungsbetrieben in weit weniger Fällen erfolgreich als in den Produktionsbetrieben, weil bei Ersteren eine Leistungserstellung auf Vorrat nicht möglich ist. Der Produktionsbetrieb hingegen kann seine Betriebsleistung entweder auf Bestellung und ohne Lagerung erbringen, so dass die Betriebsleistung der Marktleistung unmittelbar entspricht, oder er kann auf Lager produzieren, was ihm die Möglichkeit gibt, die erstellten Leistungen über die Vorratshaltung in zeitlich kleineren oder größeren Spannen je nach Nachfrage zu verkaufen.

7.3.2. Sachleistungsproduktion

Stoffe, Energien und Vorprodukte werden in Zwischenprodukte und weiter in verkaufsfähige (marktfähige) Güter (Waren) transformiert. Als Transformationsarten kommen z. B. die Stoffgewinnung, die Stoffumwandlung und -verformung sowie die Veredelung und Montage in Frage. Generell lassen sich die betrieblichen Produktionsprozesse durch die Elemente Input, Throughput und Output beschreiben:

Input – Throughput – Output

- **Input** sind alle Produktionsfaktoren, die im Produktionsprozess ge- und verbraucht werden. Die Input-Planung sorgt dafür, dass die zur Produktion notwendigen Produktionsfaktoren in der erforderlichen Quantität und Qualität zur gewünschten Zeit bereitstehen.
- Als **Throughput** wird der eigentliche Transformations- und Produktionsprozess bezeichnet. Die Throughput-Planung befasst sich mit der Prozessgestaltung und Prozesssteuerung sowie mit der Planung des Produktionsablaufes in Raum und Zeit.
- Der **Output** ist das zu erstellende Produkt und damit das angestrebte Ziel der Produktion. Bei der Produktion entstehen jedoch nicht nur erwünschte Güter, sondern auch (neutrale) Nebenprodukte und unerwünschte Abfallprodukte, die zusammen die Produktionsrückstände ergeben. Der Output-Pla-

nung kommt die Aufgabe der marktgerechten und umweltbewussten Gestaltung der Produktionsergebnisse und daraus abgeleitet die Produkt- und Programmgestaltung zu.

Fertigungsverfahren Das Unternehmen wird aus rationalen Überlegungen heraus danach trachten, die Produktionsabläufe so zu gestalten, dass eine kostengünstige Leistungserstellung ermöglicht wird. Die unterschiedlichen Formen der Fertigungsabläufe (**Fertigungsverfahren**) können nach verschiedenen Gliederungsaspekten geordnet werden:

1. nach dem Aufbau des Fertigungsprogrammes (nach der Häufigkeit der Wiederholung einzelner Fertigungsvorgänge); dies führt zur Gliederung in
   a) Einzelfertigung
   b) Mehrfachfertigung
      aa) Massenfertigung
      bb) Serienfertigung
      cc) Sortenfertigung,
2. nach der organisatorisch-technischen Gestaltung des Fertigungsablaufes; dies führt zur Gliederung in
   a) Werkstattfertigung
   b) Gruppenfertigung
   c) Fließfertigung.

Einzelfertigung Der **Einzelfertigung** liegt ein Fertigungsverfahren zu Grunde, bei welchem jede Leistung eine gesonderte Auftragseinheit bildet. Sie bewirkt relativ hohe Kosten je Leistungseinheit (zumeist hoher Personalkostenanteil, höhere Arbeitsvorbereitungskosten und höhere Vertriebskosten).

Massenfertigung Bei der **Mehrfachfertigung** wird gleichzeitig oder in unmittelbarer zeitlicher Aufeinanderfolge eine größere Zahl von Leistungen erstellt. Das Wesen der **Massenfertigung** liegt in der Herstellung gleicher Leistungen in großem Umfang. Sie gestattet eine ausgeglichene Beschäftigung und dadurch eine kostengünstige, rationelle Produktion, durch die Vorratsbildung und den Abverkauf vom Lager sind die Bereiche Produktion und Absatz voneinander unabhängig. Diese Vorteile müssen mit einer gewissen Unelastizität erkauft werden, Produktionsumstellungen sind nur mit hohen Rüstkosten möglich.

Serienfertigung Wird bei der Massenfertigung eine unbegrenzte Zahl gleichartiger Leistungen erstellt, so wird bei der **Serienfertigung** eine begrenzte Zahl gleichartiger Leistungen erbracht, die gleichzeitig oder in unmittelbarer zeitlicher Aufeinanderfolge hergestellt werden. Nach Abschluss des vorgesehenen Leistungsumfanges wird eine neue Serie aufgelegt. Die Vorteile der Serienfertigung sind ähnlich jenen der Massenfertigung, doch kann eine höhere Flexibilität erreicht werden. Dies muss durch geringere Rationalisierungseffekte erkauft werden.

Als **Sortenfertigung** wird die gleichzeitige Herstellung verschiedener Güter mit Rohstoff- und Produktionsverwandtschaft bezeichnet (z. B. verschiedene Ziegelsorten, Biersorten). Die Vorteile der Sortenproduktion sind mit jenen der Massenproduktion vergleichbar. Der Nachteil der Sortenfertigung liegt in der mangelnden Produktionsflexibilität.

Sortenfertigung

Wird der Betrieb so aufgebaut, dass ausschließlich Verrichtungen der gleichen Art durch Zusammenfassung der für sie notwendigen Maschinen an einem abgegrenzten Ort durchgeführt werden, so liegt **Werkstattfertigung** vor (Tischlerei, Dreherei usw.). Im Rahmen des gesamten Leistungsprogramms erfüllt die Werkstätte die ihr zugewiesenen Teil- oder Gesamtaufgaben im Betrieb und ermöglicht eine spezifische, kundengerechte Gestaltung des Produkts. Sie verursacht aber lange Transportwege und lange Transportzeiten, so dass es zu Leerlaufzeiten und zur oft unausgeglichenen Lagerung von Zwischenbeständen kommt. Auch ist der Materialfluss schwer zu rationalisieren und die Ausnützung der vorhandenen Räumlichkeiten kann oft nicht optimal erfolgen.

Werkstattfertigung

Bei der **Gruppenfertigung** werden die für mehrere Teilproduktionsvorgänge erforderlichen Produktionsmittel zusammengefasst (Fertigungsinseln), in diesem Bereich wird eine Fließfertigung zur Reduzierung der Transportvorgänge und zur Nutzung von Kostensenkungspotenzialen organisiert.

Gruppenfertigung

Ist die Werkstattfertigung dadurch charakterisiert, dass Maschinen- und Handarbeitsplätze von gleicher Art in einer Werkstätte vereinigt sind, so ist die **Fließfertigung** durch die Anordnung der Arbeitsvorgänge in jener Aufeinanderfolge gekennzeichnet, wie sie der Produktionsvorgang erfordert. Hiezu ist es notwendig, die kürzesten Transportwege zu bestimmen und die Hand- und Maschinenarbeitsplätze so anzuordnen, dass die Durchlaufzeiten der Summe der Bearbeitungszeiten entsprechen. Um dieser Forderung nachzukommen, müssen die einzelnen Arbeitsgänge auf eine gleiche Zeit (Taktzeit) oder ein Vielfaches dieser Zeit abgestimmt werden. Die Einhaltung der Taktzeit ist in jedem Falle zu gewährleisten. Die Fließfertigung ermöglicht von vornherein die präzise Festlegung der erforderlichen Bearbeitungszeit und dadurch auch ins Gewicht fallende Kostensenkungen. Ein entscheidender Nachteil der Fließfertigung ist jedoch die Herabsetzung der Anpassungsfähigkeit des Betriebes.

Fließfertigung

Ein hoher Anteil an durch die Fertigungskapazitäten (Anlagenkosten, Personalkosten) vorgegebenen Fixkosten veranlasst die Unternehmensführung, ein Höchstmaß an Wirtschaftlichkeit durch eine möglichst gute Auslastung dieser Kapazitäten zu erreichen. Die Fixkosten können dann auf mehrere Leistungseinheiten verteilt werden und mindern die Stückkosten (Kosten je Leistungseinheit). Man spricht von einer **Fixkostendegression**. Je mehr produziert wird, desto höher werden jedoch die Lagerkosten und die Kosten der Kapitalbindung im Lager. Die Bestimmung der optimalen Losgröße wird damit zu einer entscheidenden Frage, um ein Stückkostenminimum zu erreichen.

Fixkostendegression

Optimale Losgröße

Die **Bestimmung der optimalen Losgröße** geht von der Überlegung aus, dass die die Leistungseinheit belastenden auflagefixen Kosten mit der zunehmenden Größe des Auftrages sinken. Auflagefixe Kosten sind Teile der Vertriebskosten (Kosten der Auftragserlangung, Angebotserstellung), der Verwaltungskosten (Ausschreibung der Werkaufträge, Vorkalkulation, Verbuchung), der Fertigungskosten (Kosten der Anlageneinrichtung) usw. Bei zu großer Dimensionierung eines Fertigungsloses (einer Produktionsauftragsmenge) heben die Zinsen-, Wagnis- und sonstigen Lagerkosten die Degression der fixen Kosten auf. Für die Entscheidungsfindung bedient man sich mehr oder weniger komplexer Losgrößenformeln, bei Mehrproduktunternehmen wird die Bestimmung der optimalen Losgröße mit Hilfe der linearen Programmierung oder mit Hilfe von Simulationsverfahren angestrebt.

Rationalisierungs-maßnahmen

Für die Gestaltung des Produktionsprozesses sind oftmals **Rationalisierungsmaßnahmen** von Bedeutung. Üblicherweise wird unterschieden zwischen

1. technischer Rationalisierung,
2. organisatorischer Rationalisierung und
3. sozialer Rationalisierung.

Bei der **technischen** Rationalisierung wird die Verwendung zweckmäßigerer und wirtschaftlicherer Anlagen angestrebt. Sie ist von einer sinnvollen Anwendung eines technischen und betriebswirtschaftlichen Verfahrensvergleiches (Investitionsrechnung) abhängig.

Bei der **organisatorischen** Rationalisierung soll über Normung, Typisierung und Spezialisierung das Kostenniveau eines Betriebes gesenkt werden. **Normung** bedeutet die Vereinheitlichung von **Einzelteilen** hinsichtlich Form, Abmessung, Farbe, Qualität, Muster udgl. oder die Vereinheitlichung von Vorgehensweisen in der Produktion. Als **Typisierung** wird die einheitliche Festlegung von **Fertigprodukten** hinsichtlich Qualität, Größe, Form, Abmessung usw. verstanden. Durch die **Spezialisierung** erfolgt die Beschränkung des Produktionsprogramms auf einen bzw. auf einige wenige Artikel, sie lässt Qualitätsverbesserungen zu und verbessert die Möglichkeiten zur Fixkostendegression.

Die **soziale** Rationalisierung hat personalwirtschaftliche Aspekte wie Personalschulung, Maßnahmen zur Verbesserung des Arbeitsklimas, Betrauung der richtig qualifizierten Mitarbeiter mit Einzelaufgaben usw. zum Inhalt.

Integrierte Fertigungs-systeme

Die zunehmende Leistungsfähigkeit von Informations- und Kommunikationstechnologien einerseits und von automatisierten Fertigungsverfahren andererseits erweiterte die Möglichkeiten der Integration des für die Produktion wesentlichen Informationsflusses über die verschiedenen Teilbereiche eines Unternehmens (**integrierte Fertigungssysteme**). Die „neuen" Produktionstechnologien sind durch die Merkmale von **Automation**, **Flexibilität** und **Integration** geprägt.

Unter **Computer Integrated Manufacturing (CIM)** ist der gezielte Einsatz von kompatiblen Computertechnologien zur **Automation** des Produktionssystems zu verstehen. CIM bedeutet die Integration aller mit der Produkterstellung zusammenhängenden Funktionen, sowohl auf der Ebene des Informationsflusses als auch auf der Ebene des Materialflusses.

CAD/CAM-Systeme stellen eine Verbindung zwischen der computerunterstützten Konstruktion (Computer Aided Design; CAD) und der computerunterstützten Fertigung (Computer Aided Manufacturing; CAM) dar. **Flexible Fertigungssysteme (FFS)** verketten den Material- und Informationsfluss in einer Weise, dass eine gleichwertige Bearbeitung unterschiedlicher Werkstücke mit unterschiedlichen Bearbeitungsfolgen ohne manuellen Eingriff erfolgen kann (z. B. Einsatz von Produktionsrobotern).

Bei der **Produktionsplanung und -steuerung (PPS)** stehen vier Aufgabenbereiche im Vordergrund: (1) die Planung des Produktionsprogramms (mengenmäßige Planung), (2) die Terminplanung, (3) die Steuerung der Produktionsdurchführung und (4) die Datenverwaltung (Betriebsdatenerfassung, Sammlung, Speicherung und Aktualisierung) zur Wahrnehmung der Planungs-, Realisations- und Kontrollaktivitäten.

Der Mensch übernimmt in der Planungsphase, in der Einführungsphase, aber auch in der Betriebsphase von automatisierten Technologien eine wichtige Rolle. Die Technologieplanung bedarf einer umfassenden Macht- und Fachpromotion, die als Angelegenheit der gesamten Unternehmensführung und nicht so sehr als Angelegenheit von Spezialisten betrachtet werden muss. Die durch den Technologieeinsatz sich ergebenden Veränderungen in den Personal- und Organisationsstrukturen sind sorgfältig in der Planung zu bedenken.

7.3.3. Dienstleistungsproduktion

Bei Dienstleistungen handelt es sich um körperlich nicht greifbare (**immaterielle**) Leistungen im Sinne von:

Dienstleistungen

1. **persönlichen** Diensten am Menschen (**individuelle** Dienstleistungen, z. B. Informationsdienste, soziale Betreuung, Tourismus) oder an der Gesellschaft (**kollektive** Dienstleistungen, z. B. Schulwesen, Kulturbereich)
2. Diensten zur **Vollendung** des Produktionsprozesses bzw. Güterkreislaufes:
   - **Finanzielle** Dienste (z. B. Banken, Versicherungen)
   - **Überbrückung**sdienste (z. B. Handel, Transportwesen)
   - **Beratung**sdienste (z. B. Werbung, Rechts-, Steuer-, Organisationsberatung)
3. **Erhaltungs- und Reparaturdiensten.**

Abbildung 7-1 zeigt eine Typologie der Dienstleistungsunternehmen:

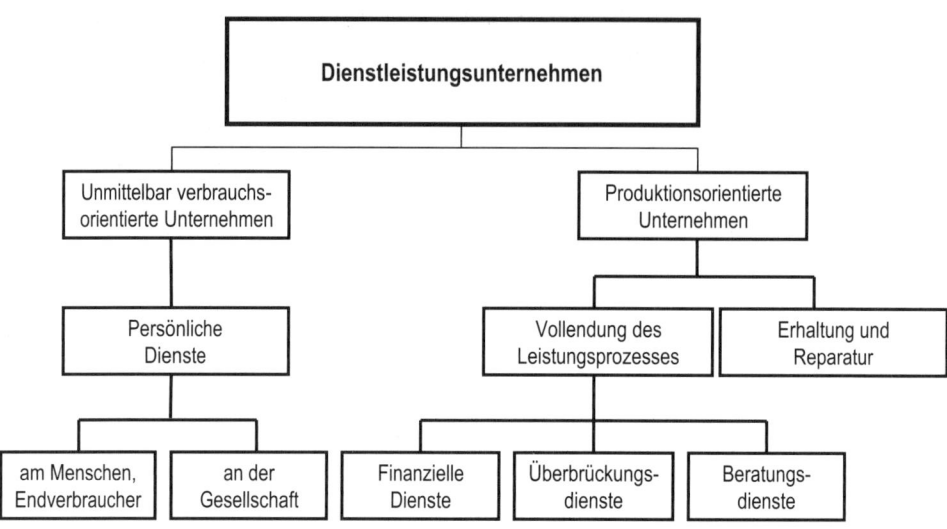

Abbildung 7-1: Typologie der Dienstleistungsunternehmen

Externe Produktions-faktoren

Der **immaterielle** Leistungscharakter schließt damit die Manipulation von materiellen Gütern (z. B. Wartung von Anlagen) nicht aus, wohl aber deren Erzeugung. Für die Dienstleistung ist demnach ein Trägermedium (Mensch oder Objekt) erforderlich, Dienstleistungen können nur an einer Person oder einer Sache erbracht werden. Im Schrifttum wird deshalb auch von **„externen" Produktionsfaktoren** gesprochen, die für die Dienstleistungserbringung von außen bereitzustellen sind. Ohne diese Bereitstellung bzw. Verfügbarkeit könnte die Dienstleistung nicht erbracht werden (z. B. Gäste in Tourismus-Unternehmen).

Dienstleistungen können auch nach dem jeweiligen **Leistungsort** unterschieden werden in

1. Dienstleistungen beim Kunden (z. B. Organisationsberatung, Wartungsdienste, Reparaturen an ortsfesten Kundeneinrichtungen),
2. Dienstleistungen beim Anbieter (z. B. Gastronomie, Personennahverkehr),
3. Dienstleistungen an einem dritten Ort (z. B. Messeveranstaltungen),
4. Dienstleistungen über Medien (z. B. Telefonberatung, Internetdienste).

Vielfach bestehen Dienstleistungen aus einem **Leistungsbündel**, in dem einzelne Teilleistungen sinnvoll zu einer Gesamtleistung integriert werden. Erst diese Gesamtleistung stiftet beim Dienstleistungsnehmer den gewünschten Nutzen. Dabei können sowohl **materielle** als auch **immaterielle Komponenten** miteinander kombiniert werden. Die Dienstleistung besteht in diesem Fall aus einem Netzwerk von Teilleistungen, die auch von mehreren Dienstleistungsanbietern gemeinsam erbracht werden können. Daraus ergeben sich gegebenenfalls auch indirekte Kundenbeziehungen.

Wahrnehmbarkeit der Dienstleistung

Die Immaterialität der Dienstleistungen erschwert die **Wahrnehmbarkeit** der Dienstleistung für den Kunden und damit auch die Einschätzung deren Qualität.

Durch wahrnehmbare Symbole (z. B. Logos, Markenzeichen) sollen Dienstleistungen für die Kunden „sichtbar" und auch hinsichtlich der zu erwartenden Qualität standardisiert werden. Während die **Qualitätsbeurteilung** bei Sachgütern überwiegend auf Sucheigenschaften (technische Beschreibungen, Abbildungen) gestützt werden kann, muss sich die Qualitätsbeurteilung bei Dienstleistungen auf **Erfahrung**seigenschaften (z. B. bisherige Erfahrungen bei gewerblichen Dienstleistungen) oder **Vertrauen**seigenschaften (z. B. Vertrauen in die Leistungsfähigkeit von Ärzten oder Beratern) abstützen.

Wegen des immateriellen Charakters der Dienstleistungen ist eine Speicherung und damit ein Ausgleich der zeitlichen und mengenmäßigen Inkongruenzen zwischen Beschaffung, Produktion und Absatz über eine Lagerhaltung nur in beschränktem Umfang gegeben (z. B. im Handel, nicht jedoch im Verkehrswesen). Die **mangelnde Lagerfähigkeit** bedeutet die Vergänglichkeit der Leistungserstellung und erfordert die **Synchronisierung** von Produktion und Verbrauch bzw. Leistungserstellung und Leistungsabgabe. Der Abnehmer der Leistung muss am Produktionsprozess direkt oder indirekt beteiligt sein (**„Uno-actu-Prinzip"**). **Mangelnde Lagerfähigkeit**

Die Leistungserstellung ist im Dienstleistungsbereich von der **Bereitschaft zur Erbringung von Dienstleistungen** geprägt. Die mangelnde Speicherfähigkeit der Leistungen zwingt die Unternehmen, die Bereitschaft zur Leistungserstellung zu zeigen, „Betriebsleistung" anzubieten, damit ein Bedarf nach diesen Leistungen unmittelbar Deckung finden und sich in Erlös bringender „Marktleistung" niederschlagen kann. Die Dienstleistungsbetriebe haben ein bestimmtes **Leistungspotenzial** aufrechtzuerhalten. Intensive zeitliche Nachfrageschwankungen können durch Lagerhaltung oder zeitliche Bedarfsverlagerung aber in der Regel nicht oder nur beschränkt ausgeglichen werden. Viele Dienstleistungsbetriebe sind daher gezwungen, ihre **Betriebskapazität** (hinsichtlich Personal- und Sachausstattung) auf den zu erwartenden **Spitzenbedarf** auszurichten (z. B. Nahverkehrsbetriebe). **Leistungspotenzial**

Das bedeutet, dass außerhalb dieser Spitzenbedarfszeiten Leerkapazitäten bestehen bzw. geringere Beschäftigungsstufen in Kauf genommen werden müssen. Die Verringerung der Leistungsbereitschaft auf eine niedrigere Kapazitätsstufe führt meistens zu einem spürbaren Abbau der Dienstleistungsqualität. Dies ist weder im Interesse der Umsatzerwartungen der Dienstleistungsbetriebe noch für den Empfänger der Dienstleistungen sinnvoll. Deshalb halten viele Dienstleistungsbetriebe ihre personelle, sachanlagenbezogene und räumliche Leistungsbereitschaft auf einem höheren Niveau und nehmen Zeiten geringerer Auslastung in Kauf.

Die **Erstellung von Dienstleistungen** ist durch einen besonderen Produktionsprozess gekennzeichnet (siehe Abbildung 7-2). In der Phase der **Vorkombination** werden die notwendigen Leistungspotenziale aufgebaut und durch die **Vor- und Endkombination**

Kombination interner Produktionsfaktoren eine grundsätzliche Leistungsbereit-schaft hergestellt. Die Phase der Vorkombination kann grundsätzlich ohne Mit-wirken des externen Produktionsfaktors erfolgen. Die Phase der **Endkombina-tion** ist durch den Eintritt des externen Produktionsfaktors in den Produktions-prozess gekennzeichnet. In ihr erfolgt durch die Nutzung der ex ante aufgebauten Leistungsbereitschaft, durch den Einsatz weiterer interner Produk-tionsfaktoren und durch die (aktive oder passive) Mitwirkung des externen Fak-tors die eigentliche (finale) Dienstleistung, die mit dem Konsum der Leistung zusammenfällt.

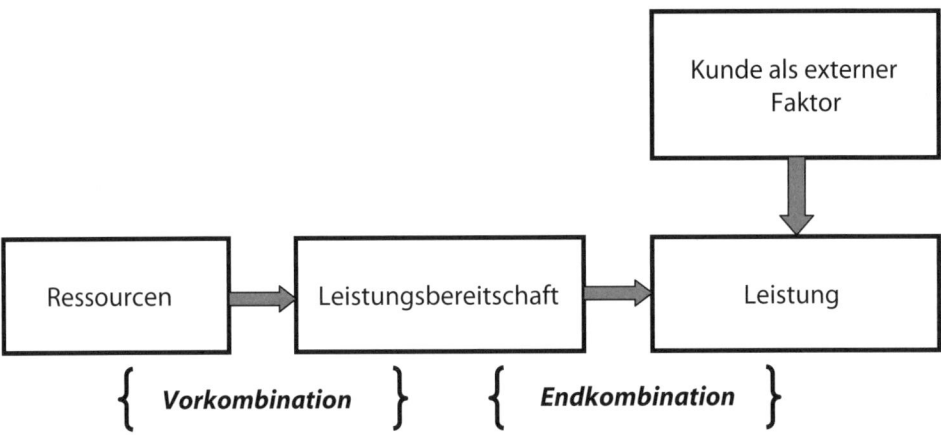

Abbildung 7-2: Vor- und Endkombination in der Dienstleistungsproduktion

Dimensionen der Dienstleistung

Dienstleistungen weisen somit eine (1) potenzialorientierte, eine (2) prozessori-entierte und eine (3) ergebnisorientierte Dimension auf. Die **Potenzialorientie-rung** ergibt sich aus den (durch Personal, Maschinen und andere interne Fakto-ren geschaffenen) Fähigkeiten eines Anbieters, bestimmte Leistungen beim Nachfrager zu erbringen. In der **Prozessorientierung** werden die spezifischen In-teraktionen, in denen sowohl der Dienstleistungsanbieter als auch der Dienstleis-tungsnehmer bestimmte Aufgaben bzw. Rollen wahrnehmen, einer näheren Ana-lyse unterzogen, damit „Arbeit" zur „Leistung" wird. Die Qualität der Interaktion (z. B. die Kooperationsfähigkeit und -bereitschaft von Kunden) beeinflusst die Dienstleistungsqualität. Bei der **Ergebnisorientierung** steht die Nutzenstiftung für den Leistungsabnehmer im Vordergrund. Sie kann in der Schaffung, Erhal-tung oder Wiederherstellung von Attributen einer Person oder eines Objektes (z. B. Beratung, Wartung, Reparatur) bzw. in der Schaffung oder Vernichtung eines Objektes (z. B. Aufstellen von Kücheneinrichtungen, Abfallbeseitigung) lie-gen. Dabei ist zwischen dem unmittelbaren (und damit auch kurzfristig beurteil-baren) Prozessergebnis und dem erst mittel- bis längerfristig beurteilbaren Folge-ergebnis der Dienstleistungsproduktion und -abgabe zu unterscheiden.

Die Interaktionen zwischen dem Dienstleistungsanbieter und dem Dienstleis-tungsnehmer sind in der Regel von **Informationsasymmetrien** geprägt, die in opportunistischer Weise ausgenützt werden können. Informationsmängel in Verbindung mit der Immaterialität der Dienstleistung machen es dem Dienstleistungsnehmer praktisch unmöglich, die Qualität der Dienstleistungen im Vorhinein adäquat zu beurteilen. Die meisten der personenbezogenen Dienstleistungen sind demnach als Vertrauensgüter einzustufen.

Vom Dienstleistungsersteller wird deshalb auch ein gewisses Maß an **Empathie** und damit an persönlichem Einfühlungsvermögen in die Lage des Dienstleistungsnachfragers gefordert. Gelegentlich – z. B. im Falle der Pflege kranker oder hoch betagter Personen – ist eine überdurchschnittliche persönliche Leistungsbereitschaft gefordert. Diese hohen Anforderungen an das im Dienstleistungsunternehmen tätige Personal bergen immer auch die Gefahr einer **persönlichen Überlastung** und eines Burn-out-Syndroms in sich, dem mit Hilfe von sog. Supervisionen begegnet werden soll.

Den Vorstellungen von der Qualität von Dienstleistungen kann durch **Maßnahmen zur Standardisierung** die Komplexität genommen werden. Dadurch lassen sich Aspekte des Vertrauens bzw. das Image von Dienstleistungen verbessern. Dabei kann an die Standardisierung von **Potenzialen** (Anlagen- und Humanpotenzial; z. B. Mindestqualifikationen), von **Prozessen** (z. B. Wartungsstandards, Dokumentation von Arbeitsabläufen, Einhaltung von Prozessvorgaben) und von **Ergebnissen** (z. B. Pflichtenheft, Lastenkatalog), aber auch an die Standardisierung des **externen Faktors** (z. B. Normierung von Kundenerwartungen, Marktsegmentierung, zielgerichtete Kommunikation) gedacht werden.

Maßnahmen zur Standardisierung

Die Kosten der Leistungsbereitschaft sind gegenüber Beschäftigungsschwankungen eher unelastisch, d. h. sie können diesen Schwankungen nicht angepasst werden. Dieser Umstand führt zu einem hohen Anteil von **Leerkosten** (nicht genutzte Teile der gesamten kapazitätsabhängigen Kosten), die die verkauften Leistungseinheiten anteilsmäßig stark belasten und dadurch zu einem starken Kostenauftrieb je Leistungseinheit führen. Dort, wo es von der Sache her möglich ist, kann versucht werden, Auslastungsschwankungen durch eine **Nachfragesteuerung** (z. B. durch die Vergabe von Terminen oder durch Reservierungssysteme) zu vermeiden. Gerade Buchungs- und **Reservierungssysteme** unterstützen die Kapazitätsplanung erheblich, denn die Inanspruchnahme der vorgehaltenen Leistungsbereitschaft wird gedanklich und zeitlich vorweggenommen und auf die Stufe der Vorkombination verlagert. In Abhängigkeit vom Ergebnis der Reservierungssysteme können im verfügbaren Rahmen kapazitative Steuerungshandlungen vorgenommen werden (z. B. Einsatz eines größeren Flugzeugs im Reiseverkehr).

Leerkosten

Wenn im Kapazitätsbereich nur eine geringe Anpassungsfähigkeit gegeben ist, muss versucht werden, durch absatzpolitische Maßnahmen eine Stimulierung, Lenkung und gegebenenfalls auch Verringerung der Nachfrage zu erreichen. Im Wege einer zeitlichen Steuerung der Nachfrage durch Preisdifferenzierung und

Dienstleistungsmarketing

andere preispolitische Maßnahmen kann versucht werden, die Auslastungsgrade zu erhöhen bzw. Spitzenbelastungen zeitlich zu verteilen und damit abzubauen. Dies stellt das **Dienstleistungsmarketing** vor spezielle Anforderungen, die mit wenigen Ausnahmen jedoch mit dem für Sachleistungen entwickelten Instrumentarium lösbar werden (siehe im Detail Kapitel 8). Neben der Preispolitik kommt der Kommunikationspolitik ein hoher Stellenwert zu, um die Nachfrage an die Produktionskapazität anzupassen. Mit ihrer Hilfe soll aber auch die (an sich immaterielle) Dienstleistung sichtbar und bewusst gemacht werden, durch eine Imagepolitik kann Vertrauen zum Dienstleistungsunternehmen aufgebaut werden. Die Immaterialität kann auch durch die Ausgabe von „Anrechnungsscheinen" (z. B. Tickets, Verträge, Time-Sharing-Anteile) umgangen werden, Dienstleistungen werden auf diese Weise auch handelbar.

Nutzendimensionen Während in erwerbswirtschaftlich ausgerichteten Dienstleistungsunternehmen die Leistungsbereitschaft immer im Streben nach einer maximalen Kapazitätsauslastung vorgehalten wird, ist der Prozess der Vorkombination in Nonprofit-Organisationen (NPO) differenzierter zu betrachten. In Abhängigkeit von den Zielsetzungen einer NPO wird eine maximale Auslastung der Kapazitäten entweder gar nicht angestrebt oder es wird eine Minderauslastung bewusst in Kauf genommen (z. B. Katastrophenhilfe beim Roten Kreuz). In der Folge ist zwischen einem **Bereitstellungsnutzen** und einem **Beanspruchungsnutzen** zu differenzieren. Der Bereitstellungsnutzen ist darin begründet, dass eine Leistung für den Fall, dass ein konkreter Bedarf eintritt, jederzeit in Anspruch genommen werden kann (z. B. Sanitätsdienste bei Großveranstaltungen). Es besteht also zu jedem Zeitpunkt die Option einer Nachfrage, wenn bestimmte Umstände eine solche erfordern oder sinnvoll erscheinen lassen (z. B. Einsatzbereitschaft bei Unfällen). Der Beanspruchungsnutzen ergibt sich aus der tatsächlichen Inanspruchnahme der Leistungsbereitschaft. Eine nicht verbrauchte Leistungsbereitschaft hätte in diesem Fall nicht den Charakter einer Ressourcenverschwendung, sondern stellt einen Nutzen an sich dar. Es stellt sich aber die Frage, in welchem Ausmaß die Leistungsbereitschaft zu dimensionieren ist (Ausrichtung auf Spitzenbelastung oder geringer, Disposition über Reservekapazitäten).

7.3.4. Qualitätssicherung

Qualität Die Gewährleistung einer erwünschten Qualität des betrieblichen Leistungserstellungsprozesses ist ein bedeutendes unternehmerisches Anliegen. Alle Aktivitäten einer Organisation, die geeignet sind, das gewünschte Merkmal Qualität beim Ergebnis der Leistungserstellung zu erreichen, werden unter den Begriffen **Qualitätssicherungssystem** und **Qualitätsmanagement** zusammengefasst. **Qualität** nach DIN 55350 ist die Beschaffenheit einer Einheit bezüglich ihrer Eignung, festgelegte und vorausgesetzte Erfordernisse zu erfüllen. Diese Begriffsauffassung ist stark technisch orientiert.

Als „kritische Qualitätsfaktoren" können angesehen werden:

- Kardinal **messbare Größen** (wie etwa Gewicht, Länge, Wartezeit, Emissionen oder Geschwindigkeit), die eine Produkteigenschaft beschreiben;
- **Kundenzufriedenheit** (Gebrauchstauglichkeit), die von den Abnehmern oder Betroffenen attestiert wird („fit for use") und durch Befragungen bzw. Beobachtungen registriert oder am Markterfolg (Umsatz) gemessen wird;
- **Einhaltung von Rahmenbedingungen** (Normen, Regeln, Gesetze); Fehler bei der Fertigung und spätere Mängel des Produktes sollen durch das Einhalten genauer Spezifikationen vermieden werden;
- **wertbezogene** Kriterien, die in Geldeinheiten den Nutzen des Produktes beim Kunden durch eine Relation zwischen Aufwand und Ertrag darstellen und dadurch Qualität bemessen lassen sollen.

Aus dieser Darstellung ist zu erkennen, dass kein Kriterium allein Qualität hinreichend beschreiben kann. Eine Organisation muss daher die für sie qualitätsrelevanten Kriterien zusammenfassen und vorgeben. Dies wird als strategische Führungsaufgabe interpretiert, weshalb es auch angebracht erscheint, von einer **Qualitätsstrategie** zu sprechen und alle Aktivitäten zur Qualitätssicherung als **Qualitätsmanagement** zu bezeichnen. Das Qualitätsmanagement umfasst die Qualitätsplanung, die Qualitätsorganisation, die Qualitätssteuerung und die Mitarbeiterführung zur Qualitätspolitik. In stark von Wettbewerb gekennzeichneten Märkten wird immer häufiger ein auf internationaler Ebene nachprüfbarer **Qualitätsnachweis** gemäß einheitlichen Standards eingefordert.

Die **ISO (International Standards Organisation) Normenreihe 9000** enthält Regeln eines branchen- und produktunabhängigen Systems für das Qualitätsmanagement von Waren und Dienstleistungen. Die Normen zielen auf die Gestaltung der Strukturen und Abläufe in der betrieblichen Leistungserstellung ab. Sie betreffen Methoden und Instrumente, mit welchen eine im Zeitablauf gleich bleibende Qualität gewährleistet werden soll. Die Normenreihe 9000 wurde erstmals 1987 veröffentlicht und im Jahr 2000 einer umfassenden **Revision** unterzogen. Überarbeitungen fanden 2005, 2008 und 2015 statt. **ISO 9000**

ISO 9000:2015 erläutert eine Reihe von Fachbegriffen und Grundsätzen zum Qualitätsmanagement. **ISO 9001:2015** beschreibt die Anforderungen an ein Qualitätsmanagementsystem und stellt die inhaltliche Grundlage für eine **Zertifizierung** dar. Die Norm orientiert sich an einem Prozessmodell zur Gewährleistung von Kundenzufriedenheit und ordnet die unternehmensspezifischen Abläufe verschiedenen Prozessketten zu, wodurch die Norm sowohl für Sachleistungsbetriebe wie auch für Dienstleistungsbetriebe anwendbar wird. **ISO 9004:2009** stellt einen Leitfaden mit Empfehlungen zur Verbesserung der Gesamtleistung und Effizienz eines Unternehmens dar, sieht über die Kundenorientierung hinaus eine Orientierung an anderen Anspruchsgruppen des Unternehmens vor und eröffnet eine Weiterentwicklung in die Richtung eines Total Quality Managements (siehe später). **Zertifizierung**

Qualitätsmanagement Der Prozess der **Einführung eines Qualitätsmanagements** in einer Organisation lässt sich in acht Hauptaktivitäten untergliedern:

1. Schaffung einer geeigneten Aufbau- und Ablauforganisation;
2. Regelung von Zuständigkeiten, Verantwortung und Befugnissen zur Durchsetzung der Qualitätspolitik;
3. Analyse von Qualitätsrisiken und daraus folgenden Wirtschaftlichkeitsaspekten;
4. vorbeugende Maßnahmen zur Vermeidung von Qualitätsproblemen;
5. Dokumentationspflicht für alle Kompetenzen und Verfahrensregelungen in einem Qualitätsmanagement-Handbuch;
6. Einrichtung eines verpflichtenden Berichtswesens über die Durchführung der Qualitätssicherungsmaßnahmen und die dabei erzielten Ergebnisse, das ein frühzeitiges, korrigierendes Eingreifen der hiezu Verantwortlichen ermöglichen soll;
7. Qualifikation von Mitarbeitern (Bewusstsein für Qualität wecken und Schulung, wie sie in der Organisation erreicht werden kann) und von Sachmitteln (Kommunikationsnetzwerk und Analysehilfsmittel), die das Qualitätsmanagement ermöglichen sollen;
8. Überprüfung der Qualitätssicherungsaktivitäten und rückwirkende Maßnahmen auf die Unternehmensorganisation (Lernprozess).

Die Normenreihe ISO 9000 wurde von der Europäischen Normungsorganisation (CEN) wortgleich als EN-29000-Reihe übernommen. Das System harmonisierter Regelungen zum Abbau von Handelshemmnissen im europäischen Binnenmarkt wurde ergänzt durch ein Freihandelszeichen (**CE-Zeichen**), mit dem Produkte gekennzeichnet werden sollen, die den relevanten EU-Normen entsprechen.

EFQM-Modell Als Alternative zur Zertifizierung nach ISO 9000 wird der von der European Foundation for Quality Management (EFQM) seit 1992 an Unternehmen vergebene **European Quality Award (EQA)** angesehen. Er wurde 2006 in **EFQM Excellence Award (EEA)** umbenannt. Dem EFQM Excellence Award liegt das Europäische Modell für umfassendes Qualitätsmanagement zugrunde, das in der Qualitätsbeurteilung einerseits Potentialfaktoren (Führung, Mitarbeiterorientierung, Politik und Strategie, Ressourcen) und andererseits Ergebniskategorien (Mitarbeiterzufriedenheit, Kundenzufriedenheit, gesellschaftliche Verantwortung/Image, Geschäftsergebnisse) berücksichtigt (Abbildung 7-3). Während auf der Seite der Potenzialfaktoren wesentliche Einflussgrößen für die betriebliche Leistungsfähigkeit thematisiert werden, zeigt die Ergebnisseite, dass das Ziel aller Bemühungen eines marktorientierten Unternehmens die Verbesserung der Geschäftsergebnisse sein muss. 1997 wurde das Business-Excellence-Modell zum neuen „EFQM-Modell für Excellence" erweitert, um es auch für staatliche Einrichtungen und gemeinnützige Organisationen zu öffnen.

Eine vereinfachte Form des EFQM-Modells wurde für öffentliche Verwaltungen entwickelt und sieht einen einfachen Rahmen für eine Selbstbewertung in standardisierter Form vor: Gemeinsames Europäisches Qualitätsbewertungssystem – Common Assessment Framework **(CAF)**.

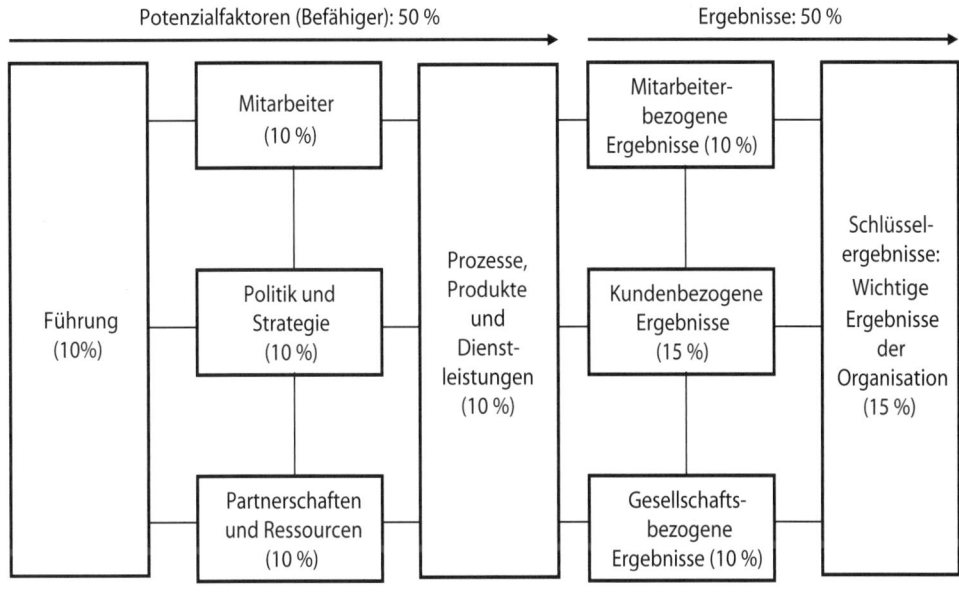

Abbildung 7-3: Grundstruktur des EFQM-Modells

Total Quality Management (TQM) ist als ein langfristiges, integriertes Unternehmenskonzept anzusehen, das die Qualität von Produkten und Dienstleistungen in der Entwicklung, in der Konstruktion, in der Fertigung und im Absatzbereich durch Mitwirkung aller Mitarbeiter zu günstigen Kosten kontinuierlich gewährleisten und verbessern soll, um eine optimale Bedürfnisbefriedigung der Leistungsabnehmer zu ermöglichen. Für die Qualität der Leistungserstellung ist somit nicht eine bestimmte Abteilung zuständig, sondern das gesamte Unternehmen verantwortlich.

TQM

Ein wesentliches Element des TQM ist die Arbeit in **Qualitätszirkeln.** Unter einem Qualitätszirkel ist eine zielorientiert arbeitende Gruppe von fünf bis zehn Mitarbeitern zu verstehen, die ihr arbeitsspezifisches Wissen und ihre Erfahrungen freiwillig einbringen, um Themen der eigenen Arbeit zu besprechen, durch selbstentwickelte Lösungen die Produkt- und Arbeitsqualität verbessern zu helfen sowie zu ihrer Arbeitszufriedenheit beizutragen. Der Erfolg dieser Kleingruppenarbeit ist davon abhängig, inwieweit es gelingt, die sich entfaltenden Innovationskräfte der Mitarbeiter mit den betrieblichen Interessen zu verknüpfen. Erarbeitete Problemlösungsideen sind im Rahmen des **betrieblichen Vorschlagswesens** zu bewerten und anzuerkennen.

Qualitätszirkel

7.4. Grundlagen der Produktions- und Kostentheorie

Die Analyse der Produktionskosten und die Zurechnung der Kosten zu Leistungen können nur auf der Basis einer Produktions- und Kostentheorie erfolgen. Eine in sich geschlossene Produktions- und Kostentheorie hat durch die Analyse des betrieblichen Kombinationsprozesses erstmals (um 1950) Erich Gutenberg entwickelt.

Produktionsfunktionen

Der im Rahmen der Leistungserstellung erzielbare (erzielte) mengenmäßige Gesamtertrag hängt von den Einsätzen an Produktionsfaktoren ab. Das mengenmäßige Gesamtergebnis ist eine Funktion der jeweils eingesetzten Produktionsfaktoren (**Produktionsfunktion**). Die Kombination von Produktionsfaktoren ist an sich ein technisches Problem, ihr liegt aber auch ein wirtschaftliches Problem zugrunde, wenn man die Frage nach der **Substituierbarkeit** einzelner Faktoren durch andere stellt und auch zwischen beschränkt und unbeschränkt verfügbaren Faktoren differenziert (**Limitationalität**).

Substituierbar sind Produktionsfaktoren, wenn ihre Faktoreinsatzmengen frei variierbar sind. Ein bestimmtes Produktionsergebnis kann dann durch eine mengenmäßig unterschiedliche Kombination von Faktoreinsätzen (z. B. variierende Material- und Arbeitsmengen) erzielt werden. Jene Faktorkombination, die mit den geringsten Kosten verbunden ist, bezeichnet man als **Minimalkostenkombination**.

Typ A

Die zumindest innerhalb eines bestimmten Bereiches gegebene freie Variierbarkeit der Produktionsfaktoren ist ein Kennzeichen der das sogenannte **Ertragsgesetz** (Konrad Mellerowicz) charakterisierenden Produktionsfunktion (**Produktionsfunktion vom Typ A**). Danach kann der **Ertragszuwachs** gemessen werden, welcher durch den variierten Faktor bei bestandsmäßiger Konstanz eines anderen Faktors (der anderen Faktoren) entsteht. Kombiniert man einen konstanten Faktor mit zunehmenden Einsatzmengen eines variablen Faktors, dann steigt der mengenmäßige Gesamtertrag wegen der zunehmend positiven Wirkung des Mischungsverhältnisses an Faktoreinsatzmengen zunächst progressiv (mit **zunehmenden Ertragszuwächsen**) an, ab einem bestimmten Punkt nimmt er degressiv (mit **abnehmenden Ertragszuwächsen**) zu. Das Maximum des Gesamtertrages liegt dort, wo der Grenzertrag null ist. In der weiteren Folge ergibt sich, dass die Grenzerträge (die Ertragszuwächse) negativ werden, so dass es zu einem absoluten Sinken des Gesamtertrages kommt.

Typ B

Die generelle Gültigkeit des Ertragsgesetzes wurde in Theorie und Praxis angezweifelt, da zumindest in einer Reihe von Fällen eine **Limitationalität** der Produktionsfaktoren gegeben ist. Die Produktionsfaktoren sind dann nicht frei variierbar, für die Erreichung eines **bestimmten** mengenmäßigen Ertrages ist eine **bestimmte Kombination** der Produktionsfaktoren ausschlaggebend (**Produktionsfunktion vom Typ B**). Damit ergibt sich umgekehrt für jede Mengenkombination ein bestimmter Ertrag, das Ausmaß der herstellbaren Produktionsmenge hängt daher von jenem Produktionsfaktor ab, der am geringsten vorhanden ist (**Engpassfaktor**). Bei limitationalen Produktionsfaktoren tritt somit die Frage der Minimalkostenkombination nicht auf, an ihre Stelle treten die Abhängigkeiten, die sich zwischen dem Verbrauch von Faktoreinsatzmengen und der technischen Leistung eines Betriebsmittels ergeben. Sie werden als **Verbrauchsfunktionen** bezeichnet.

In der **Produktionsfunktion vom Typ C** versuchte Edmund Heinen eine Vereinigung der Grundaussagen beider zuvor genannten Produktionsfunktionen. Danach müsse auf alle den Faktorverbrauch bestimmenden Entscheidungstatbestände eingegangen und die Mehrstufigkeit des Produktionsprozesses und die Verschiedenartigkeit der tatsächlich angewandten Verfahrensweisen berücksichtigt werden. Die Produktionsfunktion vom Typ C umschließt deshalb sowohl **ökonomische Verbrauchsfunktionen** (outputfixe und outputvariable Elementarkombinationen einerseits und substitutionale und limitationale Kombinationen andererseits) als auch (primäre, sekundäre und tertiäre) **Wiederholungsfunktionen**. Dabei müssen die den Entscheidungsspielraum begrenzenden Nebenbedingungen (wie die quantitative und qualitative Kapazität der Potenzialfaktoren) Berücksichtigung finden. **Potenzialfaktoren** stellen ihr Nutzungspotenzial einer Reihe von Leistungsvorgängen (Wiederholungen) zur Verfügung, **Repetierfaktoren** hingegen gehen im jeweiligen Leistungsprozess zur Gänze unter.

Typ C

Die Kombination der Produktionsfaktoren ist nicht allein ein technisches Problem, sondern aus betriebswirtschaftlicher Sicht in erster Linie ein Wirtschaftlichkeitsproblem: es werden Kosten verursacht, die in den Markterträgen eine Deckung finden sollen. Die Kostentheorie kann daher als ein Teil der Produktionstheorie angesehen werden.

Als **„Kosten" ist der Werteinsatz zur Leistungserstellung** zu verstehen. Es ist zu unterscheiden zwischen Kostengruppen mit

Kostentheorie

a) **fixem** Charakter: zeitabhängige, kapazitätsabhängige, beschäftigungsunabhängige Kosten (**Fixkosten**) und solchen mit

b) **variablem** Charakter: beschäftigungsabhängige, mengenabhängige Kosten (**variable Kosten**).

Zu diesen beiden Kostengruppen tritt die Gruppe der **sprungfixen** Kosten hinzu, die durch die zusätzliche Einstellung von Maschinen oder die zusätzliche Aufnahme von Arbeitskräften ausgelöst wird und die Erhöhung der Sach- bzw. Personalkapazität bewirkt (zusätzliche Fixkosten bei erhöhter Leistungskapazität).

Fixe Kosten entstehen unabhängig davon, ob die Produktionsfaktoren voll oder nur teilweise genützt werden. Die anteiligen Fixkosten für den nicht genutzten Teil eines Produktionsfaktors sind **Leerkosten**, der andere Teil stellt **Nutzkosten** dar.

Bei einem Beschäftigungsrückgang wird jener Betrieb im Vorteil sein, dessen Produktionsfaktoren über die größere **Teilbarkeit** verfügen. Auch bei einem Beschäftigungsanstieg verleiht die größere Teilbarkeit eine höhere Flexibilität für das Unternehmen.

Die **variablen Kosten** treten als proportionale, als progressive, als degressive und als regressive Kosten auf. **Proportionale** Gesamtkosten erfahren eine mit der Beschäftigungszunahme gleichlaufende Veränderung. **Progressive** Gesamtkosten steigen verhältnismäßig stärker, als die Beschäftigung zunimmt. **Degressive** Gesamtkosten wachsen verhältnismäßig langsamer, als der Beschäftigungsgrad zunimmt. **Regressive** Gesamtkosten nehmen bei steigendem Beschäftigungsgrad absolut ab.

Kostenremanenz

Einzelne Kostenelemente bzw. Kostengruppen sinken bei rückläufiger Beschäftigung nicht im gleichen Umfang, wie sie ursprünglich bei steigender Beschäftigung zugenommen haben. Von der **Kostenremanenz** sind die proportionalen Kosten nicht bzw. kaum betroffen, die anderen Kostengruppen sind hingegen stark remanent. Das hängt damit zusammen, dass ein Betrieb, der einen bestimmten Leistungsumfang erreicht hat, sich der **rückläufigen** Beschäftigung **nicht sofort anpassen** kann bzw. anpassen will. Oft unterbleibt eine Anpassung deshalb, weil man hofft, dass der Beschäftigungsrückgang nur auf einer vorübergehenden Depression beruht. **Ursache** für die Kostenremanenz sind auch **arbeitsrechtliche** Bestimmungen (Einhaltung von Kündigungsfristen) oder die **mangelnde Teilbarkeit** von Produktionsfaktoren (z. B. Maschinen), die den Kostenabbau erschwert. Auch **soziale** und **psychologische** Gründe sind Ursachen für die mangelnde Abbaufähigkeit von Kosten bei einem Beschäftigungsrückgang und damit kausal für die Kostenremanenz.

Kostenverläufe

Die **Diskussion über den Gesamt- und Stückkostenverlauf** bei unterschiedlichen Beschäftigungsstufen im Rahmen der vorgegebenen Kapazität ist im betriebswirtschaftlichen Schrifttum besonders heftig geführt worden. Sie fußt auf unterschiedlichen produktionstheoretischen Annahmen und führt zum S-förmigen Gesamtkostenverlauf, der dem Ertragsgesetz entspricht (Mellerowicz), zum linearen Gesamtkostenverlauf (Gutenberg) bzw. zum linear-progressiven Gesamtkostenverlauf (Heinen). Markante Analysegrößen sind

a) der **Reagibilitätsgrad** (größenmäßige Kostenreaktion auf Änderungen des Beschäftigungsgrades; Kostenelastizität);

b) die **Nutzschwelle** (sie ist erreicht, wenn die Gesamterlöse gleich den Gesamtkosten sind bzw. der Stückpreis den Stückkosten entspricht);

c) die **Nutzgrenze** (sie liegt dort, wo die Gesamtkosten und Gesamterlöse durch progressiv ansteigende variable Kosten wieder gleich hoch werden; jede weitere Beschäftigung würde zu Verlusten führen);

d) das **Betriebsoptimum** (bei diesem Beschäftigungsgrad ist der Stückgewinn am größten; die Grenzkosten, das sind die Kosten der zuletzt erzeugten Leistungseinheit, entsprechen den Stückkosten);

e) das **Betriebsmaximum** (bei diesem Beschäftigungsgrad ist der Betriebsgewinn am höchsten; die Grenzkosten sind so hoch wie die Stückpreise).

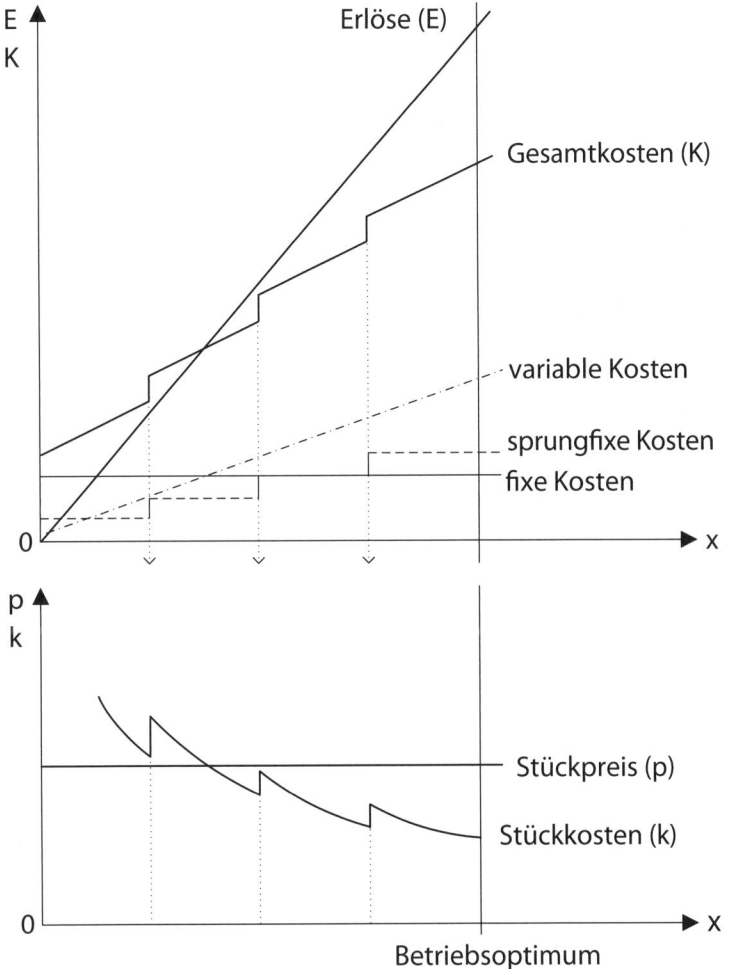

Abbildung 7-4: Kostenanalyse bei linearem Gesamtkostenverlauf

Abbildung 7-4 zeigt in der oberen Hälfte einen linearen Gesamtkostenverlauf
unter Berücksichtigung von fixen, sprungfixen und variablen Kosten. Sobald die
Erlöskurve (ebenfalls linear verlaufend) die Gesamtkostenkurve schneidet, erreicht das Unternehmen die Gewinnzone. In der unteren Hälfte zeigt die Abbildung den Erlös- und Kostenverlauf je Leistungseinheit. Die fixen und sprungfixen Kosten führen zu einem in „Zacken" verlaufenden degressiven Stückkostenverlauf (Kostendegression innerhalb einer Kapazitätsstufe).

Bei der Annahme eines linearen Gesamtkostenverlaufes liegen Betriebsoptimum
und Betriebsmaximum an der Kapazitätsgrenze, somit bei voller Beschäftigung.
Bei linear-progressivem Kostenverlauf sind sie erreicht, sobald die variablen Kosten aus der Linearität in die Progression übergehen. Bei S-förmigem Kostenver-

lauf (Abbildung 7-5) liegt das Betriebsoptimum bei der Beschäftigung mit den geringsten Stückkosten (3) und damit vor dem Betriebsmaximum, eine weitere Gewinnsteigerung bis zum Betriebsmaximum (4) ist nur so lange möglich, als die Grenzerlöse noch höher als die nunmehr weiter steigenden Stückkosten sind.

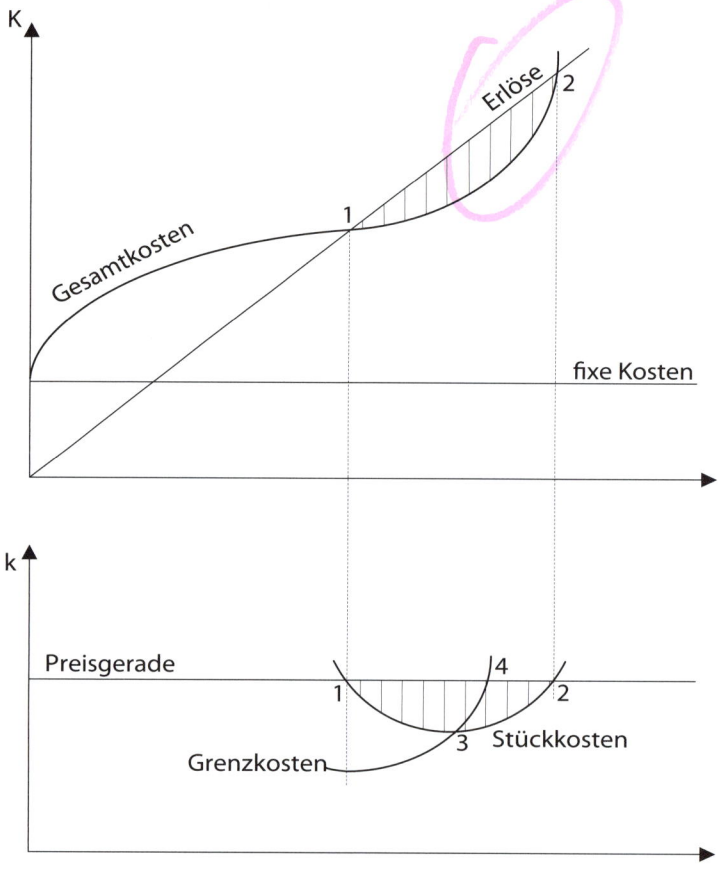

Abbildung 7-5: Kostenanalyse bei S-förmigem Gesamtkostenverlauf

Anpassungsmaßnahmen bei Beschäftigungsgradänderungen

Beschäftigungsgradänderungen lösen verschiedene **Anpassungsmaßnahmen** aus, die auch unterschiedliche Kostenverläufe ergeben:

a) Bei der **intensitätsmäßigen** Anpassung bleiben Kapazität und Nutzungszeit unverändert, hingegen wird die Nutzungsintensität variiert (z. B. schnellerer oder langsamerer Lauf von Maschinen, mehr oder weniger Betreuungszeit für Gäste im Tourismus).

b) Bei der **zeitlichen** Anpassung wird die Nutzungszeit der Produktionsfaktoren (Anlagen, Personal) variiert, die Intensität der Nutzung bleibt hingegen unverändert).

c) Bei der **quantitativen** Anpassung wird der Betriebsmittelbestand an die Beschäftigungsschwankungen angepasst (bei Beschäftigungsrückgang werden Teile der Anlagen still gelegt und Arbeitskräfte entlassen, bei Beschäftigungssteigerung werden Anlagen wieder aktiviert bzw. Arbeitskräfte wieder eingestellt).

d) Eine **selektive (qualitative)** Anpassung liegt vor, wenn Anlagenbestand und Belegschaftsstand ein unterschiedliches qualitatives Niveau aufweisen und bei Beschäftigungsrückgang zunächst kostenintensivere bzw. qualitativ weniger gut nutzbare Faktoren ausgeschieden werden. Die selektive Anpassung hat somit sowohl quantitative als auch qualitative Merkmale. Ist ein Betrieb unterbeschäftigt, so arbeitet er eher mit qualitativ besseren Anlagen und Arbeitskräften als in Zeiten der Normal- bzw. Überbeschäftigung.

Literatur

Arnold, U., Beschaffungsmanagement, 2. Auflage, Stuttgart 1997.

Haller, S., Dienstleistungsmanagement, 7. Auflage, Wiesbaden 2017.

Lechner, K./Egger, A. u. W./Schauer, R., Einführung in die Allgemeine Betriebswirtschaftslehre, 27. Auflage, Wien 2016.

Schweitzer, M./Küpper, H.-U., Produktions- und Kostentheorie, 2. Auflage, Wiesbaden 1997.

Zäpfel, G., Grundzüge des Produktions- und Logistikmanagement, 2. Auflage, München 2001.

8. Die Leistungsverwertung / Marketing

8.1. Grundlagen

Absatz

In der arbeitsteiligen Wirtschaft, die vorrangig auf die Deckung von Fremdbedarf ausgerichtet ist, ist der **Absatz** einerseits das Ziel und andererseits das Ergebnis der Leistungsprozesse eines Unternehmens. Der Absatz wird durch die entgeltliche Übernahme der vom Unternehmen erstellten Sach- oder Dienstleistungen auf einem Markt durch andere Marktteilnehmer konkretisiert. Dabei ist es üblich, die Begriffe Absatz und **Leistungsverwertung** synonym zu verwenden. Die Leistungsverwertung sichert den Rückfluss der Werte (Geldmittel), die für den Leistungsprozess eingesetzt wurden, und bildet die Basis für die Weiterführung der Produktionstätigkeit. Insofern schließt der Absatz den betrieblichen Wertekreislauf (siehe Kapitel 3). Er hat nicht allein im passiven Sinn der Befriedigung einer **bestehenden** Nachfrage zu dienen, sondern soll auch im aktiven Sinne neue Bedürfnisse erwecken und damit **neue** Nachfrage erzeugen.

Markt

Als „Markt" sind all jene Beziehungen zu umschreiben, die Tauschvorgänge kennzeichnen, also das Zusammentreffen von Angebot und Nachfrage zum Inhalt haben. Als theoretisches Konstrukt ist zunächst der **vollkommene Markt** zur Erklärung der marktlichen Zusammenhänge hilfreich. Er ist durch die völlige Gleichartigkeit der gehandelten Güter (Homogenitätsbedingung), die sachliche Präferenzen ausschließt, gekennzeichnet. Das Zusammentreffen der Marktteilnehmer erfolgt auf einem Punktmarkt, sodass auch räumliche Präferenzen ausgeschlossen sind. Auf dem Markt herrscht völlige Transparenz, die die Marktteilnehmer veranlasst, sich unverzüglich an marktwirtschaftliche Änderungen anzupassen. Die Folge ist ein einheitlicher Preis.

Diese (idealisierten) Bedingungen sind in der Praxis nicht gegeben. Es herrscht ein mehr oder weniger **unvollkommener Markt** vor. Es gibt bei allen Marktteilnehmern Präferenzen, eine völlige Markttransparenz ist ausgeschlossen, die Homogenität der Güter fehlt und eine unverzügliche Anpassungsgeschwindigkeit an veränderte Marktsituationen ist nicht möglich. Dennoch vermag das Konstrukt eines vollkommenen Marktes als Erklärung für Marktverhaltensweisen bzw. als Zielvorstellung für künftige Marktgestaltungen zu dienen.

Umsatz

Dem Absatzbegriff sind zunächst die Begriffe Umsatz, Verkauf, Vertrieb und Absatzwirtschaft gegenüberzustellen. In der Praxis kennzeichnet der Begriff „Absatz" oftmals einschränkend nur die verkauften Leistungs**mengen**, während mit **„Umsatz"** der Wert dieser Leistungsmengen im Sinne eines Umsatzerlöses bezeichnet wird. Oft wird aber auch der Begriff „Umsatz" nur mengenmäßig gebraucht. Als **Verkauf** werden alle Tätigkeiten angesehen, die den wirtschaftlichen und rechtlichen Übergang einer betrieblichen Leistung vom Verkäufer an den Käufer zum Inhalt haben (z. B. Vertragsabschluss, Auftragsbearbeitung,

Verpackung, Versand), er ist somit ein Teil des Absatzprozesses. Beim **Vertrieb** stehen die technischen Aspekte der Leistungsverwertung im Vordergrund, um den Absatz zu bewirken. Oftmals meint man damit auch jene Teile der Unternehmensorganisation, die die Leistungsverwertung am Markt zum Gegenstand haben.

Als **Absatzwirtschaft** sind alle wirtschaftlichen Aktivitäten anzusehen, die der Übertragung von Gütern und Dienstleistungen einer Produktionswirtschaft (eines Unternehmens) an andere Produktionsbetriebe oder Endverbraucher (Haushalte) dienen. Diese Übertragungsvorgänge schlagen sich einerseits in Verkaufsvorgängen und andererseits in Einkaufs- bzw. Beschaffungsvorgängen nieder. Der Begriff „Absatzwirtschaft" ist somit gesamtwirtschaftlich bestimmt und orientiert sich an der funktionalen Stellung der einzelnen Unternehmen in der Gesamtwirtschaft.

Absatzwirtschaft

Die Einschätzung des Absatzes als ein funktionaler Teilbereich eines Unternehmens ist aus der Sicht des betrieblichen Wertekreislaufes verständlich und in Theorie und Praxis vorherrschend. In der entscheidungsorientierten Betriebswirtschaftslehre wird der Erforschung des marktgerechten Denkens und Handelns zur Verwirklichung der unternehmerischen Zielsetzungen breiter Raum gewidmet. Dabei erweist sich der Absatzbegriff inhaltlich als zu eng und wird in zunehmendem Maße durch den in der angloamerikanischen Literatur gebräuchlichen Begriff „Marketing" ersetzt.

Marketing ist als Konzeption der Unternehmensführung zu verstehen, bei der im Interesse der Erreichung der Unternehmensziele alle betrieblichen Aktivitäten konsequent auf die gegenwärtigen und künftigen Erfordernisse der Märkte ausgerichtet werden (Johannes Bidlingmaier). „Marketing" beschäftigt sich somit mit der Herbeiführung und Gestaltung von Austauschbeziehungen in einer arbeitsteiligen Wirtschaft und ist aus dieser Sicht nicht ein Endglied im betrieblichen Leistungsprozess, sondern steht am Anfang dieses Prozesses und durchdringt zwingend alle Teilbereiche des Unternehmens.

Marketing

Es fehlt in der betriebswirtschaftlichen Literatur nicht an kritischen Stimmen, die in der Marketing-Konzeption eine Überbetonung des Absatzbereiches im Rahmen der unternehmerischen Aktivitäten sehen. Die Befürworter dieser Konzeption berufen sich auf die wachsende Macht des Verbrauchers, da in vielen Wirtschaftsbereichen das Angebot tendenziell schneller wächst als die Nachfrage (sog. „Käufermärkte") und deshalb nur eine systematische Verhaltensbeeinflussung der Nachfrager die Unternehmensziele verwirklichen lasse.

Die Marketingtheorie hat sich nach der anfänglichen alleinigen Ausrichtung auf den Konsumgüterbereich in der Folge konsequent auch in die Richtung des **Investitionsgüter-Marketing** einerseits und des **Dienstleistungsmarketing** andererseits entwickelt. Sie war weiters bemüht, die Anwendbarkeit der Aussagen nicht nur bei Unternehmen mit erwerbswirtschaftlichem Charakter, sondern

Arten des Marketing

auch bei Organisationen mit nicht erwerbswirtschaftlichem Charakter unter Beweis zu stellen (**Nonprofit-Marketing**). Ebenso haben Kultureinrichtungen, Sozialeinrichtungen oder Teile der öffentlichen Verwaltung vielfältige Anlässe, Marketing zu betreiben, um den ihnen zugewiesenen Aufgaben gerecht werden zu können (**Social Marketing**). Diese können auf eine Änderung im sozialen Verhalten von gesellschaftlichen Gruppen oder Einzelpersonen abzielen (**verhaltensorientiertes** Social Marketing; z. B. Senkung des Drogenkonsums oder des Verkehrsunfallgeschehens) oder auf eine Beseitigung einer Unterversorgung von Gesellschaftsmitgliedern mit bestimmten Gütern und Dienstleistungen (**versorgungsorientiertes** Social Marketing; z. B. Bereitstellung von Hilfsgütern für Kranke, Behinderte oder Obdachlose).

Die Intensivierung des internationalen Güter- und Leistungsaustausches macht es notwendig, sich in verstärktem Ausmaß den grenzüberschreitenden Absatzaktivitäten zu widmen. Die **Öffnung eines Unternehmens zum Auslandsmarkt** ist in drei Stufen denkbar:

- Beim **traditionellen Export** verkauft ein Exporteur seine Güter an einen ausländischen Abnehmer, wobei sich die Auslandsaktivitäten auf diese Beziehungen beschränken. Weiter reichende Marktanalysen fehlen und werden dem Importeur überlassen. Exportgeschäfte dieser Art kommen auch eher zufällig zustande.
- Beim **Exportmarketing** wird der Auslandsmarkt vom Exporteur systematisch, planmäßig und aktiv bearbeitet. Dies bedingt eine entsprechende Absatzorganisation, um den Exportmarkt durchdringen zu können (Exportorganisation).
- Beim **internationalen Marketing** geht es um eine primär auslandsmarktorientierte Führung eines Unternehmens in international verbreiteten Organisationsformen. Es ist durch einen ausgeprägten Managementprozess gekennzeichnet, der die globale Unternehmenspolitik und deren Durchsetzung in den verschiedenen Teilmärkten zum Gegenstand hat.

8.2. Der Marketingprozess

Informationserhebung

Ein Unternehmen bedarf ständiger und im Detail aufbereiteter **Informationen** über das Marktgeschehen. Dieses Informationssystem hat die Unternehmensführung laufend über die Kundenwünsche und das Nachfrageverhalten, über die Maßnahmen der Konkurrenz und über die Wirkung eigener marktbezogener Maßnahmen (z. B. Werbung, Preispolitik) zu unterrichten. Ein anbietendes Unternehmen hat sich auch für die Strukturen der Nachfrage und der Absatzmärkte, für die Entwicklungszusammenhänge und Marktschwankungen sowie für technologische Veränderungen und Mode- und Geschmackswandlungen zu interessieren. Dabei ist die betriebliche **Marktforschung** in den Formen der Marktanalyse und der Marktbeobachtung ein wichtiges Informationsinstrument. Auf Basis dieser Informationen kann sich ein Unternehmen **marketing-politisch** verhalten.

Die marketingpolitischen Ziele (**Marketing-Ziele**) sind nach Inhalt, Umfang und Fristigkeit festzulegen. Generell kann zwischen einer Politik der Anpassung und einer Politik der Veränderung unterschieden werden. Die Politik der Anpassung kann als Stärke der Kleinbetriebe angesehen werden, die sich in der Regel sehr rasch auf Marktveränderungen einstellen können, aber nicht in der Lage sind, das Marktverhalten nachhaltig zu beeinflussen. Mittel- und Großbetriebe können als Folge ihres Marktpotenzials und ihrer Kapitalausstattung Märkte leichter beeinflussen oder neu schaffen und damit eine Politik der Veränderung betreiben, sind aber durch ihre Größe vergleichsweise weniger flexibel.

Zielfestlegung

Die Konkretisierung der Marketing-Ziele ist die Voraussetzung für die Entwicklung von **Marketing-Strategien** und damit für die Entscheidung über Mittel und Wege zur Erreichung der Marketingziele. Im Vordergrund steht dabei die Entscheidung über einen optimalen Einsatz der Marketing-Instrumente (**Marketing-Mix**). Darunter ist der koordinierte Einsatz der absatzpolitischen Mittel (Instrumente), wie Preispolitik, Kommunikationspolitik, Produktpolitik und Distributionspolitik, zu verstehen.

Strategien

Der Marketingprozess umfasst somit folgende **Entscheidungstatbestände** (Fritz Scheuch):

Entscheidungstatbestände

- **Zielentscheidungen**: Entscheidungen über anzustrebende künftige Marktzustände und daraus abgeleitet über Unternehmenszustände; sie stellen Lenkungsentscheidungen dar.
- **Organisationsentscheidungen**: Entscheidungen über alternative Aufbau- und Ablauforganisationen zur Erfüllung von Marketingaufgaben; sie stellen Strukturentscheidungen dar.
- **Informationsentscheidungen**: Entscheidungen über die zu beschaffenden Markt- bzw. Umweltinformationen (Marktforschung).
- **Segmententscheidungen**: Entscheidungen über die zu bearbeitenden Märkte bzw. Teilmärkte auf der Grundlage unternehmensindividueller marktbeschreibender Merkmale; sie stellen Marktauswahlentscheidungen dar.
- **Instrumentalentscheidungen**: Entscheidungen über Maßnahmenbereiche zur Gestaltung der Austauschrelationen unter Berücksichtigung von Nebenbedingungen und Verbundwirkungen; sie stellen Entscheidungen über den optimalen Einsatz der Marketing-Instrumente (Marketing-Mix-Entscheidungen) dar.

Diesen unternehmerischen Entscheidungstatbeständen stehen die **Kauf- bzw. Beschaffungsentscheidungen** beim Nachfrager zur Konkretisierung seiner Wünsche nach Austauschbeziehungen gegenüber. Dies bedingt Aussagen über das Konsumentenverhalten, die Entscheidungsträger und deren Rollenverhalten sowie über typische Entscheidungsprozesse.

8.3. Die Absatzplanung

Absatzplanung Die Aufgabe der **Absatzplanung** ist es,

- die Ziele für die Absatzaktivitäten festzulegen;
- die zur Zielerreichung notwendigen Mittel und Maßnahmen zu bestimmen;
- das zukünftige Absatzvolumen in seiner Struktur qualitativ, mengen- und wertmäßig für bestimmte Zeiträume vorauszuschätzen (Erwartungsgrößen) und im Sinne von Vorgabewerten in einem Absatzplan festzulegen (Plangrößen).

Der **Absatzplan** ist demnach der Entwurf, welches Leistungsprogramm, nach Menge und Wert detailliert, in bestimmten Zeiträumen und in bestimmten Absatzteilbereichen (Absatzgebiete, Kundengruppen) Realisierung finden soll. Bei der Aufstellung des Absatzplanes ist die **wechselseitige Abhängigkeit** aller betrieblichen Teilpläne zu beachten (siehe bereits Kapitel 6, Abbildung 6-4). Vom erwarteten Absatzvolumen leitet sich der Produktionsplan ab, der mit dem Lagerhaltungsplan abzustimmen ist. Vom Produktionsplan leitet sich weiters der Beschaffungsplan ab. Alle diese Teilpläne werden vom Finanzplan umklammert, der die Mittelaufbringung und Mittelverwendung aller Bereichsaktivitäten zu koordinieren hat. Bestehen beschränkte Produktions-, Beschaffungs- oder Finanzierungsmöglichkeiten, liegen in diesen Unternehmensbereichen also Engpässe vor, so sind diese Engpassbereiche (und nicht der Absatzbereich) Ausgangspunkt für die **Plankoordination**, die die Erreichung eines gesamtbetrieblichen Optimums ermöglichen soll.

Ablauf Der Ablauf der Absatzplanung erfolgt in den folgenden Teilschritten:

1. **Marktdiagnose**: Erfassung der gegenwärtigen Marktsituation des Unternehmens;
2. **Marktprognose**: Abschätzung der voraussichtlichen Markt- und Absatzentwicklungen;
3. **Zielplanung**: Festlegen der Absatzziele;
4. **Maßnahmenplanung**: Entscheidung über Marketingstrategien (Einsatz der absatzpolitischen Instrumente);
5. **Budgetplanung**: geldwerter Niederschlag der Ziel- und Maßnahmenplanung.

Die Notwendigkeit einer raschen Anpassung an sich ändernde Marktverhältnisse, aber auch die Absicht zu marktbeeinflussenden, innovierenden Aktionen machen eine **flexible Absatzplanung** erforderlich. Dem Zeitfaktor kommt eine dominierende Rolle zu, er bestimmt Umfang und Inhalt der Planungsaktivitäten. Je ausgedehnter der Planungszeitraum bemessen wird, desto eher sind die verfügbaren Informationen unvollständig, unbestimmt und unsicher. Die mittel- und langfristige Absatzplanung muss daher mit (subjektiven) Wahrscheinlichkeitsgraden die erwartete Nachfrageentwicklung berücksichtigen. Die Langfristplanung kann oft nur als eine grobe Umrissplanung entwickelt werden, die laufend einer Prüfung auf Relevanz unterzogen werden muss und hauptsächlich auf eine Beurteilung von Alternativen ausgerichtet ist.

Die kurzfristige Planung hingegen kann als Detail- oder Feinplanung angesehen werden, da sie auf weitgehend überschaubaren Handlungssituationen aufbauen kann. Sie umfasst die Festlegung der:

1. Marketing**objekte**: Güter oder Leistungen (Leistungsgruppen), deren Umsatz gefördert werden soll;
2. Marketing**instrumente**: Art, Umfang und Einsatzzeitpunkte der absatzpolitischen Mittel (z. B. Preispolitik, Werbung);
3. Marketing**subjekte**: Zielgruppen, auf welche die Maßnahmen ausgerichtet sind (z. B. Großverbraucher, Händler, Gewerbetreibende);
4. Marketing**gebiete**: Regionen, in welchen die absatzpolitischen Mittel Einsatz finden sollen.

Planungsgegenstände

8.4. Die Marktforschung

Die Absatzplanung ist wesentlich von der Erfassung und Bereitstellung marktbezogener, entscheidungsrelevanter Informationen abhängig. Die **Marktforschung** ist entweder

Marktforschung

- sachbezogen und hat Marktobjekte (Gütermengen, -qualitäten, -preise) zum Gegenstand – **ökoskopische** Marktforschung oder
- subjektbezogen und hat den Menschen als Handlungsträger und Verursacher von Marktentwicklungen zum Gegenstand – **demoskopische** Marktforschung.

Sie umfasst Methoden zur

- Gewinnung originärer marktbezogener Informationen (**Primärforschung**) und
- Auswertung vorhandener marktbezogener Unterlagen (**Sekundärforschung**).

Unter Berücksichtigung des **zeitlichen** Aspekts muss zwischen (einmaliger) **Marktanalyse** und (fortlaufender) **Marktbeobachtung** unterschieden werden.

Die Marktforschung deckt jedoch nur ein Informationsfeld ab, das für die unternehmerische Entscheidungsfindung bedeutsam ist. Neben ökonomischen Kriterien sind auch technologische, gesellschaftliche und natürliche Handlungsbedingungen bedeutsam, die insgesamt mit dem Begriff **Umweltforschung** (Umfeldforschung) thematisiert werden. Sie umfasst:

Umweltforschung

- die Erforschung **natürlicher** Gegebenheiten (z. B. Rohstoffvorkommen, Klimaveränderungen);
- die Erforschung **technologischer** Tatbestände und Entwicklungen (z. B. Entwicklung der Solartechnologie);
- die Erforschung **gesellschaftlicher** Grundlagen und Entwicklungen (z. B. kulturelle oder rechtliche Entwicklungen);

- die Erforschung **ökonomischer** Grundlagen und Entwicklungen im Sinne einer
  - **gesamt**wirtschaftlichen Marktanalyse (empirische Wirtschafts- und Konjunkturforschung);
  - **einzel**wirtschaftlichen Marktanalyse (betriebliche Marktforschung).

Die betriebliche Marktforschung erstreckt sich in der Regel auf zwei wesentliche Themenbereiche:

- **Bedarfsforschung** (Analyse der Nachfrage)
- **Konkurrenzforschung** (Analyse des Angebots)

Bedarfsforschung In der Nachfrageanalyse interessiert zunächst der **Bedarf**, der für einen bestimmten Zeitraum auf einem abgegrenzten Marktbereich erwartet werden kann. Er leitet sich bei Konsumgütern von der **Kaufkraft** der privaten Haushalte ab. Bei nachfragenden Unternehmen ist die **Nachfrage nach Produktionsfaktoren** abhängig von der Wirtschaftsentwicklung dieser Unternehmen und deren Finanzierungspotenzial.

Weitere Fragestellungen für die Nachfrageforschung sind die **Periodizität** der Kaufentscheidungen (periodisch wiederkehrend, aperiodisch anfallend, saisonal schwankend) und die **Aufnahmefähigkeit** des Marktes (z. B. Marktsättigung oder Nachholbedarf, Produktlebensdauer, Erneuerungsintensität auf der Abnehmerseite, Substitutionsmöglichkeiten). Für die Nachfrageanalyse sind weiters der Trend der allgemeinen wirtschaftlichen Entwicklung sowie der Trend der spezifischen Entwicklung des Wirtschaftszweiges, dem das Unternehmen angehört, von Bedeutung. Die Marktforschung hat die Aufgabe zu ergründen, ob zwischen gesamtwirtschaftlichen Größen und dem einzelwirtschaftlichen Absatz so enge Korrelationen bestehen, dass Prognosen über die Entwicklung gesamtwirtschaftlicher Größen auch für die Prognose des eigenen Unternehmensabsatzes herangezogen werden können. Ist die Nachfrage nach einem Produkt oder einer Dienstleistung vom Absatz anderer Produkte oder Dienstleistungen abhängig, spricht man von **abgeleiteter** (derivativer) Nachfrage (im Gegensatz zur **ursprünglichen** – originären – Nachfrage).

Nachfrageelastizität Schließlich interessiert die Fragestellung, welche Faktoren die Höhe der Nachfrage nach einem Produkt oder einer Dienstleistung eines Unternehmens bestimmen und welchen Veränderungen im Zeitablauf diese Faktoren unterliegen. Neben der Qualität, der Aufmachung und dem Preis des eigenen Produkts, der konkurrierenden Produkte oder der in Frage kommenden Substitutionsgüter ist die Nachfrageelastizität ein bestimmender Faktor. Darunter versteht man die relative Veränderung der nachgefragten Menge eines Gutes als Reaktion auf eine relative Änderung

1. des Preises (**Preiselastizität**);
2. des Preises eines anderen Gutes (**Kreuzpreiselastizität**);

3. des Einkommens einer potenziellen Käuferschicht (**Einkommenselastizität**);
4. der Werbeaufwendungen (**Werbeelastizität**).

Beispiel: Eine Einkommensänderung von 4 % bei einer in Frage kommenden Käuferschicht führt zu einer Nachfragesteigerung von 2 %. Die Einkommenselastizität beträgt 0,5 (Nachfrageänderung 2 / Einkommensänderung 4).

Ist der Wert der Elastizität größer als 1, wird von **elastischer** Nachfrage gesprochen, ist der Wert kleiner als 1, wird die Nachfrage als unelastisch bezeichnet, weil die Nachfrageänderung nicht im gleichen Ausmaß wie die Veränderung der Bezugsgröße vor sich geht. In der Regel besteht ein Zusammenhang zwischen dem Verwendungscharakter eines Gutes und der Nachfrageelastizität. Die Nachfrage nach Verbrauchsgütern (z. B. Güter des täglichen Bedarfs) ist eher weniger elastisch als die Nachfrage nach Gebrauchsgütern (z. B. Maschinen).

Bei der **Konkurrenzanalyse** stehen

Konkurrenzforschung

- die Analyse der Konkurrenzunternehmen und
- die Analyse der Substitutionsprodukte

im Vordergrund. Bei der Analyse der Konkurrenzunternehmen geht es um die Frage, welche Anzahl von Anbietern als Konkurrenten für das eigene Produkt bzw. für die eigene Dienstleistung in Frage kommen. In einer laufenden Marktbeobachtung ist das absatzpolitische Verhalten dieser Unternehmen zu erkunden, um daraus eigene Aktionen und Reaktionen abzuleiten. Es interessieren die Höhe des Marktanteils und das Leistungsprogramm der konkurrierenden Unternehmen, Qualität, Aufmachung und Preis der Produkte, die Vertriebsmethoden, die Werbemaßnahmen, die Zahlungsbedingungen oder die Struktur der jeweiligen Käufer.

Ein Unternehmen muss auch damit rechnen, durch das Auftreten neuer oder qualitativ bzw. technologisch veränderter Produkte Umsatzeinbußen zu erleiden. Auch die Änderung des Preisniveaus kann einem bislang nicht als Konkurrenzprodukt angesehenen Produkt die Eigenschaft eines **Substitutionsproduktes** verleihen, das dem Käufer nunmehr als Alternative interessant erscheinen mag. Durch eine laufende Erforschung und Beobachtung in Frage kommender Substitutionsprodukte wird das Unternehmen nicht nur in die Lage versetzt, seine Absatzchancen zu quantifizieren, sondern auch durch Maßnahmen der Produkt- und Sortimentsgestaltung bzw. der Preispolitik marktbeeinflussend zu wirken.

Als wichtigste Erhebungsmethoden im Bereich der **Primärforschung** kommen einerseits die **Befragung** und andererseits die **Beobachtung** in Betracht. Beide Methoden können durch experimentelle Verfahren (Tests) ergänzt werden. Selten können alle in Betracht kommenden Personen bzw. Unternehmen befragt

Befragung

oder beobachtet werden (**Vollerhebung**). Hiefür sind der Zeitfaktor einerseits und der Kostenfaktor andererseits maßgeblich. In der Primärforschung wird man sich daher in der Regel auf **repräsentative Querschnitte** von Auskunftspersonen bzw. Informanden beschränken (**Teilerhebung**). Die Wahrung der Repräsentativität verlangt, dass aus der Grundgesamtheit eine Teilmenge ausgewählt wird, die die gleichen charakteristischen Merkmale wie die Grundmenge aufweist. Repräsentative Primärerhebungen sind zeit- und kostenaufwendig. Daher wird es notwendig, die Relevanz der zu erhebenden primären Marktinformationen mit den hiefür aufzubringenden Erhebungskosten zu überprüfen.

Stichprobe

Die Bildung einer **repräsentativen Stichprobe** kann nach dem **Randomverfahren** (die Bildung der Teilmenge erfolgt zufallsgesteuert), nach dem **Quotenverfahren** (die Bildung der Teilmenge erfolgt nach einer statistisch gelenkten Auslese, z. B. nach Alter oder Berufstätigkeit) und nach dem **Konzentrationsverfahren** (wenn z. B. 90 % des Umsatzes auf 10 % der Kunden entfallen, wird für die 10 % der Großkunden eine Vollerhebung und für die restlichen 90 % der Kunden eine Stichprobenerhebung vorgesehen) erfolgen.

Fragebogen

Die Befragung kann in schriftlicher Form durch **Fragebogen** oder in mündlicher Form durch **Interviews** erfolgen. Die Fragebogen-Methode wird eingesetzt, wenn eine große Anzahl von Personen befragt und möglichst viele Informationen zu einem bestimmten Zeitpunkt erhalten werden sollen. Sie ist im Allgemeinen kostengünstig, hat aber den Nachteil, dass der Befragte die vorgelegten Fragen falsch interpretieren kann oder nur unvollständig beantwortet. Außerdem ist nur mit einer geringen Rücklaufquote (15–30 %, nur bei „qualifizierten" Gruppen von Befragten höher) zu rechnen. Es empfiehlt sich daher, den ausgearbeiteten Fragebogen in Form eines „Pretests" einer Versuchsgruppe zur Beantwortung vorzulegen, um Fehlerquellen und negative Effekte möglichst im Vorfeld auszuschalten.

Interview

Das **Interview** bietet einen unmittelbaren persönlichen Kontakt zur Auskunftsperson. Es bietet sich die Möglichkeit der Fragenerläuterung und der Absicherung der erhaltenen Aussagen durch ergänzende Fragen. Spontanreaktionen der Befragten kann nachgegangen werden. Bei telefonischen Interviews besteht nur ein mittelbarer Kontakt, der bei schwierigeren Fragen zu höheren Verweigerungsquoten führen kann. Die Vorteile der telefonischen Befragung liegen allerdings in der kurzfristigen Verfügbarkeit von Informationen und in Kostenersparnissen gegenüber der direkten persönlichen Befragung.

Beobachtung

Neben der Befragung steht die **Beobachtung** als Mittel für die primäre Informationsgewinnung zur Verfügung. Sie ist dadurch gekennzeichnet, dass auf eine direkte Kontaktaufnahme mit den Bezugspersonen verzichtet wird, die Informationen durch Beobachtung also unabhängig von der Auskunftsbereitschaft der Marktsubjekte gewonnen werden können. Der Beobachtete gibt durch sein Verhalten seine Auskünfte unbewusst. Die Beobachtung ist allerdings nur **gegen-**

wartsbezogen, in der Befragung können auch die Vergangenheit bzw. die Zukunft in den Erhebungsumfang miteinbezogen werden. Der Sachverhaltsbereich erfährt gegenüber der Befragung ebenso eine Einschränkung, da Meinungen, Einstellungen, Bestrebungen bzw. Einkommen oder Eigentumsverhältnisse einer Beobachtung überhaupt nicht oder nur sehr schwer zugänglich gemacht werden können. Deswegen kommt die Beobachtung als Methode der Marktforschung in der Praxis seltener zur Anwendung als die Befragung.

8.5. Das absatzpolitische Instrumentarium (Marketing-Mix)

Um die Leistungen eines Unternehmens auf dem Markt absetzen zu können, bedarf es unterschiedlicher absatzpolitischer Maßnahmen. In der Regel wird zwischen folgenden **Instrumenten** unterschieden:

Marketing-Instrumente

1. Produktpolitik (auch: Produkt- und Sortimentsgestaltung; Leistungspolitik)
2. Preispolitik (auch: Preis- und Konditionenpolitik, Entgeltpolitik; im NPO-Bereich: Gegenleistungspolitik)
3. Distributionspolitik (Vertriebspolitik)
4. Kommunikationspolitik

Jeder dieser Instrumentalbereiche vereinigt in sich ein Bündel von Maßnahmen, mit welchen die Absatzaktivitäten eines Unternehmens gestaltet werden können. Sie können nicht isoliert voneinander gesehen werden, sondern stehen in einem integrativen Zusammenhang (ein niedriger Preis, der eine erhöhte Nachfrage erwarten ließe, muss auch über verschiedene Maßnahmen – z. B. TV-Werbung – kommuniziert werden; der dadurch geweckten Nachfrage muss über die Vertriebsorganisation entsprochen werden können).

8.5.1. Produktpolitik

Die **Produktpolitik** (Sortimentspolitik, Leistungspolitik) steht in einem engen Zusammenhang mit der Leistungsplanung und orientiert sich an den Bedürfnissen, Wünschen und Nutzenerwartungen der potenziellen Kunden. Entscheidungen über das Produkt betreffen die Gestaltung der Produktbeschaffenheit, der Aufmachung, der Verpackung und auch Fragen der Markenbildung. Sinngemäß ist auch bei Entscheidungen über die Art (Qualität) von Dienstleistungen vorzugehen. Entscheidungen über den Produktmix bestimmen das Sortiment und damit das gesamte Leistungsprogramm. Die Inhalte der Produktpolitik berühren drei Fragenkreise:

- **Produktinnovation**: Es wird über die Aufnahme und Einführung neuer Produkte oder Produktgruppen entschieden. Im Zuge der **Produktdifferenzierung** wird das bestehende Angebot durch neue Produkte erweitert, um spezifischen Kundenbedürfnissen zu entsprechen, die Marktstellung zu festigen bzw. zu erweitern. Die Anzahl der Produktgruppen bleibt dabei unverändert. Bei der **Diversifikation** hingegen kommt es zu einer Vermehrung der bestehenden Produktgruppen, indem neue Produktlinien aufgenommen werden, sei es im Zuge von Unternehmenswachstum oder als Vorsorge vor Umsatzverlusten. Erfolgt die Ausweitung der Unternehmensaktivitäten auf der gleichen Wirtschaftsstufe, spricht man von **horizontaler** Diversifikation. Wird das Produktionsprogramm dagegen um Produkte einer vorgelagerten oder nachgelagerten Stufe erweitert, so spricht man von **vertikaler** Diversifikation.

- **Produktvariation**: Es werden bestimmte (z. B. physische, ästhetische, funktionale) Eigenschaften von Erzeugnissen, die bereits im Produktionsprogramm enthalten sind, modifiziert, um geänderten Wünschen der Nachfrager zu entsprechen und damit den Produktlebenszyklus zu verlängern.

- **Produktelimination**: Es wird auf bisherige Produkte bzw. Produktgruppen im Sinne einer Programmbereinigung verzichtet. Das Angebot dieser Produkte wird eingestellt.

Diese primär auf Sachleistungsbetriebe ausgerichtete Darstellung ist unter den Begriffen **Sortimentspolitik** oder **Leistungspolitik** analog auch auf Dienstleistungsbetriebe zu übertragen. Sie betrifft nicht nur das Warensortiment von Handelsbetrieben, sondern auch deren zusätzliche Leistungen (Nebenleistungen) sowie generell das Angebot in Dienstleistungsunternehmen.

Produktlebenszyklus   Von der systematischen Planung des Produktions- und Leistungsprogrammes hängt es ab, ob ein Unternehmen langfristig erfolgreich sein kann. Dabei spielt der **Produktlebenszyklus** eine große Rolle, da Produkte im Hinblick auf ihre Präsenz am Markt verschiedene Phasen durchlaufen (Abbildung 8-1).

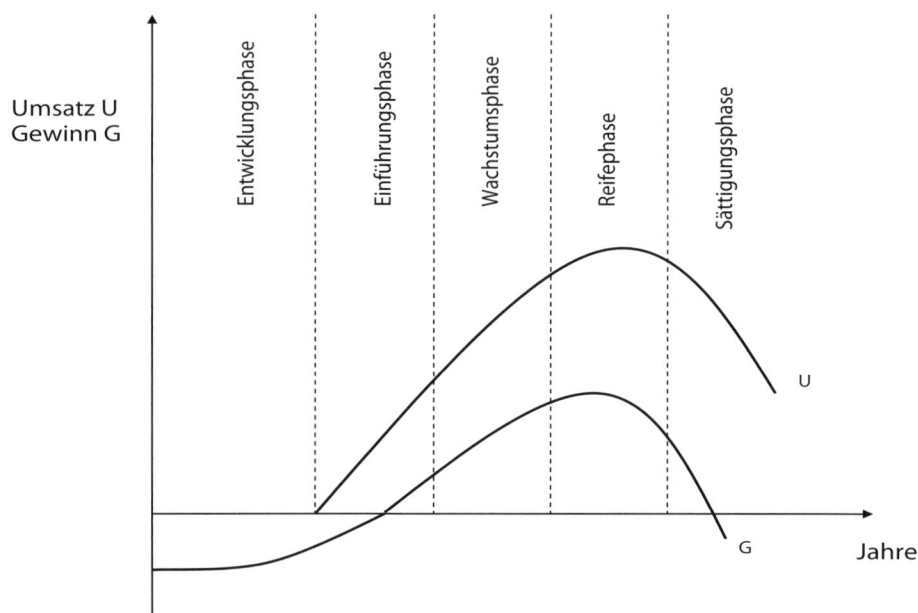

Abbildung 8-1: Produktlebenszyklus

- In der **Produktentwicklungsphase** sind zunächst (a) möglichst viele und gute Produktideen zu entwickeln. Aus den gewonnenen Ideen sind (b) jene auszuwählen, die den Unternehmenszielen und den Handlungsmöglichkeiten des Unternehmens am besten entsprechen; die anderen Ideen sind zu verwerfen oder zurückzustellen. In der Folge sind (c) die Auswirkungen jeder neuen Produktidee auf Umsatz, Kosten und Gewinn zu untersuchen (Wirtschaftlichkeitsanalysen). Dann werden (d) einzelne Produkte zu Testzwecken hergestellt und einzelnen Markttests unterzogen. Ein Testmarkt kann seine Aufgabe nur dann erfüllen, wenn er für den Gesamtmarkt repräsentativ erscheint.

- In der **Einführungsphase** geht es darum, das Produkt mit Hilfe der Preispolitik, der Kommunikationspolitik und auch der Distributionspolitik den Käuferzielgruppen näher zu bringen und allfällige Kaufwiderstände zu überwinden. Da die Umsätze zu Beginn noch gering, die Kosten der Produktentwicklung und der Produkteinführung jedoch sehr hoch sind, muss in dieser Phase mit Verlusten gerechnet werden, die Kapitalbindung steigt weiter an.

- In der **Wachstumsphase** setzt eine stärkere Nachfrage ein, die in der Einführungsphase eingeleiteten Maßnahmen zur Nachfrageentwicklung zeigen nun eine deutliche Wirkung. Die Umsätze steigen an, erste Gewinne entstehen, wenn die Umsatzerlöse die laufenden Kosten übersteigen. Wird das Marktpotenzial als vorteilhaft eingeschätzt und sind die Erfolge viel versprechend, so werden Konkurrenten animiert, das neue Produkt nachzuahmen. Daher müssen vermehrte Vertriebsanstrengungen unternommen werden, um den Markterfolg abzusichern.

- In der **Reifephase** ist das Produkt allseits bekannt und bei den meisten potenziellen Käufergruppen akzeptiert worden. Gegenüber der Konkurrenz konnten die Marktanteile abgesichert werden, die Gewinnsituation ist dementsprechend zufriedenstellend. Es wird notwendig sein, durch Produktvariationen einen gewissen Neuigkeitswert zu signalisieren und verkaufsfördernde Maßnahmen zur Umsatzerhaltung zu forcieren. Spätestens in dieser Phase muss mit der Entwicklung und dem Aufbau eines neuen Produkts begonnen werden. Lange Forschungs- und Entwicklungsarbeiten bedingen einen frühzeitigen Beginn.

- In der **Rückgangs- oder Sättigungsphase** stagniert die Nachfrage, eine Marktsättigung zeichnet sich ab. Zur Belebung der Nachfrage müssen Preissenkungen ins Auge gefasst werden. Die Gewinnsituation verschlechtert sich. Auch der technologische Fortschritt kann für den Nachfragerückgang ausschlaggebend sein. Veränderungen in der wirtschaftlichen Nutzung des Produkts lohnen sich nicht mehr, das Produkt wird letztlich bewusst vom Markt genommen oder es verbleibt mit unbedeutenden Absatzmengen im Markt.

8.5.2. Preispolitik

Der **Preis** eines Produktes (einer Dienstleistung) hängt von den Preisvorstellungen der Anbieter und Nachfrager ab. In der Regel liegen unvollkommene Märkte

Preispolitik

vor (die Informationen über das Marktgeschehen, wie z. B. Anbieter, Nachfrager, Preisvorstellungen, Kaufkraft, Reaktionsgeschwindigkeit der Marktteilnehmer, sind unvollkommen), die Anbieter legen daher zunächst Preisforderungen fest, die ein möglicher Nachfrager annehmen, ablehnen oder durch Verhandlungen zu reduzieren versuchen kann. So kann es durchaus vorkommen, dass die Preise für ein bestimmtes Gut (teilweise erheblich) voneinander abweichen.

Ein Unternehmen wird zunächst versuchen, durch die Festsetzung der Verkaufspreise Kauflust zu wecken und Umsätze zu erzielen. Es ist nicht immer der „niedrigere" Preis, der Nachfrage weckt, auch „höhere" Preise führen unter gewissen Voraussetzungen zu einer Vergrößerung des Absatzvolumens, wenn mit ihnen bestimmte Qualitätserwartungen verknüpft sind. Der Einsatz der preispolitischen Maßnahmen basiert auf Informationen und Erwartungen über die Reaktionen der potentiellen Käufer einerseits (**Nachfrageverhalten**) und der Konkurrenten andererseits (**Konkurrentenverhalten**) auf die eigenen Aktivitäten.

Zunächst ist eine Grundsatzentscheidung notwendig, ob das Unternehmen im Allgemeinen oder nur in bestimmten Sparten eher eine Hochpreispolitik oder eine Niedrigpreispolitik betreiben will. Daraus wird vor allem im Handel die Betriebsform wesentlich bestimmt (Fachgeschäft oder Diskontgeschäft). An diese grundsätzlichen Entscheidungen über die **Preislage** knüpfen sich in der weiteren Folge Entscheidungen über die **Preisfixierung** für neu ins Leistungsprogramm aufzunehmende Güter und Dienstleistungen sowie über **Preisänderungen** definitiver oder befristeter Art hinsichtlich des laufenden Leistungsangebotes.

In vielen Fällen hat das Unternehmen infolge seiner (geringen) Größe bzw. seines (geringen) Marktanteils keine Möglichkeit, mit dem von ihm festgesetzten Preis marktbeeinflussend zu wirken, um seine Erfolgserwartungen zu verbessern. Es wird gezwungen, den Marktpreis als unveränderliche Größe zu akzeptieren und durch Variation der **Angebotsmenge** den erwünschten Gesamterfolg zu erreichen. Generell kann somit zwischen

1. **aktiver** Preispolitik durch Setzung eines Preises unter Berücksichtigung des Verhaltens der Nachfrager und der Konkurrenten; und
2. **Mengenpolitik** durch Anpassung der Produktionsmenge an den Preis, der sich insgesamt durch Angebot und Nachfrage auf dem Markt gebildet hat,

unterschieden werden.

Voraussetzungen Voraussetzung für eine sinnvolle Preispolitik ist das Wissen über

- die **Marktstruktur** (das Unternehmen kennt die Struktur der von ihm bearbeiteten Märkte);
- die **Käuferreaktionen** (das Unternehmen kann Reaktionen der Käufer auf Preisänderungen abschätzen);
- die **Konkurrenzreaktionen** (das Unternehmen vermeint zu wissen, wie Konkurrenten auf seine preispolitischen Maßnahmen reagieren werden);

- die in Frage kommenden **Substitutionsgüter** (das Unternehmen kennt die Güter, mit welchen das eigene Gut substituiert werden kann, und verfolgt deren Preisentwicklung);
- die eigene **Kostensituation** (da zumindest langfristig die Deckung der vollen Kosten anzustreben ist).

Marktformen

Die Vielzahl der möglichen Konkurrenzbeziehungen auf unvollkommenen Märkten hat ihre Extremfälle in der vollständigen Konkurrenz (**Polypol**), bei der der Wettbewerb keinen Beschränkungen unterworfen ist, und im **Monopol**, bei dem eine Konkurrenz ausgeschlossen ist, weil entweder nur ein Anbieter und/oder nur ein Nachfrager am Markt tätig ist und es keine Substitutionskonkurrenz gibt. Zwischen den Extremen der vollständigen Konkurrenz und des Monopols befindet sich der weite Bereich der unvollständigen Konkurrenz, der bei einigen wenigen Anbietern bzw. Nachfragern als **Oligopol** bezeichnet wird.

Polypol

Bei vollkommenen Marktbedingungen müsste sich ein einheitlicher Marktpreis ergeben. Es ist das Kennzeichen einer **polypolistischen Konkurrenz**, dass die im Wettbewerb stehenden Güter bzw. Dienstleistungen jedoch heterogen sind bzw. als ungleich angesehen werden, auch wenn sie es nicht sind. Dies ist die Folge von persönlichen, örtlichen oder sachlichen Präferenzen, die einzelne Anbieter aufbauen können (z. B. guter Standort, freundliches Personal, gute Beratung, einwandfreie Serviceleistungen). **Präferenzen** verhindern einheitliche Marktpreise, was ein Unternehmen in die Lage versetzt, in bestimmten Grenzen eine aktive Preispolitik zu betreiben. Diese Bandbreite wird der „monopolistische Abschnitt" eines Polypolisten genannt.

Monopolistischer Abschnitt

Überschreitet ein Unternehmen in der Preisbildung die obere Grenze des **monopolistischen Abschnittes**, dann beginnt es, Abnehmer zu verlieren, weil die Präferenzen – gemessen an den Preisvorteilen der Konkurrenzunternehmen – zunehmend wirkungslos werden. Umgekehrt können bei niedrigeren Preisen Abnehmer gewonnen werden. Die Breite des monopolistischen Preisbandes wird von der Stärke der Präferenzen bestimmt, über die das anbietende Unternehmen verfügt. Diese Präferenzen ergeben sich aus fehlender oder mangelhafter Markttransparenz und hinsichtlich der Ersetzbarkeit der angebotenen Güter durch andere Produkte. Ziel eines Unternehmens in einem Polypol muss es daher sein, die Präferenzbereiche auszubauen bzw. abzusichern, um eine aktive Preispolitik betreiben zu können. Andernfalls besteht nur die Möglichkeit, sich preislich an den Wettbewerb anzupassen.

Aktionsparameter eines Monopolisten

Die Aktionsparameter eines Monopolisten sind entweder der Preis **oder** die Absatzmenge. Setzt der Monopolist den **Preis** fest, so ergibt sich die mengenmäßige Nachfrage aus der Einstellung der Kunden zu diesem Preis. Ein hoher Preis wird im Hinblick auf die Kaufkraft der potenziellen Abnehmer eine geringere Nachfragemenge bewirken, ein niedriger Preis eine größere Nachfragemenge. Setzt der Monopolist die **Absatzmenge** fest, dann bestimmt das Verhalten der Nachfragenden den der jeweiligen Absatzmenge zukommenden Preis. Dabei ist die Elastizität der Nachfrage von besonderer Bedeutung. Für jede Absatzmenge besteht somit ein bestimmter Preis, für jeden Preis eine bestimmte Absatzmenge. Das Gewinnmaximum ist durch den **Cournot'schen Punkt** bestimmbar, es liegt dort, wo die Grenzerlöse den Grenzkosten gleich sind, wo also die letzte der abgesetzten Leistungen an Erlösen das bringt, was sie an Kosten auslöst.

Oligopol

Bei Oligopolen ist zwischen Angebots- und Nachfrageoligopolen sowie zweiseitigen Oligopolen zu unterscheiden. Ein **oligopolistischer** Anbieter hat damit zu rechnen, dass seine absatzpolitischen Aktivitäten zu Reaktionen der anderen Anbieter führen, was wieder zu Gegenmaßnahmen zwingt, die ihrerseits neue Reaktionen der Konkurrenz auslösen. Eine Folge von Reaktionsprozessen ist somit für die oligopolistische Konkurrenz charakteristisch. Das Absatzvolumen und die Erfolgssituation des Oligopolisten hängen somit von den eigenen absatzpolitischen Aktivitäten und jenen der konkurrierenden Unternehmen ab.

Für die Preisbestimmung kommen im Wesentlichen drei Ansatzpunkte in Frage:

- die Orientierung der Preise an den eigenen Kosten;
- die Ausrichtung der Preise an der Nachfrage- und Beschäftigungssituation;
- die Bestimmung der Preise nach der Konkurrenzlage.

Kostenorientierte Preispolitik

Bei der **kostenorientierten Preispolitik** wird der Angebotspreis auf Grund einer Kalkulation der Selbstkosten (Stückkosten) zuzüglich eines erwünschten Gewinnzuschlages festgelegt. Das Verfahren ist relativ einfach zu handhaben, birgt aber die Gefahr in sich, dass sich ein Unternehmen aus dem Markt „hinauskalkuliert". Dies ist bei einem hohen Fixkostenanteil und schlechter Beschäftigungslage und einer relativ elastischen Nachfrage zu erwarten. Die Absatzmenge wird dann von der eigenen Preisfestsetzung bestimmt. In diesem Fall sind ausreichende Kosteninformationen über die Höhe der Vollkosten und der Teilkostenstrukturen notwendig, die zur Kenntnis über die kurzfristig möglichen und langfristig notwendigen Preisuntergrenzen führen. In Abhängigkeit vom ermittelten Mindestumsatz wird so eine flexiblere Angebotspreispolitik möglich.

Mindestumsatz

Der **Mindestumsatz** bringt die Deckung der Gesamtkosten durch die Gesamterlöse zum Ausdruck. Wird er überschritten, entsteht ein betrieblicher Gewinn, bei Unterschreitung ein Verlust. Geht man von gleich bleibenden Preisen und von einem linearen Gesamtkostenverlauf aus, dann entspricht der Mindestumsatz (auch **Break-even-Point**, Gewinnschwelle) jener rechnerischen Größe, die sich aus der Division der fixen Kosten des Betriebes durch den Deckungsbeitrag je Stück (Differenz zwischen Stückpreis und variablen Kosten pro Einheit) ergibt.

Beispiel: Die Fixkosten betragen 1,200.000, der zu erwartende Preis je Leistungseinheit 100, die variablen Kosten je Leistungseinheit sind mit 40 anzunehmen. Der Deckungsbeitrag jeder verkauften Leistungseinheit zur Abdeckung der Fixkosten beträgt 60 (100 − 40). Somit sind 20.000 Leistungseinheiten (mengenmäßiger Mindestumsatz) zu verkaufen, damit die Fixkosten zur Gänze gedeckt werden können. Der wertmäßige Mindestumsatz beträgt 2,000.000 (20.000 × 100).

Den Berechnungen liegen folgende Gleichungen zugrunde:

(1) Gesamterlös (GE) = Fixe Kosten (K_f) + Mindestumsatz (x) × variable Kosten je Einheit (k_v)

(2) Gesamterlös (GE) = Mindestumsatz (x) × Stückpreis (p)

Daraus folgt: $-x \times p = K_f + k_v \times x$

$$x = K_f / (p - k_v)$$

Die **Preisuntergrenze** liegt bei den variablen Kosten je Leistungseinheit. Jeder Mehrerlös bringt einen Beitrag zur Abdeckung der fixen Kosten und ermöglicht dadurch eine Fixkostendegression (positiver **Deckungsbeitrag**), das Ziel ist eine möglichst hohe Kapazitätsauslastung (siehe Kapitel 7).

Preisuntergrenze

Für die Preisbestimmung ist auch der **Liquiditätspunkt** bedeutsam. Er liegt dort, wo die Erlöse die ausgabengleichen Kosten decken. Da nicht sämtliche Kosten in einer Periode Ausgaben darstellen (z. B. die nutzungsabhängigen Abschreibungen auf Anlagen), kann kurzfristig auf die volle Kostendeckung verzichtet werden und zur Sicherung der Liquidität lediglich die Deckung der ausgabenbezogenen Kosten angestrebt werden. Abbildung 8-2 veranschaulicht den Zusammenhang.

Liquiditätspunkt

Die Nachfrageelastizität als ein die Preisbildung beeinflussender Faktor kann das Unternehmen veranlassen, auf die unterschiedlichen Käuferreaktionen durch ein speziell differenzierendes preispolitisches Verhalten Rücksicht zu nehmen, das als kalkulatorischer Ausgleich bzw. als Preisdifferenzierung bezeichnet wird.

Bei einem **kalkulatorischen Ausgleich** handelt es sich um eine Preisfestsetzung für die vom Unternehmen erbrachten Leistungen nicht im Verhältnis zu den entstandenen Kosten, sondern nach den Erfordernissen des Wettbewerbes, nach Überlegungen zur bestmöglichen Kapazitätsausnützung oder nach beschäftigungspolitischen Zielsetzungen. Eine Kostenunterdeckung in einem Leistungsbereich ist durch Überschüsse in einem anderen Bereich auszugleichen. Dieser Ausgleich betrifft die Aufrechnung positiver und negativer Ergebnisse von **ungleichartigen** Gütern bzw. Dienstleistungen.

Kalkulatorischer Ausgleich

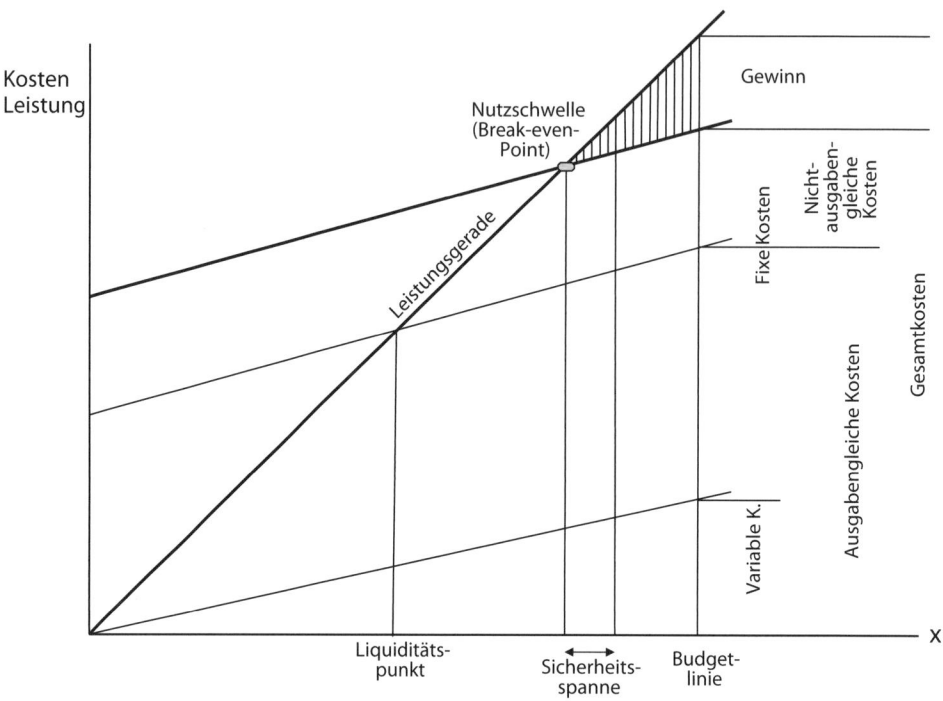

Abbildung 8-2: Bestimmung des Mindestumsatzes

Preisdifferenzierung

Eine **Preisdifferenzierung** bezieht sich hingegen auf unterschiedliche Preise von **gleichartigen** Gütern oder Dienstleistungen. Dies setzt eine Aufspaltung in Teilmärkte (Marktsegmentierung) voraus, die nach personellen, zeitlichen, mengenmäßigen oder räumlichen Kriterien erfolgen kann. Eine **personelle** Preisdifferenzierung berücksichtigt die unterschiedliche Kaufkraft bzw. das Interesse von Nachfragenden (z. B. ermäßigte Tarife im Berufs- oder Schülerverkehr). Eine **zeitliche** Preisdifferenzierung ist z. B. im Tourismus gegeben, wenn niedrigere Preise in der Vorsaison zu einer Verbesserung der Kapazitätsauslastung führen sollen und höhere Preise in der Hauptsaison Lenkungseffekte für die Nachfrage auslösen sollen. Eine **mengenmäßige** Preisdifferenzierung erfolgt nach abgesetzten Mengen (Mengentarifstaffeln). Eine **räumliche** Preisdifferenzierung kommt häufig im Export vor. Wird der Auslandsmarkt zu günstigeren Preisen beliefert, so kann dies auch dem Inlandsmarkt durch die bessere Kapazitätsauslastung des Unternehmens und die daraus resultierende Kostensituation nützen.

8.5.3. Distributionspolitik

Distributionspolitik

Da die Produktion und die Leistungsabnahme (der Konsum) zeitlich und örtlich zumeist auseinander fallen, ergibt sich die Notwendigkeit der **Distribution**. Die Distributionspolitik umfasst alle Entscheidungen und Handlungen, die die Übermittlung von materiellen und immateriellen Leistungen vom Hersteller zum Abnehmer betreffen. Damit einher gehen Standortentscheidungen, die Bestimmung der Absatzwege und die Gestaltung der physischen Distribution. Es ist zu unterscheiden zwischen:

1. **Akquisitorischer Distribution**: Sie dient der Schaffung oder Ausweitung von Absatzmöglichkeiten und betrifft die Probleme der Distributionswege(-kanäle) und der jeweiligen Distributionsorgane.
2. **Physischer Distribution**: Sie dient dem Marketingvollzug und betrifft die Verpackungs-, Versand-, Transport-, Lager- und Lieferserviceprobleme im Rahmen der Güterverteilung. Die physische Distribution wird oft auch als Marketing-Logistik bezeichnet.

Die **Ziele der Distributionspolitik** sind aus den übergeordneten Marketing-Zielen abzuleiten. Mit Hilfe der akquisitorischen Distribution einerseits und der physischen Distribution andererseits soll erreicht werden, dass die jeweiligen Absatzleistungen im richtigen Zustand, zur rechten Zeit und am gewünschten (richtigen) Ort in der jeweils verlangten (richtigen) Menge zur Verfügung stehen (4-R-Regel). Die distributionspolitischen Maßnahmen sollen die Erreichung dieses Ziels gewährleisten.

Zentrale Fragen der Distributionspolitik betreffen das **Vertriebssystem** (zentral, dezentral), die **Absatz- oder Vertriebsform** (Verkauf durch eigene Angestellte, Handelsmakler usw.) und die **Absatzwege bzw. -kanäle**. Absatzwege umfassen die (ökonomischen, rechtlichen, kommunikativen) Beziehungen aller am Distributionsprozess Beteiligten, wobei zwischen Hersteller und Endabnehmer oft **Absatzmittler** bzw. Absatzhelfer treten. Der Absatzweg legt fest, über welche Zwischenstufen die Abnehmer versorgt werden. Letztlich wird er durch die mit dem Absatz verbundenen Transaktionen (Warenpräsentation, Übergabe, Bezahlung) bestimmt.

Absatzorganisation

- **Direkter Absatz**: Der Verkauf (d. h. der gesamte Prozess von der Angebotspräsentation bis zur Übergabe des bestellten Produkts) erfolgt durch den Anbieter selbst; z. B. liefert ein Unternehmen der Investitionsgüterindustrie die georderten Anlagen direkt an den (weiter) produzierenden Käufer. Zumeist ist dieser Anlagenverkauf mit einer Reihe von Dienstleistungen (z. B. Schulung, Wartung) verbunden.
- **Indirekter Absatz**: Hier werden Absatzmittler in die Absatzkette integriert; z. B. verkauft ein Hersteller seine Erzeugnisse an Händler, die diese an die Endverbraucher verkaufen.
- **Mischformen**: Die Angebotspräsentation erfolgt durch den Hersteller auf elektronischen Marktplätzen (z. B. Buchpräsentationen im Internet), die Lieferung erfolgt jedoch über Händler. Auch der umgekehrte Weg ist denkbar: die Angebotspräsentation erfolgt dezentral über Händler (z. B. auf Messen), die Lieferung jedoch zentral vom Produzenten.

In der Wirtschaft übertrifft die Bedeutung des indirekten (mittelbaren) Absatzes bei weitem jene des direkten Absatzes. Zwischen Erzeugern und Abnehmern be-

Funktionen des Handels

steht eine Reihe von Spannungen, die in der Distributionskette vom Handel (Großhandels-, Einzelhandelsbetriebe) überbrückt werden. Der **Handel** übernimmt dabei folgende **Funktionen** (Karl Oberparleiter):

- **Zeitausgleichsfunktion:** Der Handel überwindet die zeitlichen Spannungen zwischen Erzeuger und Nachfrager, wenn er Leistungen, die nur zu einem bestimmten Zeitpunkt bzw. während bestimmter Zeitabschnitte erbracht werden (z. B. Ernte), aufkauft und lagert, um sie der Nachfrage in ihrem kontinuierlichen, sich über das ganze Jahr erstreckenden Bedarf zuzuführen. Umgekehrt kann auch der Handel bei einer kontinuierlichen Erzeugung durch die Lagerung für einen zeitlich begrenzten Bedarf Vorsorge treffen.

- **Raumausgleichsfunktion**: Der Handel überwindet räumliche Spannungen, wenn er die Leistungen von den Stätten der Erzeugung zu den Stätten des Bedarfs bringt. Oftmals ist es dem Erzeuger nicht möglich, die Vielzahl notwendiger Kontakte mit den Kunden über große Entfernungen zu pflegen. In der Raumausgleichsfunktion wird der Handel durch die Transportwirtschaft unterstützt.

- **Qualitätsausgleichsfunktion**: Sortiert der Handel die Produkte nach den Käuferwünschen, dann müssen die produzierenden Unternehmen ihre Erzeugungsprogramme nicht ausschließlich marktorientiert erstellen, sondern können produktionsspezifische Ziele (z. B. Spezialisierung) verfolgen. Je breiter das durch den Handel anzubietende Sortiment ist, umso größer werden für ihn die Kapitalbindung und die Kostenbelastung sowie das Risiko. Gleichzeitig erhöhen sich die Absatzchancen. Je schmäler das Sortiment gestaltet wird, desto eher werden Kostenbelastung, Risiko und Absatzchancen sinken.

- **Quantitätsfunktion**: Viele kleine Mengen können aufgekauft und im Großen verkauft werden, umgekehrt können auch große Produktionsmengen im Kleinen verkauft werden. Der Aufkaufhandel wendet sich quantitativ sammelnd an viele kleine Unternehmen, der Verteilungshandel beschafft hingegen in großen Mengen und gibt sie in kleinen Mengen (z. B. Güter des täglichen Bedarfs) ab.

- **Veredelungsfunktion**: Sie hat einerseits eine Qualitätsverbesserung zum Ziel, der sich der Handel oft im Zusammenhang mit Lagerfunktionen nicht entziehen kann (z. B. Lagerung von Weinen, Trocknung von Getreide). Andererseits ist sie die Folge von Rationalisierungsmaßnahmen beim Transport, die vom Handel dann manipulativ zusammenstellende Arbeiten erfordern (z. B. Möbelaufbau beim Käufer).

- **Informationsfunktion**: Je weniger Marktübersicht Produzenten wie Käufer haben, desto wichtiger wird die Informationsfunktion des Handels über Produkte einerseits und Marktgegebenheiten andererseits. Die Informationsfunktion (Beratungsfunktion) setzt ein großes Vertrauensverhältnis voraus, weil sich die erteilten Auskünfte zumeist einer objektiven Überprüfbarkeit entziehen.

Durch den weltweiten Verbund von Computernetzwerken (Internet) eröffnet sich die Möglichkeit, unternehmensinterne Geschäftsprozesse mit jenen von Lieferanten und Kunden zu verbinden bzw. bis zum Privatkunden zu verlängern – z. B. **Electronic Business** in Form von „B2B" (Business to Business), von „B2C" (Business to Customer) oder „B2G" (Business to Government). Das E-Commerce-Gesetz (ECG, BGBl. I Nr. 152/2001) regelt den elektronischen Geschäfts- und Rechtsverkehr, insbesondere den Online-Vertrieb von Waren und Dienstleistungen sowie deren Förderung durch kommerzielle Kommunikation (Werbung). Unternehmen mit einem kommerziellen Internet-Auftritt unterliegen detaillierten Informationspflichten.

Electronic Business

In der Wirtschaft zeigen sich in vermehrtem Umfang Tendenzen, den Güteraustausch zwischen den Marktpartnern nicht auf der Grundlage von Einzelverträgen für jede einzelne Transaktion, sondern auf der Basis meist langfristiger Kooperationsverträge für eine Folge von Geschäftsabwicklungen zu organisieren (**Kontraktmarketing**). Eine besonders bedeutsame Stellung nimmt in diesem Zusammenhang das Franchising ein.

Das Wesen des **Franchising** besteht darin, dass ein (zumeist ausländischer) Franchisegeber einem Franchisenehmer gegen Bezahlung einer Franchisegebühr das Recht einräumt, seinen Markennamen und damit verbunden sein Fertigungs-Know-how (Produkt-Franchising) und sein Marketing-Know-how (Absatzprogramm-Franchising) zu verwenden. Er verbindet damit sehr genaue Vorschriften über das Erscheinungsbild des Unternehmens und dessen Unternehmensleitlinien (Corporate Identity), über seine Produkt- und Sortimentspolitik sowie die Werbepolitik und Verkaufsförderung. Der Franchisenehmer bleibt rechtlich und wirtschaftlich selbständig und hat ein Interesse, am internationalen Ruf (Image) eines potenten Franchisegebers teilzuhaben bzw. durch die Teilnahme am Franchise-System am internationalen Marktgeschehen mitzuwirken. Der Franchisegeber kann ins Ausland expandieren und sein Vertriebsnetz international erweitern, ohne finanziell durch Eigen- oder Fremdkapitaltransfers belastet zu sein.

Franchising

8.5.4. Kommunikationspolitik

Es genügt nicht, ein gutes Produkt zu entwickeln, einen akzeptablen Preis und passende Zahlungskonditionen festzulegen sowie eine entsprechende Absatzmethode zu wählen. Die potenziellen Kunden müssen angesprochen und über das Leistungsangebot informiert werden. Neben dieser **Informationsfunktion** gilt es, bei den Leistungsabnehmern Präferenzen für das eigene Unternehmen und die eigenen Produkte zu schaffen (**Motivationsfunktion**).

Kommunikationspolitik

Die **Kommunikationspolitik** wird daher häufig als das „Sprachrohr" des Marketing bezeichnet. Sie zielt darauf ab, bei tatsächlichen und potentiellen Abnehmern ein den Unternehmenszielen förderliches Bild vom Angebot des Unternehmens oder vom Unternehmen selbst zu schaffen und in der Folge eine für das Unternehmen günstige Beeinflussung des Nachfrageverhaltens zu bewirken. Der Kommunikationspolitik liegt somit eine informative und beeinflussende Marktkommunikation zugrunde.

Generell kommen der Kommunikationspolitik folgende **Rollen** zu:

- Meinungsbildung
- Schaffung und Erweiterung von Märkten
- Aufbau eines Unternehmens- bzw. eines Produktimages
- Marktsegmentierung
- Vertrauensbildung
- Angebotsvorstellung und Auslösung von Nachfrageaktivitäten
- Auslösung von Wettbewerb (kompetitive Rolle)
- Nachfragebeeinflussung (manipulative Rolle)

Die Kommunikationsziele müssen operationalisiert, d. h. nach Inhalt, Ausmaß, Zeit- und Marktsegmentbezug präzisiert sein. Der **Segmentbezug** ist besonders bedeutsam, da festgelegt sein muss, für welche (Teil-)Märkte und Zielgruppen welche Maßnahmen Geltung haben sollen. Die Zielgruppen werden nach vertikalen (Großhandel, Einzelhandel, Konsumenten), horizontalen (z. B. Käufer, Meinungsführer) und personalen Kriterien (z. B. Altersgruppen) bestimmt.

Wichtigste Formen

Die wichtigsten Formen der Kommunikationspolitik sind die **Werbung**, die **Verkaufsförderung** (Sales Promotion), der **persönliche Verkauf** und die **Öffentlichkeitsarbeit** (Public Relations, PR-Aktivitäten). Sie sind bewusst aufeinander abzustimmen.

Werbung

Durch die **Werbung** sollen die Nachfrager auf die vom Unternehmen angebotenen Güter und Dienstleistungen aufmerksam gemacht und in ihren Kaufabsichten beeinflusst werden. Die Werbung dient einerseits der Information (über Existenz und Eigenschaften eines Produktes; es soll dessen Bekanntheitsgrad erhöht werden) und soll andererseits zum Kauf anregen (somit Einstellungs- und Verhaltensbeeinflussung).

Die Werbung eines Unternehmens kann als **Produkt**werbung (Werbung für ein Produkt und seine Leistungsattribute) oder als **Firmen**werbung (Werbung für das Unternehmen als Institution und dessen Leistungsfähigkeit) konzipiert werden. Produkt- und Firmenwerbung werden als **subjektive** Werbung bezeichnet, weil sie direkt auf einzelne Leistungen oder auf die Leistungsgesamtheit eines Unternehmens ausgerichtet sind. **Objektive** Werbung hingegen liegt vor, wenn von einem ganzen Wirtschaftszweig gemeinsam für eine Produktart Werbung betrieben wird und damit der Absatz dieser Leistungssparte eine generelle Ausweitung erfahren soll.

Wichtige **Werbemittel** sind Fernseh-, Kino- und Hörfunkspots, Anzeigen in Zeitungen, Prospekte, Plakate, Postwurfsendungen, Werbebanner und -buttons im Internet sowie Kataloge. Diese Werbemittel sind von den **Werbeträgern** abzugrenzen. Diese dienen der Vermittlung der in den Werbemitteln dargestellten Botschaften. Dazu zählen die Printmedien, Fernsehen, Radio, Kino, Plakatwerbung, Schaufenster, Verpackung und das Internet. Im Zuge der Verbundwerbung (Comarketing, Cobranding) können auch Unternehmen Werbeträger sein.

Die **Werbebotschaft** muss sich an den Kaufmotiven der (potenziellen) Nachfrager orientieren, sollte klar und deutlich formuliert werden, um in Erinnerung zu bleiben, und sich hinsichtlich ihrer Gestaltungselemente (Text, Ton, Bild) an der sogenannten AIDA-Formel (**A**ttention, **I**nterest, **D**esire, **A**ction) orientieren.

Zusätzliche Möglichkeiten, für ein Produkt oder ein Unternehmen zu werben, sind in Form des Product Placement und des Sponsoring gegeben.

Beim **Product Placement** werden einzelne Produkte oder ein ganzes Unternehmen in den Handlungsablauf von Filmen und Fernsehsendungen (aber auch in anderen Medien) so integriert, dass eine unmittelbare Werbeintention (im Vergleich zu normalen Werbesendungen) nicht erkennbar ist. Ziel des Product Placements ist nicht alleine die Bekanntmachung des Produkts oder des Unternehmens, sondern in erster Linie die Identifizierung mit den Akteuren und den von ihnen benutzten Produkten, sodass die Zuschauer letztlich animiert werden, die Akteure zu kopieren und diese Produkte zu kaufen.

Product Placement

Sponsoring beruht auf dem Prinzip von Leistung und Gegenleistung. Der Sponsor stellt dem Gesponserten Geld und/oder Sachmittel zur Verfügung und erwartet aus dem Aktivitätsfeld des Gesponserten dafür eine Gegenleistung, die zur Erreichung der Marketingziele beitragen soll. Nutzeffekte können im Bereich der Werbung (Aufschriften auf der Bekleidung von Personen, Ausrüstungsverträge, Bandenbeschriftung, Benennung von Veranstaltungen nach dem Sponsor), im Bereich der Verkaufsförderung (Autogrammstunden, Händlertreffen, Vorträge, VIP-Lounges, Ehrenlogen, Sondergastspiele), im Bereich der Public Relations (Veranstaltungen mit gesponserten Prominenten, Pressekonferenzen, Kongresse und Tagungen) und beim persönlichen Verkauf (gesponserte Personen als Firmenrepräsentanten, Verkaufsgespräche während einer gesponserten Veranstaltung) liegen. Sponsoring ist somit ein die übrigen Kommunikationsinstrumente ergänzendes Instrument, das sich insbesondere auf den sportlichen, kulturellen und gesellschaftlichen (sozialen) Bereich erstreckt (Sport-, Kultur-, Sozial-Sponsoring).

Sponsoring

Trotz ihrer hohen Verbreitung ist die (klassische) Werbung in ihrer Bedeutung eher rückläufig, den anderen kommunikationspolitischen Instrumenten wird oftmals der Vorzug eingeräumt. Dies hat seinen Grund in einer steigenden Sensibilisierung gegenüber der werblichen Beeinflussung, in einer abnehmenden Attraktivität, Originalität und Glaubwürdigkeit der Werbung und in einer zunehmend negativen und kritischen Einstellung vieler Konsumenten gegenüber der Werbung. Dazu tragen außerdem eine Informationsüberlastung (geringe Aufmerksamkeit der Werbeadressaten) und die zunehmend erkennbare inhaltliche und formale Austauschbarkeit verschiedener Werbemittel (kaum Unterscheidungsmöglichkeiten) bei.

Sales Promotion Die **Verkaufsförderung (Sales Promotion)** dient der Information, Unterstützung und Motivation aller am Absatzprozess beteiligten Organe (Innen- und Außendienst, Groß- und Einzelhandel), um den Verkauf zu fördern. Daneben soll auch der Endverbraucher entsprechend informiert und motiviert werden. Demzufolge wird zwischen Verkaufspromotions, Händlerpromotions und Verbraucherpromotions unterschieden. Durch **Verkaufspromotions** soll die Leistungsfähigkeit der unternehmenseigenen Verkaufsorganisation verbessert werden (z. B. durch Schulungen, Verkaufswettbewerbe für die Mitarbeiter, Provisions- und Prämiensysteme). **Händlerpromotions** erstrecken sich auf die Ausbildung und Information des Handels, auf die Beratung bei der Ausgestaltung der Verkaufsräume, das Aufstellen von Verkaufshilfen (Displays), die Unterstützung der Verkaufsmaßnahmen durch Distributionsmaßnahmen (z. B. Warenanlieferung bis in den Verkaufsbereich, verbunden mit der Übernahme der Regalpflege) sowie die Beratung bei der Preisgestaltung und in allgemeinen betriebswirtschaftlichen Fragen. **Verbraucherpromotions** wenden sich direkt an den Letztverbraucher. Sie sollen den Konsumenten rasch auf bestimmte Produkte aufmerksam machen, eine aktive Auseinandersetzung mit dem Produkt bewirken und besondere Vorteile beim Kauf des Produktes aufzeigen (z. B. Preisausschreiben, Sonderpreisaktionen und Verteilung von Warenproben).

Event-Marketing Zur Verkaufsförderung (in allen drei Dimensionen) zählt auch das **Event-Marketing**, das oftmals auch als eigenständiges Kommunikationsinstrument (z. T. in Verbindung mit Sponsoring-Aktivitäten und PR-Aktivitäten) gewertet wird. Events sind inszenierte Ereignisse für bestimmte Zielgruppen, welchen durch eine aktive Teilnahme gezielt „Erlebnisse" vermittelt werden sollen. Mit firmen- oder produktbezogenen Events sollen emotionale und physische Reize und starke Aktivierungsprozesse ausgelöst werden. Im Zuge von Events werden z. B. neue Produkte vorgestellt, Jubiläen veranstaltet oder Mitarbeiter besonders motiviert. Die Erhöhung des Bekanntheitsgrades, die Schaffung von Sympathie, die Imageverbesserung sowie ein bewusst gestalteter Dialog mit den anzusprechenden Zielgruppen sind Ziele des Event-Marketing, es dient demnach sowohl der unternehmensexternen als auch der internen Kommunikation.

Persönlicher Verkauf Im **persönlichen Verkauf** soll der Marktpartner unmittelbar über ein Angebot informiert, von seiner Qualität überzeugt und hinsichtlich der Anwendungsmöglichkeiten beraten werden. Der Kundenkontakt wird somit als wesentlich für den Erfolg der Marketingkommunikation angesehen. Dementsprechend bedeutsam sind die individuelle Besuchsplanung, die Gesprächsvorbereitung, die Verkaufsargumentation, die Gesprächstaktik, die Verhandlungsführung, das Eingehen auf Kritikpunkte sowie die Gespräche nach dem Kaufabschluss. Die Überwachung der Auftragsabwicklung und die Bearbeitung von Kundenreklamationen gehören ebenso dazu. Der persönliche Verkauf verursacht vergleichs-

Schauer, Betriebswirtschaftslehre[6]

weise hohe Kosten und ist deshalb nur bei ausreichend hohen Erlöserwartungen wirtschaftlich sinnvoll.

Mit der **Öffentlichkeitsarbeit** (Public Relations, oder nur kurz: PR) sollen Verständnis und Vertrauen für die Anliegen eines Unternehmens und dessen Leistungsfähigkeit in einem weiten Kreis der Gesellschaft aufgebaut und gepflegt werden. Adressaten der Öffentlichkeitsarbeit sind insbesondere Personen, die als Meinungsbildner gelten (Medienvertreter) bzw. in der Gesellschaft eine entsprechende Position einnehmen. Die Gesamtfunktion der Öffentlichkeitsarbeit kann in fünf Teilfunktionen aufgeteilt werden. Die **Informationsfunktion** zielt auf eine verständnisvolle Einstellung zum Unternehmen ab. Die **Imagefunktion** soll ein bestimmtes Vorstellungsbild vom Unternehmen in der Beurteilung der Öffentlichkeit erreichen lassen. Die **Führungsfunktion** soll die Positionierung des Unternehmens auf dem Markt aktiv beeinflussen. Die **Kommunikationsfunktion** zielt auf das Zustandebringen von wünschenswerten Kontakten zwischen dem Unternehmen und den relevanten Zielgruppen ab, und die **Existenzerhaltungsfunktion** soll für eine glaubwürdige Darstellung der Notwendigkeit und Zweckmäßigkeit des Unternehmens in der Öffentlichkeit sorgen. Wichtigste **Maßnahmen** der PR-Arbeit sind Pressekonferenzen, Journalisteninformationen, PR-Anzeigen und PR-Veranstaltungen (wie Tage der offenen Tür, Filmvorführungen, Jubiläumsfeiern, professionell betreute Betriebsbesuche), Werk- und Kundenzeitschriften, Veröffentlichungen allgemeiner Art in Zeitschriften sowie Unterstützungsleistungen ohne direkte Gegenleistungserwartung (somit im Gegensatz zum Sponsoring) für Wissenschaft, Kunst, Sport und soziale Dienste.

Public Relations

Die nach innen gerichtete Öffentlichkeitsarbeit eines Unternehmens wird oft als **Human Relations (HR)** bezeichnet und richtet sich an gegenwärtige, frühere (z. B. Pensionisten), aber auch zukünftige (potenzielle) Mitarbeiter. Ziele sind die Schaffung eines positiven Betriebsklimas, das Verständnis für Unternehmensentscheidungen, der Aufbau und die Festigung des Mitarbeitervertrauens, die Förderung ihrer Motivation oder auch ihre Stabilisierung (z. B. in Unternehmenskrisen).

Human Relations

Eine systematische Erarbeitung eines für das Unternehmen positiven Bildes in der Öffentlichkeit wird durch das Konzept der **Corporate Identity (CI-Konzept)** verfolgt. Ziel dieses Konzeptes ist es, durch eine einheitliche und somit abgestimmte Ausgestaltung aller kommunikativen Maßnahmen eines Unternehmens eine positive „Soll-Identität" zu erreichen. Dabei kommt es insbesondere darauf an, dass das Selbstbild des Unternehmens mit dem Fremdbild in der Öffentlichkeit weitestgehend übereinstimmt. Hiezu gehören ein eindeutig identifizierbarer Firmenname ebenso wie eindeutig identifizierbare Produkte und eine weitestgehende Einheitlichkeit im Design, in Farbgestaltungen sowie im öffentlichen Auftreten des Unternehmens. HR-Aktivitäten sollen das „Wir-Gefühl" in einer Organisation entwickeln und verstärken und zielen auf eine **Cooperative Identity (COOPI-Konzept)** ab. Dies ist gerade in mitgliedschaftlich organisierten Nonprofit-Organisationen von großer Bedeutung.

CI-Konzept

8.5.5. Die optimale Kombination der Marketing-Instrumente

Marketing-Mix

Der Einsatz der absatzpolitischen Instrumente zur Erzielung der erwünschten Absatzeffekte ist von einer Reihe gegenseitiger Abhängigkeiten und Wirkungsergänzungen geprägt. Keines der genannten Instrumente kann allein und isoliert Einsatz finden und ist im Allgemeinen auch nicht durch ein anderes Instrument ersetzbar. Es entsteht daher die Frage, welches absatzpolitische Verhalten, welche Kombination absatzpolitischer Mittel (**Marketing-Mix**) als optimal anzusehen ist.

Akquisitorisches Potenzial

Die Vorteile, die ein Unternehmen bei einer bestimmten Zusammensetzung des Mitteleinsatzes gegenüber seinen Marktkonkurrenten erzielen kann, sind als **akquisitorisches Potenzial** anzusehen. Es stellt eine Anziehungskraft gegenüber Kunden dar und realisiert Präferenzen (z. B. „Stammkundschaft"). Durch Änderungen in der Zusammensetzung des absatzpolitischen Mitteleinsatzes können Erhöhungen, aber auch Verringerungen des akquisitorischen Potenzials eintreten. Die gewinnoptimale Kombination des absatzpolitischen Instrumentariums ist theoretisch dort gegeben, wo den Grenzkosten (den zusätzlich einzusetzenden Kosten) für jedes einzelne absatzpolitische Instrument die gleiche absatzpolitische Wirkung (Gewinnzuwachs) gegenübersteht. Da sich in der Realität aber keine eindeutigen Kosten-Wirkung-Relationen für den Einsatz der absatzpolitischen Mittel ermitteln lassen, kann nur versucht werden, eine optimale Kombination annähernd zu erreichen.

Für die Bestimmung der Optimalkombination sind demnach Entscheidungen unter zwei Aspekten zu fällen:

1. **Welche** Mittel sind auszuwählen?
2. Mit welcher **Intensität** (Gewichtung) sollen sie eingesetzt werden?

Marketing-Mix in Teilbereichen

In der Literatur finden sich Ansätze, das Entscheidungsfeld der Bildung eines optimalen Marketing-Mix in Teilbereichen sachfragenorientiert aufzubereiten (siehe Abbildung 8-3):

1. **Produkt**-Mix: Welche Leistungen (Problemlösungen) sollen in welcher Form am Markt angeboten werden (Produktqualität, Sortiment, Marke, Verpackung, Kundendienst)?
2. **Distributions**-Mix: An wen und auf welchen Wegen sollen die Produkte verkauft werden (Distributionskanäle, Logistik)?
3. **Kontrahierungs**-Mix (**Preis**-Mix): Zu welchen Bedingungen sollen die Leistungen am Markt angeboten werden (Preise, Rabatte, Kredite, Liefer- und Zahlungskonditionen)?
4. **Kommunikations**-Mix: Welche Informations- und Beeinflussungsmaßnahmen sollen ergriffen werden, um die Leistungen absetzen zu können (Werbung, Verkaufsförderung, persönlicher Verkauf, Öffentlichkeitsarbeit)?

In Teilbereichen, wo alternative Verfahrensmöglichkeiten bestehen, werden weitere Subsysteme angesprochen: z. B. **Logistik**-Mix hinsichtlich alternativer Möglichkeiten zur Heranbringung der Güter an den Käufer oder **Werbe**-Mix als Kombination von unterschiedlichen Werbemitteln und -trägern in einer Werbekampagne.

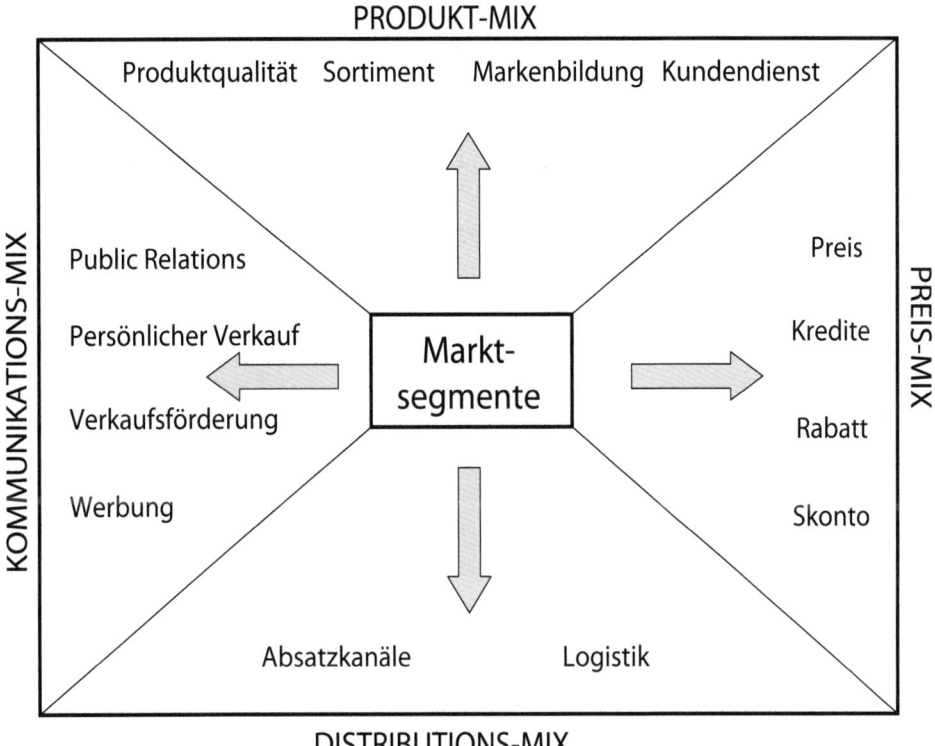

(nach Meffert)

Abbildung 8-3: Komponenten des Marketing-Mix

Es ist davon auszugehen, dass Marketing-Mix-Entscheidungen nicht auf der Grundlage algorithmisch zu lösender Entscheidungsmethoden getroffen werden. Sie sind vielmehr als ein iterativer Suchprozess mit mehrfachen, aus der Erfahrung abgeleiteten Rückkoppelungsnotwendigkeiten aufzufassen, in deren Rahmen heuristischen Methoden (Suchverfahren) eine große Bedeutung zukommt. Den Einstieg in den Marketing-Mix-Entscheidungsprozess bilden normalerweise **Vorentscheidungen** aufgrund bisheriger Realisierungsschritte wie bestehende Organisation, bestehendes Vertriebsnetz, Verfahrenstreue usw. oder strategischer Vorentscheidungen. Darauf aufbauend folgen unter Anwendung heuristischer Prinzipien **Subentscheidungsprozesse** innerhalb der einzelnen absatzpolitischen Entscheidungstatbestände auf Grund spezifischer Wirkungsanalysen. Dieser Prozess macht oft eine Schleifenbildung zwischen Teilbereichen notwendig.

Literatur

Bidlingmaier, J., Marketing, 2 Bände, 9./10. Auflage, Opladen 1983/1982.

Bruhn, M., Marketing. Grundlagen für Studium und Praxis, 13. Auflage, Wiesbaden 2016.

Kotler, P., Grundlagen des Marketing, 6. Auflage, München 2016.

Lechner, K./Egger, A. u. W./Schauer, R., Einführung in die Allgemeine Betriebswirtschaftslehre, 27. Auflage, Wien 2016.

Lichtsteiner, H./Purtschert, R., Marketing für Verbände und weitere Nonprofit-Organisationen, 3. Auflage, Bern 2014.

Meffert, H., Marketing, Grundlagen marktorientierter Unternehmensführung, 13. Auflage, Wiesbaden 2018.

Meffert, H., Dienstleistungsmarketing, 9. Auflage, München 2018.

Scheuch, F., Marketing, 6. Auflage, München 2007.

9. Die Informationswirtschaft

9.1. Die betriebliche Verwaltung

Als „**betriebliche Verwaltung**" ist jener Unternehmensbereich anzusehen, in welchem Informationen zur Erfüllung der Zweckaufgaben des Unternehmens (Beschaffung, Produktion, Absatz) erfasst, gespeichert und für die Unternehmensführung so aufbereitet werden, dass die aus dem menschlichen Zusammenwirken erforderliche Steuerung individueller Leistungen und der daraus erwachsenden Sach- und Dienstleistungen auf die Erreichung der vorgegebenen Unternehmensziele ausgerichtet werden kann. Der betrieblichen Verwaltung kommt dabei eine besondere Bedeutung als **Bindeglied** zwischen **Unternehmensführung**, der **operativen** Unternehmensebene (Basissystem) und der betrieblichen **Umwelt** zu.

Die betriebliche Verwaltung erfüllt folgende **Funktionen**:

- **Dokumentationsfunktion**
  Festhalten und Erfassen des Betriebsgeschehens zur
  - Sicherung von Beständen (Personal-, Anlagen-, Materialverwaltung)
  - Sicherung der Betriebsprozesse (Absatz-, Beschaffungs-, Produktions-, Finanzverwaltung)
  - Prüfung der Umweltgegebenheiten
- **Kontrollfunktion**
  Analyse der internen und externen Bedingungen des Betriebsgeschehens
- **Koordinationsfunktion**
  Integrierte Maßnahmen zur Abstimmung im Mitteleinsatz
- **Dispositionsfunktion**
  Unterstützung der Unternehmensführung bei Planung und Organisation des Unternehmensgeschehens

Für die **Abgrenzung der Verwaltungstätigkeiten** muss auf folgende Grundbedingungen Bedacht genommen werden:

1. Die **Verwaltungsaufgaben durchdringen** alle (anderen) Betriebsaufgaben, sie sind mit ihnen untrennbar verbunden, können also nicht isoliert und etwa unterlassen werden.
2. Die Verwaltung als betrieblicher Bereich lässt sich nicht **neben** die Bereiche von Beschaffung, Produktion und Absatz wie etwa der Bereich der Finanzierung oder jener der betriebswirtschaftlichen Logistik einordnen. Sämtliche Arbeiten im Sinne der obigen Funktionsanalyse sind als Verwaltungstätigkeiten anzusprechen.
3. Das Aktivitätsfeld der Verwaltung ist die **Koordination zwischen Willensäußerung und der tatsächlichen Durchführung**. Die Verwaltung hat für die zweckentsprechende Beschaffung, Bearbeitung und Verarbeitung von Infor-

Verwaltung

Funktionen

Abgrenzung

mationen zu sorgen. Diese Sichtweise führt in letzter Zeit zum Aufgabenbereich des **Informationsmanagements** (siehe Abschnitt 9.2).

Gliederung

Die betriebliche Verwaltung stellt daher aus **funktionaler** Sicht keinen abgegrenzten Unternehmensbereich dar, sondern durchdringt das gesamte Unternehmen. Dennoch werden aus **institutionaler** Sicht in der Unternehmensrealität Abgrenzungen vorgenommen. Im Allgemeinen werden folgende Aufgabenkomplexe als Bereiche der betrieblichen Verwaltung angesehen:

1. Rechnungswesen
2. Personalwesen
3. Finanzwirtschaft
4. Organisation
5. Sachverwaltung
   a. Anlagenverwaltung
   b. Materialverwaltung

Zentralisierung von Aufgaben

Sie werden oftmals als Kaufmännische Verwaltung oder als Verwaltungsdirektion (Administrative Direktion) zusammengefasst. Wenngleich in dieser Listung die mangelnde Systematik in der Abgrenzung, die nur aus einem traditionsorientierten Vorgehen erklärbar ist, deutlich wird, so bringt sie in ihrer Art doch das Wesen der institutionalen Abgrenzung des Verwaltungsbereiches zum Ausdruck. Sie ist aus den Bemühungen zur **Zentralisierung von Aufgaben** entstanden. Es sollten also z. B. im Falle des zentralen Personalwesens, der Sachverwaltung oder des Rechnungswesens die **Vorteile** der zentralen Aufgabenerfüllung wahrgenommen werden:

- Sicherung der Einheitlichkeit und Qualität der Verwaltungsleistung
- Vermeidung von Mehrfacharbeiten
- Bessere Übersicht und damit erleichterte Kontrolle
- Möglichkeit des wirtschaftlichen Einsatzes qualifizierten Personals und maschineller Hilfsmittel und damit erhöhte Effizienz
- Entlastung der unmittelbar den Zweckaufgaben dienenden Instanzen

Den Vorteilen einer zentralisierten Aufgabenerfüllung stehen aber als **Nachteile** gegenüber:

- Verlängerung der Informationswege
- Verminderte Einsichtnahme in das operative Betriebsgeschehen
- Mangelnde Anpassungsfähigkeit
- Gefahr der Bürokratisierung
- Übergewicht des Verwaltungsapparates

Die Erfüllung der Verwaltungsaufgaben ist daher in dem gleichen **Spannungsverhältnis zwischen Zentralisierung und Dezentralisierung** zu sehen, wie es für die Gestaltung aller anderen Unternehmensaufgaben gegeben ist.

Die Tätigkeitsfelder der betrieblichen Verwaltung werden oft mit **negativen Assoziationen** wie „bürokratisch" oder „unflexibel" belegt. Die Kosten der Verwaltung werden von vielen als „unproduktive Kosten" (oder sachlich nicht zutreffend: als „Unkosten") eingeschätzt, weil sie nicht direkt dem Leistungsvollzug zugerechnet werden können. Dabei wird vielfach die **essentielle Notwendigkeit** der Verwaltungstätigkeiten **übersehen**, die einen koordinierten Einsatz der Produktionsfaktoren im Sinne einer zweckgerechten und wirtschaftlichen Leistungserstellung und Leistungsverwertung erst sicherstellen. Insofern stellen Verwaltungsaufgaben **mittelbare** Aufgaben dar, die unterstützend für den Einsatz der dispositiven Produktionsfaktoren wirken und daher **in ihrer Effizienz nicht unmittelbar** erkennbar sind.

Bürokratie

Auf der anderen Seite muss berücksichtigt werden, dass die in ihrer Intensität steigende Notwendigkeit zur Anpassung der Unternehmensaktivitäten an sich ändernde Umweltbedingungen auch zu einem **Anwachsen der Verwaltungsaufgaben** führen kann. Anteilsmäßig höhere „Verwaltungskosten" sind die Folge.

9.2. Informationsmanagement

Der volle Einsatz des Leistungspotenzials eines Unternehmens setzt eine umfassende Erfassung, Speicherung, Aufbereitung und Bereitstellung von **Informationen** für die betrieblichen Entscheidungsträger voraus. „Information" als zweckorientiertes Wissen ist untrennbar mit „Kommunikation" zwischen Organisationselementen verbunden. **Information und Kommunikation** sind heute in hohem Maße von den verfügbaren technologischen Möglichkeiten geprägt und auf den Einsatz von EDV-Systemen (im weitesten Sinne) abgestützt. Durch die rasante Entwicklung der **Informations- und Kommunikationstechnologien** (Ein- und Ausgabetechnik, Speicherungs- und Verarbeitungstechnik, Programmiersysteme, Datenübertragungsverfahren, Büroinformationssysteme) und deren immer größer werdenden Stellenwert in den Unternehmen hat die Bedeutung der **Informationswirtschaft** für den Unternehmenserfolg deutlich zugenommen. Für die Unternehmensführung ergibt sich daraus die prinzipielle Frage, wie die Informations- und Kommunikationstechnologien im Unternehmen so eingesetzt werden können, dass ihr potenzieller Beitrag zum Unternehmenserfolg voll ausgeschöpft wird.

Information und Kommunikation

Mit dem Begriff **„Informationsmanagement"** werden alle Führungsaufgaben angesprochen, die die Information und Kommunikation im Unternehmen betreffen (**Informationsfunktion**) und das Leitungshandeln einer Organisation bestimmen (Lutz J. Heinrich). Die Informationsfunktion ist ebenso eine Querschnittsfunktion wie Finanzierung oder Logistik. Information und Kommunikation können als wirtschaftliches Gut und in der weiteren Folge als (immaterieller) Produktionsfaktor verstanden werden, der die traditionellen Produktionsfaktoren in nicht unerheblichem Umfang zu substituieren vermag.

Informationsmanagement

MAT-Systeme

Für das Informationsmanagement ist die **ganzheitliche** Betrachtung der Informationsfunktion in einem Unternehmen und damit der Informations-Infrastruktur charakteristisch. Die Informationsinfrastruktur ergibt sich aus dem Beziehungsgeflecht zwischen den Menschen als Aufgabenträgern, den zu lösenden betrieblichen Aufgabenstellungen und den hiezu verfügbaren technischen Fazilitäten (**Mensch-Aufgabe-Technik-Systeme**). Die Führungsaufgabe des Informationsmanagements liegt nach Heinrich darin, das Leistungspotential der Informationsfunktion für die Erreichung der strategischen Ziele einer Organisation zu bestimmen und durch die Bereitstellung einer geeigneten Informationsinfrastruktur nutzbar zu machen (Sachziel). Dabei soll nicht nur ein innerbetrieblich vorhandenes Leistungspotential im Sinne von Rationalisierung genutzt werden, sondern es sollen auch außerbetriebliche Leistungselemente durch die Beeinflussung kritischer Wettbewerbsfaktoren auf den das Unternehmen umgebenden Märkten aktiviert werden. Als Formalziele des Informationsmanagements sind in erster Linie Wirtschaftlichkeit (Effizienz) und Wirksamkeit (Effektivität) zu erwähnen, aber auch Anpassung (Flexibilität), Durchdringung des Organisationskomplexes, Produktivität und Sicherheit.

Systemplanung

Bei der **Strukturierung der Aufgaben** des Informationsmanagements empfiehlt es sich, eine Gliederung in eine strategische, eine administrative (taktische) und in eine operative Aufgabenebene vorzunehmen. Die **strategische** Aufgabenebene umfasst die Aufgaben der Planung, Überwachung und Steuerung der Informationsfunktion und ihrer Infrastruktur als **Ganzes**. Sie soll konstruktive Lösungsbeiträge für die Erreichung der strategischen Ziele eines Unternehmens erbringen. Dies erfordert die Einbindung des Informationsmanagers in die strategische Zielplanung einer Organisation. Die **administrative** Aufgabenebene erfasst **einzelne Komponenten** der Informationsfunktion und ihrer Infrastruktur und schließt den gesamten Bereich der **Systemplanung** ein. Die Aufgaben dieser Ebene können nach Objekten strukturiert werden und erlauben eine Differenzierung nach Personal-, Projekt-, Daten-, Anwendungssystem-, Sicherungs- und Katastrophenmanagement. Die **operative** Aufgabenebene erstreckt sich schließlich auf den Betrieb und die Nutzung der infrastrukturellen Gegebenheiten. Im Vordergrund steht die Organisation der vorhandenen Betriebsmittel einer Informations-Infrastruktur (Produktionsmanagement) mit dem Ziel, die Arbeitsaufträge der Benützer abzuarbeiten. Diese Arbeitslast ist mit der Kapazität der Betriebsmittel abzustimmen (Kapazitätsmanagement). Aufgabe des Problemmanagements ist es, auftretende Probleme im Gefolge ungeplanter Ereignisse im Lichte operativer Ziele, wie z. B. Verfügbarkeit, zu erkennen und zu beseitigen.

Für die Methodik des Informationsmanagements ist das „Denken in Zusammenhängen" typisch. Es findet in einem ausgeprägten System-, Leistungs- und Kostendenken seine Konkretisierung:

1. **Systemdenken**: Für das Verständnis eines Informationssystems reicht die Erklärung seiner Elemente (Mensch, Aufgabe, Technik) nicht aus. Sie muss auch die Erklärung der Beziehungen zwischen diesen Elementen erfassen. Auch die Informationssysteme werden wie das Unternehmen selbst als offen und dynamisch angesehen.

2. **Leistungs- und Kostendenken**: Die Leistung der Informationsfunktion als Ganzes und ihr Beitrag zur Erreichung der strategischen Ziele einer Organisation stehen im Vordergrund (integrative Dimension). Demgegenüber haben die in bestimmten Anwendungssystemen (z. B. Rechnungswesen) erbrachten Leistungen Nachrang. Analoges gilt für die Kosten der Informationsfunktion.

Zu den Methoden des Informationsmanagements zählt eine Vielzahl von **formalen** Methoden (Techniken) für die **Planung**, die **Analyse**, den **Entwurf** und die **Realisierung** von Informationssystemen auf unternehmensweiter Basis oder in wesentlichen Bereichen eines Unternehmens. Sie bauen aufeinander auf und sind voneinander abhängig. Die Anwendung dieser Methoden wird auch unter dem Begriff **„Information Engineering"** gesehen.

Information Engineering

9.3. Wissensmanagement

Das Konzept des **Wissensmanagements** (auch: **„Knowledge Management"**) baut darauf auf, strategisch relevantes Wissen in einer Organisation zu generieren, zu speichern, zu transferieren und zu nutzen. Diese Führungsaufgabe erstreckt sich somit darauf, vorhandenes Wissen zu nutzen und neues Wissen zu entwickeln. Damit soll den Herausforderungen des zunehmend globalen Wettbewerbs entsprochen werden, die Verfügbarkeit der für die Erstellung innovativer Produkte und Dienstleistungen relevanten Informationen wird als kritischer Erfolgsfaktor angesehen. Bei der Suche nach Rationalisierungspotentialen wird das Wissen von Mitarbeitern in zunehmendem Maße als zu disponierende Ressource empfunden. Wissen stützt sich auf Daten und Informationen, ist aber im Gegensatz zu diesen immer an Personen gebunden. Daraus leiten sich drei zentrale Anforderungen an das Management von Wissen in Organisationen (Unternehmen wie Verwaltungen) ab:

Wissensmanagement

1. **Bestehendes** Wissen soll mit **neuem** (noch zu vermittelndem) Wissen kombiniert werden.

2. Es ist eine **Loslösung des Wissens von einer einzelnen Person** anzustreben, dies erfordert den Aufbau neuer Wissensträger. Um Wissensmonopole oder Wissensinseln zu vermeiden, sind organisatorische und technische Strukturen aufzubauen, in welchen zentrale Wissensfelder unabhängig von Einzelpersonen vorgehalten werden. Umgekehrt sind Mechanismen vonnöten, die die Bereitschaft der Wissensträger fördern, individuell vorgehaltenes Wissen anderen zur Verfügung zu stellen.

3. Es muss versucht werden, die verbleibenden **Wissensasymmetrien** in den Organisationen **abzubauen**, um ein Idealziel zu verfolgen, dem man sich wohl nur nähern, es aber kaum erreichen kann: die Verfügbarkeit von entscheidungsrelevantem Wissen bei den Entscheidungsträgern zum richtigen Zeitpunkt und am richtigen Ort.

Aufgaben

Das Wissensmanagement beruht auf drei Säulen: auf den Informations- und Kommunikationstechnologien, auf der Unternehmensorganisation (Strukturen und Prozesse) und auf den Mitarbeitern im Unternehmen. Die **Aufgabe** des Wissensmanagements ist es, die Produktion von Wissen und seine Nutzung möglich zu machen, um Geschäftsprozesse wirksamer und wirtschaftlicher zu gestalten. Daraus leiten sich **Teilaufgaben** ab, die als „Bausteine des Wissensmanagements" bezeichnet werden können:

● Wissens**identifikation** (Feststellung, über welches Wissen ein Unternehmen in welcher Form verfügt)
● Wissens**akquisition** (Erhebung und Analyse von Wissen mit dem Ziel, relevantes, im Unternehmen nicht verfügbares Wissen von außen zu beschaffen)
● Wissens**entwicklung** (Entwicklung neuen Wissens durch Innovationsprozesse, Nutzung der Kreativität der Mitarbeiter und Förderung ihrer Problemlösungskompetenz)
● Wissens**verteilung** (das bei bestimmten Wissensträgern vorhandene Wissen ist für das ganze Unternehmen nutzbar zu machen)
● Wissens**bewahrung** (bestehend aus Wissensselektion, Wissensaktualisierung und Wissensspeicherung)
● Wissens**nutzung** (vorhandenes Wissen soll zur Aufgabenerfüllung sinnvoll eingesetzt werden; die Nutzung des Wissens anderer Wissensträger und des eigenen Wissens durch andere wird durch allfällige Barrieren behindert, sie sind zu erkennen und abzubauen)
● Wissens**bewertung** (der Bestand an Wissen in einer Organisation ist zu operationalisieren und nach Möglichkeit mit quantitativen Größen zu beschreiben: „Wissenskapital", wenn Wissen monetär bewertbar ist)

Wissensmanagement bedeutet somit einen institutionalisierten, organisationsweiten Lernprozess und Wissensaustausch. Dabei spielen die Konzepte des Data Warehouse und des Data Mining in der aktuellen Diskussion eine Rolle.

Informationsspeicherung und -analyse

Als **Data Warehouse** wird ein mehrstufig angelegtes Datenbankkonzept bezeichnet, das Führungskräften aktuelle, kurzfristig abrufbare und verdichtete Informationen zur Steuerung ihrer Organisation bereitstellt. Die benötigten Daten werden aufgabenübergreifend aus unterschiedlichen Datenverarbeitungssystemen auf einer konsistenten Datenbasis verwaltet. Als **Data Mining** wird eine komplexe Analysemethode bezeichnet, die das Aufsuchen von (Daten-)Mustern und Trends (z. B. Nachfrage- und Zahlungsgewohnheiten der Leistungsabnehmer) in großen Datenmengen zum Ziel hat und die Prognose des künftigen Leistungs- und Nachfrageverhaltens erleichtern soll.

Literatur

Heilmann, H. u.a. (Hrsg), Information Engineering, Berlin 2018.

Heinrich, L. J./Pomberger, G./Schauer, R. (Hrsg.), Die Informationswirtschaft im Unternehmen, Linz 1991.

Heinrich, L. J. u.a., Informationsmanagement, 11. Auflage, Berlin 2014.

Kraus, H., Grundriß einer Theorie der Verwaltung, Wien/NewYork 1969.

Schauer, R., Die Verwaltung als betriebliches Teilsystem, Wien 1984.

10. Das betriebliche Rechnungswesen

10.1. Die Aufgaben des Rechnungswesens

Aufgaben Das betriebliche Rechnungswesen kann nicht als ein einheitlich ausgerichtetes Rechengebäude angesehen werden. In einer Vielzahl von Rechnungsverfahren dient es der systematischen **Erfassung** und **Auswertung** aller quantifizierbaren Geschäftsfälle für die Zwecke der **Planung, Steuerung und Kontrolle** des betrieblichen Geschehens. Es erfüllt gleichlaufend und nebeneinander Dokumentations-, Dispositions- und Kontrollfunktionen.

Vier Leitsätze sind zu beachten:

> **Leitsatz 1:** Dem Rechnungswesen ist die Aufgabe übertragen, das wirtschaftliche **Geschehen in einem Unternehmen**, soweit es sich **in Zahlen** abbilden läßt, **zu dokumentieren**.

Es werden **Ziele** (Formalziele wie Rentabilität, Produktivität, Wirtschaftlichkeit und Liquidität sowie Sachziele wie Leistungsprogramm oder Umsätze in einem bestimmten Bereich), der **Mitteleinsatz** (Ressourcenverbrauch) und die **Leistungen**, die die Zielerreichung ermöglichen, abgebildet.

> **Leitsatz 2:** Die Abbildung des Unternehmensgeschehens kann in
> - **Mengengrößen** (z. B. Arbeitsstunden, Beratungsfälle)
> - **Wertgrößen** (z. B. Personalaufwand, Umsätze)
>
> erfolgen. Sie bezieht sich einerseits
> - zeit**punkt**bezogen auf **Bestände** (Vermögenslage, Schulden) und andererseits
> - zeit**raum**bezogen auf die **Leistungsprozesse** (Mitteleinsatz, erbrachte Leistungen)

Finanzwirtschaftliche Dimension Die Praxis zeigt, dass in kleinen und mittleren Unternehmen (KMU) sowie in vielen Vereinen oftmals nur **Zahlungsströme** und Bestände an finanziellen Mitteln (liquide Mittel, Forderungen, Schulden) Gegenstand des Rechnungswesens sind. Dies ist akzeptabel, wenn keine ins Gewicht fallenden Vermögenswerte bestehen und daher keine großen Unterschiede zwischen dem Einsatz von Realgütern (Mitteleinsatz) und den sie begleitenden Nominalgütern (Zahlungsströmen) bestehen. Eine ausschließlich **finanzwirtschaftliche** Betrachtungsweise kann allein Auskunft über die Finanzierbarkeit von Maßnahmen geben und damit die **Liquidität** (Zahlungsfähigkeit) eines Unternehmens sicherstellen. Im Vordergrund stehen die Planung und die Rechenschaftslegung im Sinne des **Nachweises über Herkunft und Verwendung von finanziellen Mitteln**.

Leistungswirtschaftliche Dimension Eine Ausrichtung des Rechnungswesens an Zahlungsströmen allein bedeutet, dass das Unternehmensgeschehen nur **mittelbar** über die die Leistungserstellung und die Leistungsabgabe **begleitenden** finanziellen Vorgänge abgebildet werden kann. Hieraus resultiert ein **Informationsverlust.** Da der Einsatz von Personen, Sachmitteln oder Dienstleistungen (Mitteleinsatz) sowie die erbrachten und abgegebenen Leistungen (Leistungsergebnis) nicht unmittelbar auch in den Mengenkomponenten gemessen werden, begibt man sich der Möglichkeiten der Produktivitätsmessungen und der erfolgsorientierten Wirtschaftlichkeitskontrolle.

Um ein dem **Wirtschaftlichkeitsprinzip** folgendes Handeln sicherzustellen, bedarf es einer differenzierten Kosten- und Leistungsrechnung. Damit soll erreicht werden, dass die vielfältigen Beziehungen des Produktionsfaktoreneinsatzes als Input-Grössen mit den erbrachten Leistungen als Output-Größen systematisiert und einer Steuerung zugeführt werden können (**kalkulatorische** Betrachtungsweise; **instrumentales** Rechnungswesen).

Leitsatz 3:	Die Abbildung des Unternehmensgeschehens dient • zur Befriedigung **externer Interessen** (Behörden, Banken, Geschäftspartner usw.) und • **internen** Informationsbedürfnissen zur Führung des Unternehmens (artikuliert vom Management).

Aus dieser Vielzahl von Interessenlagen entspringt die Notwendigkeit einer jeweils angepassten Informationsdarstellung und damit auch die Notwendigkeit zu einer verschiedenartigen Berichterstattung (**Reporting**). Eine wesentliche Voraussetzung für eine ergebnisorientierte Steuerung des Managementprozesses ist der Ausweis von Soll- und Ist-Grössen sowohl des Outputs als auch des Inputs. Die Ist-Erfassung von Zielerreichung und Ressourceneinsatz ist die Grundlage für die Wahrnehmung der Steuerungs-(**Controlling**-)Funktion.

Reporting

Leitsatz 4:	Die Abbildungen des Unternehmensgeschehens sind • **vergangenheitsorientiert** (in Form von Dokumentationen, Auswertungen) und • **zukunftsorientiert** (in Form von Planungen und Prognosen)

Die Gegenüberstellung der vergangenheitsorientierten und der zukunftsorientierten Abbildungen ermöglicht **Kontrollen** des vorgegebenen/geplanten/erwarteten Handelns eines Unternehmens. Die Kontrollen initiieren **Lenkungs- und Steuerungsmaßnahmen** zur Anpassung an geänderte Umweltbedingungen und interne Verhältnisse. Gegebenenfalls haben sie auch zur **Neufestsetzung von Zielvorgaben** im Unternehmen zu führen.

Steuerungsfunktion

Das Rechnungswesen übernimmt eine **Mittlerfunktion** zwischen Zielsystem und Leistungssystem einer NPO und dient in gleicher Weise als **Lenkungsinstrument** und als **Abbildungsinstrument** (Abbildung 10-1).

Zeitraum- und zeitpunkt-bezogene Größen

Gegenstand des Rechnungswesens sind somit **zeitraum**bezogene Strömungsgrößen und daraus im Ergebnis folgende **zeitpunkt**bezogene (stichtagsbezogene) Bestandsgrößen. Abbildung 10-2 gibt einen Überblick.

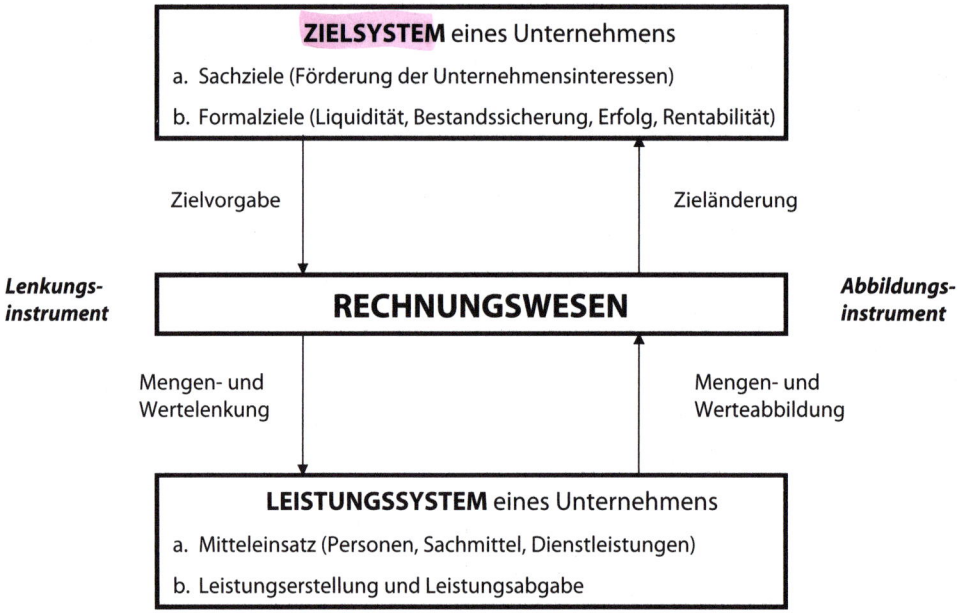

Abbildung 10-1: Funktionen des Rechnungswesens

Strömungsgrößen		Bestandsgrößen am Ende einer Periode
Abfluss bzw. Verbrauch von Ressourcen	**Zufluss bzw. Entstehung von Mitteln/Gütern**	
Auszahlung Abfluss von liquiden Mitteln in einer Periode	**Einzahlung** Zufluss von liquiden Mitteln in einer Periode	**Liquide Mittel** (Bargeld und Buchgeld)
Ausgabe Abfluss liquider Mittel + Schuldenzunahme + Forderungsabnahme in einer Periode	**Einnahme** Zufluss liquider Mittel + Schuldenabnahme + Forderungszunahme in einer Periode	
Aufwand Nach Bewertungsvorschriften bewerteter Ressourceneinsatz in einer Periode	**Ertrag** Nach Bewertungsvorschriften bewerteter Wertezufluss in einer Periode	**Ergebnis: Gewinn/Verlust**
Kosten Leistungsbezogen bewerteter Einsatz von Produktionsfaktoren (Ressourcen) in einer Periode	**Leistung** Leistungsbezogen bewerteter Wertezufluss (Güterzufluss) in einer Periode	**Betriebsergebnis**

Abbildung 10-2: Begriffliche Grundlagen

10.2. Das Rechnungswesen als Planungs- und Steuerungsinstrument

Um das Geschehen in einem Unternehmen umfassend abbilden und lenken zu können, muss das Rechnungswesen als **Informationssystem** verstanden werden. Dies macht grundsätzliche Überlegungen zur

Informationssystem

- Informationserfassung
- Informationsspeicherung
- Informationsaufbereitung und
- Informationsweiterleitung bzw. -wiedergabe

notwendig. Aus dieser Ablauflogik heraus ist die Organisation von

- Ermittlungsrechnungen und
- Entscheidungsrechnungen

zweckmäßig.

10.2.1. Ermittlungsrechnungen

Ermittlungsrechnungen sind Rechenverfahren, die Daten über Strukturen, Bestände, Abläufe und Ergebnisse in einer Organisation erheben, aufzeichnen und auswerten. Die Rechnungen können sowohl **auf die Zukunft gerichtet** als auch **vergangenheitsbezogen** entwickelt werden:

Ermittlungsrechnungen

- „Was **wird** (soll) geschehen?" – **SOLL**-Rechnungen
- „Was **ist** geschehen?" – **IST**-Rechnungen

Für die **Abbildung** des unternehmerischen Geschehens sind zwei Anknüpfungspunkte möglich:

a) die Verbuchung zum Zeitpunkt der Fälligkeit von Zahlungen, d. h. es werden lediglich zahlungswirksame Vorgänge berücksichtigt (**Cash Accounting**). Derart konzipierte Rechnungsorganisationen (**Einnahmen-Ausgaben-Rechnung, Geldflussrechnung, Finanzierungsrechnung**) lassen zwar Aussagen über den Geldverbrauch (Auszahlungen und Einzahlungen) im Budgetierungs- bzw. Abrechnungszeitraum zu, sie geben jedoch weder Auskunft über den tatsächlichen Ressourcenverbrauch in dieser Periode noch über die damit erstellten Leistungen sowie über den Bestand von Vermögen und Schulden.

Cash Accounting

b) die Verbuchung nach dem Zeitpunkt der sachlichen Verursachung von Zahlungen (**Accrual Accounting**) und nicht nach deren Fälligkeit. Diese Rechnungsorganisation hat den Ressourceneinsatz und das Ressourcenaufkommen in einer Rechnungsperiode zum Inhalt und setzt entsprechende Periodenabgrenzungen (z. B. die Ermittlung von Abschreibungen auf das Anlagevermögen oder die Dotierung von Rückstellungen für künftige Verbindlichkeiten) voraus. Zentrale Ergebnisgröße ist der Saldo zwischen Auf-

Accrual Accounting

wendungen (Ressourceneinsatz) und Erträgen (Ressourcenaufkommen), der im Sinne einer Vermögensmehrung (Gewinn) oder -minderung (Verlust) zu interpretieren ist. Durch die doppelte Verrechnung auf Bestandskonten (sie bilden Vermögen und Schulden bzw. Eigenkapital ab) und Erfolgskonten (sie bilden Aufwendungen und Erträge ab) ergibt sich eine **doppelte Buchfüh-**

Doppik   **rung (Doppik)** im Sinne von Mittelverwendung (Soll) und Mittelherkunft (Haben). Sie lässt eine Trennung zwischen bestands- und erfolgswirtschaftlich bedeutsamen Geschäftsfällen zu und führt im Rechnungsabschluss zu einer **Bestands- und Ergebnisrechnung** (Bilanz und GuV-Rechnung). Die Rechnungsorganisation kann auch um die Finanzierungsrechnung ergänzt werden. Sie ist dann im Sinne eines **mehrdimensionalen** Rechnungswesens zu interpretieren und führt zum **FBE-System** (siehe Abbildung 10-7).

Abbildung 10-3 zeigt die unterschiedlichen Abbildungsinhalte in der Rechnungsorganisation.

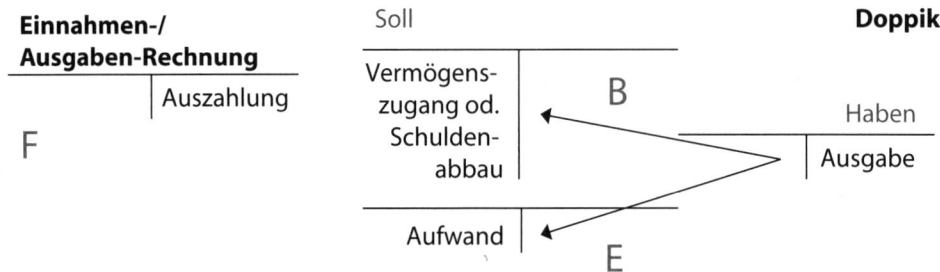

B Bestandsverrechnung: Auswirkungen auf Vermögen und Schulden
   ➜ BILANZ (Vermögensrechnung)

E Erfolgsverrechnung: Auswirkungen auf Ressourcenverbrauch und
   Mittelzuwachs ➜ ERGEBNISRECHNUNG

F Verrechnung der Zahlungsströme ➜ FINANZIERUNGSRECHNUNG

Abbildung 10-3: Inhalte der Bestands-, Ergebnis- und Finanzierungsrechnung

Gegenstand der Ermittlungsrechnungen sind somit:

Finanzierungsrechnung a) nur die Zahlungsbewegungen: **Finanzierungsrechnung** (Kassenrechnung, Einnahmen-Ausgaben-Rechnung, Geldflussrechnung).
   Ergebnis: Darstellung der **Liquidität**

Bestands- und Ergebnis- b) die auf ihre Periodenwirksamkeit und Erfolgswirksamkeit (Leistungswirk-
rechnung   samkeit) abgegrenzten Zahlungsbewegungen: **Bestands- und Ergebnisrech-nung** im unternehmens- und steuerrechtlichen Sinne (Bilanz, Gewinn- und Verlustrechnung; **pagatorische** Erfolgsrechnung).

Ergebnis: Darstellung der **Substanzveränderung**, der **Rentabilität**

c) der Einsatz von Produktionsfaktoren (Mitteleinsatz) und die dadurch bewirkten Leistungen und damit die Realgüterströme: **Kosten- und Leistungsrechnung** (bestehend aus Kostenarten-, Kostenstellen-, Kostenträgerrechnung, Betriebsergebnisrechnung; **kalkulatorische** Erfolgsrechnung). Diese Rechnungen können als

- **Mengen**rechnung für Input- und Outputgrößen und/oder als
- **Werte**rechnung durch Bewertung der Input-Output-Faktoren in Geldgrößen entwickelt werden.

Ergebnis: Darstellung von **Produktivität** und **Wirtschaftlichkeit**

Kosten- und Leistungsrechnung

Pagatorische Rechnungen bilden das Unternehmensgeschehen auf der Grundlage der damit verbundenen Zahlungsvorgänge ab und sind damit auf den Nominalgüterumlauf zurückzuführen. Hingegen umfassen die **kalkulatorischen** Rechnungen die von den finanziellen Vorgängen losgelösten Realgüterbewegungen (siehe Kapitel 3, Abbildung 3-1) und beziehen sich zunächst auf das Mengengerüst von Leistungs-Input und Leistungs-Output. Da für die einzelnen Leistungselemente unterschiedliche Mengeneinheiten als Maßgrößen (z. B. Arbeitsstunden, kWh Energieverbrauch, Stück Büromaterialverbrauch) zu berücksichtigen sind, kann eine zusammenfassende Sichtweise nur durch eine Veranschlagung dieser Leistungselemente in Geldgrößen (man spricht von **Bewertung**) erfolgen. Diese Bewertung ist **je nach Rechnungsziel** auf der Grundlage künftiger, gegenwärtiger oder vergangener Zahlungserwartungen vorzunehmen, lässt eine Durchschnittsbildung oder Normalisierung zu und ermöglicht auch den Ansatz von fiktiven Zahlungen, um beispielsweise bei Nonprofit-Organisationen (NPO) den Wert ehrenamtlich erbrachter (freiwilliger) Arbeitsleistungen als Kostenfaktor (Werteinsatz zur Leistungserstellung) ausweisen zu können.

Bewertung

Die **Ermittlungsrechnungen** können in einem **sachlichen Zusammenhang** gesehen werden. Die pagatorischen Rechnungen sehen eine Bewertung aller Input/Output-Faktoren in Geldgrößen vor und können in einem doppischen Rechnungsverbund als FBE-System (Finanzierungs-, Bestands- und Ergebnisrechnung; 3-Komponenten-Rechnungssystem) organisiert werden. Sie erlauben eine Zusammenfassung aller Leistungsprozesse in einem Unternehmen (siehe auch Abbildung 10-9). Die Ergebnisrechnung kann durch Einbezug der Mengendimensionen für Input und Output in der Kosten- und Leistungsrechnung (siehe Abschnitt 10.7) eine Detaillierung finden. Durch die Verbindung von Planungs- und Abschlussrechnungen und durch den Einbezug kalkulatorischer Elemente entsteht das System einer Integrierten Verbundrechnung (Abbildung 10-4).

FBE-System

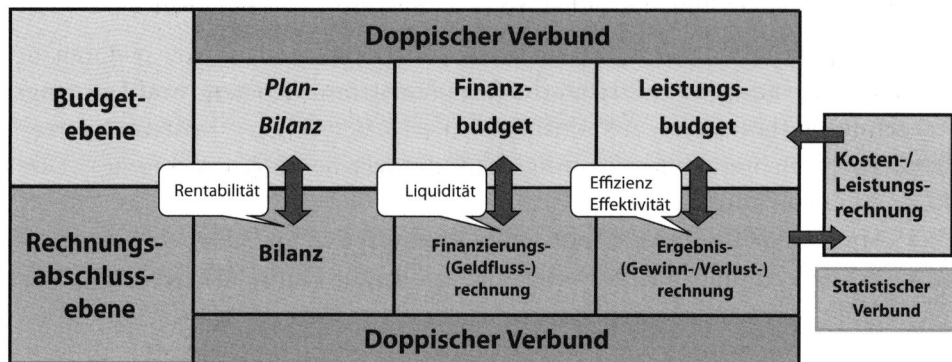

Abbildung 10-4: Integrierte Verbundrechnung

Externes und internes Rechnungswesen

Die Unternehmenspraxis orientiert sich zumeist an den Hauptinteressen der Rechnungsadressaten und unterscheidet zwischen **externem** und **internem** Rechnungswesen (Abbildung 10-5).

Hauptinteressen	Ansatzpunkte	Teilbereich des Rechnungswesens
extern (externes Rechnungswesen)	Vermögen/Kapital Aufwand/Ertrag	**Jahresabschluss** (Bilanz/GuV-Rechnung)
intern (internes Rechnungswesen)	Kosten/Leistung	**Kosten- und Leistungsrechnung**
	Einzahlungen/ Auszahlungen	**Finanzierungsrechnung** (Einnahmen-/Ausgabenrechnung)

Abbildung 10-5: Externes und internes Rechnungswesen

Informationsdimensionen

Hinsichtlich der Informationsfunktion haben die Ermittlungsrechnungen folgende **Informationsdimensionen** zu unterstützen:

- Mittelherkunft und Mitteleinsatz(-verwendung)
- Leistungsspektrum (Sachleistungen, Dienstleistungen)
- Mengengerüst/Preisentwicklung
- Zeitliche Zugehörigkeit (Periodisierung)
- Grad der Zielerreichung („Erfolg", „Ergebnis", Rentabilität)
- Finanzielles Gleichgewicht

Ermittlungsrechnungen sind laufend zu führen und bilden die Grundlage für die Entscheidungsrechnungen. Das Rechnungswesen wird so gesehen zum **Informationslieferant** der Entscheidungsträger.

EDV-Einsatz

Der **Einsatz von EDV-Systemen** ermöglicht die Einrichtung von **Datenbanken** (systematisch gegliederte Ordnung von Datenbeständen) und von **Methoden-**

banken (systematisch gegliederte Zusammenfassung von Rechnungsverfahren in Form von Anwendungsprogrammen). Diese Organisation soll die Mehrfacherfassung von Daten vermeiden, die Aktualität von Daten gewährleisten und die adäquate Verwendung dieser Daten im Entscheidungszusammenhang sicherstellen.

10.2.2. Entscheidungsrechnungen

Entscheidungsrechnungen sollen Management**entscheidungen** unter ökonomischen Gesichtspunkten **vorbereiten** lassen. Sie können zunächst **regelmäßig** als **Planungsrechnungen** entwickelt werden.

Entscheidungsrechnungen

- „Was **hat** zu geschehen?" – **BUDGET**-Rechnungen

Für die Planungsrechnungen gibt es kein allgemein anerkanntes Verfahren. Sie bestehen vielmehr aus vielen **Teilrechnungen** (wie z. B. Leistungsabgabeplanung, Kapazitätsplanung, Personalplanung, Investitionsplanung usw.), die ihre Zusammenfassung im Budget finden. Hiezu gehören:

- das **Leistungsbudget** (die Planerfolgsrechnung) zur Sicherung der Effektivität des Leistungsvollzugs und der Wirtschaftlichkeit,
- das **Finanzbudget** zur Sicherung der Liquidität und
- die **Planvermögensbilanz** zur Sicherung der Vermögenserhaltung.

Das Leistungs- und das Finanzbudget (die Budgetrechnungen) bilden den vorläufigen Schlusspunkt des betrieblichen Planungsprozesses für eine Planperiode von (üblicherweise) maximal einem Jahr. Sie stellen die **Zusammenfassung** aller auf die Planperiode bezogenen Pläne eines Unternehmens und seiner Teilbereiche dar (siehe Kapitel 6, Abbildung 6-4).

Den Zusammenhang zwischen Sachzielplanung und Formalzielplanung in einem Produktionsunternehmen zeigt Abbildung 10-6 auf (modifiziert aus Weber/ Schäffer 2014, S. 288)

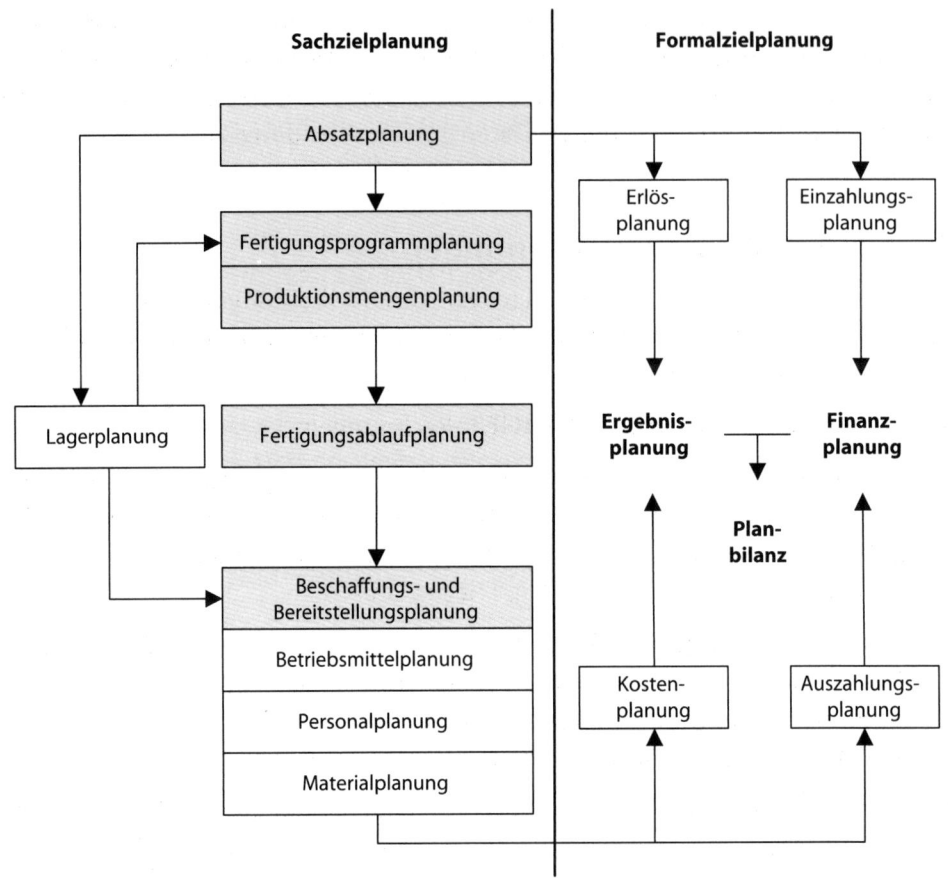

Abbildung 10-6: Sachziel- und Formalzielplanung

Arten Entscheidungsrechnungen werden neben der regelmäßigen Budgeterstellung außerdem **fallweise** zur Vorbereitung von Planungen entwickelt. Sie basieren auf dem Informationsvolumen, das durch die Ermittlungsrechnungen aufgebaut wird. Es sind dies z. B.:

- **Produktivitätsberechnungen** (Arbeitsproduktivität, Anlagenproduktivität, Materialeinsatzproduktivität)
  Als **Produktivität** ist das Verhältnis der hervorgebrachten Leistungen zu einem der für die Leistungserstellung wesentlichen Produktionsfaktoren je Periode anzusehen (technische Leistungsmessung).
- **Wirtschaftlichkeitsberechnungen** (interne und externe Kosten- und Leistungsvergleiche, Entscheidungen zwischen Eigenerstellung oder Fremdbezug von Leistungen);
- **Investitionsrechnungen** (Alternativenvergleich, optimale Nutzungsdauer, optimaler Ersatzzeitpunkt für Anlagen)
  Investitionsrechnungen sind Methoden, mit deren Hilfe die Vorteilhaftigkeit von Investitionsmaßnahmen geprüft und rechnerisch ein Investitionspro-

gramm bestimmt werden soll, das im Hinblick auf die Zielsetzungen einer Organisation am zweckmäßigsten ist. Investitionsrechnungen sind ermittelnde Rechnungen, wenn die wirtschaftliche Vorteilhaftigkeit alternativer Investitionsvorhaben an Liquiditäts- oder Erfolgskriterien gemessen wird. Sie sind optimierende Rechnungen, wenn die optimale Kombination einzelner Investitionsmaßnahmen (Investitionsprogramm) bestimmt werden soll.

- **Kosten-Nutzen-Rechnungen**
  In diesen Rechnungen wird versucht, neben den einzelwirtschaftlich fassbaren Kosten und Leistungserträgen auch die positiven und negativen Wirkungen des Leistungsspektrums eines Unternehmens auf das gesellschaftliche Umfeld (externe Effekte) in Geldgrößen zu bewerten. Vor allem für die Quantifizierung der externen Nutzeneffekte (z. B. Sicherung eines ökologisch sinnvollen Leistungserstellungsprozesses) fehlt oftmals eine ausreichend genaue Bewertungsmöglichkeit.

- **Kosten-Wirksamkeits-Analyse**
  An die Stelle der Nutzenbewertung tritt in diesen Rechnungen die überwiegend mengenmäßige und qualitative Beschreibung der erbrachten Leistungen mit dem Ziel, die Wirkung des erbrachten Leistungsvolumens zu messen. Die Wirksamkeit wird im Sinne von Zielerreichung verstanden und im Sinne einer Produktivitätsanalyse den hiezu erforderlichen Kosten gegenübergestellt.

- **Nutzwertanalyse**
  Diese Rechnung wird angewendet, wenn weder auf der Nutzenseite noch auf der Kostenseite eine umfassende Bewertung in Geldgrößen möglich erscheint (z. B. weil qualitative Leistungselemente bedeutsam sind). Das zu erreichende Gesamtziel wird in mehrere Teilziele unterteilt, welchen eine unterschiedliche Gewichtung beigemessen werden kann. Die verschiedenen Alternativen zur Erreichung des Gesamtziels werden dann im Hinblick auf die Wirksamkeit in der Realisierung der Teilziele untersucht und im Rahmen einer Punkteskala (z. B. von 1–10) bewertet. Die Nutzwertanalyse stellt eine von der Praxis in vielen Anwendungsfällen (z. B. Bestbieterermittlung bei Beschaffungsvorgängen, Personalauswahlverfahren) erprobte subjektive Präferenztechnik dar.

Ermittlungs- und Entscheidungsrechnungen sind somit keine Gegensätze. Erst wenn eine Periode sowohl im Vorhinein geplant als auch im Nachhinein abgerechnet und somit überwacht (kontrolliert) wird, lässt sich ein **Soll-Ist-Vergleich** durchführen, der zu neuen Maßnahmen Anlass gibt.

10.2.3. Das Rechnungswesen als Steuerungsinstrument (Controlling)

Der Steuerungsprozess im Unternehmen (das „Controlling") setzt die Schaffung organisatorischer Verantwortungsbereiche voraus, die eine Zusammenfassung gleichartiger Leistungen und aller damit in Verbindung stehenden Funktionen

Controlling

erlaubt. Diese Bereiche können als „Verantwortungszentren", „Leistungszentren" oder „Profit centers" bezeichnet werden. Die Steuerung der Leistungsprozesse in diesen Bereichen sollte ergebnisorientiert über die Ex-ante-Vereinbarung von Leistungsergebnissen und die Ex-post-Rechenschaftslegung über die Erfüllung dieser Leistungsvereinbarungen erfolgen. Auf diese vereinbarten Leistungsergebnisse wären dann auch Globalzuweisungen von Ressourcen abzustimmen, über deren Verwendung in Verbindung mit den erreichten Leistungsergebnissen im Nachhinein zu berichten ist.

Rechnungswesen als Informationsgenerator

Dies setzt ein auf die organisatorische Verantwortungsstruktur abgestimmtes, integriertes, internen und externen Informationsbedürfnissen gerecht werdendes Rechnungswesen voraus, das den Kern des operativen Controlling darzustellen hat. Dem Grunde nach kommt ihm die Funktion eines **Informationsgenerators** zu. Es ist so zu entwickeln, dass neben der Finanzierungsrechnung auf integrativem Wege auch eine Bestandsrechnung sowie Ergebnisrechnungen geführt werden (siehe Abschnitt 10.3), die sowohl monetäre Erfolgssalden (zum Nachweis der Substanzveränderungen und der Rentabilität) als auch quantitative und qualitative Leistungs-Wirkungs-Quotienten als Ergebnisse ermöglichen. Alle diese Verfahren sind sowohl vergangenheits- als auch zukunftsorientiert zu entwickeln, um Soll-Ist-Vergleiche zu ermöglichen. Darauf hat das operative Controlling aufzubauen.

Das Bewusstsein um die langfristigen Ziele eines Unternehmens und die daraus abgeleiteten Aufgabenbereiche und deren Entwicklung im Zeitablauf lässt es logisch erscheinen, dem strategischen Controlling den Vorzug einzuräumen (siehe Abbildung 10-7). Dies setzt jedoch einen hohen Informationsstand über den gegenwärtigen Zustand und die unmittelbar daraus folgende Entwicklung eines Unternehmens voraus.

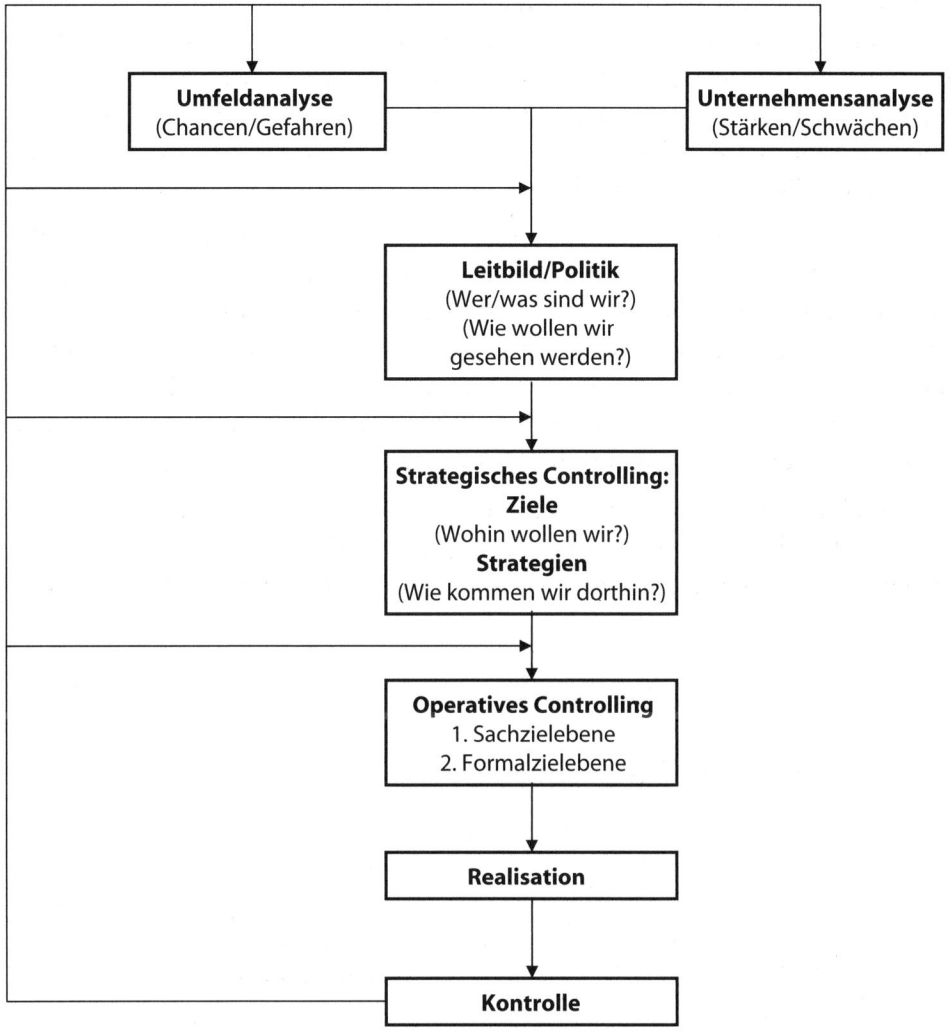

Abbildung 10-7: Elemente des Controllings in einem Unternehmen

Dieser Informationsstand ist bei einem mangelhaft ausgebauten Rechnungswesen, insbesondere wegen eines fehlenden Leistungs- und Ergebnisbewusstseins, sehr oft nicht gegeben. Daher muss in diesen Fällen zunächst mit der Einführung und Entwicklung des operativen Controlling begonnen werden. Unscharfe strategische Zielvorgaben und Führungskonzepte sind in Kauf zu nehmen. Ein grundlegendes Bewusstsein um Sinn und Zweck des Unternehmens, um Leitbild und Leistungsauftrag muss allerdings vorhanden sein.

Das Controlling-Konzept muss sich in diesen Fällen zunächst auf die Wahrnehmung der Dokumentationsaufgaben (**Registrator**-Funktion) im Rahmen des Rechnungswesens konzentrieren. Die Dokumentation von rudimentären Plänen und die umfassende Darstellung des Ist-Zustandes stehen im Vordergrund.

Registrator

Navigator

Erst dann kann ein Controller im Sinne eines **Navigators** für die Bereitstellung von Planungs- und Steuerungshilfen verantwortlich zeichnen und eine methodisch abgesicherte Planung und Überwachung der verschiedenen Teilbereiche eines Unternehmens veranlassen. Durch die Analyse der Abweichungen zwischen Plan-Größen und Ist-Daten hat er die Entscheidungsträger zu geordneten Korrekturmaßnahmen zu veranlassen.

Innovator

Erst wenn auf der operativen Ebene eine Veränderung des Planungs- und Steuerungsverhaltens im Unternehmen bewirkt werden konnte und dieses für die Zukunft gewährleistet ist, kann der Controller zum **Innovator**, zum Erneuerer, werden. Dann erst kann er das bestehende System immer wieder in Frage stellen und bei einer sich rasch wandelnden Umwelt zu einem aktiven Führungsverhalten und zu einer strategisch ausgerichteten Führung drängen. Controlling kann somit als „**Rationalisierung durch Information**" verstanden werden.

Effektivität und Effizienz

Es erscheint hilfreich, für die Abbildung und Steuerung des Unternehmensgeschehens und damit für die Gewährleistung von Effektivität und Effizienz einen Bezugsrahmen festzulegen. Dies kann in Form eines 3-Ebenen-Konzepts (Abbildung 10-8) geschehen.

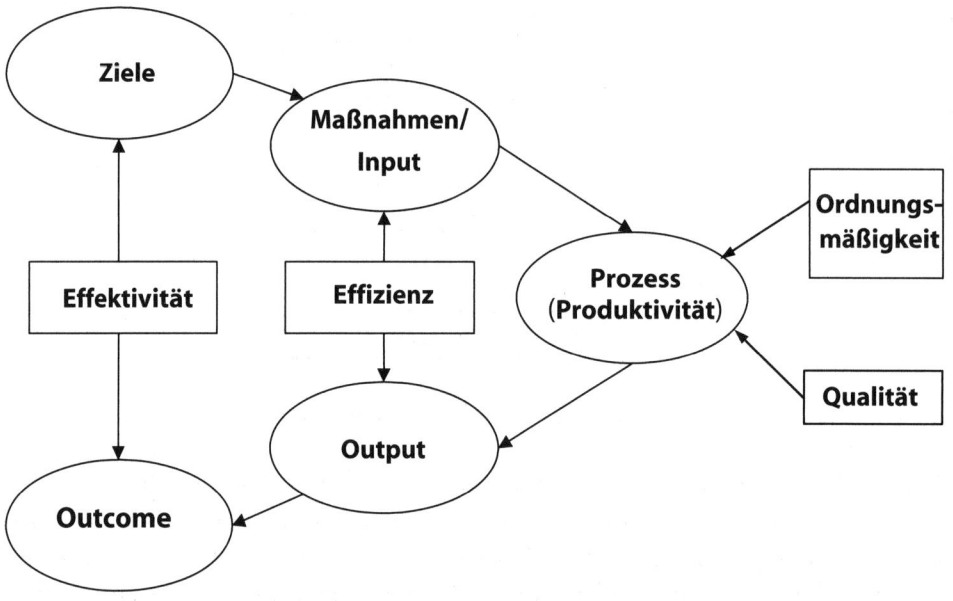

Abbildung 10-8: 3-Ebenen-Konzept

Ausgangspunkt für den Bezugsrahmen sind die von einem Unternehmen entwickelten Zielsetzungen, für deren Erreichung auf der zweiten Ebene Maßnahmenprogramme und Budgets (als Input) festgelegt werden müssen. Auf der dritten Ebene vollzieht sich der Realisationsprozess im Rahmen der Herstellung von Sach- und Dienstleistungen in den verschiedenen Leistungsprogrammen. Die verfügbaren Ressourcen sind möglichst produktiv einzusetzen. Dabei sind Qualitätsanforderungen und die Bedingungen von Recht- und Ordnungsmäßigkeit zu beachten.

Der Leistungsprozess führt gegenüber den Leistungsabnehmern zu bestimmten Leistungen, dem Output, und dieser Output wiederum zieht Leistungswirkungen nach sich, trägt demnach zur Zielerreichung bei (Outcome). Das Rechnungswesen sollte im Idealfall das gesamte Beziehungsgeflecht abbilden und damit steuern lassen. Dabei zeigt sich, dass auf der ersten Ebene, der **Effektivitätsebene**, insbesondere die strategische Führung von Unternehmen angesprochen ist. Auf der **Effizienzebene**, d. h. in der Festlegung von Maßnahmenprogrammen und Leistungsbudgets, liegt die Schnittstelle zwischen strategischem und operativem Management. Für die dritte Ebene, die **Prozessebene**, sind die vollziehenden Einheiten eines Unternehmens zuständig. Das integrierte Rechnungskonzept erfasst die Prozessebene mit der Kostenrechnung und die Effizienzebene mit der Leistungsrechnung mit den jeweiligen Budgetvorgaben.

Als generelles Ziel gilt, den Ressourcenverbrauch, die Vermögensänderungen, die Budgets und die erreichten Ergebnisse in den einzelnen Organisationseinheiten zu erfassen und zu dokumentieren. Dieses Ziel wird mit der integrierten Verbundrechnung (Finanzierungs-, Bestands-, Ergebnisrechnung mit einer daraus abgeleiteten detaillierten Kosten-/Leistungsrechnung) erfüllt. Allerdings werden in dieser Verbundrechnung nicht alle drei skizzierten Ebenen erfasst, sondern nur jene, die einer operativen Steuerung zugänglich sind. Strategische Überlegungen entziehen sich vielfach der Quantifizierung in Mengen- und Wertgrößen.

10.3. Das Grundmodell eines Integrierten Rechnungswesens (FBE-System; 3-Komponenten-Rechnungswesen)

Das Rechnungswesen eines Unternehmens ist sinnvoll als ein **integriertes System** von Ermittlungsrechnungen (Finanzierungs-, Bestands- und Ergebnisrechnung; FBE-System oder 3-Komponenten-Rechnungswesen) zu entwickeln. Abbildung 10-9 zeigt die Struktur dieser **Verbundrechnung**. **Verbundrechnung**

Alle drei Teilsysteme sind sowohl **zukunftsgerichtet** als **Planungsrechnungen** als auch **gegenwarts- bzw. vergangenheitsorientiert** als **dokumentierende Rechnungen** zu entwickeln und ermöglichen auf diese Weise den für die Managementprozesse notwendigen **Soll-Ist-Vergleich**.

Die **Finanzierungsrechnung** ist eine zeitraumbezogene Rechnung, die sich allein auf die Zahlungen eines Unternehmens (auf die Nominalgüterströme) bezieht. Sie ist zukunftsbezogen als **Finanzplan (Finanzbudget)** und vergangenheitsbezogen als **Einnahmen-Ausgabenrechnung** (Finanzierungsrechnung im engeren Sinne) zu entwickeln. Sie geht vom Anfangsbestand an liquiden Mitteln **Finanzierungsrechnung** am Beginn der Rechnungsperiode aus, umfasst alle Einzahlungen und Auszahlungen dieser Rechnungsperiode und führt zu einem Endbestand an liquiden Mitteln am Ende der Rechnungsperiode, der als (Finanz-)Vermögensbestand in die Bestandsrechnung (Bilanz) für diesen Zeitpunkt übernommen wird.

Ergebnisrechnung

Die **Ergebnisrechnung** (auch: Erfolgsrechnung, Gewinn- und Verlustrechnung) ist ebenfalls als eine zeitraumbezogene Rechnung anzusehen, die für jede Rechnungsperiode den Ressourcenverbrauch (Mitteleinsatz) dem Ressourcenaufkommen (Mittelzugang) aus den erbrachten Leistungen gegenüberstellt. Mitteleinsatz und Mittelzugang sind zunächst mengenmäßig zu erfassen und dann zum Zweck der gesamthaften Darstellung in Geldgrößen zu veranschlagen. Hiefür ist die Bezeichnung „**Bewertung**" gebräuchlich. Erfolgt die Bewertung auf der Grundlage von Nominalgüterströmen (Zahlungen), wird der Mitteleinsatz als **Aufwand** und der Mittelzugang als **Ertrag** ausgewiesen. Der **Saldo** zwischen Aufwand (auch: Aufwendungen) und Ertrag (auch: Erträge) ist als Substanzmehrung (Gewinn, Überschuss) anzusehen, wenn er positiv ist, und als Substanzminderung (Verlust, Abgang) zu verstehen, wenn er negativ ist. Zukunftsbezogen kann von einer **Plan-Ergebnisrechnung** (oder Plan-Erfolgsrechnung) und vergangenheitsbezogen von einer **Ist-Ergebnisrechnung** (oder Ist-Erfolgsrechnung) gesprochen werden. Der jeweilige Ergebnissaldo einer Rechnungsperiode geht in die Bestandsrechnung (Bilanz) zum Ende der Rechnungsperiode ein und erhöht bzw. vermindert dort den Ausweis des Reinvermögens (Gesamtvermögen abzüglich der Schulden).

Zeitbezug	Finanzierungsrechnung (F)		Bestandsrechnung (B)		Ergebnisrechnung (E)	
Zukunft (PLAN)	Einnahmen + Anfangsbestand an finanziellen Mitteln	Ausgaben	Vermögen (ohne finanzielle Mittel)	Schulden + Eigenkapital	Aufwand/ Kosten (Mitteleinsatz)	Ertrag/ Leistung (Leistungsabgabe)
		Liquiditätssaldo (Endbestand an finanziellen Mitteln)		Ergebnissaldo (Substanzmehrung bzw. -minderung)		
Vergangenheit (IST)	zeitraumbezogen		zeitpunktbezogen		zeitraumbezogen	
	Liquiditätsziel →				← Sachziel	

Finanzielle Steuerung zur Sicherung der LIQUIDITÄT	Steuerung der Unternehmensleistungen ⇒ ressourcenverbrauchsorientiert UND ⇒ ergebnisorientiert zur Sicherung von PRODUKTIVITÄT, WIRKSAMKEIT, WIRTSCHAFTLICHKEIT und RENTABILITÄT

Abbildung 10-9: Zusammenhang der Ermittlungsrechnungen (FBE-System)

Die beiden **zeitraumbezogenen** Rechnungen, die Finanzierungsrechnung und die Ergebnisrechnung, werden am Ende des Rechnungszeitraumes mit der **stichtagsbezogenen Bestandsrechnung (Bilanz)** verbunden. Sie stellt eine Gegenüberstellung von Vermögen (der Aktiva) sowie der Schulden (Verbindlichkeiten) und des von den Eigentümern (Trägern der Organisation) aufgebrachten Eigenkapitals (der Passiva) dar. Der Liquiditätssaldo aus der Finanzierungsrechnung wird in der Bilanz als Teil des (Finanz-)Vermögens ausgewiesen, der Ergebnissaldo aus der Ergebnisrechnung erhöht oder vermindert das Eigenkapital oder Reinvermögen (Nettovermögen nach Abzug der Schulden).

Bestandsrechnung

Erfolgt in der **Ergebnisrechnung** die Bewertung auf der Grundlage der Realgüterströme (Einsatz der Produktionsfaktoren und erbrachte Leistungen), wird der Mitteleinsatz als **Kosten** dem Wert der abgegebenen **Leistungen** gegenübergestellt. Zukunftsbezogen handelt es sich um das **Leistungsbudget**, vergangenheitsbezogen ist die Bezeichnung **(Ist-)Kosten- und Leistungsrechnung** gebräuchlich. Eine Verbindung zur Bestandsrechnung im Sinne der Verbundrechnung ist wegen der unterschiedlichen Bewertungsprinzipien in diesem Fall nicht mehr sinnvoll.

Den im FBE-System ermittelten **primären** Informationen stehen die aufbereiteten (**sekundären**) Informationen gegenüber: Als **Kennzahlen** (siehe Abschnitt 10.6) sollen sie in konzentrierter Form quantifizierbare Sachverhalte einer Organisation anschaulich zum Ausdruck bringen (z. B. Kapitalstruktur, Aufwandsstruktur, Deckungserfolg, Liquiditätsgrad). Die Kennzahlen werden systematisch zu einem **Kennzahlensystem** geordnet (z. B. Return-on-Investment-Schema).

Kennzahlen

10.4. Die Buchführung des Unternehmens

10.4.1. Buchführungssysteme

Unter **Buchführung** versteht man die Aufzeichnung aller Geschäftsfälle in einer chronologischen und zeitlichen Ordnung, die im Zeitablauf zu einer Veränderung der Vermögens- und Kapitallage eines Unternehmens führen. In der betrieblichen Praxis nimmt die **doppelte Buchführung (doppelte Buchhaltung, Doppik)** die wichtigste Rolle ein. Sie stellt dem Verrechnungskreis der Bestände (Vermögen und Fremdkapital) den Verrechnungskreis des **Eigenkapitals** (von den Eigentümern zur Verfügung gestelltes Kapital, das durch Aufwendungen und Erträge verändert wird) gegenüber. Sie wird von der Mehrzahl der Betriebe angewendet, während die **Einnahmen-Ausgaben-Rechnung** vornehmlich nur von freiberuflich Tätigen (Ärzten, Rechtsanwälten, Steuerberatern, Architekten) und kleinen Gewerbetreibenden angewendet wird. In öffentlichen Verwaltungen war über lange Zeit die **kamerale Buchführung (Kameralistik)** vorherrschend, die die Zahlungsströme im Vollzug der jeweiligen Haushaltsvoranschläge zum Inhalt hat. Sie wurde in der Bundesverwaltung bereits von einem integrierten Rechnungswesen auf Basis der doppelten Buchführung abgelöst, die Länder und Ge-

Buchführungssysteme

meinden folgen 2020. Die **einfache Buchführung** hat die jährliche Ergebnisermittlung durch einen Vergleich des Reinvermögens (Gesamtvermögen abzüglich der Verbindlichkeiten) am Ende der Rechnungsperiode mit dem Reinvermögen am Ende der vorangegangenen Rechnungsperiode zum Inhalt. Da während der Rechnungsperiode keine Dokumentation von Geschäftsfällen vorgesehen ist, ist sie unternehmens- wie steuerrechtlich nicht zulässig und hat daher in der Praxis keinerlei Bedeutung. Aus der Sicht der Rechnungstheorie kann sie aber als Vorstufe zur doppelten Buchführung angesehen werden.

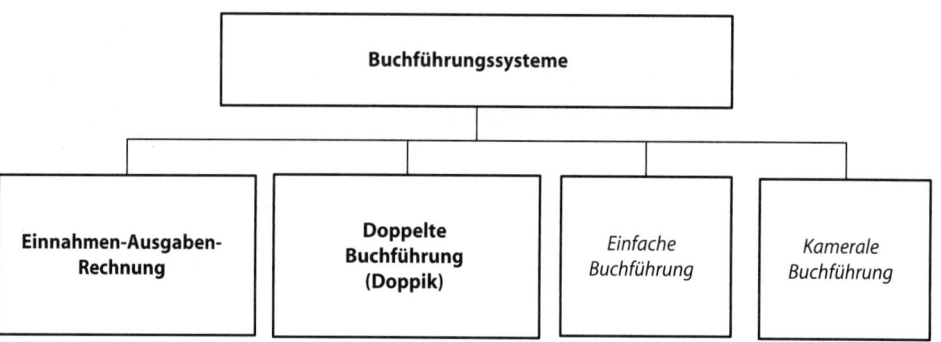

Abbildung 10-10: Buchführungssysteme

10.4.2. Die Einnahmen-Ausgaben-Rechnung

Einnahmen-Ausgaben-Rechnung

Bei der **Einnahmen-Ausgaben-Rechnung** handelt es sich um ein sehr vereinfachtes Rechnungssystem, für das ausschließlich steuerrechtliche Grundlagen existieren. Die Einnahmen-Ausgaben-Rechnung hat nach dem Einkommensteuergesetz (§ 4 Abs. 3) die Ermittlung von steuerlichen Einkünften zum Ziel. Im Rahmen der betrieblichen Einkunftsarten (Einkünfte aus Land- und Forstwirtschaft, aus selbständiger Arbeit und aus Gewerbebetrieb) wird der Überschuss der betrieblichen Einnahmen über die betrieblichen Ausgaben in einer Rechnungsperiode (Kalenderjahr) als Gewinn betrachtet. Im Rahmen der nicht betrieblichen Einkunftsarten (Einkünfte aus nichtselbständiger Arbeit, aus Kapitalvermögen, Vermietung und Verpachtung sowie sonstige Einkünfte) spricht man vom Überschuss der Einnahmen über die Werbungskosten, die hier an die Stelle der Betriebsausgaben treten.

Die Einnahmen-Ausgaben-Rechnung ist dem Wesen nach eine Dokumentation der **Einzahlungen** und **Auszahlungen**. Allerdings lässt das Einkommensteuergesetz keine reine Dokumentation der Zahlungsströme zu, da bei der Anschaffung von Anlagegegenständen die mit der Anschaffung verbundenen Auszahlungen (Anschaffungskosten) nicht im Jahr der Anschaffung, sondern nur verteilt über die Nutzungsdauer der Anlagengegenstände als Betriebsausgaben (Absetzung für Abnutzung – AfA) abgesetzt werden können. Auch das Tätigen von Privatentnahmen und -einlagen sowie die Kreditaufnahme und -rückzahlung sind keine Zahlungsströme, die in die steuerliche Einnahmen-Ausgaben-Rechnung Eingang finden.

Das Einkommensteuerrecht (§ 4 Abs. 3 EStG) lässt diese Form der Einkunftsermittlung für alle nicht betrieblichen Einkünfte und für Unternehmer zu, für die gemäß §§ 124 und 125 Bundesabgabenordnung (BAO) keine gesetzliche Verpflichtung zur Buchführung besteht, weil sie auch nach dem Unternehmensgesetzbuch (UGB) nicht vorliegt, oder deren Umsatz 700.000 € im Rechnungsjahr nicht überschreitet.

10.4.3. Die doppelte Buchführung

Gemäß § 189 UGB hat jede **Kapitalgesellschaft** Bücher nach den Grundsätzen ordnungsmäßiger Buchführung (siehe Abschnitt 10.4.6) zu führen. Diese Verpflichtung besteht auch bei **Personengesellschaften**, deren Gesellschafter mit ansonsten unbeschränkter Haftung tatsächlich nur beschränkt haftbar sind, weil sie de facto Kapitalgesellschaften sind (z. B. GmbH & Co KG), oder weil sie unternehmerisch tätig sind und keine natürliche Person unbeschränkt haftender Gesellschafter ist (Verein & Co KG). Für alle diese Gesellschaften gibt es keine Untergrenze, die zu einer Befreiung von der (doppelten) Buchführungspflicht führen würde.

Verpflichtung zur doppelten Buchführung

Alle **anderen Unternehmer** (mit Ausnahme der Angehörigen freier Berufe, der Land- und Forstwirte und solcher Unternehmer, deren Einkünfte im Überschuss der Einnahmen über die Werbungskosten liegen) haben bei Vorliegen von Jahresumsätzen, die 700.000 € überschreiten, die Verpflichtung zur Führung von Büchern nach den Grundsätzen ordnungsmäßiger Buchführung und damit zur doppelten Buchführung.

Die **steuerrechtliche Verpflichtung** zur Buchführung knüpft an die unternehmensrechtliche Buchführung an (§§ 124 und 125 BAO).

In der doppelten Buchführung kommt es zu einer lückenlosen Verrechnung aller (und nicht nur allein der zahlungswirksamen) Geschäftsfälle in zweifacher Art:

Verrechnungskreise

- Verrechnungskreis der **Bestandskonten**: Es kommt zur Verrechnung des aktiven Vermögens (Anlagen, Vorräte, Forderungen, Geldbestände) sowie des passiven Vermögens (Verbindlichkeiten und Rückstellungen für ungewisse Verbindlichkeiten) und deren Veränderungen im Rechnungsjahr.
- Verrechnungskreis des **Eigenkapitals**: Es kommt zur Verrechnung seiner Veränderungen auf Grund der Leistungserstellung (Aufwendungen) und Leistungsverwertung (Erträge) im Rechnungsjahr durch Verbuchung auf **Erfolgskonten**.

Zentrales Element der Verrechnung ist das (zweiseitige) **doppische Konto**, das im **Soll** die Mittelverwendung (Investierung) und im **Haben** die Mittelverwendung (Finanzierung) dokumentiert.

Doppisches Konto

Doppisches Konto	
SOLL (Mittelverwendung; Investierung)	HABEN (Mittelherkunft; Finanzierung)

Abbildung 10-11: Doppisches Konto

Über alle Buchungen (Verrechnungen) hinweg muss es zu einer Übereinstimmung von Soll und Haben (Mittelverwendung und Mittelherkunft) kommen (**Soll-Haben-Gleichheit; Bilanzgleichung**).

Beide Verrechnungskreise gehen von der Eröffnungsbilanz am Anfang eines Jahres aus und fließen in der Schlussbilanz eines Jahres wieder zusammen. Sie zeigen aufgrund der Bilanzgleichung zwei entgegengesetzte Buchungsrichtungen:

- Jede negative Veränderung der **Bestände** (= Verminderung von Vermögen; Erhöhung von Fremdkapital) wird im **Haben** verbucht, jede positive Veränderung der Bestände im **Soll**.
- Jede negative Veränderung des **Eigenkapitals** (Aufwendungen) wird im **Soll** verbucht, jede positive Veränderung (Erträge) im **Haben**.

Doppelte Ermittlung des Periodenerfolgs   Aus dem Abschluss der beiden Verrechnungskreise am Ende der Rechnungsperiode ergibt sich die **doppelte Ermittlung des Periodenerfolgs** (Periodenergebnisses) durch

- die **direkte** Erfolgsermittlung aus der Aufwands- und Ertragsrechnung (Gewinn- und Verlustrechnung); und
- die **indirekte** Erfolgsermittlung durch den Reinvermögensvergleich zwischen Periodenanfang und -ende.

Aufwands- und Ertragskonten   Die Vielzahl von Geschäftsfällen, die zu einer Änderung des Eigenkapitals führen, ist zweckmäßig auf **Vorkonten zum Eigenkapital-Konto** zu verbuchen:

- das Eigenkapital mindernd: Aufwandskonten
- das Eigenkapital mehrend: Ertragskonten

Sie bilden zusammen die **Ergebnisrechnung (Erfolgsrechnung, GuV-Rechnung)** und geben Auskunft über die Ursachen der Veränderungen des Eigenkapitals in der Rechnungsperiode. Wegen der Verbindung der beiden Verrechnungskreise ist damit Auskunft über die Ursachen von Vermögensmehrungen oder -minderungen zu erhalten.

10.4.4. Chronologische und systematische Aufzeichnung der Geschäftsfälle

Grundbuch und Hauptbuch   Jeder Geschäftsfall wird **zweifach** erfasst: einmal nach der zeitlichen (chronologischen) Reihenfolge im **Journal (Grundbuch)** und einmal systematisch geordnet auf den Konten, die zusammen das **Hauptbuch** ergeben.

Die systematische Ordnung der Konten bleibt jedem Unternehmen überlassen und ist durch den **Kontenplan** festzulegen. Die meisten Unternehmen orientieren sich dabei an dem von der Kammer der Steuerberater und Wirtschaftsprüfer (früher: Kammer der Wirtschaftstreuhänder) empfohlenen **österreichischen Einheitskontenrahmen**, der zehn Kontenklassen vorsieht (zuletzt im Mai 2017 neu veröffentlicht; KFS/BW 6).

Kontenrahmen und Kontenplan

Österreichischer Einheitskontenrahmen		
Kontoklasse 0:	Anlagevermögen	Bestandskonten (Bilanz)
Kontoklasse 1:	Vorräte	
Kontoklasse 2:	Sonstiges Umlaufvermögen	
Kontoklasse 3:	Rückstellungen, Verbindlichkeiten	
Kontoklasse 4:	Betriebliche Erträge	Erfolgskonten (GuV)
Kontoklasse 5:	Materialaufwand und sonstige bezogene Herstellungsleistungen	
Kontoklasse 6:	Personalaufwand	
Kontoklasse 7:	Abschreibungen und sonstige betriebliche Aufwendungen	
Kontoklasse 8:	Finanzerträge und Finanzaufwendungen, Steuern vom Einkommen und Ertrag, Rücklagenbewegung	
Kontoklasse 9:	Eigenkapital, Rücklagen, Abschlusskonten	Bestandskonten (Bilanz)

Abbildung 10-12: Systematische Gliederung des Österreichischen Einheitskontenrahmens

Der österreichische Einheitskontenrahmen beruht auf der strikten Trennung von Finanzbuchhaltung und Betriebsbuchhaltung (Kostenrechnung) und folgt damit dem **Bilanzgliederungsprinzip**. Ihm steht der auf Eugen Schmalenbach zurückzuführende und in Deutschland (und zum Teil auch in Österreich) verbreitete Gemeinschaftskontenrahmen der Industrie gegenüber, der nach dem **Prozessgliederungsprinzip** (Kostenwälzungsprinzip) aufgebaut ist und die Finanz- und Betriebsbuchhaltung integriert.

Kurz gefasst spricht man von der doppelten Buchführung, weil

Merkmale der doppelten Buchführung

- jeder Geschäftsfall auf einem Konto im Soll und auf einem anderen Konto im Haben verbucht wird;
- jeder Geschäftsfall einmal in zeitlicher Reihenfolge im Journal und systematisch geordnet auf den Konten des Hauptbuchs erfasst wird;
- der Erfolg des Unternehmens einerseits durch den Reinvermögensvergleich zwischen zwei Bilanzstichtagen und andererseits durch die Gegenüberstellung von Aufwendungen und Ertrag in einer Rechnungsperiode ermittelt wird.

10.4.5. Das Belegwesen

Externe und interne Belege

Das **Belegprinzip** besagt, dass keine Buchung ohne Beleg erfolgen darf, und gehört zu den grundlegenden Erfordernissen für die formale Richtigkeit der Buchführung.

Externe Belege fallen im Rahmen des Geschäftsverkehrs an und verlassen entweder das Unternehmen (Ausgangsrechnungen, Kasseneingangsbelege, vom Unternehmen ausgestellte Gutschriften und Belastungen) oder kommen von außen ins Unternehmen (Eingangsrechnungen, Kassenausgangsbelege, Bankbelege, an das Unternehmen gerichtete Gutschriften und Belastungen). Seit 2016 besteht für alle Bareinzahlungen und -auszahlungen (dazu zählen auch Zahlungen mit Bankomatkarte, Kreditkarte, Barscheck sowie vom Unternehmen ausgegebene Gutscheine) eine Einzelaufzeichnungspflicht (§ 131 Abs. 1 Z 2 lit. b und c BAO). Darüber hinaus besteht eine Belegerteilungspflicht mit der Verpflichtung zur Aufbewahrung einer Durchschrift oder einer im selben Arbeitsgang erstellten Zweitschrift (§ 132a BAO). Bei Überschreiten eines Jahresumsatzes von € 15.000 bzw. eines Barumsatzes von € 7.500 pro Jahr sind die im Rahmen eines Betriebes erzielten Bareinzahlungen zusätzlich in einer Registrierkasse aufzuzeichnen (§ 131b BAO). Seit 2017 muss die Registrierkasse mit einer Signaturerstellungseinheit verbunden sein, die eine dem Unternehmer zugeordnetes Zertifikat besitzt und bei FinanzOnline registriert ist.

Interne Belege dienen in erster Linie dem Verkehr einzelner Unternehmensbereiche untereinander (z. B. Materialentnahmescheine, Arbeitsaufzeichnungen für die Lohn- und Gehaltsverrechnung) und erst in zweiter Linie als Buchführungsgrundlage. Jene internen Belege, die ausschließlich für die Buchführung angefertigt werden (Verbuchung von Fehlerkorrekturen, Abschlussbuchungen), werden auch als künstliche Belege (im Gegensatz zu den vorhin erwähnten natürlichen Belegen) bezeichnet.

10.4.6. Grundsätze ordnungsmäßiger Buchführung

GoB

Nach § 190 Abs. 1 UBG hat der Unternehmer Bücher zu führen und in diesen seine unternehmensbezogenen Geschäfte und die Lage seines Vermögens nach den Grundsätzen ordnungsmäßiger Buchführung (GoB) ersichtlich zu machen. Die Buchführung muss so beschaffen sein, dass sie einem sachverständigen Dritten innerhalb angemessener Zeit einen Überblick über die Geschäfts(vor)fälle und über die Lage des Unternehmens vermitteln kann Die Geschäfts(vor)fälle müssen sich in ihrer Entstehung und Abwicklung verfolgen lassen.

Die Grundsätze ordnungsmäßiger Buchführung (GoB) verlangen

a) die vollständige Aufzeichnung aller Vermögensteile, des Eigenkapitals und der Schulden eines Unternehmens sowie deren Veränderungen im Zeitablauf (**Vollständigkeitsregel**),

b) die verständliche und richtige Ordnung des Buchungsstoffes in zeitlicher und sachlicher Hinsicht (**Verständlichkeits**- bzw. **Ordnungsregel**),

c) die Objektivierung und Referenzierung jeder Buchung auf einen den aufzeichnungspflichtigen Geschäftsfall nachweisenden Beleg (**Referenzregel**) und

d) die Möglichkeit des Nachvollzugs und damit der Nachprüfbarkeit der in Buchhaltung und Bilanz erfassten Vorgänge innerhalb einer angemessenen Frist (**Nachvollziehbarkeitsregel**).

Die GoB erfordern somit eine vollständige, richtige, zeitgerechte und geordnete Aufzeichnung aller **buchungspflichtigen** Geschäftsfälle (das sind jene Geschäftsfälle, die eine Auswirkung auf Vermögen, Eigenkapital, Schulden bzw. deren Veränderungen im Zeitablauf haben).

10.5. Der Jahresabschluss

Der **Jahresabschluss** besteht nach den unternehmensrechtlichen Vorschriften (§ 193 UGB) in der Regel aus der Bilanz und der Gewinn- und Verlustrechnung (GuV-Rechnung) sowie (bei Kapitalgesellschaften) dem Anhang, der Angaben in der Bilanz und der GuV-Rechnung näher erläutert, sowie ergänzend dem Lagebericht und gegebenenfalls (§ 243b UGB) dem Corporate-Governance-Bericht.

Jahresabschluss

	Bilanz	GuV-Rechnung	Anhang	Lagebericht	Corporate-Governance Bericht
Börsenotierte Unternehmen	x	x	x	x	x
Große und mittelgroße Kapitalgesellschaften	x	x	x	x	
Kleine Kapitalgesellschaften	x	x	x		
Kleinstkapitalgesellschaften, Einzelunternehmen und Personengesellschaften	x	x			

Die Größenklassen von Kapitalgesellschaften sind in § 221 UGB geregelt (Zutreffen von mindestens zwei der angegebenen Kriterien):

	Bilanz-summe in Mio. EUR	Umsatz-erlöse in Mio. EUR	Anzahl der Mitarbeiter (Jahres-durchschnitt)
Kleinstkapitalgesellschaft	≤ 0,35	≤ 0,70	≤ 10
Kleine Kapitalgesellschaft	< 5	< 10	< 50
Mittelgroße Kapitalgesellschaft	< 20	< 40	< 250
Große Kapitalgesellschaft	> 20	> 40	> 250

In speziellen Fällen ist auch ein **Bericht über Zahlungen an staatliche Stellen** anzufügen. Bei der Erstellung eines **Konzernabschlusses** sind weiters eine Kapitalflussrechnung (Geldflussrechnung) sowie eine Darstellung der Komponenten des Eigenkapitals und deren Entwicklung im Geschäftsjahr Bestandteil des Jahresabschlusses.

Der Jahresabschluss wird vielfach um weitere Rechnungen mit zusätzlichen Informationselementen ergänzt (z. B. Ökobilanz, Nachhaltigkeitsbilanz, Wissensbilanz, Sozialbilanz). Neben regelmäßig aufgestellten **Jahresabschlüssen** werden aus speziellen Anlässen (z. B. bei der Gründung, der Auflösung eines Unternehmens oder beim Eintritt oder Austritt von Gesellschaftern in einer Personengesellschaft) **Sonderbilanzen** erstellt.

Jahresabschlüsse folgen den (pagatorischen) Bewertungsvorschriften des Unternehmensrechts (§§ 201 ff. UGB) bzw. des Steuerrechts (§§ 6 ff. EStG). Während die Bewertungsbestimmungen des Unternehmensrechts von Gläubigerschutzinteressen und den Interessen der Anteilseigner ausgehen, dienen jene des Steuerrechts zur Ermittlung von Steuertatbeständen durch eine für alle Steuerpflichtigen möglichst gleiche Vorgangsweise.

Zur Buchführung sind nach § 189 UGB alle Kapitalgesellschaften sowie Unternehmer mit mehr als 700.000 Euro Umsatzerlösen verpflichtet (nicht jedoch Angehörige der freien Berufe, Land- und Forstwirte und Unternehmer mit ausschließlich außerbetrieblichen Einkünften nach § 2 Abs 4 Z 2 EStG – z. B. Vermietung und Verpachtung). Für alle anderen (Kleinunternehmer) gelten nur die steuerlichen Aufzeichnungspflichten nach §§ 125 f. BAO.

IFRS Aufgabe und Inhalt der Bilanzen sind Gegenstand der betriebswirtschaftlichen Bilanztheorien. Den „klassischen" Bilanzlehren (um 1920–1930), wie die Statischen Bilanzlehren (vor allem Walter le Coutre), die Organische Bilanzlehre von Fritz Schmidt und die Dynamische Bilanzlehre von Eugen Schmalenbach, die teilweise in handelsrechtlichen Normierungen ihren Niederschlag fanden, folgten später neuere bilanztheoretische Ansätze wie die Pagatorische Bilanztheorie von Erich Kosiol oder die Kapitaltheoretische Bilanzauffassung von Gerhard Seicht. Diesen theoretischen Auffassungen stehen heute die **International Financial Reporting Standards (IFRS)** bzw. die Generally Accepted Accounting Principles (GAAP; z. B. US-GAAP, Swiss GAAP) gegenüber, die sich induktiv aus der internationalen Unternehmenspraxis entwickelt haben und durch Standard Setter (Boards) als internationale Normen vor allem für börsenotierte Unternehmen von Bedeutung sind.

Der Jahresabschluss gibt unternehmensbezogen (in Grenzen) Auskunft über

- die Vermögens- und Kapitalstruktur;
- die Erfolgsstruktur (Struktur der Erträge und Aufwendungen);
- den erzielten, den ausschüttbaren und den steuerbaren Gewinn;
- die Umsätze insgesamt und detailliert für die Unternehmensteilbereiche;
- die Liquiditätssituation zum Bilanzstichtag.

Durch Kennzahlenbildung können weitere Sachverhalte, u. a. Umschlagshäufigkeiten, Veränderungen in den Vermögens-, Kapital- und Erfolgsstrukturen, offen gelegt werden. Bei der Kennzahlenbildung soll die Abstützung grundsätzlich auf mehrere Bilanzen durch zwischenzeitlichen innerbetrieblichen oder zwischenbetrieblichen Vergleich erfolgen.

10.5.1. Bilanz

In der (Vermögens-)Bilanz wird eine **duale** Information geboten: Die **Mittelverwendung** wird durch den Ausweis von Vermögen (Anlagevermögen, Umlaufvermögen) konkretisiert, die als Aktiva zusammengefasst sind. Die **Mittelherkunft** (Eigenkapital, Fremdkapital) zeigt an, aus welchen Kapitalquellen die Vermögenswerte finanziert sind (Passiva). Die Grundlage für die Aufstellung der Bilanz ist das **Inventar** (Bestandsverzeichnis von Vermögen und Schulden). Die Aufstellung des Inventars setzt seinerseits eine **Inventur** voraus. Unter diesem Begriff ist der Vorgang der mengen- und wertmäßigen Bestandsaufnahme aller Vermögensteile und der Schulden einer Organisation zu einem bestimmten **Stichtag** oder planmäßig verteilt über das ganze Geschäftsjahr (**permanente** Inventur) zu verstehen.

Bilanz

Der Jahresabschluss hat nach § 195 UGB den **Grundsätzen ordnungsmäßiger Buchführung (GoB)** zu entsprechen (siehe Abschnitt 10.4.6). Er ist klar und übersichtlich aufzustellen und hat ein möglichst getreues Bild der Vermögens- und Ertragslage des Unternehmens zu vermitteln (**Generalnorm**). In der Bilanz sind nach § 198 UGB das Anlage- und Umlaufvermögen, das Eigenkapital, die Verbindlichkeiten sowie die Rechnungsabgrenzungsposten gesondert auszuweisen und unter Bedachtnahme auf die GoB aufzugliedern.

GoB

Bilanz		
Aktiva		**Passiva**
Anlagevermögen: Immaterielles Anlagevermögen Grundstücke Gebäude Maschinen Fahrzeuge Betriebs- und Geschäftsausstattung Finanzanlagen	Eigenkapital (Reinvermögen)	
Umlaufvermögen: Vorräte Forderungen Wertpapiere Geldbestände	Fremdkapital (Schulden): Verbindlichkeiten Rückstellungen	
Aktive Rechnungs- abgrenzungsposten	Passive Rechnungs- abgrenzungsposten	
MITTELVERWENDUNG		**MITTELHERKUNFT**

Abbildung 10-13: Bilanzstruktur

Bilanzposten

Als **Anlagevermögen** sind Gegenstände auszuweisen, die bestimmt sind, dauernd dem Geschäftsbetrieb zu dienen (Grundstücke, Gebäude, Technische Anlagen und Maschinen, Betriebs- und Geschäftsausstattung, Fahrzeuge, Finanzanlagen). Als **Umlaufvermögen** sind jene Gegenstände auszuweisen, die nicht bestimmt sind, dauernd dem Geschäftsbetrieb zu dienen (Vorräte, Forderungen, Wertpapiere, Geldbestände). Die **Rechnungsabgrenzungsposten** dienen der Periodenabgrenzung von Aufwendungen und Erträgen. Auf der Aktivseite sind Ausgaben vor dem Abschlussstichtag auszuweisen, soweit sie Aufwand für eine bestimmte Zeit nach diesem Tag sind. Als Rechnungsabgrenzungsposten auf der Passivseite der Bilanz sind Einnahmen vor dem Abschlussstichtag auszuweisen, soweit sie Ertrag für eine bestimmte Zeit nach diesem Tag sind.

Das **Eigenkapital** bei einer **Einzelunternehmung** wird in der Regel auf einem variablen Eigenkapitalkonto ausgewiesen und hat damit Saldocharakter. Es wird durch das Ergebnis aus der GuV-Rechnung (Gewinn oder Verlust) sowie durch die in diesem Jahr getätigten Privateinlagen bzw. Privatentnahmen verändert. Bei einer **Offenen Gesellschaft (OG)** werden für jeden der unbeschränkt haftenden Gesellschafter entsprechende Eigenkapitalkonten geführt, es sind aber auch feste Kapitalkonten und variable Verrechnungskonten möglich. Im Falle einer **Kommanditgesellschaft (KG)** wird für jeden Komplementär ein Eigenkapitalkonto mit Saldocharakter geführt, für jeden der beschränkt haftenden Kommanditisten hingegen ein festes Eigenkapitalkonto (für die Einlage), wobei zusätzlich Verrechnungskonten für ausstehende Einlagen sowie für die Gewinn- und Verlustverrechnung zu führen sind.

Ist der Rückzahlungsbetrag einer **Verbindlichkeit** zum Zeitpunkt ihrer Begründung höher als der Ausgabebetrag, so ist der Unterschiedsbetrag (Aufgeld, Agio) in den Rechnungsabgrenzungsposten auf der Aktivseite aufzunehmen und gesondert auszuweisen. Der eingesetzte Betrag ist durch planmäßige jährliche Abschreibungen zu tilgen.

Rückstellungen sind für ungewisse Verbindlichkeiten und für drohende Verluste aus schwebenden Geschäften zu bilden, die am Abschlussstichtag wahrscheinlich oder sicher, aber hinsichtlich ihrer Höhe oder des Zeitpunkts ihres Eintritts unbestimmt sind. Sie dürfen auch für nachzuholende Aufwendungen, die ihre Ursache in Ereignissen vor dem Bilanzstichtag haben, gebildet werden. Rückstellungen sind insbesondere für Anwartschaften auf Abfertigungen, laufende Pensionen und Anwartschaften auf Pensionen, Kulanzen, nicht konsumierten Urlaub, Jubiläumsgelder, Heimfalllasten und Produkthaftungsrisiken sowie auf Gesetz und Verordnung beruhende Verpflichtungen zur Rücknahme und Verwertung von Erzeugnissen zu bilden. Rückstellungen sind mit dem Erfüllungsbetrag (Geld-, Sachleistung) anzusetzen, der bestmöglich zu schätzen ist.

Bestehen zwischen den unternehmensrechtlichen und steuerrechtlichen Wertansätzen bei den Bilanzposten Differenzen, die voraussichtlich in späteren Geschäftsjahren abgebaut werden, so ist die damit verbundene Steuerbelastung als Rückstellung für passive latente Steuern in der Bilanz anzusetzen. Sollte sich eine Steuerentlastung ergeben, so ist diese als „aktive latente Steuern" auf der Aktivseite der Bilanz auszuweisen (§ 198 Abs. 9 UGB).

Bei **Leasingverhältnissen** ist zunächst die Frage zu klären, ob der geleaste Vermögensgegenstand dem Leasinggeber oder dem Leasingnehmer in der Bilanz zuzurechnen ist. Im österreichischen Bilanzrecht ist grundsätzlich das **Konzept des wirtschaftlichen Eigentums** maßgeblich und weniger die zivilrechtliche Qualifikation des Leasingvertrages. Für das wirtschaftliche Eigentum ist kennzeichnend, dass mit dem Leasingvertrag Rechte und Verpflichtungen auf den Leasingnehmer übertragen werden, sodass dieser Risiken übernimmt und Ertragsrechte erhält, die jenen gleichkommen, die bei einem regulären Kauf des Vermögensgegenstandes eintreten würden. Dies kann bei langfristigen Leasingverträgen (zumeist Vollamortisationsverträgen) angenommen werden. Erfolgt die Bilanzierung beim Leasingnehmer, ist der Leasinggegenstand in der Regel im Anlagevermögen zu aktivieren und die Leasingverpflichtung als Verbindlichkeit zu passivieren. Nach den Einkommensteuerrichtlinien (EStR 2000, Rz 149) können als Anschaffungskosten jene des Leasinggebers angesetzt werden. Dies setzt allerdings voraus, dass sie dem Leasinggeber bekannt sind. Betriebswirtschaftlich richtiger ist die Aktivierung des Barwertes der gesamten Leasingzahlungen

Leasing

als Anschaffungskosten (im Sinne eines Nutzungsrechts) und eine Passivierung in gleicher Höhe, wobei für die finanzmathematische Berechnung des Barwertes der dem Leasingverhältnis zugrunde liegende Zinssatz herangezogen wird. Die Zahlungen an den Leasinggeber sind dann in eine Zinsaufwandskomponente und eine Rückzahlungskomponente aufzuspalten. Letztere vermindert dann den Vermögens- bzw. den Verbindlichkeitsausweis in der Bilanz. Erfolgt die Bilanzierung des geleasten Vermögensgegenstandes beim Leasinggeber, sind die Leasingzahlungen als sonstiger betrieblicher Aufwand in der Gewinn- und Verlustrechnung zu erfassen.

Für **Kapitalgesellschaften** gelten die erweiterten Bilanzierungsvorschriften nach §§ 221 ff. UGB. Sie entsprechen der Bilanzrichtlinie 2013/34/EU. Danach hat der Jahresabschluss ein möglichst getreues Bild der Vermögens-, Finanz- und Ertragslage des Unternehmens zu vermitteln.

	BILANZ	
Aktiva		**Passiva**

A. Anlagevermögen
  I.   Immaterielle Vermögens-
      gegenstände
  II. Sachanlagen
  III. Finanzanlagen
B. Umlaufvermögen
  I.   Vorräte
  II. Forderungen und sonstige
      Vermögensgegenstände
  III. Wertpapiere und Anteile
  IV. Kassenbestand, Schecks,
      Guthaben bei Kreditinstituten
**C. Rechnungsabgrenzungs-
   posten**
D. Aktive latente Steuern
		A. Eigenkapital
		  I. Nennkapital (Grund-, Stamm-
		      kapital)
		  II. Kapitalrücklagen
		  III. Gewinnrücklagen
		  IV. Bilanzgewinn (Bilanzverlust)
		B. Rückstellungen
		C. Verbindlichkeiten
		**D. Rechnungsabgrenzungs-
		   posten**

Bilanzsumme		Bilanzsumme

(linker Rand: Mittelverwendung; rechter Rand: Mittelherkunft)

Abbildung 10-14: Gliederung der Bilanz nach § 224 UGB (in komprimierter Fassung)

Beim Eigenkapitalausweis der Kapitalgesellschaften ist zu differenzieren zwischen:

- **Nennkapital**: Es wird als starres Konto mit Nominalwertcharakter geführt und weist die von den Gesellschaftern übernommenen Einlagen aus (Grundkapital bei der AG und Stammkapital bei der GmbH)
- **Kapitalrücklagen**: Hier werden jene Beträge ausgewiesen, die von den Gesellschaftern über das Nennkapital hinaus als Eigenkapital zur Verfügung gestellt werden.
- **Gewinnrücklagen**: Sie entstehen durch die Einbehaltung (Thesaurierung) von erwirtschafteten Gewinnen, die demnach nicht an die Gesellschafter ausgeschüttet werden.

- **Bilanzgewinn (Bilanzverlust)**: Hier wird jener Anteil am Unternehmensergebnis ausgewiesen, der nach der Gewinnthesaurierung bzw. nach Rücklagenbewegungen verbleibt. Er kann an die Gesellschafter ausgeschüttet oder ins nächste Jahr vorgetragen werden. In diesem Bilanzposten wird auch ein aus dem Vorjahr vorgetragener Gewinn oder Verlust ausgewiesen.

Eventualverbindlichkeiten sind nach § 199 UGB unter(halb) der Bilanz auszuweisen. Darunter sind Verbindlichkeiten aus der Begebung und Übertragung von Wechseln, Bürgschaften, Garantien sowie sonstigen vertraglichen Haftungsverhältnissen, soweit sie nicht auf der Passivseite der Bilanz auszuweisen sind, zu verstehen, auch wenn ihnen gleichwertige Rückgriffsforderungen gegenüberstehen. Bei den Eventualverbindlichkeiten wird das Unternehmen nur dann in Anspruch genommen, wenn der Hauptschuldner nicht bezahlt. Sie sind nur so lange auszuweisen, als nicht mit einer wirklichen Inanspruchnahme gerechnet wird. Ist eine Inanspruchnahme wahrscheinlich, aber der Höhe nach noch ungewiss, ist eine Rückstellung zu bilden. Ist die Inanspruchnahme hingegen dem Grunde nach sicher und auch von der Höhe her eindeutig bestimmt, muss eine Verbindlichkeit ausgewiesen werden.

10.5.2. Grundsätze ordnungsmäßiger Bilanzierung

Die Grundsätze ordnungsmäßiger Bilanzierung hängen mit den Grundsätzen ordnungsmäßiger Buchführung insofern eng zusammen, als die Grundlage der Bilanz die Aufzeichnungen in den Büchern sind. Eine Bilanz kann demnach nur ordnungsmäßig sein, wenn dies die ihr vorgelagerte Buchführung ebenfalls ist. Allerdings wird der Jahresabschluss nicht nur durch die in der Buchführung festgehaltenen Vorgänge geprägt, sondern es wirken auf ihn zusätzlich Ansatzvorschriften (Was nehme ich in die Bilanz auf?), Gliederungsvorschriften (Wie ordne ich diese Posten in der Bilanz?) und Bewertungsvorschriften (Welchen Wert messe ich den Vermögens- und Kapitalposten zu?) ein.

GoB und Grundsätze ordnungsmäßiger Bilanzierung

Die **zentralen Bilanzierungsfragen** sind somit:

Zentrale Bilanzierungsfragen

- Bilanzierung dem Grunde nach (Bilanzierungsfähigkeit): **Ansatzvorschriften**
- Ort des Bilanzausweises: **Gliederungsvorschriften**
- Bilanzierung der Höhe nach (Bewertung): **Bewertungsvorschriften**

Neben gesetzlichen Regeln und deren Interpretation durch die Rechtsprechung sind einzelne in der Unternehmenspraxis entwickelten Vorgehensweisen bezüglich der Führung von Büchern und der Aufstellung von Bilanzen zum Gewohnheitsrecht geworden. Sie werden durch Gutachten und Stellungnahmen der Fachsenate der Kammer der Steuerberater und Wirtschaftsprüfer, des Instituts Österreichischer Wirtschaftsprüfer (IWP) sowie des Austrian Financial Reporting and Auditing Committees (AFRAC) dokumentiert und interpretiert. Sie lassen sich zu folgenden **Grundsätzen ordnungsmäßiger Bilanzierung** zusammenfassen:

Bilanzierungsgrundsätze

- Grundsatz der **Bilanzverknüpfung** (§ 201 Abs. 2 Z 1 und 6 UGB): Er lässt sich in die Teilgrundsätze der Bilanzidentität und der Bilanzkontinuität untergliedern. Die **Bilanzidentität** ist als zeitpunktbezogene Bilanzverknüpfung zu verstehen und verlangt, dass die Schlussbilanz eines Geschäftsjahres mit der Eröffnungsbilanz des folgenden Geschäftsjahres ident ist. Die **Bilanzkontinuität** ist als zeitraumbezogene Bilanzverknüpfung zu verstehen und verlangt einen organischen Zusammenhang zwischen der Schlussbilanz einer Periode und der Schlussbilanz der folgenden Periode. Sie ist in formeller und materieller Art zu sehen. Die **formelle** Bilanzkontinuität bezieht sich auf die Beibehaltung einmal angewendeter Gliederungsgrundsätze und Kontenbezeichnungen. Eine Abweichung ist nur unter besonderen Umständen zulässig. Die **materielle** Bilanzkontinuität bezieht sich auf die prinzipielle Beibehaltung der bisher angewandten Bewertungsmethoden. Auch hier ist eine Abweichung nur bei Vorliegen besonderer Umstände erlaubt.
- Grundsatz der **Bilanzvorsicht** (§ 201 Abs. 2 Z 4 UGB): Nur die am Abschlussstichtag tatsächlich verwirklichten Gewinne sind auszuweisen, hingegen müssen erkennbare Risiken und drohende Verluste, die in dem Geschäftsjahr oder früher ihre Ursache haben, gewinnmindernd berücksichtigt werden, selbst wenn diese Umstände erst zwischen dem Abschlussstichtag und dem Tag der Aufstellung des Jahresabschlusses bekannt geworden sind. Dieser als **imparitätisches Realisationsprinzip** bezeichnete Grundsatz findet in der Vermögensbilanz auf der Aktivseite durch das **Niederstwertprinzip** und auf der Passivseite durch das **Höchstwertprinzip** und die Verpflichtung zur Bildung von **Rückstellungen** seinen Niederschlag. Beim Niederstwertprinzip ist im Vergleich zwischen Anschaffungswert und Tageswert jeweils der niedrigere Wert auszuwählen. Dies kann zur Bildung von **Stillen Reserven** führen, wenn der Tageswert des Vermögensgutes höher ist. Umgekehrt ist beim Höchstwertprinzip im Vergleich zwischen Anschaffungswert und Tageswert der jeweils höhere Wert auszuwählen. Dies führt ebenfalls zu Stillen Reserven, wenn damit gerechnet werden kann, dass der Erfüllungsbetrag zum Ausgleich der Verbindlichkeit niedriger als der Tageswert sein wird. Aus der „vorsichtigen" Bewertung folgt, dass sich der Unternehmer im Zweifel eher „ärmer" als „reicher" darstellen soll. Damit soll verhindert werden, dass durch allfällige Gewinnausschüttungen die Gläubigeransprüche nicht erfüllt werden könnten.
- Grundsatz der **Bilanzwahrheit** (§ 201 Abs. 1 und Abs. 2 Z 2): Die Möglichkeit oder der manchmal gesetzliche Zwang zur Bildung von Stillen Reserven verhindern von vornherein das Bemühen um die Aufstellung einer „**wahren**" Bilanz. Die Bilanz kann im Rahmen der gesetzlichen Vorschriften nur „**folgerichtig**" sein. Zu diesem Bilanzierungsgrundsatz gehört auch, dass bei der Bewertung so lange von der Fortführung der Unternehmenstätigkeit auszugehen ist, solange dem nicht tatsächliche oder rechtliche Gründe entgegenstehen (**Going-concern-Prinzip; Grundsatz der Unternehmensfortführung**).

- Grundsatz der **Bilanzklarheit** (§ 195 und § 222 UGB): Im Jahresabschluss sind die Vermögens- und Kapitalteile klar und übersichtlich zum Ausdruck zu bringen.
- Grundsatz der **Vollständigkeit** (§ 196 UGB): Der Jahresabschluss hat sämtliche (unternehmensbezogenen) Vermögensgegenstände, Rückstellungen, Verbindlichkeiten, Rechnungsabgrenzungsposten, Aufwendungen und Erträge zu enthalten, soweit gesetzlich nichts anderes bestimmt ist. Es gilt das Bruttoprinzip, d. h. Saldierungen sind nicht zulässig.
- Grundsatz der **Einzelbewertung** (§ 201 Abs. 2 Z 3 UGB): Vermögensgegenstände und Schulden sind am Abschlussstichtag einzeln zu bewerten. Unter gewissen Umständen können vereinfachte Bewertungsverfahren angewendet werden (z. B. gewogenes Durchschnittswertverfahren oder First-in-First-out-Verfahren bei der Vorratsbewertung).
- Grundsatz der **zeitlichen Abgrenzung** (**Periodenabgrenzung**; § 201 Abs. 2 Z 5 UGB): Die Aufwendungen und Erträge des Geschäftsjahres sind unabhängig vom Zeitpunkt der entsprechenden Zahlungen im Jahresabschluss zu berücksichtigen.

10.5.3. Bewertungsvorschriften

„**Bewertung**" ist die Zuweisung eines bestimmten Geldwertes für jeden einzelnen Vermögensgegenstand bzw. für jede Schuldposition. Für das UGB gelten die Anschaffungs- und Herstellungskosten auf der Vermögensseite als die Obergrenze der Bewertung. — **Bewertung**

Anschaffungskosten sind jene Aufwendungen, die geleistet werden, um einen Vermögensgegenstand zu erwerben und ihn in einen betriebsbereiten Zustand zu versetzen, soweit sie dem Vermögensgegenstand einzeln zugeordnet werden können (§ 203 Abs. 2 UGB). Zu den Anschaffungskosten gehören auch die Nebenkosten (z. B. Transportkosten, Versicherung, Montagekosten) sowie nachträgliche Anschaffungskosten. Anschaffungspreisminderungen (Rabatte, Skonti) sind abzuziehen. — **Anschaffungskosten**

Herstellungskosten sind jene Aufwendungen, die für die Herstellung eines Vermögensgegenstandes, seine Erweiterung oder für eine über seinen ursprünglichen Zustand hinausgehende wesentliche Verbesserung entstehen (§ 203 Abs. 3 UGB). Sie sind im Wege einer Zuschlagskalkulation (siehe Abschnitt 10.7.6) zu ermitteln und umfassen die einem einzelnen Erzeugnis unmittelbar zuzurechnenden Material- und Personalkosten (Einzelkosten) sowie die diesen zugerechneten Gemeinkosten der Leistungserstellung. Aufwendungen für Sozialeinrichtungen des Betriebes, für freiwillige Sozialleistungen, für die betriebliche Altersversorgung und Abfertigung dürfen (müssen aber nicht) eingerechnet werden. Hingegen dürfen Kosten der allgemeinen Verwaltung und des Vertriebes in die Herstellungskosten nicht einbezogen werden. Der in der Bilanzierung übli- — **Herstellungskosten**

che Begriff „Herstell**ung**skosten" weist eindeutig auf einen anschaffungspreisorientierten Wertansatz hin, während der in der Kostenrechnung verwendete Begriff „Her**stell**kosten" einen kalkulatorischen (gegenwartsbezogenen) Wertansatz impliziert (siehe Abschnitt 10.7.1).

Gemildertes Niederstwertprinzip

Unter Beachtung des Vorsichtsprinzips ist das **Anlagevermögen** zu Anschaffungs- oder Herstellungskosten, vermindert um planmäßige und außerplanmäßige Abschreibungen, zu bewerten (§ 203 Abs. 1 in Verbindung mit § 204 UGB). Die **planmäßige** Abschreibung gilt ausschließlich für das abnutzbare Anlagevermögen (z. B. Gebäude, Maschinen) und berücksichtigt die nutzungsabhängige Wertminderung. Sie wird linear (über die Nutzungsdauer verteilt gleichbleibende Abschreibungsquoten) festgesetzt (**gemildertes Niederstwertprinzip**). Steuerrechtlich ist dafür die Bezeichnung „Absetzung für Abnutzung – AfA" gebräuchlich. Bei einer voraussichtlich dauernden Wertminderung sind Gegenstände des Anlagevermögens ohne Rücksicht darauf, ob ihre Nutzung zeitlich begrenzt ist, **außerplanmäßig** auf den niedrigeren am Abschlussstichtag beizulegenden Wert abzuschreiben. Das gemilderte Niederstwertprinzip gestattet für das Finanzanlagevermögen auch dann eine außerplanmäßige Abschreibung, wenn die voraussichtliche Wertminderung nicht von Dauer ist. Ist die Wertminderung hingegen von Dauer, ist die außerplanmäßige Abschreibung für alle Gegenstände des Anlagevermögens verpflichtend.

Geringwertige Güter des abnutzbaren Anlagevermögens dürfen im Jahr der Anschaffung bzw. Herstellung voll abgeschrieben werden (§ 204 Abs. 1a UGB). In der Praxis ist es üblich, die Geringwertigkeitsgrenze des § 13 EStG von 400 € heranzuziehen.

Strenges Niederstwertprinzip

Das **Umlaufvermögen** ist zu Anschaffungs- oder Herstellungskosten, allenfalls vermindert um die Abschreibung auf den niedrigeren beizulegenden Zeitwert am Abschlussstichtag, zu bewerten (§ 206 Abs. 1 in Verbindung mit § 207 UGB). Für das Umlaufvermögen gilt somit das **strenge Niederstwertprinzip**, eine Abwertung auf den niedrigeren Wert am Abschlussstichtag muss jedenfalls vorgenommen werden, gleichgültig, ob dieser Wert nur vorübergehend oder nachhaltig eingetreten ist.

Wertaufholung

Sind die Gründe für eine außerplanmäßige Abschreibung beim Anlagevermögen und beim Umlaufvermögen in einem späteren Geschäftsjahr weggefallen, so ist der Betrag dieser Abschreibung im Umfang der Werterhöhung unter Berücksichtigung der Abschreibungen, die inzwischen vorzunehmen gewesen wären, **zuzuschreiben** (Wertaufholung, § 208 UGB).

Höchstwertprinzip

Verbindlichkeiten sind zu ihrem Erfüllungsbetrag, Rentenverpflichtungen zum Barwert der zukünftigen Auszahlungen anzusetzen. **Rückstellungen** sind mit einem bestmöglich zu schätzenden Erfüllungsbetrag zu bewerten (§ 211 UGB). Rückstellungen für Abfertigungsverpflichtungen, Pensionen, Jubiläumsgeldzusagen oder vergleichbare langfristig fällige Verpflichtungen sind mit dem sich

nach versicherungsmathematischen Grundsätzen ergebenden Betrag anzusetzen. Bei Wertschwankungen einer Verbindlichkeit zwischen Bilanzstichtagen
(z. B. aufgrund von Wechselkursveränderungen bei Fremdwährungen) gilt das
Höchstwertprinzip, wonach der jeweils höhere Wert zwischen dem Anschaffungswert und dem Tageswert anzusetzen ist.

10.5.4. Gewinn- und Verlustrechnung

Der Periodenerfolg wird einerseits über den Reinvermögensvergleich (Differenz
zwischen Vermögen und Schulden) zwischen zwei Bilanzstichtagen und andererseits über die zeitraumbezogene **GuV-Rechnung** ermittelt. Oder anders formuliert: In der Bilanz wird der Periodenerfolg *festgestellt* und in der GuV-Rechnung hinsichtlich seines Entstehens *erläutert*. § 200 UGB verlangt die Aufglie-
rung aller Erträge und Aufwendungen unter Bedachtnahme auf die Grundsätze
ordnungmäßiger Buchführung. Der Jahresüberschuss (Jahresfehlbetrag) und
der Bilanzgewinn (Bilanzverlust) sind gesondert auszuweisen.

GuV-Rechnung

In der **Kontoform** ergibt sich die folgende Struktur der GuV-Rechnung:

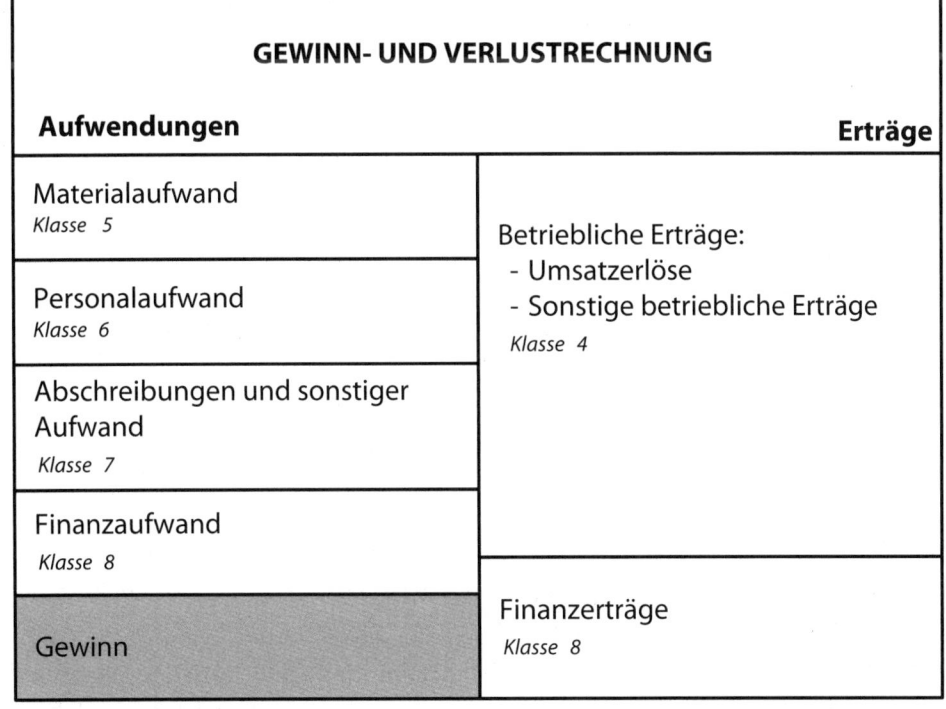

Abbildung 10-15: GuV-Rechnung in Kontoform

Die Gliederungsvorschrift der GuV-Rechnung für Kapitalgesellschaften (§ 231 UGB) schreibt eine **Staffelform** vor und verlangt damit Zwischensummen und -differenzen zwischen einzelnen Ertrags- und Aufwandsgruppen.

Ergebnisspaltung

Die Staffelform führt zu der betriebswirtschaftlich sinnvollen **Ergebnisspaltung** (Erfolgsspaltung) zwischen **Betriebsergebnis** (Ergebnis aus der eigentlichen Leistungserstellung und -verwertung) und **Finanzergebnis** (Ergebnis aus rein finanzwirtschaftlichen Geschäftsfällen).

Mit dem Rechnungslegungs-Änderungsgesetz 2014 (RÄG 2014) entfiel ab 2016 die Verpflichtung zum Ausweis eines **außerordentlichen Ergebnisses** (z. B. außergewöhnliche Schadensfälle oder Erträge aus Anlagenverkäufen zum Zwecke einer Sanierung; diese Geschäftsfälle sind jedoch im Anhang anzuführen). Mit dem Wegfall des außerordentlichen Ergebnisses entfiel auch der Posten „**Ergebnis der gewöhnlichen Geschäftstätigkeit (EGT)**", weil das UGB nicht mehr zwischen gewöhnlicher und außergewöhnlicher Tätigkeit unterscheidet.

GuV-Gliederung bis 2015		GuV-Gliederung ab 2016	
	Betriebsleistung		Betriebsleistung
–	Betriebliche Aufwendungen	–	Betriebliche Aufwendungen
	Betriebsergebnis		Betriebsergebnis
+/–	Finanzergebnis (Differenz zw. Finanzerträgen und -aufwendungen)	+/–	Finanzergebnis (Differenz zw. Finanzerträgen und -aufwendungen)
	Ergebnis der gewöhnlichen Geschäftstätigkeit (EGT)		Ergebnis vor Steuern
+/–	a.o. Ergebnis (Differenz zwischen. a.o. Erträgen und a.o. Aufwendungen)	–	Steuern vom Einkommen und Ertrag
	Jahresüberschuss (Jahresfehlbetrag)		Jahresüberschuss (Jahresfehlbetrag)
+/–	Zuweisung und Auflösung versteuerter und unversteuerter Rücklagen	+/–	Zuweisung und Auflösung von Rücklagen
+/–	Gewinnvortrag (Verlustvortrag) aus dem Vorjahr	+/–	Gewinnvortrag (Verlustvortrag) aus dem Vorjahr
	Bilanzgewinn (Bilanzverlust)		Bilanzgewinn (Bilanzverlust)

Abbildung 10-16: GuV-Rechnung in Staffelform

Gesamtkostenverfahren

Die GuV-Rechnung kann nach dem **Gesamtkostenverfahren** (§ 231 Abs 2) oder nach dem **Umsatzkostenverfahren** (§ 231 Abs 3) entwickelt werden (siehe Abbildung 10-17). Das Gesamtkostenverfahren umfasst alle Aufwendungen und Erträge (artenweise Gliederung; Bruttoverfahren), das Umsatzkostenverfahren hingegen nur jene Aufwendungen, die unmittelbar mit der Umsatztätigkeit zusammenhängen und ergebnisverursachend sind (funktionale Gliederung; Nettoverfahren). Da die Bestandsveränderungen an (noch nicht verkauften) Lagerwaren nur zu den Herstellungskosten als Ertrag bewertet werden können, kommt es auf diese Weise zu einer Aufwandsneutralisierung im Hinblick auf das Betriebsergebnis (der Wertzuwachs aus dem Lageraufbau ist in den Material- und Personalaufwendungen enthalten). Somit bestimmen diese Posten weder im positiven noch im negativen Sinne das Betriebsergebnis. Im Umsatzkostenverfahren werden diese Posten von vornherein nicht berücksichtigt (Nettoverfahren).

Da das Umsatzkostenverfahren bis zum Betriebsergebnis keine Aufwandsarten, sondern Aufwandsstellensummen zeigt, kann der Ansatz für die Herstellungskosten der zur Erzielung der Umsatzerlöse erbrachten Leistungen nur der Kosten- und Leistungsrechnung entnommen werden. Der Betriebsabrechnungsbogen (Aufwandsverteilungsbogen) aus der Kostenarten- und Kostenstellenrechnung (siehe später Abschnitt 10.7) wird zur Grundlage des Jahresabschlusses. **Umsatzkostenverfahren**

Gesamtkostenverfahren	Umsatzkostenverfahren
Umsatzerlöse	Umsatzerlöse
+/– Veränderungen des Bestandes an fertigen und unfertigen Erzeugnissen sowie an noch nicht abrechenbaren Leistungen	– Herstellungskosten der zur Erzielung der Umsatzerlöse erbrachten Leistungen
+ Andere aktivierte Eigenleistungen (z.B. Wert selbst erstellter Anlagen)	Bruttoergebnis vom Umsatz
+ Sonstige betriebliche Erträge	+ Sonstige betriebliche Erträge
– Aufwendungen für Material und sonstige Herstellungsleistungen	– Vertriebskosten
– Personalaufwand	– Verwaltungskosten
– Abschreibungen	– Sonstige betriebliche Aufwendungen
– Sonstige betriebliche Aufwendungen	
Betriebsergebnis	**Betriebsergebnis**
+ Finanzerträge (Beteiligungs-, Wertpapier-, Zinserträge)	
– Finanzaufwendungen	
Finanzergebnis	
Ergebnis vor Steuern (Betriebsergebnis minus Finanzergebnis)	
– Steuern vom Einkommen und vom Ertrag	
Jahresüberschuss/Jahresfehlbetrag	
+ Auflösung von Kapital- und Gewinnrücklagen	
– Zuweisung zu Gewinnrücklagen	
+/– Gewinnvortrag/Verlustvortrag aus dem Vorjahr	
Bilanzgewinn/Bilanzverlust	

Abbildung 10-17: GuV-Rechnung nach dem Gesamtkostenverfahren und nach dem Umsatzkostenverfahren

10.5.5. Anhang und Lagebericht

Anhang

Der **Anhang** (§ 236 bis § 242 UGB) hat in erster Linie den Jahresabschluss und die angewandten Bilanzierungs- und Bewertungsmethoden zu erläutern und darüber hinaus Angaben über eine Reihe von Tatsachen zu machen, deren Kenntnis zur Ermittlung eines möglichst getreuen Bildes der Vermögens-, Finanz- und Ertragslage beitragen soll.

Jede Gesellschaft hat im Anhang folgende Angaben zu machen (§ 237 UGB):

- Bilanzierungs- und Bewertungsmethoden; diese umfassen insbesondere die Bewertungsgrundlagen für die einzelnen Bilanzposten, eine Angabe zur Übereinstimmung dieser Bilanzierungs- und Bewertungsmethoden mit dem Konzept der Unternehmensfortführung und wesentliche Änderungen der Bilanzierungs- und Bewertungsmethoden;
- Gesamtbetrag der Haftungsverhältnisse (§ 199 UGB) sowie sonstiger wesentlicher finanzieller Verpflichtungen, die nicht auf der Passivseite auszuweisen sind, auch wenn ihnen gleichwertige Rückgriffsforderungen gegenüberstehen, sowie Art und Form jeder gewährten dinglichen Sicherheit;
- Beträge der den Mitgliedern des Vorstands und des Aufsichtsrats gewährten Vorschüsse und Kredite unter Angabe der Zinsen und wesentlichen Bedingungen;
- Betrag und Wesensart einzelner Ertrags- und Aufwandsposten von außerordentlicher Größenordnung oder von außerordentlicher Bedeutung;
- Gesamtbetrag der Verbindlichkeiten mit einer Restlaufzeit von mehr als fünf Jahren sowie der Gesamtbetrag der Verbindlichkeiten, für die dingliche Sicherheiten bestellt sind, unter Angabe von Art und Form der Sicherheit;
- durchschnittliche Zahl der Arbeitnehmer während des Geschäftsjahres;
- Name und Sitz des Mutterunternehmens der Gesellschaft, das den Konzernabschluss für den kleinsten Kreis von Unternehmen aufstellt.

Darüber hinaus bestehen für kleine, mittelgroße und große Kapitalgesellschaften unterschiedliche Detailvorschriften, z. B. haben kleine Aktiengesellschaften (§ 237 Abs. 2 UGB) und mittelgroße und große Kapitalgesellschaften (§ 238 Abs. 1 Z 11 UGB) über die Art und die finanzielle Auswirkung wesentlicher Ereignisse nach dem Bilanzstichtag zu berichten, die im Jahresabschluss nicht berücksichtigt sind.

Lagebericht

Der Lagebericht ist ein zusätzliches Informationsinstrument, das von Aktiengesellschaften sowie mittelgroßen und großen GmbHs (nicht jedoch von kleinen GmbHs) zur erstellen ist. Er ist formal nicht Teil des Jahresabschlusses, sondern eine Ergänzung und ist in den §§ 243 und 243a UGB geregelt. Der Lagebericht hat eine ausgewogene und umfassende, dem Umfang und der Komplexität der Geschäftstätigkeit angemessene Analyse des Geschäftsverlaufs, einschließlich des Geschäftsergebnisses, und der Lage des Unternehmens zu enthalten. Insbesondere ist einzugehen auf

- die voraussichtliche Entwicklung des Unternehmens;
- den Bereich Forschung und Entwicklung;
- Bestand an eigenen Anteilen an der Gesellschaft;
- bestehende Zweigniederlassungen der Gesellschaft;
- Risikomanagementziele und -methoden in Bezug auf die Verwendung von Finanzinstrumenten, Preisänderungs-, Ausfall-, Liquiditäts- und Cashflow-Risiken.

Abhängig von der Größe des Unternehmens und von der Komplexität des Geschäftsbetriebes hat die Analyse auf die für die jeweilige Geschäftstätigkeit wichtigsten **finanziellen Leistungsindikatoren** einzugehen und sie unter Bezugnahme auf die im Jahresabschluss ausgewiesenen Beträge und Angaben zu erläutern (siehe auch Abschnitt 10.6.3 Finanzwirtschaftliche Kennzahlen).

An einer Börse notierte Aktiengesellschaften haben zusätzlich einen **Corporate-Governance-Bericht** (§ 243b UGB) vorzulegen.

10.5.6. Geldflussrechnung

Der Einblick in die Finanzlage eines Unternehmens ist aus Bilanz und GuV-Rechnung nur beschränkt möglich. Vor allem das **Innenfinanzierungspotenzial** eines Unternehmens ist daraus nicht unmittelbar ersichtlich. Deshalb wird im Anhang oftmals Auskunft über den **Cashflow** gegeben, der den Überschuss der leistungsbezogenen (umsatzbezogenen) Einnahmen über die leistungsbezogenen (umsatzbezogenen) Ausgaben darstellt. Der Cashflow kann für Investitionen (ohne Inanspruchnahme von Außenfinanzierungen), für die Rückzahlung von Verbindlichkeiten (Kredittilgungen) oder für Gewinnausschüttungen bzw. die aktivseitige Bedeckung von Rücklagen verwendet werden.

Cashflow

In der Regel wird der Cashflow retrograd (**indirekt**) aus der GuV-Rechnung ermittelt:

Jahresergebnis (Überschuss oder Fehlbetrag)
+ Abschreibungen
+ Dotierung von Rückstellungen
– nicht einnahmengleiche Erträge (z. B. Bestandsveränderungen)

Cashflow

Er kann aber auch **direkt** aus einer Finanzierungsrechnung (E/A-Rechnung) ermittelt werden (umsatzbezogene Einnahmen minus umsatzbezogene Ausgaben).

Die Cashflow-Rechnung wird in der Regel zu einer die gesamten Geldflüsse eines Unternehmens abbildenden Rechnung erweitert. Neben den aus dem Leistungsprozess unmittelbar herrührenden Geldflüssen werden auch die Investitions- und Außenfinanzierungsvorgänge abgebildet. Diese erweiterte Rechnung wird als **Geldflussrechnung**, oftmals – aber terminologisch nicht präzise – auch als Kapitalflussrechnung bezeichnet. Sie ist in drei Aktivitätsbereiche zu gliedern, wobei jeder Bereich mit einem Saldo (Nettozufluss/-abfluss) abschließt:

- Cashflow aus der **Geschäftstätigkeit** (cashflow from operating activities),
- Cashflow aus der **Investitionstätigkeit** (cashflow from investing activities),
- Cashflow aus der (Außen-)**Finanzierungstätigkeit** (cashflow from financing activities).

Daraus ergibt sich folgendes Rechnungsschema:

	Nettogeldfluss (Cashflow) aus der Geschäftstätigkeit
+/–	Nettogeldfluss (Cashflow) aus der Investitionstätigkeit
+/–	Nettogeldfluss (Cashflow) aus der (Außen-)Finanzierungstätigkeit
	Zu- bzw. Abnahme der flüssigen (liquiden) Mittel
+	Liquide Mittel zu Jahresbeginn
=	Liquide Mittel zu Jahresende

10.5.7. Konzernrechnungslegung

Konzern

Ein **Konzern** ist gegeben, wenn mehrere rechtlich selbständige Unternehmen zu wirtschaftlichen Zwecken unter einer einheitlichen Leitung zusammengefasst sind (§ 15 Abs 1 AktG; analog § 115 GmbHG). Eine Pflicht zur Konzernrechnungslegung und damit zu einem konsolidierten Abschluss von Unternehmenszusammenschlüssen besteht nach §§ 244 ff. UGB gemäß der Bilanzrichtlinie 2013/34/EU bei Überschreiten von bestimmten Schwellenwerten.

Konsolidierungsarten

Ein konsolidierter Rechnungsabschluss setzt einheitliche Rechnungsperioden, einheitliche Bilanzansatz-, Gliederungs- und Bewertungsgrundsätze voraus und bedingt eine **Kapitalkonsolidierung** (Aufrechnung des Eigenkapitals im Tochterunternehmen mit dem Ausweis der Beteiligung im Mutterunternehmen), eine **Schuldenkonsolidierung** (Aufrechnung von Forderungen und Verbindlichkeiten der verbundenen Unternehmen) und eine **Erfolgskonsolidierung** (Aufrechnung von Aufwendungen und Erträgen aus den Leistungsverflechtungen der verbundenen Unternehmen). Auch Zwischengewinne, soweit sie nicht als realisiert gelten, sind zu eliminieren (**Ergebniseliminierung**).

Durch die international zunehmende Verflechtung von Wirtschaftsunternehmen ergibt sich die Notwendigkeit, den Jahresabschluss nach international anerkannten Regeln aufzustellen. Alle kapitalmarktorientierten Unternehmen der EU sind verpflichtet, seit dem Geschäftsjahr 2005 ihre Jahresabschlüsse (auch) nach den von der EU-Kommission anerkannten International Financial Reporting Standards (IFRS) aufzustellen. Konzernabschlüsse nach IFRS befreien von der nationalen Konzernrechnungslegungspflicht (§ 245a UGB). An eine gesetzliche Erlaubnis der Anwendung der IFRS zur Erstellung des Einzelabschlusses eines Unternehmens ist in Österreich in absehbarer Zeit nicht gedacht.

10.5.8. International Financial Reporting Standards (IFRS)

In dem Bestreben, ein für die gesamte Welt einheitliches und damit vergleichbares Rechnungs- und Berichtswesen zu schaffen, gründeten 1973 die Berufsorganisationen aus neun Industrieländern das International Accounting Standard Committee (IASC) mit Sitz in London, dem sich 1983 die International Federation of Accountants (IFAC) anschloss, die weltweit 140 Berufsorganisationen, darunter auch die Kammer der Steuerberater und Wirtschaftsprüfer und das Institut der Österreichischen Wirtschaftsprüfer, vertritt. Das IASC wurde 2001 neu organisiert und in den **International Accounting Standard Board (IASB)** umgewandelt.

IASB

Bis zur Neuorganisation 2001 wurden 41 International Accounting Standards (IAS) veröffentlicht, ab diesem Zeitpunkt werden neue Standards (zutreffender) **International Financial Reporting Standards (IFRS)** genannt. Die bis dahin veröffentlichten IAS werden unter dem alten Namen weitergeführt. Für eine weltweit einheitliche Rechnungslegung fehlt jedoch noch die volle Unterstützung der US-SEC (Securities Exchange Commission), die für die Zulassung einer Notierung an den New Yorker Börsen noch immer Abschlüsse nach den Grundsätzen der US-GAAP, zumindest aber eine entsprechende Überleitung, verlangt. Ein Konvergenzprojekt des IASB sollte in absehbarer Zeit dieses Hindernis beseitigen lassen.

IFRS

Oberster Grundsatz der Bewertung ist der **„true and fair view"**, der die Bildung stiller Reserven strikt vermeidet. Damit stehen die IFRS/IAS im Gegensatz zum Imparitätsgrundsatz im österreichischen Bilanzrecht. Das **imparitätische Prinzip** dient dem Gläubigerschutz und soll die Ausschüttung nicht realisierter Gewinne vermeiden. Dies bedingt, dass die Vermögenswerte eher niedrig und die Verbindlichkeiten eher hoch bewertet werden. Die IFRS/IAS verlangen hingegen eine weitgehende Orientierung an Gegenwartswerten (Fair-value-Bewertung).

Bewertung

Bestandteile des Jahresabschlusses sind:

Jahresabschluss-bestandteile

- Bilanz
- Gewinn- und Verlustrechnung
- Eigenkapitalspiegel
- Geldflussrechnung (cash flow-statement)
- Anhang (notes)

Einen Lagebericht im Sinne von § 243 UGB gibt es in den IFRS nicht. Dennoch werden die Inhalte des Lageberichts an anderen Stellen (in den Notes oder in einem gesonderten Bericht) dargelegt.

Für die **Bilanz** bestehen keine detaillierten Gliederungsvorschriften, es ist jedoch zwischen kurzfristigen und langfristigen Vermögenswerten und kurzfristigen und langfristigen Schulden zu differenzieren. Für die **GuV-Rechnung** besteht wie nach UGB die Möglichkeit, sie nach dem Gesamtkostenverfahren oder nach dem Umsatzkostenverfahren aufzustellen. Die Bildung und Auflösung verschiedener Rücklagen ist im Wege der gesonderten Darstellung der Entwicklung der einzelnen Eigenkapitalkomponenten zu dokumentieren (**Eigenkapitalspiegel**). Die **Geldflussrechnung** soll einen Einblick in die Finanzlage ermöglichen. Die **Notes** (ergänzende und erläuternde Angaben) stellen einen wichtigen Bestandteil des Jahresabschlusses nach den Regeln des IASB dar. Ihre Bedeutung geht weit über jene des Anhangs nach UGB hinaus.

10.6. Kennzahlen und Kennzahlensysteme

10.6.1. Kennzahlen als Informationsinstrument

Kennzahlen

Die gezielte Vorbereitung von Management-Entscheidungen erfordert laufend aktuelle Informationen über das Unternehmensgeschehen, die dem Management die **Stärken** und **Schwächen** der eigenen Organisation in verdichteter und aussagekräftiger Form aufzeigen.

Kennzahlen sind Zahlen mit spezifischem Erkenntniswert, die in konzentrierter Form quantifizierbare Sachverhalte einer Organisation zum Ausdruck bringen. Sie sind aus den Ermittlungsrechnungen abzuleiten. Kennzahlen haben **instrumentalen** Charakter und dienen der Informationsbeschaffung. Sie können sowohl vergangenheitsorientiert (Ist-Zahlen) als auch zukunftsbezogen (Soll-Zahlen) entwickelt werden. Sie dienen damit einerseits der **Kontrolle** und liefern andererseits Unterlagen für die **Planung.**

Für den **Erkenntniswert** von Kennzahlen ist nicht deren absolute oder relative Form entscheidend, sondern die Tatsache, inwieweit die verwendete Zahl zu einer vorgegebenen Problemstellung eine Information für die Problemlösung geben kann. Eine volle Aussagekraft besitzen die Kennzahlen üblicherweise nur dann, wenn man den ökonomischen Hintergrund kennt, auf dem sie beruhen. Oft genügen wenige Kennzahlen, um einen ausreichenden Einblick in die Lage einer Organisation zu erhalten. Umgekehrt reichen umfassende Zusammenstellungen für die Beurteilung von Wirtschaftsabläufen dann nicht aus, wenn die Kennzahlenauswahl unsystematisch ist und den Gesamtzusammenhang nicht ausreichend berücksichtigt.

Die Erstellung unternehmensspezifischer Kennzahlen richtet sich nach den unterschiedlichen Informationsbedürfnissen der daran interessierten Entscheidungsträger bzw. externen Anspruchsgruppen (Geschäftsführung, Eigentümer, Gläubiger, Mitarbeiter, Staat usw.). Eine Kennzahl soll:

- **Information** bieten, die das Wesentliche für das Management heraushebt;
- **Maßstab** sein, um werten und wägen zu können;
- **Zusammenhänge** zeigen, um Ursachen erforschen und Konsequenzen ableiten zu können;
- **Zielprojektionen** ermöglichen, um Fortschritte erzielen zu können;
- eine **Ergebnis-Kontrolle** bieten, um die Entwicklung steuern zu können.

10.6.2. Arten von Kennzahlen

Kennzahlen können **absolute** oder **relative** Zahlen sein. Oft braucht man beide Arten, um die Aussagekraft zu erhöhen. Als **Absolutzahlen** sind Einzelzahlen, Summen, Salden, Mittelwerte, Mengen, Geldwerte oder Punktewerte anzusehen. Meistens sind Kennzahlen **Verhältniszahlen (Relativzahlen)**, die ein Verhältnis zwischen betrachteten Sachverhalten zum Ausdruck bringen. Die Verhältniszahlen können in drei Gruppen unterteilt werden:

Arten

- **Gliederungszahlen** (z. B. Personalaufwand zu Gesamtaufwand)
- **Beziehungszahlen** (z. B. Umsatz je Beschäftigtem)
- **Indexzahlen** (z. B. Personalstand in verschiedenen Jahren zu Personalstand eines Basisjahres = 100)

Gliederungszahlen decken die Struktur einer Gesamtmenge auf und machen diese leichter überschaubar. Meist werden dafür Prozentzahlen verwendet. Beziehungszahlen erlauben es, verschiedene Tatbestände zueinander ins Verhältnis zu setzen. Sie werden zu den erklärenden Kennzahlen gezählt, da nur solche Verhältnisse sinnvolle Aussagen ergeben, die auf realen Beziehungen beruhen. Indexzahlen (auch: Messzahlen) beziehen selbständige, durchaus gleichartige Positionen auf eine „Basisposition" (Index 100) und sind daher imstande, zeitliche Unterschiede bzw. Veränderungen der in Betracht gezogenen Größe darzustellen.

Im Hinblick auf die in den Kennzahlen abgebildeten betriebswirtschaftlichen Sachverhalte ist zwischen **finanzwirtschaftlichen** und **leistungswirtschaftlichen** Kennzahlen zu unterscheiden.

10.6.3. Finanzwirtschaftliche Kennzahlen

10.6.3.1. Investitionsanalyse

Die Investitionsanalyse beschäftigt sich mit den folgenden Sachverhalten:

Investitionsanalyse

- **Vermögensstruktur** (Anlagevermögen : Umlaufvermögen)
- **Anlagenintensität** (Anlagevermögen : Gesamtvermögen)
- **Umlaufintensität** (Umlaufvermögen : Gesamtvermögen)
- **Umschlagshäufigkeit** von Lagerbeständen, von Forderungen und von Verbindlichkeiten (Umsatz : Lagerbestand, Forderungsbestand; Einkauf : Verbindlichkeiten)
- **Investitionsdeckung** (Neuinvestitionen : Abschreibungen)

Grundsätzlich erhöht ein geringes **Anlagevermögen** die Flexibilität einer Organisation, ist aber bei normaler bis steigender Beschäftigungslage mit höheren laufenden Kosten verbunden, die als variable Kosten mit der Beschäftigung mitsteigen und den sonst möglichen Vorteil der Fixkostendegression nicht zulassen. Ein zu hohes Anlagevermögen bringt hingegen die Gefahr mit sich, dass die gesamte Kapazität der Organisation schlecht ausgelastet ist und in Folge der hohen Fixkostenbelastung die Risikobelastung steigt.

Die **Umschlagshäufigkeit** gibt an, wie oft sich ein Vermögens- oder Kapitalposten bzw. das gesamte Vermögen in einer Periode erneuert. Daraus ergibt sich die **Umschlagsdauer** als jener Zeitraum, innerhalb dessen sich ein bestimmter Bestand (z. B. Vorräte, Forderungen) einmal erneuert. Je höher die Umschlagshäufigkeit, desto kürzer ist die Umschlagsdauer. Daraus ergeben sich bei gleichem Umsatz bzw. Aufwand geringere Vermögensbestände und eine kürzere Kapitalbindung. Geringere Vermögensbestände bedeuten weniger Raumbedarf und damit verbunden weniger Kosten sowie eine Verringerung des Vermögenswagnisses (Schwund, Überalterung). Eine kürzere Kapitalbindung bedeutet die Inanspruchnahme von weniger Krediten, was zur Verbesserung sowohl der Kreditstruktur (Ausschaltung teurer Kredite) als auch des Verschuldungsgrades (Verbesserung des Kreditpotenzials) führt. Eine hohe Umschlagshäufigkeit bzw. deren Verbesserung im Zeitablauf zeigt aber auch, welche Aufmerksamkeit die Unternehmensführung dem „Vermögensmanagement", etwa der Lagerorganisation bzw. dem Mahnwesen im Forderungsbestand (Debitorenmanagement), widmet.

Kennzahlen der Investitionspolitik, wie etwa das Verhältnis von Neuinvestitionen zu Abschreibungen, sollen zeigen, ob das Unternehmen seine Kapazität erweitert, gleich hält oder verkleinert und ob damit die einmal erreichte Substanz erhalten oder verändert wird.

10.6.3.2. Finanzierungsanalyse

Finanzierungsanalyse   Durch die Finanzierungsanalyse sollen die **Kapitalstruktur** (der Eigenfinanzierungsgrad bzw. der Verschuldungsgrad) sowie die **Kreditstruktur** festgestellt und daraus das **Kreditpotenzial** sowie in Verbindung mit den Zinskosten die **kostengünstigste Finanzierung** ermittelt werden.

- Kapitalstruktur: Eigenfinanzierungsgrad, auch: Eigenkapitalquote
  (Eigenkapital: Gesamtkapital)
  Verschuldungsgrad (Fremdkapital : Gesamtkapital)
  Effektivverschuldung (Fremdkapital – Liquide Mittel, die unmittelbar zu dessen Tilgung eingesetzt werden können)
- Kreditstruktur (Verhältnis der einzelnen Kreditformen zueinander)

Das **Eigenkapital** ist liquiditätsschonend, da bei schlechter Ertragslage keine Tilgungsquoten und Zinsausgaben berücksichtigt werden müssen. Eine umfangreiche Fremdmittelaufnahme erhöht die Gefahr von Liquiditätsengpässen und Rückzahlungsschwierigkeiten. Je risikoreicher Investitionen sind, desto höher müsste der Eigenkapitalanteil sein. Die Höhe eines möglichen Verschuldungsgrades hängt somit nicht von der Chance der Erzielung eines bestimmten Ertrages, sondern vom Risiko des Ertragsausfalles ab.

Für die Auswahl der aufzunehmenden **Fremdmittel** sind die Kosten und die Fristigkeit von besonderer Bedeutung.

10.6.3.3. Liquiditätsanalyse

Durch die Liquiditätsanalyse soll festgestellt werden, ob die für den Bestand eines Unternehmens wichtige Bedingung der dauernden Aufrechterhaltung der **Zahlungsfähigkeit** erfüllt ist. Die Bilanzanalyse ist für diesen Zweck nur bedingt geeignet. Die Bilanz gibt nur einen Augenblickszustand wieder, der zum Zeitpunkt der Analyse bereits überholt ist.

Liquiditätsanalyse

Liquidität 1. Grades: Liquide Mittel in Bezug zu kurzfristigen Verbindlichkeiten

Liquidität 2. Grades: Liquide Mittel + kurzfristige Forderungen / kurzfristige Verbindlichkeiten

Liquidität 3. Grades: Liquide Mittel + kurzfristige Forderungen + Vorräte / kurzfristige Verbindlichkeiten

Die Bilanzanalyse ist daher nur geeignet, die grundsätzliche Liquidität einer Organisation bzw. aus dem Vergleich mehrerer Perioden deren Entwicklung im Zeitablauf festzustellen. Zu diesem Zweck werden einerseits reine Bestandsgrößen und andererseits Stromgrößen herangezogen. Im Mittelpunkt der **Bestandsgrößenanalyse** stehen:

- Horizontale Finanzierungsregel (**fristenkongruente Finanzierung**): der Umfang des langfristig gebundenen Vermögens soll der Größe des langfristig zur Verfügung stehenden Kapitals entsprechen.
  Durch die Kennzahl **Anlagendeckungsgrad II** (Summe aus Eigenkapital und langfristigem Fremdkapital / Anlagevermögen) kann die Einhaltung dieser Regel gemessen werden. Der **Anlagendeckungsgrad I** geht noch einen Schritt weiter und verlangt die Deckung des gesamten Anlagevermögens allein durch Eigenkapital, was bei hohen Unternehmensrisiken in Erwägung zu ziehen ist.
- **Working Capital** (Umlaufvermögen minus kurzfristige Verbindlichkeiten): dieser Saldo steht zur Deckung der durch die Geschäftstätigkeit bedingten laufenden Aufwendungen zur Verfügung und bietet einen mehr oder weniger großen Spielraum zum Ausgleich der regelmäßigen und unregelmäßigen Schwankungen und Anspannungen in der Geschäftsabwicklung.

Im Mittelpunkt der **Stromgrößenanalyse** stehen:

- **Cashflow** (Überschuss der umsatzbezogenen Einnahmen über die umsatzbezogenen Ausgaben): der Saldo zeigt an, welche Mittel in einer bestimmten Periode aus der Tätigkeit des Unternehmens zur Innenfinanzierung herangezogen werden können. Im Wesentlichen handelt es sich um eine Transformation der Aufwands- und Ertragsrechnung in eine Einnahmen-Ausgaben-Rechnung. Der Cashflow gibt den Bargeldüberschuss an, der in der Rechnungsperiode aus dem Leistungsprozess im engeren Sinne resultiert. Bei der Verwendung dieser Kennzahl muss man sich bewusst sein, dass der Cashflow mit der Höhe des Anlagevermögens (und damit der Abschreibungen) steigt, erfolgsneutrale Vermögens- und Kapitalumschichtungen nicht berücksichtigt und keine Aussage über die Verwendung der freigesetzten Mittel trifft. Um daher zu einem aussagekräftigen Ergebnis zu kommen, ist der Cashflow entweder in Relation zu den bestehenden Verbindlichkeiten zu setzen (Theoretische Schuldentilgungskraft = Verbindlichkeiten / Cashflow) oder durch eine auch die Außenfinanzierungsvorgänge umfassende Geldflussrechnung zu ersetzen.
- **Geldflussrechnung**: Sie stellt drei zur Beurteilung der Liquidität bedeutsame Stromgrößensalden in den Mittelpunkt:
  - Cashflow aus der betrieblichen Tätigkeit (cashflow from operating activities)
  - Cashflow aus der Investitionstätigkeit (cashflow from investing activities)
  - Cashflow aus der (Außen-)Finanzierungstätigkeit (cashflow from financing activities)

Es darf aber nicht übersehen werden, dass die retrospektiv entwickelte Geldflussrechnung eine **Finanzplanung** keinesfalls ersetzen kann.

10.6.4. Leistungswirtschaftliche Kennzahlen

10.6.4.1. Produktivitätsanalyse

Produktivitätsanalyse

Bei der Produktivitätsanalyse werden Leistungsgrößen(-mengen) in Beziehung zu einzelnen Produktionsfaktoreinsätzen gesetzt (z. B. Materialeinsatz oder Energieaufwand je Leistungseinheit, Bearbeitungszeit je Arbeitsauftrag, Zahl der Beratungen je Mitarbeiter; Ausbildungsleistungen je Lehrkraft; Seminartage je Kursraum). Da es verschiedene Produktionsfaktoren gibt, liegen auch mehrere Möglichkeiten vor, Produktivitätsmessungen anzustellen. In der Regel wird zwischen **Arbeits**produktivität, **Anlagen**produktivität und **Materialeinsatz**produktivität unterschieden.

10.6.4.2. Analyse der Aufwands- und Ertragsstruktur

Aufwands- und Ertragsanalyse

Die Feststellung der Aufwands- und Ertragsstruktur und ihre Entwicklung über mehrere Perioden hinweg lässt die Abhängigkeit eines Unternehmens von bestimmten Aufwandsarten (und damit Produktionsfaktoren) bzw. von bestimmten Ertragsquellen erkennen:

- Personalintensität (Personalaufwand : Gesamtaufwand)
- Materialintensität (Materialaufwand : Gesamtaufwand)
- Anlagenintensität (Abschreibungsaufwand : Gesamtaufwand)
- Energieintensität (Energieaufwand : Gesamtaufwand)
- Marktleistungsintensität (Umsatzerlöse : Gesamterträge)

10.6.4.3. Wirtschaftlichkeitsanalyse

Ergänzend zur (vertikalen) Analyse der Aufwands- und Ertragsstruktur stehen die Beziehungen zwischen Inputgrößen (Aufwand, Kosten) und Outputgrößen (Erträge, Leistungen) im Mittelpunkt der (horizontal) ausgerichteten Wirtschaftlichkeitsanalyse. Im Gegensatz zur mengenmäßig ausgerichteten Produktivitätsanalyse führt die Wirtschaftlichkeitsanalyse zu einer wertmäßigen Darstellung von Input-Output-Relationen.

Wirtschaftlichkeitsanalyse

10.6.4.4. Rentabilitätsanalyse

Sowohl für die Bestandssicherung als auch für eine kostengünstige Finanzierung ist es sinnvoll, das Verhältnis einer Erfolgsgröße (Gewinn; Gewinn + Zinsen) zum Kapitaleinsatz (Eigenkapital, Fremdkapital, Gesamtkapital) einer Analyse zu unterziehen:

Rentabilitätsanalyse

- Eigenkapitalrentabilität (Gewinn zu Eigenkapital)
- Fremdkapitalrentabiltität (Zinsen zu Fremdkapital)
- Gesamtkapitalrentabilität (Gewinn + Zinsen zu Eigenkapital + Fremdkapital)

Die Erfolgsgröße kann auch auf den Leistungsumsatz bezogen werden (Umsatzrentabilität).

Aus dem angloamerikanischen Bereich kommend, gewinnen auch im deutschen Sprachraum einige Kapital- und Umsatzrentabilitätskennzahlen an Bedeutung, wobei sie zumeist in Form von Abkürzungen Erwähnung finden:

(1) Kapitalrentabilitätskennzahlen:

- ROI (return on investment):
  Ergebnis vor Steuern + Zinsen : Gesamtkapital; auch: EBIT : Gesamtkapital
- ROE (return on equity):
  Jahresüberschuss : Eigenkapital
- EBIT (earnings before interests and taxes):
  Ergebnis vor Zinsen und Steuern : Gesamtkapital
- EBITDA (earnings before interests, taxes, amortization and depreciation):
  Ergebnis vor Zinsen, Steuern und Abschreibungen/Wertberichtigungen : Gesamtkapital

(2) Umsatzrentabilitätskennzahlen:

- ROS (return on sales):
  Gewinn : Umsatz
- EBIT-Marge:
  EBIT : Umsatz
- EBITDA-Marge:
  EBITDA : Umsatz
- Cashflow-Marge:
  Cashflow aus der lfd. Geschäftstätigkeit (cashflow from operating acitivities) : Umsatz

(3) Kennzahlen zur Vermögens- und Finanzlage:

- Nettoverschuldung (Net Debt):
  verzinsliches Fremdkapital abzüglich der liquiden Mittel
- Nettoumlaufvermögen (Working Capital):
  Umlaufvermögen abzüglich kurzfristiges Fremdkapital
- Eigenkapitalquote (Equity Ratio):
  Eigenkapital : Gesamtkapital
- Nettoverschuldungsgrad (Gearing):
  Nettoverschuldung : Eigenkapital

10.6.4.5. Break-even-Analyse

Break-even-Analyse

Die Break-even-Analyse soll jenes Ertragsvolumen ermitteln, bei dem gerade Aufwandsdeckung (Kostendeckung) erzielt werden kann (Deckung der Fixkosten durch Deckungsbeiträge aus den einzelnen Ertragsbereichen). Diese Information kann bei externen Analysen in der Regel überhaupt nicht und im Rahmen interner Analysen nur dann ermittelt werden, wenn das Verhalten der Kosten (Aufwendungen) im Verhältnis zum wechselnden Beschäftigungsgrad (Gliederung in fixe und variable Kosten) und der Deckungsbeitrag je Leistungsbereich bekannt ist.

10.6.4.6. Wertschöpfungsanalyse

Wertschöpfungsanalyse

Mit der Errechnung der Wertschöpfung will man einerseits den Beitrag der Organisation zum Sozialprodukt ermitteln (Entstehungsrechnung) und andererseits feststellen, wie der Wertschöpfungsbetrag auf Kapitaleigner (Gewinn), Arbeitnehmer (Personalaufwand), Fremdkapitalgeber (Zinsaufwand) und öffentliche Hand (Abgaben) aufgeteilt wird (Verteilungsrechnung).

Entstehungsrechnung: Gesamtleistung

abzüglich Vorleistungen (Fremdleistungen)

Wertschöpfung

Verteilungsrechnung: Anteil Arbeitnehmer (Personalaufwand)

Anteil Öffentliche Hand (Abgaben)

Anteil Fremdkapitalgeber (Zinsaufwand)

Anteil Eigentümer (Gewinn)

Wertschöpfung

10.6.5. Kennzahlensysteme

Der begrenzten Aussage einzelner Kennzahlen kann durch die Entwicklung von Kennzahlensystemen entgegnet werden. Ein **Kennzahlensystem** stellt eine Menge geordneter Kennzahlen dar, die miteinander in einer sachlichen Beziehung stehen und einen Organisationsbereich ausgewogen (und möglichst vollständig) abbilden.

Kennzahlensystem

Der Nutzen der Informationsgewinnung durch Kennzahlen und Kennzahlensysteme erhöht sich durch **vergleichende Betrachtungen** innerhalb einer Organisation und zwischen Organisationen (**Betriebsvergleich**):

- zwischenzeitlicher Vergleich
- zwischenbetrieblicher Vergleich
- Soll-/Ist-Vergleich

Der **innerbetriebliche** Vergleich erfolgt meist als Zeitvergleich und hat den Vergleich einzelner betrieblicher Größen zu unterschiedlichen Zeitpunkten oder für verschiedene Zeiträume zum Inhalt. Daneben sind auch die Soll-/Ist-Vergleiche von Bedeutung, bei welchen vorgegebene Soll-Größen den effektiven Ist-Größen gegenübergestellt werden.

Der **zwischenbetriebliche** Vergleich umfasst mehrere gleichartige Organisationen und hat den Vergleich mehrerer, als aussagekräftig angesehener Ist-Größen zum Inhalt. Diese Art des Betriebsvergleiches wird oft als zweckmäßiger angesehen, da beim innerbetrieblichen Vergleich verschiedene Maßgrößen im Zeitablauf unverändert bleiben können. Es ist jedoch sicherzustellen, dass die Rahmenbedingungen der in den Vergleich einbezogenen Organisationen ähnlich sind. Zwischenbetriebliche Vergleiche erfordern in der Regel erhebliche Anstrengungen, sind aber wegen ihrer besonderen Rolle als „Konkurrenzersatz" von hohem Erkenntniswert. Das Vergleichsverfahren ist im **Benchmarking** zu einem Konzept der Organisationsentwicklung verfeinert worden.

In einem erwerbswirtschaftlich ausgerichteten Unternehmen geht ein derartiges Kennzahlensystem von der Rentabilität als Oberziel aus und soll den gesamtbetrieblichen Überblick sicherstellen. Durch die Ableitung von weiteren Kennzahlen entsteht eine **Kennzahlenpyramide**, die gleichzeitig Ausdruck des Zielsystems des Unternehmens ist. Die folgende Abbildung 10-18 zeigt das sog. „ROI-Schema" (aus Egger/Winterheller 2007, S. 151).

Kennzahlenpyramide

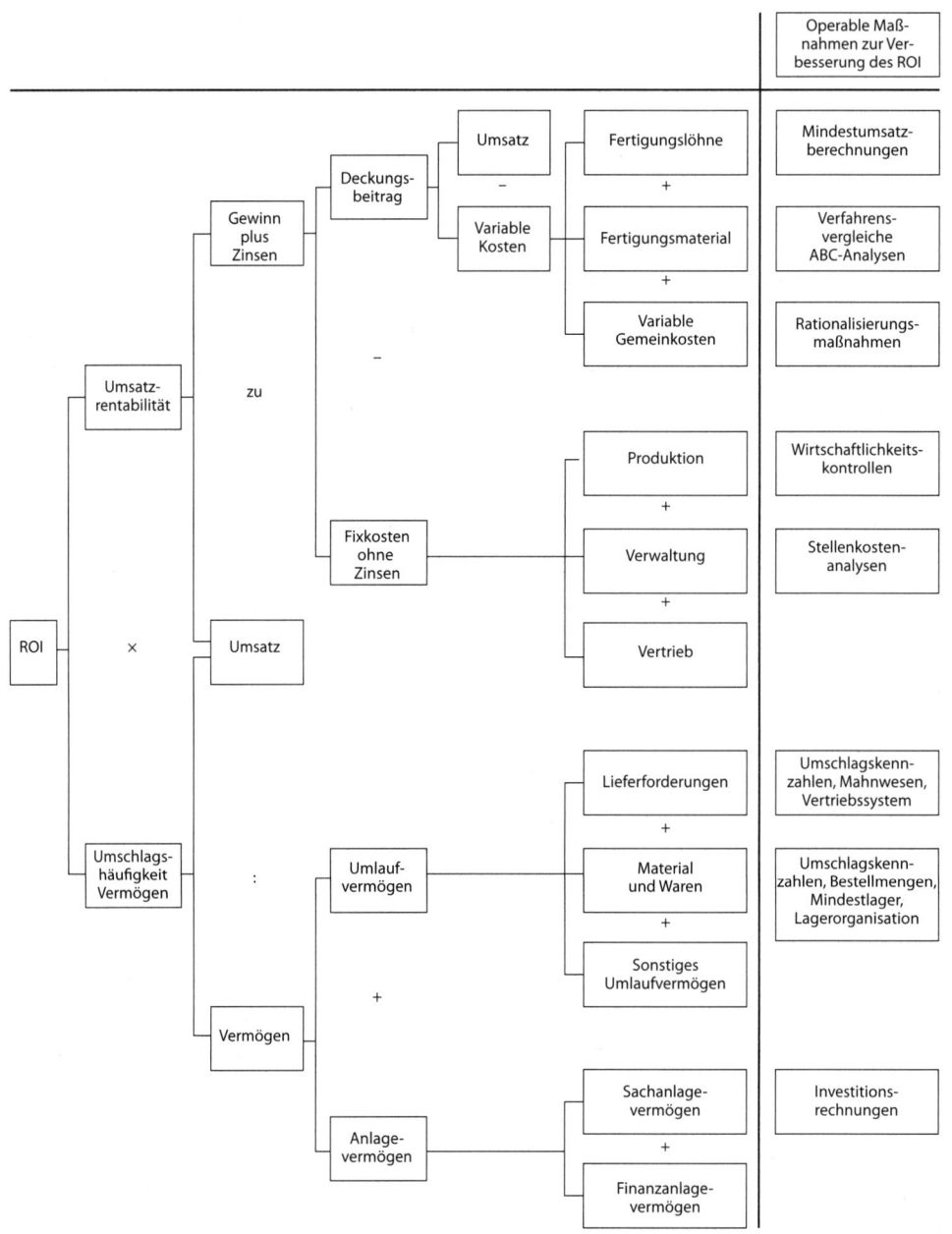

Abbildung 10-18: ROI-Kennzahlensystem

Eine andere Systematik zeigt die folgende Übersicht über Kennzahlen aus dem Jahresabschluss (Abbildung 10-19), die mit den Buchstaben A-S auf Daten aus dem Jahresabschluss bzw. der betrieblichen Statistik hinweist und mit den Zahlen (1)-(27) die aus der Verbindung dieser Daten gewonnenen Kennzahlen aufzeigt (in Anlehnung an K. Chmielewicz).

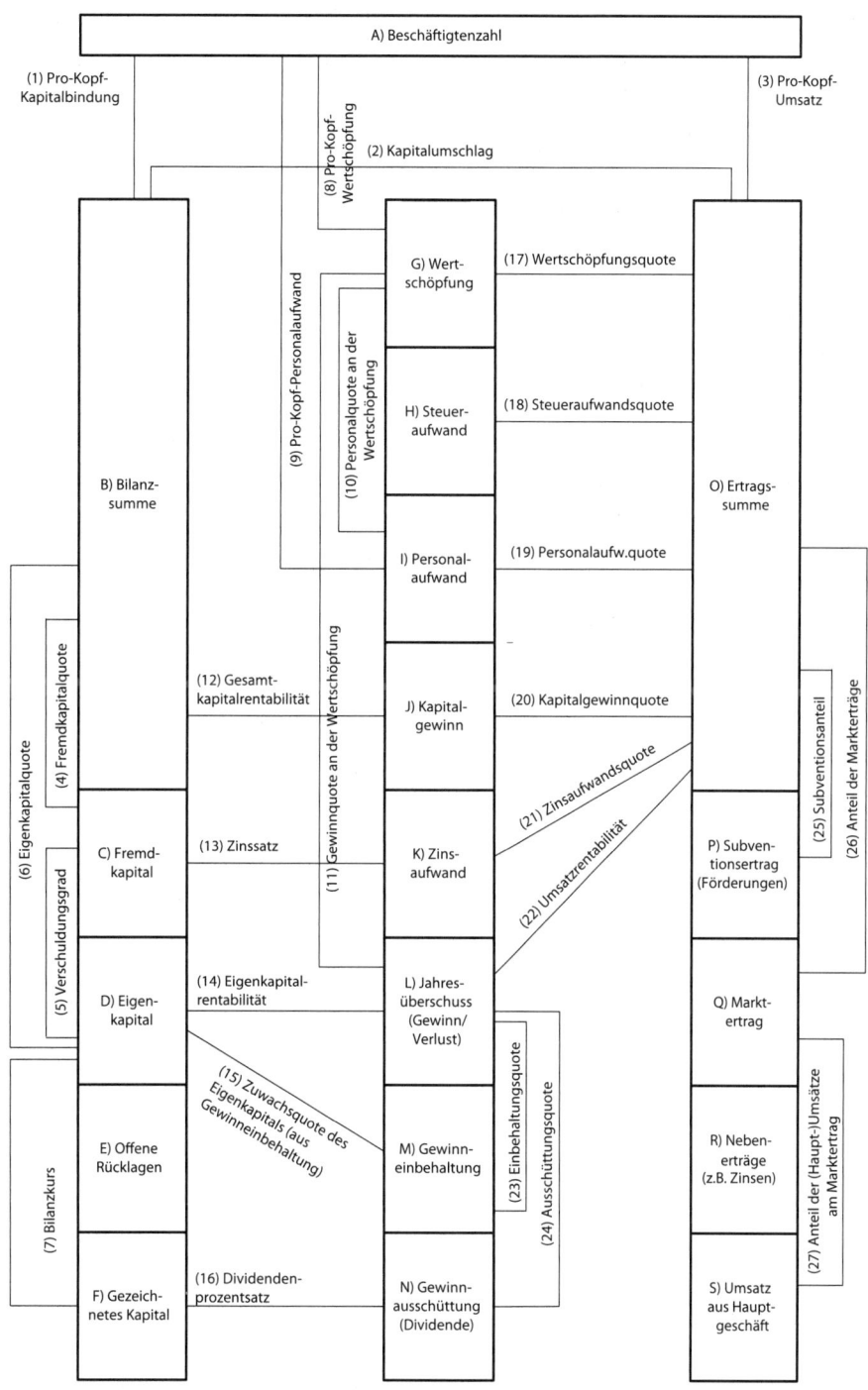

Abbildung 10-19: Kennzahlen aus dem Jahresabschluss

NPO-Kennzahlensystem   In einer Nonprofit-Organisation (NPO) muss das Kennzahlensystem organisationsspezifisch aufgebaut werden, weil es wesentlich vom vorgegebenen Auftrag und damit von den **Sachzielen (Leistungsprogramm)** her zu entwickeln ist. Das Freiburger Management-Modell für NPO (Lichtsteiner/Gmür/Giroud/Schauer 2015, S. 62 ff.) weist der Messung von **Effizienz** und **Effektivität**, die in einem gegenseitigen Abhängigkeitsverhältnis stehen, eine zentrale Bedeutung zu. Aus dem **Ressourcen-Management** ergeben sich Potenziale der Leistungsbereitschaft. Das **Marketing-Management** befindet über den Leistungsvollzug und damit über die Inanspruchnahme der Leistungsbereitschaft. Mitteleinsatz und Leistungsergebnisse müssen die gewünschten Wirkungen auf die System-Umfeld-Verknüpfungen ergeben, die Gestaltung der hiefür notwendigen Strukturen und Prozesse ist zentrale Aufgabe des **System-Managements**.

Die **Potenzialmessung** führt zu Aussagen über die für die Zielerreichung und Leistungserstellung notwendigen und vorhandenen Mittel der NPO. Zweckmäßig sind die Potenziale der NPO in Human-Ressourcen sowie sachliche und finanzielle Mittel zu gliedern. Die Basisdaten für die Potenzialmessung leiten sich hauptsächlich aus der Bilanz und der Ergebnisrechnung (Erfolgsrechnung) in ihren verschiedenen Formen ab.

Abbildung 10-20 zeigt die Struktur eines NPO-spezifischen Kennzahlensystems (entnommen aus Schauer/Andeßner/Greiling 2015, S. 184)

NPO-Management-Modell		
System-Management	**Marketing-Management**	**Ressourcen-Management**
Zweckbestimmung, Wirkungsfelder, Strukturen und Prozesse der Willensbildung, Planung, Controlling	Leistungs-/Massnahmen-bestimmung und -einsatz, Leistungsadressaten	Human Ressourcen und Betriebsmittelbeschaffung, Bereitstellung

Zielsystem der NPO		
Ziele (Aufgaben)	**Leistungen** (Massnahmen)	**Mittel** (Produktionsfaktoren)
Effektivität, Wirksamkeit (Sachziel)		**Effizienz, Wirtschaftlichkeit** (Formalziel)

NPO-Kennzahlensystem		
Wirkungsmessung	**Leistungsmessung**	**Potenzialmessung**
Objektive Kennzahlen Kennzahlen aus der volkswirtschaftlichen und der fachbezogenen amtlichen Statistik	**Kollektiv- und interne Leistungen** Produktivität Leistungsergiebigkeit Beschäftigungsgrad	**Human Ressourcen** Personalstruktur Ergiebigkeitsgrad Fluktuation
Subjektive Kennzahlen Kennzahlen aus der Leistungsmessung *value-for-money-reporting*	**Marktleistungen** Wirtschaftlichkeit Produktität Marktanteil Mindestumsatz	**Sachliche Mittel** Anlagenstruktur Kapazität Auslastung
	Strukturvergleiche Leistungsstruktur Erlös-/ Kostenstruktur	**Finanzielle Mittel** *Finanz-Controlling* Sicherheit Liquidität Deckungsgrade *Ergebnis-Controlling* Cashflow Rentabilität Fundaccounting *Strukturvergleiche* Aufwands-/Ertragsstruktur

Abbildung 10-20: NPO-spezifisches Kennzahlensystem

10.7. Kosten- und Leistungsrechnung

10.7.1. Zielsetzungen

Kosten sind allgemein als Werteinsatz zur Leistungserstellung zu bezeichnen. **Kosten**
Der kalkulatorischen Ergebnisermittlung werden die Realgüterströme zugrunde

gelegt. **Umfang und Bewertung der Kosten- und Leistungsgrößen** hängen vom jeweiligen Zweck ab, der der einzelnen Ergebnisrechnung unterstellt wird. Es handelt sich demnach um kein einheitliches Rechnungssystem, sondern um ein Bündel an zweckgerichteten Verfahren.

Zwecke der Kostenrechnung

Die Kosten- und Leistungsrechnung hat insbesondere Grundlagen zu liefern für:

a) die **Preisbildung** (Determinanten der Preisbildung sind neben den Kosten des anbietenden Unternehmens die Reaktionen von Kunden und Lieferanten auf Preisforderungen der konkurrierenden Unternehmen), die **Preisrechtfertigung** (z. B. für staatlich geregelte Preise) und die **Preiskontrolle** (Verhältnis von Marktpreisen zu Kosten des Unternehmens).

b) die **kalkulatorische Ergebnisermittlung** für das gesamte Unternehmen und für einzelne Teilbereiche (Kostenstellen), sodass der Grad der Informationsgewinnung und damit auch die Steuerungsmöglichkeiten erhöht werden.

c) die **Beurteilung der Wirtschaftlichkeit** des Handelns eines Unternehmens (Kosten- und Leistungsbewusstsein)

    aa) **projektbezogen** im Vergleich zu alternativen Verfahrensmöglichkeiten (Eigenerstellung oder Auftrag an fremde Unternehmen);

    bb) **zeitraumbezogen** im Vergleich von Plan-Kosten und Plan-Leistungen mit den anfallenden Ist-Kosten und Ist-Leistungen für Kontrollaufgaben (begleitende Kontrolle).

d) die **Bestimmung der Kosten je Leistungseinheit**

    aa) als Grundlage für die Prioritätenfestsetzung in der Aufgabenerfüllung von Unternehmen;

    bb) als Basis für die Preispolitik.

e) die Beurteilung von **Investitionsvorhaben**: Informationen über die laufenden Folgekosten und die jährlichen Vermögenskosten (Abschreibungen, Zinsen, Wagniskosten).

f) die **Planung und Optimierung des betrieblichen Leistungsprogrammes** in Breite (welche Leistungen?) und Tiefe (wie viel von welchen Leistungen?); bei der Lösung von Optimierungsaufgaben dieser Art müssen neben den Kosten, insbesondere den Teilkosten (Grenzkosten, ausgabenbezogene Kosten), die Erlöse (Stückerlöse) bekannt sein.

g) die **Bewertung der unfertigen und fertigen Erzeugnisse** (bis 2015: Halb- und Fertigerzeugnisse) im unternehmens- und steuerrechtlichen Jahresabschluss; da in der Bilanz nicht Kosten, sondern Aufwendungen (pagatorische Bewertung) aktiviert werden, bedürfen die Ergebnisse der Kostenrechnung einer Korrektur.

10.7.2. Grundlegende Verfahren

Traditionelle Kostenrechnungsverfahren

Die Kosten- und Leistungsrechnung baut auf drei Grundrechnungen auf, die wesentlichen Fragestellungen folgen:

a) **Kostenartenrechnung**: **Welche** Kosten fallen im Zuge der Leistungserstellung an? (Analyse der Kostenstruktur im Zeitablauf oder im Vergleich mit anderen Unternehmen als Anhaltspunkt für Rationalisierungsmaßnahmen).

b) **Kostenstellenrechnung**: **Wo** (in welchen Teilbereichen eines Unternehmens) entstehen diese Kosten? (Kostenverantwortlichkeit in Kostenstellen nach dem Organisationsgrundsatz der Übereinstimmung von Aufgabe, Kompetenz und Verantwortung).

c) **Kostenträgerrechnung (Leistungsrechnung)**: **Wofür** (für welche Leistungen) entstehen die Kosten? (Anteilige Zurechnung der entstandenen Kosten auf der Grundlage der Kostenverursachung zu den erbrachten Leistungen).

Die Kostenartenrechnung und die Kostenstellenrechnung werden üblicherweise in einem Tableau zusammengefasst, das als **Betriebsabrechnung** bezeichnet wird (demzufolge: Betriebsabrechnungsbogen – BAB).

Betriebsabrechnung

Für die Durchführung der Kosten- und Leistungsrechnung ist folgender Ablauf prägend (Abbildung 10-21):

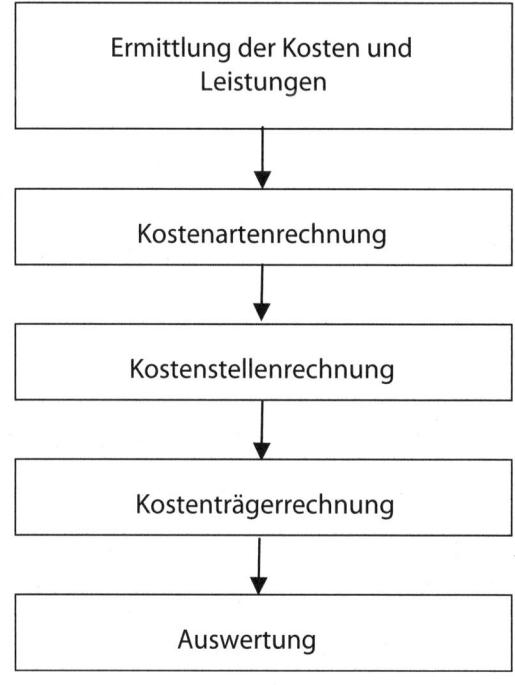

Abbildung 10-21: Ablauf der Kosten- und Leistungsrechnung

Für den Aufbau der Kosten- und Leistungsrechnung ist weiters von Bedeutung, ob die Kosten direkt den einzelnen Leistungen zugerechnet werden können (**Einzelkosten**) oder ob sie von der in den Kostenstellen vorgehaltenen Leistungsbereitschaft abhängen (**Gemeinkosten**) und in der Folge nach mehr oder weniger komplexen Verrechnungsverfahren den Leistungseinheiten (Kostenträ-

**Innerbetriebliche Leistungs-
verrechnung**

gern) zugerechnet werden (Abbildung 10-22). Der Verantwortlichkeit eines Kostenstellenleiters unterliegen nur die direkt der Kostenstelle zurechenbaren Kosten (Kostenstellen**einzel**kosten). Alle einer Kostenstelle nicht direkt zurechenbaren Kosten (Kostenstellen**gemein**kosten) sind zunächst jenem Bereich anzulasten, dem sie direkt zugerechnet werden können (z. B. Verwaltungskosten), und sind erst danach nach einem geeigneten Aufteilungsschlüssel den Kostenstellen zuzurechnen (**innerbetriebliche Leistungsverrechnung**; siehe Abschnitt 10.7.5).

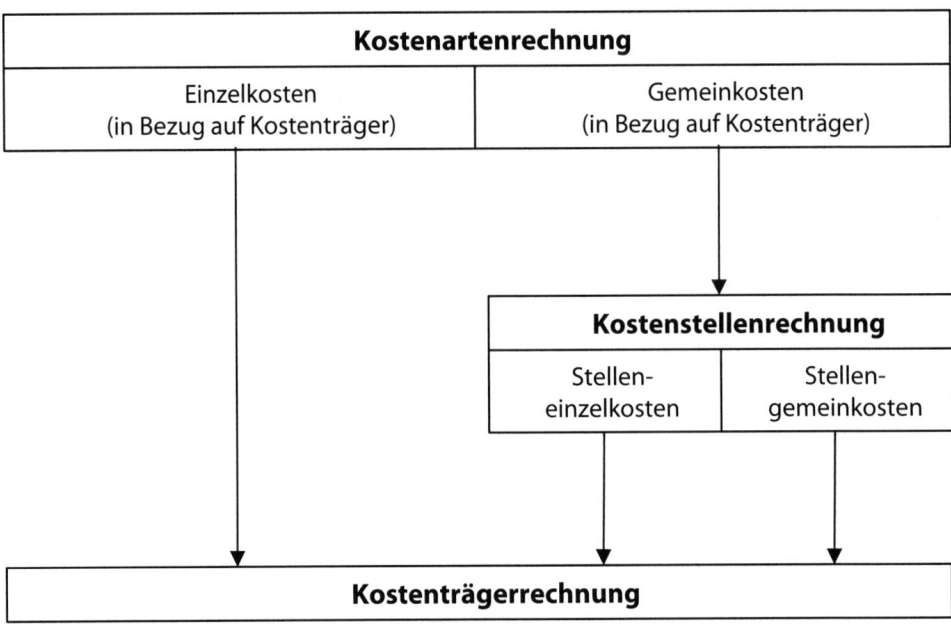

Abbildung 10-22: Aufbau der Kosten- und Leistungsrechnung

10.7.3. Ermittlung von Kosten und Leistungen

Kostenermittlung Die Ermittlung der Kosten und Leistungen kann auf zwei Arten geschehen:

a) auf der Grundlage des Mengengerüsts des Ressourceneinsatzes und der erbrachten Leistungen (**direkte** oder **synthetische** Ermittlung):

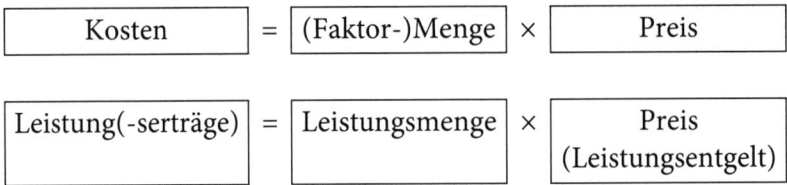

b) aus der Überleitung von Aufwendungen und Erträgen aus der (pagatorischen) Ergebnisrechnung oder von Ausgaben und Einnahmen aus der Finanzierungsrechnung (**indirekte** oder **analytische** Ermittlung)

Schauer, Betriebswirtschaftslehre[6]

	Ausgaben/Aufwendungen
−	neutrale Ausgaben/Aufwendungen
−	vermögenswirksame Ausgaben
+	kalkulatorische Kosten (Zusatzkosten)
=	**Kosten**

	Einnahmen/Erträge
−	neutrale Einnahmen/Erträge
−	vermögenswirksame Einnahmen
+	kalkulatorische Erträge (Zusatzleistungen)
=	**Leistungen**

Die Abbildung 10-23 zeigt die Zusammenhänge zwischen Ausgaben, Aufwand und Kosten sowie zwischen Einnahmen, Ertrag und Leistung.   **Zusammenhänge**

Die **Kostenerfassung** erfordert bei allen Kostenarten ein organisiertes Belegwe-   **BÜB**
sen, in dem sowohl der Mengeneinsatz als auch der Werteinsatz eine Abbildung
finden. Zur Unterstützung des Überleitungsvorganges von Ausgaben/Aufwand
in Kosten (siehe Abbildung 10-24) dient der **Betriebsüberleitungsbogen (BÜB)**.

10.7.4. Kostenartenrechnung

Eine aussagefähige Kostenartenrechnung setzt einen systematisch gegliederten   **Kostenartengruppen**
Kostenartenplan voraus. **Typische Kostenartengruppen** sind:

- Materialkosten
- Personal- und Sozialkosten
- Vermögenskosten (auch als Kapitalkosten bezeichnet: Abschreibungen, Zinsen, Wagniskosten)
- Fremdleistungskosten (Kosten für alle von „außen" bezogenen Leistungen)
- Steuern und Gebühren, soweit sie mit der Leistungserstellung in Verbindung stehen (z. B. Grundsteuer)

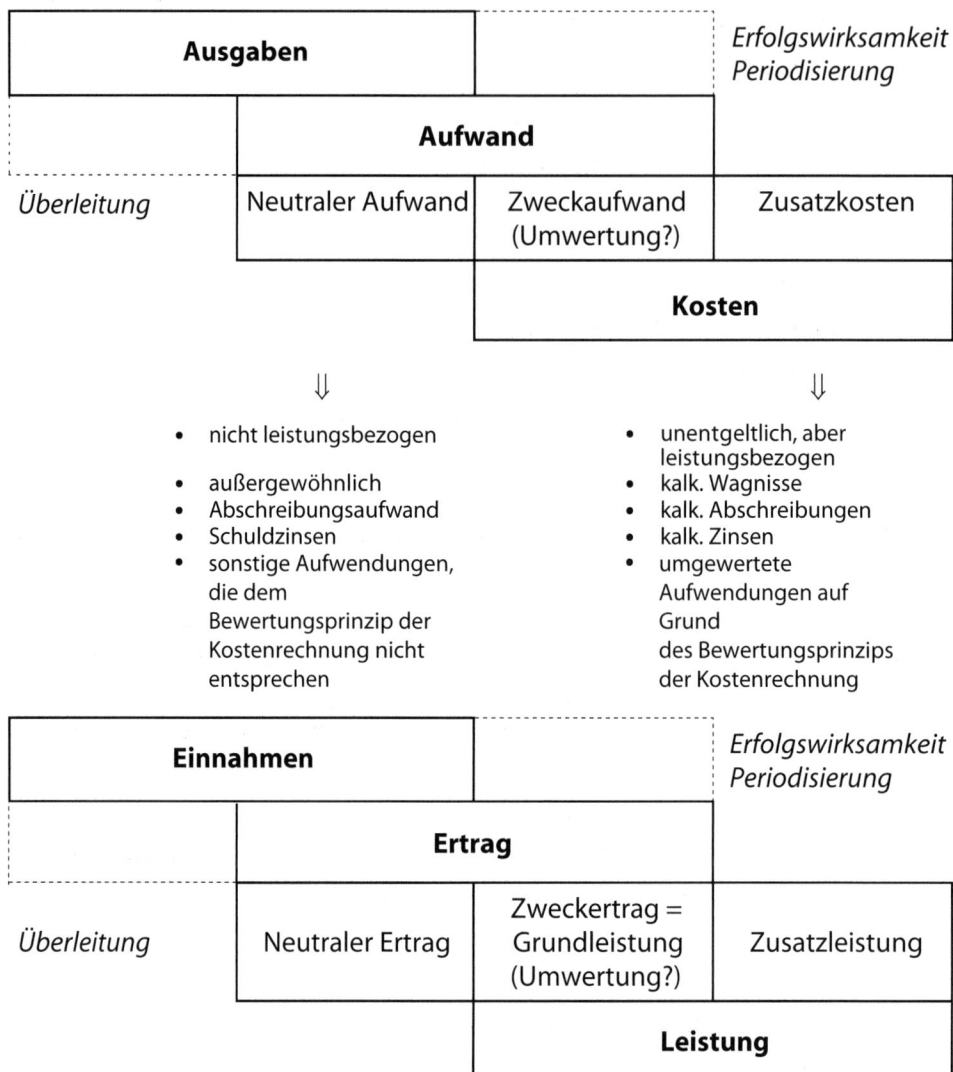

Abbildung 10-23: Überleitung in Kosten und Leistungen

Finanz-/Aufw.-rechnung		Zeitliche Abgrenzung		Sachliche Abgrenzung		Wertmässige Abgrenzung		Kosten	Kostenarten-nummer
Post	Betrag	–	+	–	+	–	+	Betrag	

Abbildung 10-24: Betriebsüberleitungsbogen (BÜB)

Bei allen Kostenarten ist auch die **Abhängigkeit vom Beschäftigungsgrad** (fixe und variable Kostenanteile) sowie die **Zurechenbarkeit zu den erbrachten Leistungen** (Einzel- oder Gemeinkosten) von Bedeutung.

10.7.5. Kostenstellenrechnung

Kostenstellen sind Leistungs- und Verantwortungsbereiche, die nach funktionalen (abgrenzbaren) Verrichtungen oder nach räumlichen Gesichtspunkten gebildet werden und unter der persönlichen Verantwortung eines Bereichsleiters (Kostenstellenleiters) stehen. Die **Kostenstellengliederung** sollte in der Regel mit der Organisationsstruktur eines Unternehmens übereinstimmen. Die Einrichtung einer Kostenstelle ist jedoch nur insoweit sinnvoll, als in diesem Bereich Kosten **beeinflusst** werden können. Nur dann können für diesen Bereich die Planung der Kosten und deren Steuerung im Leistungsvollzug zielgerichtet entwickelt werden (Kosten-Controlling). Durch die Gegenüberstellung der Sollkosten (Plankosten) mit den Istkosten kann die Wirtschaftlichkeit in der Führung einer Kostenstelle beurteilt werden.

Kostenstellen

Der Leiter einer Kostenstelle muss für deren wirtschaftliche Führung verantwortlich sein. Er kann aber nur für jene Kosten verantwortlich gemacht werden, auf deren Ausmaß und Gestaltung er Einfluss nehmen kann. Diese Kosten sind direkt an der Kostenstelle zu erfassen (**primäre Kosten**). Alle nicht direkt einer Kostenstelle zurechenbaren Kosten (**sekundäre Kosten**) sind verantwortungsgemäß jenem anderen (auch übergeordneten) Bereich zuzuordnen, dem sie direkt zugerechnet werden können. Diese Tatsache ändert nichts daran, dass die Kosten anschließend nach einem möglichst sachgerechten Verteilungsverfahren auf jene Kostenstellen umgelegt werden, die als Empfänger der von der Kostenstelle erbrachten innerbetrieblichen Leistungen anzusehen sind (**innerbetriebliche Leistungsverrechnung**).

Innerbetriebliche Leistungsverrechnung

Aus diesen Überlegungen heraus ergeben sich folgende Kostenstellengruppen:

- **Hauptkostenstellen**: Sie umfassen jene Bereiche eines Unternehmens, in welchen die nach außen hin wirksamen Leistungen erstellt werden. Sie werden häufig auch als Endkostenstellen bezeichnet (z. B. Fertigungsstellen).
- **Nebenkostenstellen**: Diese dienen nicht unmittelbar dem Hauptzweck eines Unternehmens, sondern betreffen eine Nebenleistung und sind ebenfalls als Endkostenstellen zu betrachten (z. B. Buffet in einer Sportanlage).
- **Hilfskostenstellen**: Sie wirken nicht unmittelbar an den nach außen abgegebenen Leistungen mit, ihre Leistungen werden hingegen von den übrigen Kostenstellen in Anspruch genommen (z. B. Fuhrpark, Technischer Dienst).
- **Allgemeine (Verwaltungs-)Kostenstellen**: Diese erbringen Leistungen für alle Haupt-, Neben- und Hilfskostenstellen (z. B. Rechnungswesen, Gebäudeverwaltung) und werden oft auch als Hilfskostenstellen bezeichnet.

Der Ablauf der Kostenstellenrechnung erfolgt in drei Phasen, dabei bedient man sich des **Betriebsabrechnungsbogens (BAB)** als Rechnungsinstrument. Abbildung 10-25 zeigt dessen grundlegende Struktur.

Phase 1:   Verrechnung der primären Kosten auf die Kostenstellen (Primärkostenrechnung)

Phase 2:   Umlage der sekundären Kosten auf die Hauptkostenstellen (innerbetriebliche Leistungsverrechnung)

Phase 3:   Bildung von Zuschlagssätzen in den Hauptkostenstellen als Grundlage für die Zurechnung der Gemeinkosten auf die Kostenträger

Kostenarten (KA)	Kostenstellen (KSt)					
	Haupt-Kostenstellen			Hilfs-Kostenstellen		
1. Personalkosten 2. Materialkosten 3. Vermögenskosten 4. Fremdleistungskosten 5. Steuern 6. Förderungskosten						
Kostenstellen-Summe (primäre Kosten)						
Kostenumlage (sekundäre Kosten)				**(innerbetriebliche Leistungsverrechnung)**		
Haupt-KSt-Summe						
Bezugsgröße z.B. Arbeitsstunden, Betreuungsfälle						
Kosten je Bezugsgröße (Leistungseinheit)						

Abbildung 10-25: Kostenarten-/Kostenstellenrechnung (Betriebsabrechnung)

10.7.6. Kostenträgerrechnung (Leistungsrechnung)

Kostenträger   In der Kostenträgerrechnung werden die auf die (Haupt- und Neben-) Kostenstellen verteilten Kostenarten auf die ihnen zuzuordnenden Leistungseinheiten (Kostenträger) verrechnet. Dadurch wird die Kalkulation von Leistungsentgelten ermöglicht.

- In der **Kostenträger-Zeitrechnung** werden alle in einer Abrechnungsperiode entstandenen Kosten, gegliedert nach Kostenträgern, den Erlösen dieses Zeitraums gegenübergestellt. Sie bildet die Grundlage für eine Analyse des Betriebsergebnisses.

- In der **Kostenträger-Stückrechnung** werden die Kosten je Leistungseinheit ermittelt. Sie dient der Ermittlung der Selbstkosten je Leistungseinheit und in weiterer Folge der Kalkulation von Leistungsentgelten.

Als **Kalkulationsverfahren** sind die einfache Divisionskalkulation (die Stückkosten ergeben sich aus der Division der Gesamtkosten einer Rechnungsperiode durch die in dieser Zeit erzeugte Leistungsmenge), modifizierte Formen der Divisionskalkulation (z. B. Stufendivisionskalkulation), die Äquivalenzzahlenrechnung und die in erster Linie bei Sachgütern angewandte Zuschlagskalkulation (Abbildung 10-26) gebräuchlich. **Kalkulationsverfahren**

Material-Einzelkosten	Fertigungs-Material-kosten	Herstellkosten	Selbstkosten ausschließlich der Sonderkosten des Vertriebes	Volle Selbstkosten zuzüglich kalk. Gewinnzuschlag
Material-Gemeinkosten				
Personal-Einzelkosten				
Gemeinkosten der Leistungserstellung				
Sonderkosten der Leistungserstellung				
Verwaltungsgemeinkosten in % der Herstellkosten				
Vertriebsgemeinkosten in % der Herstellkosten				
Kalkulatorischer Gewinnaufschlag				
Sonderkosten des Vertriebes (z. B. Skonto, Provisionen)				
Umsatzsteuer				

Abbildung 10-26: Struktur der Zuschlagskalkulation

Die Kalkulation kann einerseits mit **Plan**-Zuschlagssätzen durchgeführt werden und dient der Angebotslegung und Kostenplanung. Andererseits erlaubt eine Nachkalkulation mit **Ist**-Zuschlagssätzen die Kontrolle, inwieweit die Preise die entstandenen Selbstkosten gedeckt haben bzw. inwieweit der Kostenplanung entsprochen werden konnte.

10.7.7. Weitere Formen der Kosten- und Leistungsrechnung

Auf den traditionellen Formen der Kosten- und Leistungsrechnung aufbauend kann zwischen **Vollkosten- und Teilkostenrechnungen** differenziert werden. Zu den **Teilkostenrechnungen** zählen die Grenzkostenrechnung (zur Ermittlung von Preisuntergrenzen), die **Deckungsbeitragsrechnung** (eigentlich: Fixkostendeckungsbeitragsrechnung; Direct Costing) zur Optimierung des Leis- **Weitere Kostenrechnungsverfahren** tungsprogrammes und die **Ausgabenbezogene Kostenrechnung** zur Sicherung der Liquidität). Die **Prozesskostenrechnung** dient der verrichtungsorientierten Kostenanalyse, die **Prognosekostenrechnung** der Vorschau auf künftig zu erwartende Kosten und die **Plankostenrechnung** der Vorgabe von optimalen Kosten bei unterschiedlichen Beschäftigungsgraden.

10.7.8. Leitlinien für das Kosten- und Leistungsmanagement

Kosten- und Leistungsmanagement

Bei der **Kostengestaltung** dürfen einige (durchaus trivial erscheinende) Grundsätze nicht außer Acht gelassen werden:

- Kosten entstehen und werden durch Entscheidungen gestaltet.
- Die Entscheidung über Kosten bedeutet eine Auswahl aus Alternativen.
- Entscheidungen über Fixkosten stellen Entscheidungen über Leistungspotenziale (Leistungsbereitschaften, Kapazitäten) dar.
- Beim Aufbau von Kosten wird gleichzeitig auch über die Möglichkeiten des Kostenabbaus entschieden, **Kostenremanenzen** sind zu beachten (der Abbau von Kosten geht langsamer vor sich als der Aufbau von Kosten).
- Die Dauer einer Verpflichtung hat in der Regel Einfluss auf die Höhe der Kosten (z. B. führt eine längere Vertragsdauer für Miet- oder Leasingverträge zu günstigeren Periodenkosten und umgekehrt).
- Kurzfristig wirkende Kostensenkungsprogramme müssen auch in Betracht ziehen, welche Kosten für einen später eventuell wieder notwendigen Kapazitätsaufbau entstehen werden.

Analoges gilt für die **Leistungsgestaltung**. Bei den Kostenanalysen sollten **Missverständnisse** vermieden werden:

- Je weniger Kosten, desto besser? (Kosten können nur gemeinsam mit Leistungen optimiert werden.)
- Je höher die Kosteneinsparung, desto besser? (Gefahr unentdeckter qualitativer Leistungsminderungen)
- Je mehr Kostensenkungsprogramme, desto besser? (In gleicher Weise müssen Ansätze zur Leistungssteigerung verfolgt werden; wichtigen Leistungen sollten auch mehr Mittel als bisher zugewiesen werden.)

Literatur

Bertl, R./Deutsch-Goldoni, E./Hirschler, K., Buchhaltungs- und Bilanzierungshandbuch, 10. Auflage, Wien 2018.

Chmielewicz, K., Betriebliches Rechnungswesen, 2 Bände, Reinbek bei Hamburg 1973.

Denk, C./Feldbauer-Durstmüller, B. (Hrsg.), Internationale Rechnungslegung und internationales Controlling, Wien 2012.

Egger, A./Samer, H./Bertl, R., Der Jahresabschluss nach dem Handelsgesetzbuch, Band 1: Der Einzelabschluss – Erstellung, Prüfung, Veröffentlichung, 17. Auflage, Wien 2018; Band 2: Der Konzernabschluss, 8. Auflage, Wien 2016; Band 3: Unternehmensanalyse, Wien 2014.

Egger, A./Winterheller, M., Kurzfristige Unternehmensplanung – Budgetierung, 14. Auflage, Wien 2007.

Geirhofer, S./Hebrank, C., Grundlagen Buchhaltung und Bilanzmanagement, 4. Auflage, Wien 2016.

Lechner, K./Egger, A. u. W./Schauer, R., Einführung in die Allgemeine Betriebswirtschaftslehre, 27. Auflage, Wien 2016.

Lichtsteiner, H./Gmür, M./Giroud, Ch./Schauer, R., Das Freiburger Management-Modell für Nonprofit-Organisationen, 8. Auflage, Bern 2015.

Messner, S., C1. Buchhaltung, Bilanzierung und Bilanzanalyse, in: *Messner, S./ Kreidl, C./Wala, T. (Hrsg.)*, Grundlagen der Betriebswirtschaftslehre, 5. Auflage, Wien 2016, S. 91–124.

Schauer, R./Andeßner, R. C./Greiling, D., Rechnungswesen und Controlling für Nonprofit-Organisationen, 4. Auflage, Bern 2015.

Schneider, W./Dobrovits, I./Schneider, D., Einführung in die Buchhaltung im Selbststudium, 22. Auflage, Wien 2018.

Weber, J./Schäffer, U., Einführung in das Controlling, 15. Auflage, Stuttgart 2016.

11. Wiederholungsfragen

Zur Stoffwiederholung dienen je Kapitel Wiederholungsfragen. Sie orientieren sich weitgehend an der Themenabfolge in diesem Grundlagen-Buch. Zur Vorbereitung auf schriftliche Prüfungen in der Art von Multiple-Choice-Klausuren dienen einige Richtig-/Falsch-Fragen (die Aussage ist als richtig/falsch zu beurteilen) als Beispiele. Die entsprechenden Lösungen sind ab Seite 255 zu finden.

Zu Kapitel 1: Die Betriebswirtschaftslehre als Wissenschaft

1) Was sind die wesensbegründenden Merkmale einer Wissenschaft bzw. von wissenschaftlichen Aussagen?

2) Wodurch unterscheidet sich die Betriebswirtschaftslehre von der Volkswirtschaftslehre?

3) Wie ist die Betriebswirtschaftslehre in das System der Wissenschaften einzuordnen?

4) Was kennzeichnet einen „Betrieb" und in welchem Verhältnis stehen die Begriffe „Unternehmen", „Unternehmung" und „Firma" zum „Betrieb"?

5) Was versteht man unter Wirtschaftsgütern?

6) Welche Handlungsempfehlung ist mit dem „Ökonomischen Prinzip" verbunden?

7) Welche (wirtschafts-)systemindifferenten und (wirtschafts-)systembezogenen Tatbestände kennzeichnen die betriebliche Tätigkeit?

8) Warum werden öffentliche Verwaltungen als Gewährleistungsbetriebe bezeichnet?

9) Welche betrieblich relevanten Merkmale kennzeichnen Nonprofit-Organisationen?

10) Welche grundsätzlichen Orientierungen (Zielsetzungen) sind für die wirtschaftliche Tätigkeit in Betrieben prägend?

11) Welche Handlungsfreiheiten erfordert eine erwerbswirtschaftliche Orientierung eines Betriebes?

12) Wann liegt eine gemeinwirtschaftliche Orientierung eines Betriebes vor?

13) Wann kann man von einer förderwirtschaftlichen Orientierung eines Betriebes sprechen?

14) Welche betriebswirtschaftlichen Aufgabenbereiche (betrieblichen Funktionsbereiche) sind von Bedeutung und wie sind sie sinnvoll zu gliedern?

15) Was bezweckt die Gliederung der Betriebswirtschaftslehre und in welche Teilgebiete lässt sich die Betriebswirtschaftslehre gliedern?

16) Nach welchen Kriterien kann eine Gliederung der Betriebe vorgenommen werden?

17) Welche Bedeutung kommt den Kleinstunternehmen und den kleinen und mittleren Unternehmen (KMU) zu?

18) Wodurch unterscheiden sich die Sachleistungsbetriebe von den Dienstleistungsbetrieben?

19) Welche Forschungsansätze prägen die Entwicklung der Betriebswirtschaftslehre?

20) Welche Meilensteine kennzeichnen die Geschichte der Betriebswirtschaftslehre im deutschen Sprachraum?

Lösungshinweise:

Frage 1: S. 1; *2:* S. 1; *3:* S. 2; *4:* S. 3 f.; *5:* S. 4; *6:* S. 5.; *7:* S. 6; *8:* S. 7; *9:* S. 7; *10:* S. 8; *11:* S. 8; *12:* S. 9; *13:* S. 9; *14:* S. 10 ff.; *15:* S. 13 ff.; *16:* S. 15 ff.; *17:* S. 18; *18:* S. 19; *19:* S. 19 ff.; *20:* S. 22 f.

Richtig-/Falsch-Fragen

1) Unter dem Begriff „Unternehmen" versteht man jede auf Dauer angelegte Organisation selbstständiger wirtschaftlicher Tätigkeit, welche auf Gewinn ausgerichtet ist.

2) Soll ein vorgegebenes Ziel mit geringsten Mitteln erreicht werden, spricht man im Rahmen wirtschaftlichen Handelns vom Minimalprinzip.

3) Die Betriebswirtschaftslehre differenziert zwischen den Produktionsfaktoren „menschliche Arbeit", „Kapital" und „Verbrauchsgüter".

4) Für ein bedarfswirtschaftlich orientiertes Unternehmen müssen das Leistungsprogramm sowie der Standort frei wählbar sein.

5) Die Betriebswirtschaftslehre differenziert zwischen dispositiver und ausführender menschlicher Arbeit.

6) In der Regel werden Betriebe nach Wirtschaftszweigen, Betriebsgröße, Art der Leistungen oder vorherrschenden Produktionsfaktoren gegliedert.

7) Unmittelbar verbrauchsorientierte Dienstleistungsunternehmen erbringen persönliche Dienste am Menschen (Endverbraucher) bzw. an der Gesellschaft.

8) Zu den leistungswirtschaftlichen Aufgabenbereichen (der ersten Ebene) zählen die Beschaffung, die Produktion und die Logistik.

9) Im Gegensatz zu den Rechtswissenschaften, welche dem Bereich der Sozialwissenschaften zugeordnet werden, gehört die Betriebswirtschaftslehre zu den Wirtschaftswissenschaften.

10) Die betriebswirtschaftliche Überwachung setzt sich aus der in den Leistungsprozess eingebetteten Revision und der außerhalb des Leistungsprozesses wahrgenommenen Kontrolle zusammen.

11) Bei Dienstleistungen ist ein direkter Käuferkontakt nicht notwendig.

12) Produktivität, Rentabilität und Liquidität zählen zu den Formalzielen eines Unternehmens.

13) Die betriebliche Tätigkeit wird durch drei (wirtschafts-)systemindifferente Tatbestände gekennzeichnet: das Prinzip der Wirtschaftlichkeit, das Prinzip des finanziellen Gleichgewichts sowie eine durch zielgerichtete Kombination von Produktionsfaktoren erfolgende Leistungserstellung.

14) Individualgüter und Kollektivgüter können als so genannte Wirtschaftsgüter bezeichnet werden. Während Individualgüter sachpolitisch erwünschte Zustände umfassen, die einer Personengemeinschaft als Ganzes zugute kommen, handelt es sich bei Kollektivgütern um jene Güter, die gegen Entgelt an einzelne Leistungsabnehmer abgegeben werden und somit anderen Personen nicht zur Verfügung stehen.

15) Modelle spielen in der betriebswirtschaftlichen Forschung eine große Rolle. Sie sind (stark) vereinfachte Abbilder der Realität, die entwickelt werden, um komplexe Zusammenhänge überschaubarer zu machen und auf wesentliche Elemente oder Eigenschaften zu reduzieren.

Zu Kapitel 2: Das Unternehmen als produktives soziales System

1) Wie ist das „Unternehmen" im Lichte der Systemtheorie zu sehen?

2) Welche Systemmerkmale kommen dem „Unternehmen" aus systemtheoretischer Sicht zu?

3) Was ist unter den Sachzielen eines Unternehmens zu verstehen?

4) Welche Formalziele sind für die Tätigkeit eines Unternehmens von Bedeutung?

5) Wann ist ein Unternehmen im wirtschaftlichen Sinne „erfolgreich" tätig?

6) Welche Personen bzw. Institutionen sind als „Stakeholder" eines Unternehmens von Bedeutung?

7) Was sind „Märkte" und durch welche Merkmale sind sie gekennzeichnet?

8) Was ist unter „externen Effekten" der Tätigkeit von Unternehmen zu verstehen?

9) Inwieweit sind Unternehmen „produktive" und „soziale Systeme"?

10) In einem Unternehmen arbeiten Menschen in einem arbeitsteiligen System zusammen. Durch welche Aspekte ist das Verhältnis zwischen Individuum, Gruppe und Organisation gekennzeichnet?

11) Inwieweit kann das Unternehmen als eine „Koalition" bezeichnet werden?

12) Das Unternehmensgeschehen ist strukturell zu gestalten und inhaltlich zu steuern. Welcher Stellenwert kommt dabei der Aufbau- und Ablauforganisation zu?

Lösungshinweise:

Frage 1: S. 25; *2:* S. 25; *3:* S. 25 f.; *4:* S. 26; *5:* S. 26; *6:* S. 27; *7:* S. 27 f.; *8:* S. 28; *9:* S. 29 ff.; *10:* S. 30 f.; *11:* S. 32; *12:* S. 33

Richtig-/Falsch-Fragen

1) Als Sachziele werden jene grundlegenden Prinzipien bezeichnet, die unabhängig vom Leistungsprogramm für alle Unternehmen in gleicher Weise gelten.

2) Als Stakeholder werden jene Bezugsgruppen (Anspruchsgruppen) bezeichnet, die auf die Tätigkeit eines Unternehmens einen Einfluss ausüben bzw. die von der Tätigkeit des Unternehmens beeinflusst werden.

3) Nach der Anreiz-Beitrags-Theorie müssen Organisationen ihren Transaktionspartnern positive Anreize bieten, um sie zu einem koordinierten Handeln im Sinne des Organisationszwecks zu bewegen.

4) Loyalität, Selbstverwirklichung und innere Bindung kennzeichnen eine intrinsische Motivation.

5) Bei systemexternen Koalitionspartnern eines Unternehmens handelt es sich u.a. um Eigenkapitalgeber, Kunden, Gläubiger und das Top-Management.

6) Eine extrinsische Motivation liegt vor, wenn die „Belohnungen" in der Tätigkeit selbst liegen.

7) Erwerbswirtschaftliche Unternehmen werden als erfolgreich bezeichnet, wenn sie Gewinne erwirtschaften. Diese Gewinne werden letztlich an die Eigentümer des Unternehmens ausgeschüttet und dienen diesen als Einkommen. Dabei werden die Rentabilitätsziele den Sachzielen untergeordnet.

8) Formalziele sind für jedes einzelne Unternehmen gesondert zu bestimmen und erstrecken sich u. a. auf die Art und die Menge der produzierten Leistungen und auf die hierfür benötigten Ressourcen.

9) Erwerbswirtschaftliche Unternehmen agieren auf Märkten. Als Märkte gelten jene Orte, wo Angebot und Nachfrage aufeinander treffen und (individuelle) Leistungen gegen Entgelt getauscht werden.

10) Als „Markt" wird der symbolische Ort des Aufeinandertreffens von Angebot und Nachfrage nach bestimmen Sachgütern und Dienstleistungen bezeichnet.

Zu Kapitel 3: Der betriebliche Wertekreislauf

1) Welche Elemente kennzeichnen den betrieblichen Umsatzprozess?
2) Worin liegt der Unterschied zwischen Vermögen und Kapital?
3) Welche Bedeutung haben die Realgüterströme und die Nominalgüterströme für den betrieblichen Wertekreislauf?
4) Unter welchen Bedingungen entsteht im Rahmen des betrieblichen Wertekreislaufes ein Innenfinanzierungspotenzial?
5) Welche Außenfinanzierungsvorgänge sind denkbar?
6) Was ist die grundlegende Aufgabe der Unternehmensführung in Bezug auf den betrieblichen Wertekreislauf?
7) In welchen wesentlichen Teilen des betrieblichen Rechnungswesens werden die Geschäftsprozesse eines Unternehmens, soweit sie in Zahlen fassbar sind, abgebildet?
8) In welchem Zusammenhang stehen Finanzierungsrechnung, Ergebnisrechnung und Schlussbilanz?
9) Welcher Informationswert kommt der Ergebnisrechnung in Staffelform zu?
10) Welche Informationen kann die Wertschöpfungsrechnung liefern?

Lösungshinweise:

Frage 1: S. 34; *2:* S. 34; *3:* S. 35; *4:* S. 35; *5:* S. 36; *6:* S. 36; *7:* S. 37 ff.; *8:* S. 39; *9:* S. 40; *10:* S. 40 ff.

Richtig-/Falsch-Fragen

1) Nominalgüterströme umfassen Geldein- und Geldausgänge.
2) Die produktive Tätigkeit eines Unternehmens drückt sich in seiner Wertschöpfung aus. Sie bemisst sich aus dem Wert der abgesetzten Leistungen abzüglich des Wertes der von anderen Unternehmen bezogenen Vorleistungen.
3) Das Betriebsergebnis abzüglich des Finanzergebnisses ergibt das Jahresergebnis.
4) Eine Wertschöpfungsrechnung besteht grundsätzlich aus drei Teilen: einer Entstehungsrechnung, einer Veränderungsrechnung und einer Verwendungsrechnung.
5) Die Mittelaufbringung aus dem Wertschöpfungsprozess sowie von außen durch die Bereitstellung von Eigen- und Fremdkapital wird als Finanzierung bezeichnet, die Mittelverwendung als Investition.
6) Nach der Entstehungsrechnung wird die Wertschöpfung berechnet aus: Arbeitseinkommen (Löhne, Gehälter usw.) + Kapitaleinkommen (Zinsen, Dividenden usw.) + Gemeineinkommen (Steuern usw.) = Wertschöpfung
7) Realgüterströme umfassen den Ressourceneinsatz und die abgegebenen Leistungen.
8) Übersteigen die mit der Leistungsabgabe verbundenen Einnahmen die mit der Leistungserstellung bedingten Ausgaben in einer Rechnungsperiode, so entsteht aus dem Wertekreislauf ein Außenfinanzierungspotential.
9) Die Geschäftsprozesse eines Jahres sind hinsichtlich ihrer Zahlungswirkungen in einer Finanzierungsrechnung (Gewinn- und Verlustrechnung) und hinsichtlich Ressourceneinsatz und der daraus bewirkten Leistungen in einer Ergebnisrechnung (Einnahmen-/Ausgabenrechnung) darzustellen.
10) Das Betriebsergebnis ergibt zusammen mit dem Finanzergebnis und dem außergewöhnlichen Ergebnis und unter Berücksichtigung der Steuern das Jahresergebnis.

Zu Kapitel 4: Konstitutive Rahmenentscheidungen

1) Welche Bedeutung hat die Wahl einer geeigneten Rechtsform und eines geeigneten Standortes für die Unternehmensaktivitäten?
2) Welche Rechtsformen sind nach dem Privatrecht und welche nach dem öffentlichen Recht für die Tätigkeit von Unternehmen möglich?
3) Welche betriebswirtschaftlich relevanten Gründe sind für die Wahl der Rechtsform eines Unternehmens bestimmend?
4) Inwieweit sind die Geschäftsführungs- und Vertretungsrechte sowie die Haftungsverhältnisse für die Wahl der Rechtsform eines Unternehmens ausschlaggebend?
5) Welche Möglichkeiten für die Beteiligung am Unternehmensergebnis sind denkbar?
6) Wann besteht für ein Unternehmen die Pflicht zur Führung von Büchern im Sinne des UGB?

7) Wann haben Unternehmen ihre Rechnungsabschlüsse zu veröffentlichen?

8) Inwieweit sind Unternehmen steuerpflichtig?

9) Welche Einflussgrößen bestimmen die Standortwahl eines Unternehmens?

10) Aus welchen Elementen besteht die Unternehmensverfassung aus betriebswirtschaftlicher Sicht?

11) Welche Sachverhalte werden als „Corporate Governance" bezeichnet und was ist Inhalt eines Corporate Governance Kodex?

12) Welche Problembereiche sind Regelungsinhalte der Marktverfassung?

13) Welche Problembereiche sind Regelungsinhalte der Finanzverfassung?

14) Welche Problembereiche sind Regelungsinhalte der Organisationsverfassung?

15) Welche Zwecksetzungen werden mit einem Business Plan verfolgt und aus welchen wesentlichen Elementen besteht dieser?

Lösungshinweise:

Frage 1: S. 43; *2:* S. 43 ff.; *3:* S. 49 ff.; *4:* S. 49 f.; *5:* S. 51.; *6:* S. 52; *7:* S. 52; *8:* S. 53; *9:* S. 53 f.; *10:* S. 54 ff.; *11:* S. 55; *12:* S. 56; *13:* S. 56 f.; *14:* S. 58; *15:* S. 60 ff.

Richtig-/Falsch-Fragen

1) Für die Wahl der Rechtsform eines Unternehmens sind in der Regel u.a. die Haftungsverhältnisse, die Finanzierungsmöglichkeiten, die Beteiligung am Unternehmenserfolg sowie die Buchführungs- und Publizitätsvorschriften maßgeblich.

2) Im Rahmen der Rechtsformwahl eines Unternehmens kommen folgende Personengesellschaften in Betracht: Offene Gesellschaft, Kommanditgesellschaft, Gesellschaft bürgerlichen Rechts, Stille Gesellschaft und Europäische Gesellschaft.

3) Zu den Kapitalgesellschaften werden die AG, die GmbH, die KG, die GenmbH sowie die SCE gerechnet.

4) Eine Kommanditgesellschaft (KG) ist jener Gesellschaftstypus, bei dem die Haftung gegenüber den Gesellschaftsgläubigern bei einem Teil der Gesellschafter, nämlich den Komplementären, auf eine bestimmte Haftsumme beschränkt und beim anderen Teil (Kommanditisten) dagegen unbeschränkt ist.

5) Als juristische Person des öffentlichen Rechts kommen in Betracht: Körperschaften im engeren Sinne, Anstalten des öffentlichen Rechts, öffentlich-rechtliche Stiftungen, öffentlich-rechtliche Fonds.

6) Zu den Körperschaften des öffentlichen Rechts zählen unter anderem die Anstalt, der Regiebetrieb sowie die Kommanditgesellschaft.

7) Ein Unternehmen orientiert sich bei seiner Standortwahl üblicherweise an den Beschaffungsbedingungen, staatlichen Rahmenbedingungen, naturgegebenen Einflüssen und Absatzmarktbedingungen.

8) Beim „Business Plan" handelt es sich um einen Bericht, der klar und prägnant Auskunft über die relevanten betriebswirtschaftlichen, rechtlichen sowie fachbezogenen Aspekte eines neu gegründeten Unternehmens (bzw. einer Unternehmensübernahme) gibt.

9) Ein „Business Plan" enthält unter anderem eine Beschreibung des Produkts bzw. der Dienstleistung, einen Realisierungsplan, eine Risikoanalyse sowie einen Finanzplan.

10) Die Gewinnerzielung bei Einzelunternehmen und bei den Gesellschaftern von Personengesellschaften unterliegt der Kapitalertragsteuer.

11) Zu den Kapitalgesellschaften werden die AG, die GmbH, die KG, die GenmbH sowie die SCE gerechnet.

12) Eine Genossenschaft ist ein Verein mit geschlossener Mitgliederzahl, dessen Ziel die Förderung des Erwerbs oder der Wirtschaft ihrer Mitglieder ist.

13) Bei der Rechtsform der AG und der GmbH ist im Regelfall die Haftung mit dem Privatvermögen der Gesellschafter ausgeschlossen und auf die betragsmäßige Höhe des jeweiligen Anteils begrenzt.

14) Unter Corporate Governance wird die Ausgestaltung von Entscheidungs- und Kontrollprozessen in den Beziehungen zwischen Eigentümern (Aktionären) und den gesellschaftsrechtlichen Organen einer Aktiengesellschaft (Hauptversammlung, Aufsichtsrat, Vorstand) verstanden.

15) Bei Kapitalgesellschaften wird der Gewinn im Unternehmen der Einkommensteuer (ESt) in Höhe von einheitlich 25% unterworfen. Ausgeschüttete Gewinne werden zusätzlich einer Körperschaftsteuer (KSt) von 25% unterworfen, die der Empfänger bei der Ermittlung der Einkommensteuer anrechnen lassen kann.

Zu Kapitel 5: Die Unternehmensführung

1) Wer kommt als Träger von Führungsentscheidungen im Unternehmen in Frage?

2) Welche Merkmale kennzeichnen (Top-)Führungsentscheidungen und welche Problembereiche betreffen sie in der Regel?

3) Welche Führungsaktivitäten kennzeichnen den Managementkreis?

4) Welche Erwartungshaltung steht hinter dem Shareholder-Value-Konzept?

5) Welche Grundauffassung prägt das Stakeholder-Konzept?

6) Welche Dimensionen kennzeichnen die Zielbildung im Unternehmen?

7) Wann kann man von einem Zielsystem sprechen und welche Zusammenhänge von Zielen sind möglich?

8) Wie kann sinnvoll mit Zielkonflikten umgegangen werden?

9) Was ist aus betriebswirtschaftlicher Sicht unter Planung zu verstehen und wodurch unterscheidet sie sich von der Improvisation und der Prognose?

10) Welche Merkmale prägen die Erfolgspotenziale eines Unternehmens?

11) Welche Aktivitäten kennzeichnen die strategische Unternehmensführung?

12) Was ist unter einer „business idea" zu verstehen?

13) Welche Bedeutung hat eine „unique selling proposition" (USP)?

14) Welche Bedeutung hat das Erfahrungskurvenkonzept für die Unternehmensführung?

15) Worin liegt der Unterschied zwischen Aufbau- und Ablauforganisation?

16) Welche Bedeutung hat das Kongruenzprinzip für die Unternehmensorganisation?

17) Was ist unter der Leitungsspanne (Kontrollspanne) zu verstehen?

18) Welche grundsätzlichen Formen der Aufbauorganisation (der Leitungssysteme) sind denkbar?

19) Worin liegen die Vorteile der Zentralisation bzw. der Dezentralisation in der Unternehmensführung?

20) Welche Führungsstile sind denkbar?

21) Welche Managementprinzipien leiten sich aus dem kooperativen Führungsstil ab?

22) Worin liegen die besonderen Aufgabenstellungen für das Personalmanagement?

23) Welche Problemstellungen kennzeichnen die einzelnen Teilbereiche des Personalmanagement?

24) Welche Formen der betrieblichen Überwachung sind denkbar und wodurch unterscheiden sie sich?

25) Welche Aufgabenstellung kommt dem Controlling zu?

Lösungshinweise:

Frage 1: S. 65; *2:* S. 65; *3:* S. 66 f.; *4:* S. 67; *5:* S. 67; *6:* S. 68; *7:* S. 69; *8:* S. 71; *9:* S. 71 f.; *10:* S. 73; *11:* S. 73 f.; *12:* S. 73; *13:* S. 73; *14:* S. 75; *15:* S. 75; *16:* S. 76; *17:* S. 76; *18:* S. 76 ff.; *19:* S. 80; *20:* S. 71; *21:* S. 81; *22:* S. 82 ff.; *23:* S. 84 ff.; *24:* S. 86 f.; *25:* S. 87 f.

Richtig-/Falsch-Fragen

1) Während durch die Aufbauorganisation eines Unternehmens eine klare Verteilung und Abgrenzung der betrieblichen Aufgaben herbeigeführt wird, regelt die Ablauforganisation die Ordnung der verschiedenen Arbeitsabläufe in zeitlicher und räumlicher Sicht.

2) Merkmale von Top-Führungsentscheidungen sind: Sie sind für den Bestand des Unternehmens von grundlegender Bedeutung. Sie betreffen das ganze Unternehmen. Sie sind an andere Unternehmensinstanzen delegierbar.

3) Der sich immer wiederholende Vorgang von Zielsetzung, Planung, Organisation und Überwachung wird allgemein als Managementkreis bezeichnet.

4) Für die organisatorischen Gestaltungsmaßnahmen in einem Unternehmen gilt das Kongruenzprinzip. Es erfordert, dass Aufgabenstellung, Kompetenz und Verantwortung bei einem Entscheidungsträger vereint sein müssen.

5) Stabstellen im Rahmen der Aufbauorganisation eines Unternehmens haben die vornehmliche Aufgabe, Entscheidungen im Namen oberster Leitungsinstanzen zu treffen.

6) Im Rahmen möglicher Formen der Aufbauorganisation von Unternehmen liegt beim Liniensystem ein durchgehender Befehlsweg von der obersten unternehmerischen Leitungsstelle bis zum Verrichtungsträger auf der untersten Ebene vor.

7) Werden im Rahmen der Divisionalorganisation die Sparten mit einer eigenen Erfolgsverantwortlichkeit ausgestattet, spricht man von Profit-Center-Organisation.

8) Bei der Funktionalorganisation erfolgt die Gliederung der Unternehmensorganisation nach dem Leistungsangebot eines Unternehmens.

9) Im Rahmen der Spartenorganisation werden jeder Sparte gewisse Funktionen (z.B. Einkauf, Erzeugung und Absatz) zugeordnet, während bestimmte Funktionen (z.B. Personalwesen) zentral geführt werden.

10) Bei der Mehr-Linienorganisation sind zusätzliche Stellen vorgesehen, die sich mit Aufgaben der Entscheidungsvorbereitung beschäftigen.

11) Der Vorteil der Spartenorganisation und der Matrixorganisation liegt in einer zentralen Führung in sich abgeschlossener Verantwortungsbereiche mit eigener Ergebnisrechnung. Daneben werden jene Bereiche, die ähnliche oder gleichartige Arbeiten für alle Sparten leisten, dezentral geführt.

12) Management by Objectives besteht in der weitgehenden Verlagerung von Entscheidungskompetenzen auf nachgelagerte Instanzen. Dies setzt jedoch eine klare Abgrenzung der Kompetenzen voraus.

13) Nach der Dualitätstheorie sind für die Arbeitszufriedenheit im Unternehmen zwei Ergebniskategorien entscheidend: die Motivatoren und die Hygienefaktoren. Die Motivatoren beeinflussen die Unzufriedenheit bei der Arbeit, die Hygienefaktoren hingegen die Zufriedenheit.

14) Die Prüfung (Revision) ist eine auf die Vergangenheit gerichtete rückschauende Untersuchung bestimmter, in gewissen regelmäßigen Abständen wiederkehrender oder auch einmaliger Vorgänge oder Anlässe.

15) Im Stab-Linien-System wird der durchgehende Befehlsweg von oben nach unten beibehalten, wobei jedoch den obersten Leitungsinstanzen sowie den Zwischeninstanzen zur Aufgabenentlastung Stabstellen beigegeben werden, denen bestimmte Aufgaben zur Entscheidungsvorbereitung übertragen werden.

Zu Kapitel 6: Die Finanzwirtschaft

1) Welche Maßnahmen gehören zum Aufgabenbereich der betrieblichen Finanzwirtschaft?

2) Worin besteht der Unterschied zwischen „Finanzierung" und „Investition" und welche Zusammenhänge sind denkbar?

3) Wann befindet sich ein Unternehmen im finanziellen Gleichgewicht?

4) Welche grundlegenden Arten von Finanzbewegungen sind denkbar?

5) Welche Phasen kennzeichnen den Finanzierungskreislauf, wann entwickelt sich ein Kapitalbedarf und wie kann dieser gedeckt werden?

6) Welche Möglichkeiten der Außenfinanzierung und der Innenfinanzierung kommen für die Unternehmensfinanzierung in Betracht?

7) Was ist unter dem „Cashflow" zu verstehen und wie kann er ermittelt werden?

8) Welche Bedeutung hat die Selbstfinanzierung im Unternehmen?

9) Was ist unter der Kapitalbindungsdauer zu verstehen und wie kann sie beeinflusst werden?

10) Was ist Aufgabe der Finanzplanung und welche wesentlichen Fragestellungen sind für sie bedeutend?

11) Aus welchen Teilplänen setzt sich die integrierte Unternehmensplanung zusammen?

12) Was ist Aufgabe der Liquiditätspolitik in einem Unternehmen und welche Maßnahmen können in diesem Bereich ergriffen werden?

13) Wann ist ein Unternehmen optimal finanziert?

14) Welche Merkmale sind für die Unterscheidung zwischen Eigenkapital und Fremdkapital bedeutsam?

15) Welche Bedeutung kommt dem Risikokapital im Unternehmen zu?

16) Was ist als Venture-Capital zu bezeichnen?

17) Was ist unter dem Leverage-Effekt zu verstehen?

18) Wann liegt ein optimaler Verschuldungsgrad für ein Unternehmen vor?

19) Was ist unter dem Grundsatz der fristenkongruenten Finanzierung zu verstehen?

20) Welche Entwicklungen im Unternehmen können nahende finanzielle Schwierigkeiten anzeigen?

21) Worin liegt der Unterschied zwischen Sachinvestitionen und Finanzinvestitionen und welche Investitionsarten sind typisch?

22) Worin besteht der Unterschied zwischen Ersatzinvestitionen und Rationalisierungsinvestitionen?

23) Welche Kriterien kommen für die Beurteilung von Investitionen in Frage?

24) Welche Abgaben (Steuern) sind als betriebliche Abgaben (Steuern) anzusehen?

25) Mit welchen Problembereichen beschäftigt sich die betriebswirtschaftliche Steuerlehre?

Lösungshinweise:

Frage 1: S. 89 f.; *2:* S. 89 f.; *3:* S. 91; *4:* S. 91; *5:* S. 92 f.; *6:* S. 94; *7:* S. 94; *8:* S. 95; *9:* S. 97; *10:* S. 97 ff.; *11:* S. 99; *12:* S. 100; *13:* S. 101 ff.; *14:* S. 102; *15:* S. 102; *16:* S. 103; *17:* S. 103 f.; *18:* S. 104; *19:* S. 104; *20:* S. 105; *21:* S. 106 ff.; *22:* S. 106; *23:* S. 108; *24:* S. 110; *25:* S. 112

Richtig-/Falsch-Fragen

1) Liquidität bedeutet die Fähigkeit eines Unternehmens, seinen Zahlungsverpflichtungen fristgerecht nachkommen zu können.

2) Man unterscheidet vier Arten von Finanzbewegungen: Kapitalbindende Einnahmen, Kapitalfreisetzende Einnahmen, Kapitalzuführende Ausgaben, Kapitalentziehende Ausgaben.

3) Kapitalbindende Ausgaben beinhalten beispielsweise Ausgaben für Produktionfaktoren und die Bildung von Kassenreserven.

4) Die Überschussfinanzierung, also die Finanzierung aus dem Umsatzprozess heraus, ist im Falle von Gewinnen mit einem Vermögenszuwachs verbunden.

5) Die Außenfinanzierung umschließt die Eigen- und Fremdfinanzierung sowie die Finanzierung aus Vermögensumschichtungen.

6) Betrachtet man im Rahmen der Finanzierung das Kriterium des „Vermögensanspruchs", spricht man beim Eigenkapital vom sog. „garantierten Kapital", beim Fremdkapital vom sog. „garantierenden Kapital".

7) Das Maß der Innenfinanzierung aus dem Umsatzprozess eines Unternehmens ist durch den Cashflow bestimmt.

8) Unter einer integrierten Unternehmensplanung versteht man den Gesamtplan für die Leistungsprozesse eines Unternehmens. Dabei umfasst er sowohl leistungwirtschaftliche als auch finanzwirtschaftliche Komponenten.

9) Die Innenfinanzierung umfasst die Finanzierung aus Gewinnen, Rückstellungen, Abschreibungen und Subventionen.

10) Sowohl das Eigenkapital als auch das Fremdkapital stehen dem Unternehmen nur zeitlich befristet zur Verfügung.

11) Ein Aufwand, dem in derselben Rechnungsperiode keine entsprechende Ausgabe gegenübersteht, der aber durch (einnahmengleiche) Erträge gedeckt ist, führt kurzfristig zu einem Mittelzufluss, der investierbar ist.

12) Die Finanzierung aus Abschreibungen kann unter bestimmten Bedingungen zu einem Kapazitätserweiterungseffekt führen, wenn Abschreibungsverlauf und Nutzungsverlauf einer Gruppe von Anlagen übereinstimmen.

13) Zu den dynamischen Investitionsrechnungsverfahren zählen die Kostenvergleichsrechnung, die Gewinnvergleichsrechnung, die Rentabilitätsrechnung sowie die Amortisationsrechnung.

14) Zu den statischen Investitionsrechnungsverfahren zählen die Barwertverfahren (Kapitalwertmethode, Annuitätenmethode, Methode des internen Zinsfußes) und die Endwertverfahren (Vermögensendwertmethode, Soll-Zinssatzmethode).

15) Statische Investitionsverfahren sind dadurch gekennzeichnet, dass sie den Zeitfaktor überhaupt nicht oder nur unvollkommen berücksichtigen und von durchschnittlichen Periodenkosten und Periodenerträgen ausgehen.

Zu Kapitel 7: Die Produktionswirtschaft

1) Welche Entscheidungen sind im Zuge der Leistungsprogrammplanung zu treffen?

2) Was ist Aufgabe des „supply management"?

3) Was ist Aufgabe des Logistikmanagement?

4) Wodurch unterscheidet sich die Produktion auf Lager von der Auftragsproduktion?

5) Welche Einflussfaktoren sind für die Beschaffung von Materialien maßgeblich?

6) Welche Faktoren bestimmen die Lagerbestandspolitik?

7) Wie kann die optimale Bestellmenge bestimmt werden?

8) Welche grundsätzlichen Bestellverfahren sind denkbar?

9) Welche strategisch bedeutsamen Konzepte bestimmen die Beschaffungspolitik?

10) Welche grundlegenden Faktoren bestimmen die Produktionsplanung im Unternehmen?

11) Worin liegt der Unterschied zwischen „Betriebsleistung" und „Marktleistung"?

12) Welche Fertigungsverfahren sind in der Sachleistungsproduktion denkbar?

13) Welche Faktoren bestimmen die optimale Losgröße?

14) Worin liegt der Unterschied zwischen technischen, organisatorischen und sozialen Rationalisierungsmaßnahmen?

15) Welche Produktionsverfahren werden üblicherweise als „Integrierte Fertigungssysteme" bezeichnet?

16) Welche typischen Merkmale kennzeichnen die Dienstleistungsproduktion?

17) Dienstleistungen werden in der Regel durch Leistungspotenziale, Leistungsprozesse und Leistungsergebnisse bestimmt. Welche Bedeutung kommt diesen Dimensionen zu?

18) Gibt es Möglichkeiten, die Dienstleistungen zu standardisieren?

19) Welche Bedeutung kommt der Qualitätssicherung im Rahmen der betrieblichen Leistungserstellung zu?

20) Welche Aktivitäten eines Unternehmens sind betroffen, wenn an die Einführung eines Qualitätsmanagement gedacht wird?

21) Was ist unter Total Quality Management (TQM) zu verstehen?

22) Welche Bedeutung hat die Kenntnis der Produktionsfunktionen für ein Unternehmen?

23) Was sind „Kosten", welche Kostenarten sind im Hinblick auf unterschiedliche Beschäftigungsstufen von Bedeutung und was bedeutet in diesem Zusammenhang die „Kostenremanenz"?

24) Welche Erkenntnisse können aus der Diskussion über Gesamt- und Stückkostenverläufe gewonnen werden?

25) Welche Anpassungsmaßnahmen können Beschäftigungsgradänderungen auslösen?

Lösungshinweise:

Frage 1: S. 114; *2:* S. 116; *3:* S. 116; *4:* S. 117; *5:* S. 118; *6:* S. 118; *7:* S. 118; *8:* S. 119; *9:* S. 119 f.; *10:* S. 120 f.; *11:* S. 121; *12:* S. 122; *13:* S. 124; *14:* S. 124; *15:* S. 124 f.; *16:* S. 125 ff.; *17:* S. 128 f.; *18:* S. 129; *19:* S. 130 ff.; *20:* S. 132; *21:* S. 133; *22:* S. 134 ff.; *23:* S. 135 ff.; *24:* S. 136 f.; *25:* S. 138 f.

Richtig-/Falsch-Fragen

1) Für die Gestaltung des Produktionsprozesses sind oftmals Rationalisierungsmaßnahmen von Bedeutung. Üblicherweise unterscheidet man zwischen: technischer Rationalisierung, organisatorischer Rationalisierung und sozialer Rationalisierung.

2) Integrierte Fertigungssysteme beruhen auf der Integration der für die Produktion wesentlichen Informationsflüsse über die verschiedenen Teilbereiche eines Unternehmens.

3) Programmorientierte Bestellverfahren orientieren sich an vergangenheitsbezogenen, mittels statistischer Verfahren in die Zukunft projizierter Bedarfsmengen.

4) Das Bestellpunktverfahren geht von festen, optimalen Bestellmengen aus, die Bestelltermine sind hingegen variabel.

5) Nach dem Aufbau des Fertigungsprogramms unterscheidet man zwischen Einzel-, Massen-, Gruppen- und Sortenfertigung.

6) Die Bestimmung der optimalen Losgröße im Rahmen der Produktion geht von der Überlegung aus, dass die die Leistungseinheit belastenden auflagefixen Kosten mit der zunehmenden Größe des Auftrags steigen.

7) Die Tatsache, dass einzelne Kostenelemente bzw. Kostengruppen bei rückläufiger Beschäftigung nicht im gleichen Umfang sinken, wie sie ursprünglich bei steigender Beschäftigung zugenommen haben, bezeichnet man als Kostenremanenz.

8) Als Betriebsoptimum bezeichnet man jenen Beschäftigungsgrad, bei dem der Betriebsgewinn insgesamt am höchsten ist.

9) Als Gruppenfertigung wird die gleichzeitige Herstellung verschiedener Güter mit Rohstoff- und Produktionsverwandtschaft bezeichnet.

10) Beschäftigungsgradänderungen lösen verschiedene Anpassungsmaßnahmen aus, die auch unterschiedliche Kostenverläufe ergeben. Bei der selektiven (qualitativen) Anpassung wird die Nutzungszeit der Produktionsfaktoren (Anlagen, Personal) variiert, die Intensität der Nutzung bleibt hingegen unverändert.

11) Leerkosten sind die ungenutzten Teile der gesamten kapazitätsabhängigen Kosten.

12) Mit Hilfe der ABC-Analyse lässt sich bestimmen, welche Materialien bezüglich einer relevanten Größe (z.B. Jahresumsatz) von besonderer Bedeutung sind A-Klasse: niedriger Wertanteil, unbedeutend; B-Klasse: mittlerer Wertanteil, weniger bedeutend; C-Klasse: hoher Wertanteil, sehr bedeutend.

13) Generell lassen sich die betrieblichen Produktionsprozesse durch die Elemente Input, Throughput und Output beschreiben. Als Throughput wird dabei der eigentliche Transformations- und Produktionsprozess bezeichnet.

14) Bei der Sortenfertigung werden die für mehrere Teilproduktionsvorgänge erforderlichen Produktionsmittel zu Fertigungsinseln zusammengefasst.

15) Im Rahmen der Fixkostendegression werden die Fixkosten auf mehrere Leistungseinheiten verteilt und mindern somit die Stückkosten. Je mehr produziert wird, desto geringer werden die Lagerkosten und die Kosten der Kapitalbindung im Lager.

Zu Kapitel 8: Die Leistungsverwertung/Marketing

1) Was bedeuten die Begriffe „Absatz", „Umsatz", „Absatzwirtschaft" und „Marketing"?

2) Welche Arten von Marketing-Konzeptionen sind denkbar?

3) Welche Aktivitäten bestimmen den Marketingprozess?

4) Was ist die Aufgabe der Absatzplanung und in welchen Teilschritten hat sie zu erfolgen?

5) Was ist die Aufgabe der Marktforschung und mit welchen Methoden kann sie erfolgen?

6) Was ist unter der Nachfrageelastizität zu verstehen und inwieweit bestimmt sie die Absatzmöglichkeiten für die eigenen Leistungen?

7) Welche Erhebungsmethoden sind im Bereich der Primärforschung von Bedeutung und welche Unterlagen sind für die Sekundärforschung im Rahmen der Marktforschung relevant?

8) Welche Maßnahmen kann ein Unternehmen setzen, um den Absatz der eigenen Leistungen auf den verschiedenen Märkten zu fördern?

9) Was ist unter dem „Marketing-Mix'" zu verstehen?

10) Welche wesentlichen Fragestellungen sind für die Produktpolitik eines Unternehmens von Bedeutung?

11) In welche Phasen kann der Produktlebenszyklus unterteilt werden?

12) Welche wesentlichen Fragestellungen sind für die Preispolitik eines Unternehmens von Bedeutung?

13) Welche Marktformen sind denkbar und wie ist das Verhalten der Marktteilnehmer in diesen typischen Marktformen zu charakterisieren?

14) Was bedeutet eine kostenorientierte Preispolitik in einem Unternehmen, mit welcher Gefahr ist sie verbunden?

15) Wie kann der Mindestumsatz in einem Leistungsbereich bestimmt werden?

16) Was ist unter Preisdifferenzierung zu verstehen, welche Rahmenbedingungen sind zu beachten und welche Möglichkeiten sind denkbar?

17) Welche wesentlichen Fragestellungen sind für die Distributionspolitik eines Unternehmens von Bedeutung?

18) Wie kann die Absatzorganisation gestaltet werden?

19) Welche Funktionen kann der Handel übernehmen?

20) Was ist unter „Franchising" zu verstehen?

21) Welche wesentlichen Fragestellungen sind für die Kommunikationspolitik eines Unternehmens von Bedeutung?

22) In welchen wesentlichen Formen kann Kommunikationspolitik betrieben werden?

23) Wodurch unterscheiden sich Werbung und Public Relations?

24) Was ist unter dem „akquisitorischen Potenzial" eines Unternehmens zu verstehen?

25) Wann liegt eine optimale Kombination der Marketing-Instrumente vor?

Lösungshinweise:

Frage 1: S. 140 f.; *2:* S. 141 f.; *3:* S. 142 f.; *4:* S. 144; *5:* S. 145 f.; *6:* S. 146 f.; *7:* S. 147 f.; *8:* S. 149 ff.; *9:* S. 149; *10:* S. 149 f.; *11:* S. 150; *12:* S. 151 ff.; *13:* S. 153 f.; *14:* S. 154; *15:* S. 154 f.; *16:* S. 156; *17:* S. 156 f.; *18:* S. 157; *19:* S. 157 f.; *20:* S. 159; *21:* S. 159 ff.; *22:* S. 159 ff.; *23:* S. 160 f.; *24:* S. 164; *25:* S. 164

Richtig-/Falsch-Fragen

1) Marketing bedeutet die konsequente Ausrichtung aller unternehmerischen Aktivitäten auf die gegenwärtigen und zukünftigen Erfordernisse der Märkte im Interesse der Erreichung der Unternehmensziele.

2) Als Marketing-Mix wird in der Regel der Einsatz folgender Instrumente bezeichnet: Preispolitik, Produkt- und Sortimentsgestaltung, Distributionspolitik und Kommunikationspolitik.

3) Die Marktforschung umfasst Methoden der Primärforschung und Sekundärforschung, wobei sich die Primärforschung auf vorhandene marktbezogene Unterlagen stützt und die Sekundärforschung sich auf originäre marktbezogene Daten konzentriert.

4) Die wichtigsten Formen der Kommunikationspolitik sind die Werbung, die Verkaufsförderung, der persönliche Verkauf und die Öffentlichkeitsarbeit.

5) Die Distributionspolitik beschäftigt sich mit der Beschaffung der für die Produktion notwendigen Roh-, Hilfs- und Betriebsstoffe, die Kommunikationspolitik dient zur Information der Konsumenten über das Produkt.

6) Der Produktlebenszyklus besteht aus der Produktentwicklungs-, Einführungs-, Wachstums-, Reife- sowie Sättigungsphase.

7) Der Mindestumsatz errechnet sich aus der Formel: Mindestumsatz = Deckungsbeitrag / Fixkosten.

8) Im Rahmen der Absatzorganisation wird durch die Festlegung des Absatzweges bestimmt, über welche Zwischenstufen die Abnehmer versorgt werden. Während im direkten Absatz der Verkauf durch den Leistungsanbieter selbst erfolgt, werden im indirekten Absatz die Absatzmittler in die Absatzkette eingebunden.

9) Das vorrangige Ziel von Product Placement ist in der alleinigen Bekanntmachung eines Produktes oder eines Unternehmens im Handlungsablauf von Filmen und Fernsehsendungen zu sehen. Eine Identifizierung mit den handelnden Akteuren wird hingegen nicht angestrebt.

10) Bei der Produktinnovation werden bestimmte Eigenschaften von Erzeugnissen, die bereits im Produktionsprogramm enthalten sind, modifiziert, um den geänderten Wünschen der Nachfrager zu entsprechen und damit den Produktlebenszyklus zu verlängern.

11) Unter der Nachfrageelastizität versteht man die relative Veränderung der nachgefragten Menge eines Gutes als Reaktion auf eine relative Änderung des Preises, des Preises anderer Güter, des Einkommens potentieller Käufer oder der Werbeaufwendungen.

12) Beim Exportmarketing geht es um die primär auslandsmarktorientierte Führung eines Unternehmens in international verbreiteten Organisationsformen.

13) Der Absatzplan ist der Entwurf, welches Leistungsprogramm, nach Menge und Wert detailliert, in bestimmten Zeiträumen und in bestimmten Absatzbereichen Realisierung finden soll.

14) Am Beginn der Absatzplanung steht die Marktprognose.

15) Die Absatzplanung umfasst die Festlegung der Marketingobjekte, der Marketinginstrumente, der Marketingsubjekte und der Marketinggebiete.

Zu Kapitel 9: Die Informationswirtschaft

1) Welche Aufgaben kommen der „betrieblichen Verwaltung" zu?

2) Welche Unternehmensbereiche werden in der Regel als Bereiche der betrieblichen Verwaltung angesehen?

3) Warum werden Tätigkeitsfelder der betrieblichen Verwaltung oft als „bürokratisch" angesehen?

4) Welche Unternehmensaufgaben können dem Bereich „Informationsmanagement" zugeordnet werden?

5) Welche Zielsetzungen können mit dem Konzept des Wissensmanagements verfolgt werden?

6) Welche Teilaufgaben werden vom Wissensmanagement in einem Unternehmen wahrgenommen?

Lösungshinweise:

Frage 1: S. 167; *2:* S. 168; *3:* S. 169; *4:* S. 169 f.; *5:* S. 171 f.; *6:* S. 172

Richtig-/Falsch-Fragen

1) Die betriebliche Verwaltung erfüllt die Funktionen Dokumentation, Kontrolle, Koordination und Disposition.

2) Mit „Informationsmanagement" werden alle Führungsaufgaben angesprochen, die die Information und Kommunikation im Unternehmen betreffen und das Leitungshandeln einer Organisation bestimmen.

3) Die Aufgabe des Wissensmanagements in einer Organisation ist die Schaffung, Speicherung, Übertragung und Nutzung von strategisch und operativ relevantem Wissen.

4) Die Vorteile der Zentralisation von Verwaltungsaufgaben liegen in der fachlichen Spezialisierung, der Entlastung der Fachbereiche sowie der Einheitlichkeit von Entscheidungen.

5) Mit der Dezentralisation sind Nachteile, wie uneinheitliche Willensbildung, Problemferne und Kompetenzstreitigkeiten, verbunden.

6) Die Vorteile einer zentralen Aufgabenerfüllung liegen u. a. in der Vermeidung von Mehrfacharbeiten, einer besseren Übersicht und erleichterten Kontrolle, der Entlastung der den Zweckaufgaben dienenden Instanzen sowie der Sicherung der Einheitlichkeit und der Qualität der Verwaltungsleistung.

7) Als Nachteile einer zentralisierten Aufgabenerfüllung gelten u. a. eine Verlängerung der Informationswege und die Gefahr der Bürokratisierung sowie eine mangelnde Anpassungsfähigkeit und eine verminderte Einsichtnahme in das operative Betriebsgeschehen.

8) Zur Informationsspeicherung und -analyse im Wissensmanagement dienen die Konzepte des Data Warehouse und des Data Mining. Als Data Warehouse wird dabei eine komplexe Analysemethode zum Aufsuchen von Mustern und Trends in großen Datenmengen bezeichnet.

9) Data Mining als Konzept zur Informationsspeicherung und Informationsanalyse im Wissensmanagement wird dabei als ein mehrstufiges Datenbankkonzept bezeichnet, das aktuelle, kurzfristig abrufbare und verdichtete Informationen bereitstellt und die benötigten Daten aufgabenübergreifend aus unterschiedlichen Datenverarbeitungssystemen auf einer konsistenten Datenbasis verwaltet.

10) Auch im Informationsmanagement sollte eine Gliederung der Aufgaben in eine strategische, eine taktische und eine operative Ebene vorgenommen werden. Die operative Aufgabenebene umfasst dabei die Planung, Überwachung und Steuerung der Informationsfunktion und ihrer Infrastruktur als Ganzes.

Zu Kapitel 10: Das betriebliche Rechnungswesen

1) Welche Aufgaben hat das betriebliche Rechnungswesen zu erfüllen?

2) Welche Sachverhalte eines Unternehmens lassen sich im Rechnungswesen abbilden und in welcher Form kann dies erfolgen?

3) Welchen Zwecken dient die Abbildung des Unternehmensgeschehens im Rechnungswesen?

4) Aus welchen Gründen kann das Rechnungswesen als Lenkungs- und Abbildungsinstrument angesehen werden?

5) Welche Strömungsgrößen und welche Bestandsgrößen finden im Rechnungswesen eine Abbildung?

6) Worin liegt der Unterschied zwischen Ermittlungsrechnungen und Entscheidungsrechnungen und welche Rechnungsverfahren zählen zu diesen beiden Gruppen?

7) Worin liegt der Unterschied zwischen externem und internem Rechnungswesen?

8) Inwieweit kann das betriebliche Rechnungswesen als „Informationsgenerator" angesehen werden?

9) Inwieweit kann das Rechnungswesen als Steuerungsinstrument eines Unternehmens dienen?

10) Welche Funktionen können dem Controlling zugeordnet werden?

11) Wie ist das Grundmodell eines Integrierten Rechnungswesens (Drei-Komponenten-Rechnungswesens) strukturiert und welche Formalziele können mit diesem Modell verfolgt werden?

12) In welcher Weise (in welchem Bezugsrahmen) lassen sich die Effektivität und die Effizienz des Unternehmensgeschehens beurteilen?

13) Welche Buchführungssysteme sind in der Unternehmenspraxis von Bedeutung?

14) Was ist das Rechnungsziel der Einnahmen-Ausgaben-Rechnung und wann kann diese Form der Buchführung in der Praxis Anwendung finden?

15) Welche Verrechnungskreise kennzeichnen die doppelte Buchführung und wie kommt die doppelte Ermittlung des Periodenerfolgs zustande?

16) Welche Bücher dienen der chronologischen bzw. der systematischen Aufzeichnung der Geschäftsfälle? Welche Gliederung ist für die systematische Ordnung der Konten in Österreich gebräuchlich?

17) Was besagt das Belegprinzip und welche Arten von Belegen sind in der Unternehmenspraxis von Bedeutung?

18) Welche Grundregeln entsprechen den Grundsätzen ordnungsmäßiger Buchführung (GoB)?

19) Aus welchen Teilen besteht der Jahresabschluss eines Unternehmens und über welche Sachverhalte soll er Auskunft geben?

20) Welche Bedeutung haben die International Financial Reporting Standards (IFRS)?

21) Welche Informationen kann eine Bilanz bereitstellen und wie ist die Bilanz nach den unternehmensrechtlichen Vorschriften (grob) zu gliedern?

22) Welche Bedeutung haben die wesentlichen Bilanzposten auf der Aktivseite und auf der Passivseite der Bilanz?

23) Wie sind Leasing-Verhältnisse in der Bilanz auszuweisen?

24) Worin besteht der Unterschied zwischen Rückstellungen und Rücklagen?

25) Welche Einzelaspekte kennzeichnen die Grundsätze ordnungsmäßiger Bilanzierung?

26) Was ist unter „Bewertung" zu verstehen und welche grundlegenden Bewertungsvorschriften sind zu beachten?

27) Welche Informationen kann eine Gewinn- und Verlustrechnung liefern?

28) Wie ist die Gewinn- und Verlustrechnung in der Kontoform bzw. in der Staffelform zu strukturieren?

29) Welcher betriebswirtschaftliche Sinn ist der Ergebnisspaltung beizumessen?

28) Worin liegt der Unterschied zwischen dem Gesamtkostenverfahren und dem Umsatzkostenverfahren?

29) Welche Informationen sind aus dem Anhang zu entnehmen?

30) Welche Informationen sind aus dem Lagebericht zu entnehmen?

31) Welche Informationen liefert die Geldflussrechnung und wie ist sie sinnvoll zu gliedern?

32) Wie wird der Cashflow aus der Geschäftstätigkeit üblicherweise berechnet und wofür kann er Verwendung finden?

33) Was ist unter einem konsolidierten Rechnungsabschluss (einer Konzernbilanz) zu verstehen und welche Konsolidierungsschritte sind dafür notwendig?

34) Was bedeutet der Grundsatz „true and fair view" in der Bewertung nach IFRS und steht er mit dem österreichischen Bilanzrecht im Einklang?

35) Welche Bestandteile hat ein IFRS-Jahresabschluss zu enthalten?

36) Was sind Kennzahlen und welche Funktion erfüllen sie?

37) Welches sind die wichtigsten finanzwirtschaftlichen Kennzahlen und welchen Aussagewert haben sie?

38) Welches sind die wichtigsten leistungswirtschaftlichen Kennzahlen und welchen Aussagewert haben sie?

39) Welche Kapital- und Umsatzrentabilitätskennzahlen, die aus dem angloamerikanischen Bereich kommen, sind auch bei uns gebräuchlich?

40) Wann kann man von einem Kennzahlensystem sprechen?

41) Welches sind die wesentlichen Elemente des ROI-Kennzahlensystems?

42) Welches Kennzahlensystem eignet sich für Nonprofit-Organisationen?

43) Welchen Zwecken dient die Kosten- und Leistungsrechnung?

44) Auf welchen drei Grundrechnungen baut die Kosten- und Leistungsrechnung auf und welche wesentlichen Fragestellungen lassen sich damit beantworten?

45) Worin liegt der Unterschied zwischen Einzelkosten und Gemeinkosten und warum wird eine innerbetriebliche Leistungsverrechnung notwendig?

46) Auf welche Arten kann die Kostenermittlung erfolgen?

47) Worin liegt der Unterschied zwischen einem Betriebsüberleitungsbogen (BÜB) und einem Betriebsabrechnungsbogen (BAB)?

48) Nach welchen Kriterien können Kostenstellen eingerichtet werden und worin liegt der Unterschied zwischen Hauptkostenstellen und Hilfskostenstellen?

49) Worin liegt der Unterschied zwischen der Kostenträger-Zeitrechnung und der Kostenträger-Stückrechnung?

50) Welche Leitlinien sind für das Kosten- und Leistungsmanagement maßgeblich?

Lösungshinweise:

Frage 1: S. 174; *2:* S. 174; *3:* S. 175; *4:* S. 175 f.; *5:* S. 176; *6:* S. 177 ff.; *7:* S. 180; *8:* S. 184; *9:* S. 183 f.; *10:* S. 185 f.; *11:* S. 187 f.; *12:* S. 186; *13:* S. 189 f.; *14:* S. 190; *15:* S. 191; *16:* S. 192; *17:* S. 194; *18:* S. 194 f.; *19:* 195 f.; *20:* S. 197; *21:* S. 197 f.; *22:* S. 198 f.; *23:* S. 199; *24:* S. 199 f.; *25:* S. 201 ff.; *26:* S. 203 f.; *27:* S. 205 ff.; *28:* S. 206 f.; *29:* S. 208; *30:* S. 208 f.; *31:* S. 209 f.; *32:* S. 209; *33:* S. 210; *34:* S. 211; *35:* S. 211; *36:* S. 212; *37:* S. 213 ff.; *38:* S. 216 ff.; *39:* S. 217 f.; *40:* S. 219, *41:* S. 220; *42:* S. 222; *43:* S. 223 f.; *44:* S. 225; *45:* S. 225, *46:* S. 226; *47:* S. 227-230; *48:* S. 229; *49:* S. 231; *50:* S. 232

Richtig-/Falsch-Fragen

1) Das Rechnungswesen eines Unternehmens übernimmt eine Mittlerfunktion zwischen Zielsystem und Leistungssystem und dient in gleicher Weise als Lenkungs- und als Abbildungsinstrument.

2) Die Verbundrechnung ist ein integriertes System von Ermittlungsrechnungen (Finanzierungs-, Bestands- und Ergebnisrechnung), die sowohl zukunftsorientiert als Planungsrechnungen als auch gegenwarts- und vergangenheitsbezogen als dokumentierende Rechnungen dienen.

3) Sowohl die Finanzierungs- als auch die Ergebnisrechnung stellen zeitpunktbezogene Rechnungen dar, bei der Bestandsrechnung handelt es sich hingegen um eine zeitraumbezogene Rechnung.

4) Die Finanzierungsrechnung kann sowohl in T-Konten-Form als auch im Sinne unternehmensrechtlicher Gliederungsvorschriften in einer Staffelform dargestellt werden, die der Trennung zwischen Betriebsergebnis, Finanzergebnis und a.o. Ergebnis dient.

5) Die Bilanz zeigt die Mittelverwendung, die Gewinn- und Verlustrechnung die Mittelherkunft.

6) Eine Bilanz besteht aus einer Aktivseite (Mittelherkunft) und einer Passivseite (Mittelverwendung) und ist stets ausgeglichen.

7) Die Kosten- und Leistungsrechnung eines Unternehmens wird auch als Betriebsbuchhaltung bezeichnet und liefert Grundlagen für die Preisbildung, für die kalkulatorische Ergebnisermittlung sowie für die Beurteilung der Wirtschaftlichkeit.

8) Zu den Grundsätzen ordnungsmäßiger Buchführung (GoB), denen der Jahresabschluss zu entsprechen hat, zählen die Vollständigkeitsregel, die Verständlichkeits- bzw. Ordnungsregel, die Referenzregel sowie die Nachvollziehbarkeitsregel.

9) Die Ermittlung der Kosten und Leistungen erfolgt nach der indirekten Methode auf der Grundlage des Mengengerüsts des Ressourceneinsatzes sowie der erbrachten Leistungen. Demnach berechnet sich der Leistungsertrag wie folgt: Leistungsmenge × Preis = Leistungsertrag.

10) Primäre Kosten sind jene Kosten, die an einer Kostenstelle direkt erfasst werden können. Alle einer Kostenstelle nicht direkt zurechenbaren Kosten werden als sekundäre Kosten bezeichnet. Diese werden im Rahmen der innerbetrieblichen Leistungsverrechnung durch geeignete Verteilungsverfahren von den leistenden auf die empfangenden Kostenstellen umgelegt.

11) Das betriebliche Rechnungswesen hat sowohl eine Lenkungs- als auch eine Abbildungsfunktion wahrzunehmen. Es dient als Mittler zwischen dem Ziel-system und dem Leistungssystem eines Unternehmens.

12) Das betriebliche Rechnungswesen dient in Form von Dokumentationen und Auswertungen ausschließlich der vergangenheitsorientierten Abbildung des Unternehmensgeschehens.

13) Im Rahmen des betrieblichen Rechnungswesens stellen Aufwand und Ertrag Strömungsgrößen dar, die den Verbrauch von Ressourcen bzw. den Zufluss von Mitteln dokumentieren.

14) Ausgaben und Einnahmen stellen im betrieblichen Rechnungswesen Bestandsgrößen dar.

15) Die liquiden Mittel (Bargeld und Buchgeld) am Ende einer Rechnungsperiode stellen Strömungsgrößen dar.

16) Kennzahlen sind Zahlen mit spezifischem Erkenntniswert, die aus den Ermittlungsrechnungen abgeleitet werden und in konzentrierter Form quantifizierbare Sachverhalte einer Organisation zum Ausdruck bringen.

17) Zu den finanzwirtschaftlichen Kennzahlen zählen unter anderem die Umschlagshäufigkeit, das Working Capital und die Arbeitsproduktivität.

18) Zu den leistungswirtschaftlichen Kennzahlen zählen unter anderem der Cashflow, die Anlagenintensität, die Eigenkapitalrentabilität und die Wertschöpfung.

19) Ein Kennzahlensystem ist eine Menge geordneter Kennzahlen, die miteinander in einer sachlichen Beziehung stehen und einen Organisationsbereich möglichst umfassend abbilden sollen.

20) Das ROI-Schema ist auch für Nonprofit-Organisationen sinnvoll als Kennzahlensystem heranzuziehen.

21) In der doppelten Buchführung kommt es zu einer lückenlosen Verrechnung aller Geschäftsfälle in einem Verrechnungskreis der Bestandskonten und einem Verrechnungskreis des Eigenkapitals.

22) Die Aufwands- und Ertragskonten sind Vorkonten zum Bilanzkonto.

23) Die systematische Ordnung der Konten bleibt jedem Unternehmen überlassen und ist durch den Kontenrahmen festzulegen.

24) Keine Buchung darf ohne Beleg erfolgen. Dabei ist zwischen externen und internen Belegen zu unterscheiden.

25) Eventualverbindlichkeiten sind Verbindlichkeiten aus der Begebung und Übertragung von Wechseln, Bürgschaften, Garantien und anderen vertraglichen Haftungsverpflichtungen und sind immer in der Bilanz als eigener Passivposten auszuweisen.

26) Zu den Grundsätzen ordnungsmäßiger Bilanzierung gehören die Bilanzverknüpfung, die Bilanzvorsicht, die Bilanzwahrheit, die Bilanzklarheit, die Vollständigkeit, die Einzelbewertung und die zeitliche Abgrenzung.

27) Die Anschaffungs- bzw. Herstellungskosten gelten im UGB als Untergrenze der Bewertung.

28) Für die Bewertung des Anlagevermögens gilt in der Regel das gemilderte Niederstwertprinzip, für das Umlaufvermögen das strenge Niederstwertprinzip und für die Verbindlichkeiten und Rückstellungen das Höchstwertprinzip.

29) Der Cashflow ist ein wichtiger Indikator für das Erfolgspotential eines Unternehmens.

30) Die erweiterte Cashflow-Rechnung wird als Geldflussrechnung bezeichnet und gliedert sich in die Aktivitätsbereiche Cashflow aus der Geschäftstätigkeit, Cashflow aus der Investitionstätigkeit und Cashflow aus der Innenfinanzierungstätigkeit.

Schauer, Betriebswirtschaftslehre[6]

12. Lösungen zu den Richtig-/Falsch-Fragen

Kapitel 1

1) Falsch (Die Gewinnerzielungsabsicht ist irrelevant: „… Tätigkeit, mag sie auch **nicht** auf Gewinn ausgerichtet sein", § 1 UGB.)
2) Richtig
3) Falsch (Die betriebswirtschaftlich relevanten Produktionsfaktoren sind „menschliche Arbeit", **„Gebrauchsgüter"** [Betriebsmittel, Anlagen] und „Verbrauchsgüter".)
4) Falsch (Für ein **erwerbswirtschaftlich** orientiertes Unternehmen müssen das Leistungsprogramm sowie der Standort frei wählbar sein.)
5) Richtig
6) Richtig
7) Richtig
8) Falsch (Beschaffung, Produktion und **Absatz**)
9) Richtig
10) Falsch (Umgekehrt: die Kontrolle ist ein in den Leistungsprozess eingebetteter Überwachungsvorgang, die Revision wird außerhalb des Leistungsprozesses wahrgenommen.)
11) Falsch (Bei Dienstleistungen ist der Käufer als externer Produktionsfaktor an der Leistungserstellung beteiligt. An seiner Person oder an einer von ihm bereitgestellten Sache wird die Dienstleistung erbracht.)
12) Richtig
13) Richtig
14) Falsch (Umgekehrt: als Kollektivgüter werden sachpolitisch erwünschte Zustände bezeichnet, die einer Personengemeinschaft als Ganzes zugutekommen. Individualgüter sind Güter bzw. Dienstleistungen, die an einzelne Leistungsabnehmer unter Wahrung des Marktausschlussprinzips abgegeben werden.)
15) Richtig

Kapitel 2

1) Falsch (Die Sachziele sind gesondert für jedes Unternehmen zu bestimmen und erstrecken sich auf das Leistungsprogramm, die hiefür benötigten Ressourcen und die Wirkungen, die das Unternehmen mit dem Leistungsprogramm erzielen möchte.)
2) Richtig
3) Richtig
4) Richtig
5) Falsch (Das Top-Management gehört zu den **internen** Koalitionspartnern.)
6) Falsch (Hier liegt **intrinsische** Motivation vor.)
7) Falsch (Umgekehrt: hier werden die Sachziele den Rentabilitätszielen untergeordnet.)

8) Falsch (Formalziele – wie Liquidität, Produktivität, Wirtschaftlichkeit und Rentabilität – gelten für alle Unternehmen in gleicher Weise.)
9) Richtig
10) Richtig

Kapitel 3

1) Richtig
2) Richtig
3) Falsch (Betriebsergebnis und Finanzergebnis ergeben **zusammen** das Jahresergebnis)
4) Falsch (Die Wertschöpfungsrechnung besteht nur aus **zwei** Teilen: der Entstehungsrechnung und der Verwendungsrechnung.)
5) Richtig
6) Falsch (Dies entspricht der **Verwendungs**rechnung.)
7) Richtig
8) Falsch (Im beschriebenen Fall entsteht ein Innenfinanzierungspotential.)
9) Falsch (Die Finanzierungsrechnung ist eine Einnahmen-/Ausgabenrechnung, die Gewinn- und Verlustrechnung zählt zu den Ergebnisrechnungen.)
10) Richtig

Kapitel 4

1) Richtig
2) Falsch (Die Europäische Gesellschaft SE ist eine Kapitalgesellschaft.)
3) Falsch (Die Kommanditgesellschaft KG ist eine Personengesellschaft.)
4) Falsch (Umgekehrt: die Haftung der Komplementäre ist unbeschränkt, jene der Kommanditisten hingegen beschränkt.)
5) Richtig
6) Falsch (Die Kommanditgesellschaft ist eine Rechtsform nach dem Privatrecht.)
7) Richtig
8) Richtig
9) Richtig
10) Falsch (Die Gewinne unterliegen in diesen Fällen der Einkommensteuer.)
11) Falsch (Die Kommanditgesellschaft KG ist eine Personengesellschaft.)
12) Falsch (Die Genossenschaft ist ein Verein mit einer offenen, wechselnden Anzahl von Mitgliedern.)
13) Richtig
14) Richtig
15) Falsch (Die Gewinne von Kapitalgesellschaften unterliegen der Körperschaftsteuer [KSt], ausgeschüttete Gewinne werden zusätzlich der Kapitalertragsteuer [KESt] unterworfen.)

Kapitel 5

1) Richtig
2) Falsch (Top-Führungsentscheidungen sind nicht delegierbar.)
3) Richtig
4) Richtig
5) Falsch (Stabstellen dienen primär der Vorbereitung von Entscheidungen, die von den Linieninstanzen zu treffen sind.)
6) Richtig
7) Richtig
8) Falsch (Die Funktionalorganisation orientiert sich an den wichtigsten Aufgabenbereichen im Unternehmen, z. B. Beschaffung, Produktion, Absatz, Finanz- und Rechnungswesen; die Gliederung nach Leistungsbereichen ist Kennzeichen der Sparten- oder Divisionalorganisation.)
9) Richtig
10) Falsch (Dies ist Kennzeichen der Stab-Linien-Organisation.)
11) Falsch (Der Vorteil der genannten Organisationsformen liegt in der dezentralen Führung in sich abgeschlossener Verantwortungsbereiche. Jene Bereiche, die ähnliche oder gleichartige Arbeiten für alle Sparten leisten, werden weiterhin zentral geführt.)
12) Falsch (Management by Objectives [MbO] hat die Unternehmensführung mit Hilfe von klaren Zielvorgaben zum Inhalt. Die genannten Merkmale treffen auf Management by delegation zu.)
13) Falsch (Umgekehrt: die Motivatoren tragen hauptsächlich zur Zufriedenheit bei [satisfiers], die Hygienefaktoren primär zur Unzufriedenheit [dissatisfiers].)
14) Richtig
15) Richtig

Kapitel 6

1) Richtig
2) Falsch (Es muss richtig heißen: Kapitalbindende **Ausgaben**, kapitalfreisetzende Einnahmen, kapitalzuführende **Einnahmen** und kapitalentziehende Ausgaben.)
3) Richtig
4) Richtig
5) Falsch (Die Finanzierung aus Vermögensumschichtungen außerhalb des Umsatzprozesses zählt zur **Innen**finanzierung.)
6) Falsch (Das Eigenkapital wird als „garantierendes" Kapital, das Fremdkapital als „garantiertes" Kapital angesehen.)
7) Richtig
8) Richtig
9) Falsch (Die Subventionen gehören zur **Außen**finanzierung.)

10) Falsch (Das Eigenkapital steht dem Unternehmen in der Regel unbefristet zur Verfügung.)

11) Richtig

12) Richtig

13) Falsch (Die angeführten Rechnungen zählen zu den **statischen** Investitionsrechnungsverfahren.)

14) Falsch (Die angeführten Rechnungen zählen zu den **dynamischen** Investitionsrechnungsverfahren.)

15) Richtig

Kapitel 7

1) Richtig

2) Richtig

3) Falsch (Dies wäre für verbrauchsorientierte Bestellverfahren zutreffend; programmorientierte Bestellverfahren orientieren sich an den Produktions- und Absatzplänen für die einzelnen Leistungen.)

4) Richtig

5) Richtig

6) Falsch (Mit zunehmender Größe des Auftrages **sinken** die auflagefixen Kosten.)

7) Richtig

8) Falsch (Beim Betriebsoptimum ist der Stückgewinn am höchsten; der Beschäftigungsgrad, bei dem der Betriebsgewinn am höchsten ist, wird als Betriebsmaximum bezeichnet.)

9) Falsch (Dies trifft auf die **Sorten**fertigung zu.)

10) Falsch (Dies trifft auf die **zeitliche** Anpassung zu.)

11) Richtig

12) Falsch (Die A-Klasse umfasst Materialien mit hohem Wertanteil [Jahresverbrauch] bzw. Materialien, die für die Produktion sehr bedeutend sind. Materialien mit niedrigem Wertanteil zählen zur C-Klasse.)

13) Richtig

14) Falsch (Die genannten Merkmale kennzeichnen die Gruppenfertigung. Als Sortenfertigung wird die gleichzeitige Herstellung verschiedener Güter mit Rohstoff- und Produktionsverwandtschaft bezeichnet.)

15) Falsch (Je mehr produziert wird, desto **höher** werden die Lagerkosten und die Kosten der Kapitalbindung im Lager.)

Kapitel 8

1) Richtig

2) Richtig

3) Falsch (Die Primärforschung konzentriert sich auf originäre marktbezogene Daten, während sich die Sekundärforschung auf vorhandene marktbezogene Unterlagen stützt.)

4) Richtig
5) Falsch (Die Distributionspolitik beschäftigt sich mit der Schaffung und Ausweitung von Absatzmöglichkeiten und mit der Gestaltung der physischen Distribution.)
6) Richtig
7) Falsch (Mindestumsatz = Fixkosten / Deckungsbeitrag)
8) Richtig
9) Falsch (Die Identifizierung mit den Akteuren und den von ihnen benutzen Produkten ist vorrangiges Ziel des Product Placement.)
10) Falsch (Dies trifft auf die Produkt**variation** zu.)
11) Richtig
12) Falsch (Dies trifft auf das internationale Marketing zu. Beim Exportmarketing wird der Auslandsmarkt vom Exporteur systematisch mit Hilfe einer entsprechenden Exportorganisation bearbeitet.)
13) Richtig
14) Falsch (Am Beginn der Absatzplanung steht die Markt**diagnose**, somit die Erfassung der gegenwärtigen Marktsituation eines Unternehmens. Sie bildet die Basis für die Abschätzung der voraussichtlichen Markt- und Absatzentwicklung und damit für die Marktprognose.)
15) Richtig

Kapitel 9

1) Richtig
2) Richtig
3) Richtig
4) Richtig
5) Falsch (Die Dezentralisation zeichnet sich durch eine entsprechende Problem**nähe** aus.)
6) Richtig
7) Richtig
8) Falsch (Die Beschreibung trifft auf **Data Mining** zu. Als Data Warehouse wird ein mehrstufig angelegtes Datenbankkonzept bezeichnet, das Führungskräften aktuelle, kurzfristig abrufbare und verdichtete Informationen zur Steuerung ihrer Organisation bereitstellt.)
9) Falsch (Die Beschreibung trifft auf **Data Warehouse** zu. Als Data Mining wird eine komplexe Analysemethode bezeichnet, die das Aufsuchen von [Daten-Mustern und Trends in großen Datenmengen zum Ziel hat und die Prognose des künftigen Leistungs- und Nachfrageverhaltens erleichtern soll.)
10) Falsch (Die Beschreibung trifft auf die **strategische** Aufgabenebene zu. Die operative Aufgabenebene erstreckt sich auf den Betrieb und die Nutzung der einzelnen infrastrukturellen Gegebenheiten.)

Kapitel 10

1) Richtig
2) Richtig
3) Falsch (umgekehrt: Die Bestandsrechnung stellt eine zeit**punkt**bezogene Rechnung dar, die Finanzierungsrechnung und die Ergebnisrechnung sind zeit**raum**bezogene Rechnungen.)
4) Falsch (Dies gilt für die **Ergebnis**rechnung.)
5) Falsch (Die Bilanz zeigt den Bestand an Vermögen und Schulden zum Ende einer Rechnungsperiode, die Gewinn- und Verlustrechnung weist den Ressourceneinsatz und den Wertezufluss in der Rechnungsperiode nach, der mit der Leistungserstellung und -verwertung verbunden ist.)
6) Falsch (Die Aktivseite zeigt die Mittelverwendung und die Passivseite die Mittelherkunft auf.)
7) Richtig
8) Richtig
9) Falsch (Dies entspricht der direkten oder synthetischen Ermittlung von Kosten und Leistungen.)
10) Richtig
11) Richtig
12) Falsch (Es dient in Form von Planungen und Prognosen auch der zukunftsorientieren Abbildung des Unternehmensgeschehens.)
13) Richtig
14) Falsch (Sie sind Strömungsgrößen, weil sie die Veränderungen des Geldvermögens innerhalb einer Rechnungsperiode ergeben.)
15) Falsch (Sie stellen Bestandsgrößen dar.)
16) Richtig
17) Falsch (Die Arbeitsproduktivität zählt zu den leistungswirtschaftlichen Kennzahlen.)
18) Falsch (Der Cashflow gehört zu den finanzwirtschaftlichen Kennzahlen.)
19) Richtig
20) Falsch (Für Nonprofit-Organisationen kann ein Kennzahlensystem nicht auf dem Formalziel der Rentabilität aufgebaut werden, sondern muss sich am vorgegebenen Leistungsprogramm und damit an den Sachzielen orientieren.)
21) Richtig
22) Falsch (Sie sind Vorkonten zum Eigenkapitalkonto in der Bilanz.)
23) Falsch (Sie ist durch den Kontenplan festzulegen. Dieser orientiert sich üblicherweise am Österreichischen Einheitskontenrahmen als Vorschlag.)
24) Richtig
25) Falsch (Sie sind unterhalb der Bilanz auszuweisen. Erst wenn mit einer Inanspruchnahme gerechnet werden muss, sind sie als Rückstellungen oder Verbindlichkeiten in der Bilanz auszuweisen.)

26) Richtig

27) Falsch (Sie gelten als Obergrenze der Bewertung)

28) Richtig

29) Falsch (Er ist ein wichtiger Indikator für das Innenfinanzierungspotential des Unternehmens. Er kann für Investitionen, Kredittilgungen, Rücklagenbildungen oder Gewinnausschüttungen verwendet werden.)

30) Falsch (Der dritte Aktivitätsbereich bezieht sich auf die Außenfinanzierungstätigkeit).

Stichwortverzeichnis

3-Ebenen-Konzept 186
3-Komponenten-Rechnungswesen 187

ABC-Analyse 118
Abgaben 110
Ablauforganisation 3, 75
Absatz 10, 140
Absatzorganisation 157
Absatzplanung 144
Absatzwirtschaft 141
Abschreibung 95
Accrual Accounting 177
Akquisitorische Distribution 157
Akquisitorisches Potenzial 164
Aktiengesellschaft 46
Allgemeine Betriebswirtschaftslehre 13
Anhang 208
Anlagendeckungsgrad 215
Anlagenintensität 213
Anpassungsmaßnahmen 138
Anreiz-Beitrags-Theorie 30
Ansatzvorschriften 201
Anschaffungskosten 190, 203
Anstalten des öffentlichen Rechts 48
Arbeitsmarkt 115
Arbeitsteiligkeit 29
Auditing 87
Aufbauorganisation 3, 75
Aufgaben des Rechnungswesens 174
Aufwandsfinanzierung 94
Aufwandskonten 192
Ausgaben 92
Auszahlungen 92, 190
Außenfinanzierung 94

BAB 230
Bedarfsforschung 146
Bedarfswirtschaft 8, 26
Befragung 147
Belegwesen 194
Beobachtung 148
Beschaffung 10, 119
Beschaffungsmärkte 115
Beschaffungsplanung 116
Beschaffungspolitik 119

Beschäftigungsgradänderungen 138
Besondere Betriebswirtschaftslehren 14
Bestands- und Ergebnisrechnung 178
Bestandsgrößen 176
Bestandskonten 191
Bestandskontenverrechnungskreis 191
Bestandsrechnung 189
Bestellverfahren 119
Beteiligung am Unternehmensergebnis 51
Beteiligungsfinanzierung 94
Betrieb 3
Betriebe gewerblicher Art von Körperschaften
    öffentlichen Rechts 48
Betriebliche Verwaltung 167
Betriebsabrechnung 225
Betriebsgröße 17
Betriebsleistung 121
Betriebsmerkmale 6
Betriebsüberleitungsbogen (BÜB) 227
Betriebswirtschaftliche Aufgaben (Funktionen) 10
Betriebswirtschaftliche Steuerlehre 112
Betriebswirtschaftliche Techniken 14
Betriebswirtschaftliche Theorien 23
Betriebswirtschaftslehre 1
Bewertung 179, 201, 203
Bewertungsvorschriften 203
Bilanz 189, 197
Bilanzidentität 202
Bilanzierungsgrundsätze 201
Bilanzklarheit 203
Bilanzkontinuität 202
Bilanzposten 198
Bilanzverknüpfung 202
Bilanzvollständigkeit 203
Bilanzvorsicht 202
Bilanzwahrheit 202
Break-even-Analyse 218
Break-even-Point 154
Bruttobetrieb 48
Buchführung
 – doppelte 178, 189, 191, 193
 – einfache 190
 – kamerale 189
Buchführungspflicht 52

Buchführungssysteme 189
Bürokratie 169
Business idea 73
Business Plan 60

Cad/CAM 125
CAF 133
Cash Accounting 177
Cashflow 92, 94, 209, 216
CIM 125
Controlling 13, 87, 175, 183
Cooperative Identity 163
Corporate Governance 55
Corporate Identity 163
Cournot'scher Punkt 154

Data Mining 172
Data Warehouse 172
Deckungsbeitrag 155
Deckungsbeitragsrechnung 231
Deduktion 20
Definanzierung 90
Desinvestition 90
Dezentralisation 80
Dienstleistungsbetrieb 19
Dienstleistungsmarketing 129
Dienstleistungsproduktion 125
Distributionspolitik 156
Divisionalorganisation 79
Doppik 177
Drei-Ebenen-Konzept 186
Drei-Komponenten-Rechnungswesen 187

Ebit 217
EBITDA 217
Effektivitätsebene 187
Effizienzebene 187
EFQM-Modell 132
Eigenfinanzierung 94
Eigenkapitalausweis 200
Eigenkapitalspiegel 211
Eigentum, Konzept des wirtschaftlichen 199
Einheitskontenrahmen 193
Einkommensteuer 53
Einnahmen 92
Einnahmen-Ausgaben-Rechnung 189 f
Ein-Personen-Unternehmen 16
Einzahlungen 92, 190

Einzelbewertung 203
Einzelfertigung 122
Einzelkosten 225
Einzelunternehmen 44
Electronic Business 159
Entscheidungsmodell 20
EPU 16
Erfahrungskurvenkonzept 75
Erfolgsbegriff 26
Erfolgskonten 191
Erfolgspotenzial 73
Erfolgsrechnung 192
Ergebnis der gewöhnlichen Geschäftstätigkeit
    (EGT) 206
Ergebnisrechnung 188, 192
Ergebnisspaltung 206
Erklärungsmodell 20
Ermittlungsrechnung 177
Eröffnungsbilanz 37
Ersatzinvestitionen 106
Ertragskonten 192
Erweiterungsinvestitionen 106
Erwerbswirtschaft 8, 26
Europäische Genossenschaft 46
Europäische Gesellschaft 46
Europäische wirtschaftliche Interessenvereinigung
    (EWIV) 46
Event-Marketing 162
Eventualverbindlichkeiten 201
Exportmarketing 142
Externe Effekte 28
Externe Produktionsfaktoren 126
Externes und internes Rechnungswesen 180

Fbe-System 179
Fertigungsverfahren 122
FFS 125
Finanzbedarf 97 f
Finanzbewegungen 91
Finanzbudget 181
Finanzielles Gleichgewicht 91, 180
Finanzierung 11, 35, 89
– Außenfinanzierung 94
– Eigenkapital 94
– Fremdkapital 94
– fristenkongruente 215
– Innenfinanzierung 94
– optimale 101

– Risikokapital 102
– Risikosituation 103
Finanzierungserfordernisse 52
Finanzierungskreislauf 92
Finanzierungsrechnung 178
Finanzierungsregeln 104
Finanzinvestitionen 107
Finanzplanung 64, 97
Finanzstrom 35
Finanzverfassung 56
Finanzwirtschaft 89
Firma 4
Fixe Kosten 135
Fixkostendegression 123
Fließfertigung 123
Fonds 48
Förderwirtschaft 9
Formalziele 26
Forschung und Entwicklung 12
Forschungsansätze 21
Forschungsmethoden 19
Fragebogen 148
Franchising 159
Freie Berufe 45, 56
Fremdfinanzierung 92
Führungsentscheidungen 65
Führungsstil 71
Funktionalorganisation 79
Funktionen des Handels 157
Funktionssystem 77

Geisteswissenschaften 2
Geld- und Kapitalmarkt 115
Geldbedarf 97
Geldfluss 92
Geldflussrechnung 209
Geldstrom 35
Geldvermögen 92
Gemeinkosten 225
Gemeinwirtschaft 9
Genossenschaft 46
Gesamtkostenverfahren 206
Geschäft 4
Geschäftseinheiten 73
– strategische 73
Geschäftsführungs- und Vertretungsrechte 49
Geschäftsmodelle 59
Geschichte der Betriebswirtschaftslehre 22

Gesellschaft bürgerlichen Rechts (GesbR) 45
Gesellschaft mit beschränkter Haftung 46
Gewährleistungsbetrieb 7
Gewerbebetrieb 111
Gewinn- und Verlustrechnung 192, 205
Gewinnrücklagen 200
Gliederung der Betriebe 15
Gliederung der Betriebswirtschaftslehre 13
Gliederungsvorschriften 201
Going-concern-Prinzip 202
Grundbuch 192
Grundsatz der Unternehmensfortführung 202
Grundsatz einer fristenkongruenten
    Finanzierung 104
Grundsätze ordnungsmäßiger Bilanzierung 201
Grundsätze ordnungsmäßiger Buchführung
    (GoB) 194
Gründungsinvestitionen 106
Gruppe 30
Gruppenfertigung 123
Güterstrom 35
GuV-Rechnung
– Kontoform 205
– Staffelform 206

Haftungsverhältnisse 50
Handelswissenschaften 22
Hauptbuch 192
Herstellkosten 204, 231
Herstellungskosten 203
Höchstwertprinzip 202, 205
Human Relations 163

Imparitätisches Prinzip 211
Improvisation 72
Individuum 30
Induktion 20
Information Engineering 171
Information und Kommunikation 169
Informationsdimensionen 180
Informationsgenerator 184
Informationsmanagement 169
Informationsströme 35
Informationswirtschaft 12
Innenfinanzierungspotenzial 209
Innerbetriebliche Leistungsverrechnung 225, 229
Input 121
Input-Output-Relationen 217

Institutionenökonomie 22
Instrumentales Rechnungswesen 175
Integrierte Fertigungssysteme 124
Integrierte Verbundrechnung (IVR) 180
International Financial Reporting Standards
   (IFRS) 197, 211
Internationales Marketing 142
Interview 148
Investition 11, 90
Investitionsarten 105
Investitionsplanung 107
Investitionspolitik 105
Investitionsrechnungen 108, 182
ISO 9000 131

Jahresabschluss 195, 211
Journal 192

Kalkulationsverfahren 231
Kalkulatorische Rechnung 178
Kalkulatorischer Ausgleich 155
Kameralistik 189
Kapazitätserweiterungseffekt 96
Kapital 34
Kapitalbedarf 93, 97
Kapitalbindung 93
Kapitalbindungsdauer 97
Kapitalfreisetzung 93
Kapitalgesellschaften 46
Kapitalrücklagen 200
Kennzahlen 189, 212
Kennzahlensystem 219
– NPO-spezifisches 222, 223
Kleine und mittlere Unternehmen (KMU) 18
KMU 18
Knowledge Management 171
Koalitionspartner 32
Kommanditgesellschaft 45
Kommunikationspolitik 159
Kompetenzen 31
Komplementärziele 70
Konflikte 31
Kongruenzprinzip 76
Konkurrenzforschung 147
Konsolidierungsarten 210
Kontenplan 193
Kontenrahmen 193
Konto, doppisches 191

Kontraktmarketing 159
Kontrolle 12, 86
Konzern 58, 210
Konzernrechnungslegung 210
Körperschaften 47
Körperschaftsteuer 53
Kosten 135
Kosten- und Leistungsrechnung 179, 223
Kostenanalyse 137
Kostenartengruppen 227
Kostenartenrechnung 227
Kostenermittlung 226
Kostenführerschaft 75
Kostengestaltung 232
Kosten-Nutzen-Rechnungen 183
Kostenremanenz 136
Kostenstellen 229
Kostenstellenrechnung 229
Kostentheorie 135
Kostenträgerrechnung 230
Kostenträger-Stückrechnung 231
Kostenträger-Zeitrechnung 231
Kostenverlauf 136
Kosten-Wirksamkeits-Analyse 183
Kreditfinanzierung 94
Kreditleihe 96
Krisenmanagement 75

Lagebericht 208
Lagerbestandspolitik 118
Leasingverhältnisse 199
Leerkosten 129, 135
Leistungsbudget 181, 189
Leistungserstellung 120
Leistungsgestaltung 232
Leistungspolitik 150
Leistungspotenzial 127
Leistungsprogramm 61
Leistungsrechnung 179
Leistungsverwertung 140
Leitbild 74
Leitungsspanne 76
Leverage-Effekt 103
Liniensystem 76
Liquidität 26, 90
Liquiditätspolitik 100
Liquiditätspunkt 155
Logistik 11
Logistikmanagement 116

Macht 31
Management 65
Management by delegation 81
Management by exception (MbE) 81
Management by objectives (MbO) 81
Managementkreis 66
Managementprinzipien 80
Marketing 11, 141
Marketing-Instrumente 149
Marketing-Mix 145, 149, 164
Marketingplan 62
Marketing-Strategien 143
Marketing-Ziele 143
Markt 27, 140
Marktformen 153
Marktforschung 114, 145
Marktleistung 121
Marktsegmentierung 114
Marktverfassung 56
Marktwirtschaft 5
Materialwirtschaft 116
Matrixorganisation 79
Mehrfachfertigung 122
Mehrliniensystem 77
Mensch-Aufgabe-Technik-Systeme 170
Mindestumsatz 154
Modelle 20
Monopol 153
Monopolistischer Abschnitt 153
Motivation 30
Motivationstheorie 82

Nachfrageelastizität 146
Nennkapital 200
Nettobetrieb 48
Niederstwertprinzip 202, 204
Nonprofit-Marketing 142
Nonprofit-Organisationen (NPO) 7, 222
NPO-Kennzahlensystem 222
Nutzendimensionen 130
Nutzkosten 135
Nutzwertanalyse 183

Offene Gesellschaft 45
Öffentlichkeitsarbeit 160
Ökonomisches Prinzip 5
Oligopol 153
Optimale Bestellmenge 118

Optimale Kombination der Marketing-
   Instrumente 164
Optimale Losgröße 124
Optimaler Verschuldungsgrad 104
Organisation 30, 66, 75
Organisationskultur 31
Organisationsverfassung 58
Output 121

Pagatorische Rechnungen 179
Periodenabgrenzung 203
Periodenerfolg, Ermittlung des 192
Personalmanagement 82
Personalplanung 84
Personalpolitik 84
Personengesellschaften 45
Persönlicher Verkauf 162
Physische Distribution 157
Plankostenrechnung 232
Planung 66, 71
Planungsrechnungen 181
Planvermögensbilanz 181
Planwirtschaft 6
Planwirtschaftlich orientierter Betrieb 6
Polypol 153
Preisdifferenzierung 156
Preispolitik 151
Preisuntergrenze 155
Privatwirtschaft 9
Product Placement 161
Produktelimination 150
Produktinnovation 149
Produktion 10, 120
Produktions- und Kostentheorie 134
Produktionsfaktoren 6
Produktionsfunktionen 134
Produktionsplanung und -steuerung (PPS) 125
Produktionswirtschaft 114
Produktivität 27
Produktivitätsanalyse 216
Produktivitätsberechnungen 182
Produktlebenszyklus 150
Produktpolitik 149
Produktvariation 150
Profitcenter 79
Prognose 72
Prognosekostenrechnung 232

Projektmanagement 82
Prozessebene 187
Prozesskostenrechnung 232
Prüfung 87
Public Relations 163
Publizitätsvorschriften 52

Qualitätssicherung 130
Qualitätszirkel 133

Rationalisierungsinvestitionen 106
Rationalisierungsmaßnahmen 124
Rationalprinzip 5
Realisationsprinzip
– imparitätisches 202
Realwissenschaften 2
Rechnungswesen 13, 174
Rechtsform 43, 48
Regiebetrieb 48
Rentabilität 26, 91
Rentabilitätsanalyse 217
Reporting 175
Reserven, stille 202
Revision 12, 87
Risikoanalyse 63
ROI 217
ROI-Schema 219
ROS 218
Rückstellungen 95, 199, 202

Sachinvestitionen 106
Sachleistungsbetriebe 19
Sachleistungsproduktion 121
Sachziele 25
Sales Promotion 162
Schlussbilanz 38
Selbstfinanzierung 95
Serienfertigung 122
Shareholder-Value-Konzept 67
Social Marketing 142
Sonderbilanzen 196
Sortenfertigung 123
Sortimentspolitik 149
Spartenorganisation 79
Sponsoring 161
Stab-Linien-System 78
Staffelform 206

Stakeholder 27
Stakeholder-Konzept 67
Standardisierung 129
Standort 43
Standortwahl 43
Stellenbeschreibung 76
Steuern 110
Steuerwirkungslehre 112
Stichprobe 148
Stiftung 47
Stille Gesellschaft 45
Strömungsgröße 176
Subsidiarität 9
Substitutionsprodukt 147
Substitutionszeitkurve 75
Subventionsfinanzierung 94
System 1, 25

Teilkostenrechnungen 231
Theorie 19 f
Throughput 121
Total Quality Management (TQM) 133
True and fair view 211

Überschussfinanzierung 95
Überwachung 12, 66, 86
Umlaufintensität 213
Umsatz 140
Umsatzkostenverfahren 207
Umsatzprozess 34
Umschlagshäufigkeit 214
Umstellungsinvestitionen 106
Umweltforschung 145
Unique Selling Proposition 61
Uno-actu-Prinzip 127
Unternehmen 3, 6, 25
– öffentliche 7
Unternehmensbesteuerung 53, 110
Unternehmensbewertung 110
Unternehmensführung 12, 36, 65, 73
– operative 73
– strategische 73
Unternehmensgründung 60
Unternehmenspolitik 74
Unternehmensübernahme 60
Unternehmensverfassung 43, 54
Unternehmung 3, 6

Schauer, Betriebswirtschaftslehre[6]

Variable Kosten 135
Venture-Capital 103
Verbundrechnung 187
Verein 47
Verkaufsförderung 160
Vermögen 34
Vermögensumschichtungen 94
Verrechnungskreise 191
Versorgungsmanagement 116
Vertriebssystem 157
Verwaltung 167
– öffentliche 167
Volkswirtschaftslehre 1
Vollständigkeit 203
Waren- und Dienstleistungsmarkt 116

Werkstattfertigung 123
Wertaufholung 204
Wertekreislauf 35
Wertschöpfung 4
– betriebliche 4
Wertschöpfungsprozess 4
Wertschöpfungsrechnung 40

Wiener Schule der Betriebswirtschaftslehre 23
Wirtschaft 2
Wirtschaftlichkeit 26
Wirtschaftlichkeitsanalyse 217
Wirtschaftlichkeitsberechnungen 182
Wirtschaftlichkeitsprinzip 175
Wirtschaftsgüter 2, 4
Wirtschaftszweige 16
Wissenschaft 1
Wissensmanagement 171
Workflow-Management 75
Working Capital 215

Zentralisation 80
Zertifizierung 131
Zielbildung 68
Zielindifferenz 70
Zielkompromisse 70
Zielkonflikte 70
Zielkonkurrenz 70
Zielsystem 69
Zwecke der Kostenrechnung 224